U0156319

制造业高端技术系列

严苛工况离心泵设计及应用

朱祖超　贾晓奇　著

机械工业出版社

本书讲述了基于严苛工况下的离心泵设计及应用研究，以三元流动理论和经验公式作为设计基础，针对严苛工况介质进行设计，提出了基于全流场流体动力、转子动力、在线监测和实际介质的严苛工况离心泵设计方法。

　　本书可为极端条件下离心泵的设计优化提供参考，也可为我国大功率严苛工况离心泵国产化开发设计及可靠运行提供理论和技术支撑。同时，本书可作为能源化工、流体机械、化工机械和叶轮机械等领域教学和科研人员的参考书。

图书在版编目（CIP）数据

严苛工况离心泵设计及应用/朱祖超，贾晓奇著. —北京：机械工业出版社，2023.12

（制造业高端技术系列）

ISBN 978-7-111-74774-1

Ⅰ.①严… Ⅱ.①朱… ②贾… Ⅲ.①离心泵-设计 Ⅳ.①TH311.022

中国国家版本馆 CIP 数据核字（2024）第 041296 号

机械工业出版社（北京市百万庄大街22号　邮政编码100037）
策划编辑：贺　怡　　　　　　责任编辑：贺　怡　章承林
责任校对：孙明慧　王　延　　封面设计：马精明
责任印制：郜　敏
中煤（北京）印务有限公司印刷
2024 年 5 月第 1 版第 1 次印刷
169mm×239mm·32.25 印张·2 插页·556 千字
标准书号：ISBN 978-7-111-74774-1
定价：259.00 元

电话服务　　　　　　　　　　网络服务
客服电话：010-88361066　　　机　工　官　网：www.cmpbook.com
　　　　　010-88379833　　　机　工　官　博：weibo.com/cmp1952
　　　　　010-68326294　　　金　书　网：www.golden-book.com
封底无防伪标均为盗版　　　机工教育服务网：www.cmpedu.com

前言 ◑
Preface

严苛工况离心泵机组广泛应用于石油化工、煤化工等行业，是国民经济必不可少的重要流体输送设备。离心泵机组向大功率、多级化、高压及高转速方向发展带来的不可避免的问题是离心泵的工作稳定性与可靠性。严苛工况离心泵机组必须具备良好的工作稳定性和可靠性才能保证整个石油炼化装置的安全平稳可靠运行。总体来看，我国离心泵尤其是严苛工况离心泵基本处于国际液体输送系统设备产业的中低端，离心泵的先进设计制造理念及其与运行调控的互联互通还没有引起高度的重视，较为完善的融合设计方法尚未形成。

本书以三元流动理论和经验公式作为初步设计基础，以效率和振动响应作为优化目标，以试车时实测数据为判定准则，针对实际介质进行结构设计，创造性地提出基于流体动力、转子动力、在线监测和实际工况的大功率离心泵机组融合设计方法；提出基于现场运行状况和实际流体介质的个性化结构设计技术，经独特的结构设计和积木化设计，开发了超高压锅炉给水泵，大功率急冷油循环泵，化工耐腐蚀、含固体颗粒屏蔽泵，潜液式大功率一体化同轴低温 LNG（液化天然气）泵，大流量低扬程熔盐循环泵，超低汽蚀余量泵，高速离心泵，粗颗粒深海采矿泵，超大功率加氢进料泵，大功率磁力传动离心泵等机组产品，这些产品均领先同行业产品性能，达到国际先进水平。本书研究成果可为严苛工况离心泵国产化开发设计及可靠运行提供理论和技术支撑。

本书在成书过程中，得到了浙江理工大学、嘉利特荏原泵业有限公司、杭州大路实业有限公司、浙江天德泵业有限公司、利欧集团股份有限公司、杭州新亚低温科技有限公司、衢州学院、昆明嘉和科技股份有限公司、烟台龙港泵业股份有限公司、烟台恒邦泵业有限公司等单位有关老师和科技人员的大力支持，他们包括崔宝玲教授、李昳教授、李晓俊教授、张玉良教授、王艳萍教授、林哲教授、瞿璐璐副教授、林培锋副教授、陈小平副教授、宿向辉副教授、陈德胜副教授、林德生高级工程师、涂必成高级工程师、聂小林高级工程师、缪宏江高级工程师、郑红海高级工程师、王红光高级工程师、饶昆博士、胡建新博士、任芸博士等，在此一并表示衷心感谢！

本书得到了国家自然科学基金项目（No. 52376035）和浙江省"尖兵""领雁"研发攻关计划项目（No. 2022C01148 和 No. 2022C03170）的资助。

对于书中存在的缺点和错误，敬请广大读者批评指正。

作 者

本书主要字母含义 ◑

1. 英文字母含义

a_3	蜗壳喉部高度（m）	M	主附加质量（kg）
a_d	导叶喉部平面宽度（m）	n	转速（r/min）
A_d	导叶喉部面积（m²）	n_s	泵比转速
A_w	蜗壳喉部面积（m²）	N	轴承转速（r/min）
b_1	叶片进口宽度（m）	p_g	润滑油表压（Pa）
b_2	叶片出口宽度（m）	Q	流量（m³/s）
b_3	蜗壳宽度（m）	Q_d	设计流量（m³/h）
b_d	导叶喉部轴面宽度（m）	Q_L	润滑油量（m³/h）
B_2	叶轮前、后盖板总厚度（m）	R_{d1}	诱导轮进口轮毂比
C	主阻尼矩系数（N·s/m）	R_{d2}	诱导轮出口轮毂比
C_q	汽蚀比转速	s_j	诱导轮叶片节距（m）
d_c	小齿轮的直径（mm）	S	叶片静力矩（N·m）
d_h	叶轮轮毂直径（m）	S_d	诱导轮导程（m）
D_1	叶轮进口直径（m）	$\dot{S}_D^m$	由平均速度产生的熵产（W/K）
D_2	叶轮出口直径（m）	$\dot{S}_{D'}^m$	由脉动速度产生的熵产（W/K）
D_3	蜗壳基圆直径（m）	T	流体质点当地温度（K）
D_d	泵出口直径（m）	u_1	叶轮进口速度（m/s）
D_{io}	诱导轮出口直径（m）	u_2	叶轮出口速度（m/s）
D_s	泵进口直径（m）	$\bar{u}$	流体时均速度（m/s）
D_t	诱导轮叶尖直径（m）	u_τ	壁面摩擦速度（m/s）
F_a	齿轮轴向力（N）	U	齿轮的圆周速度（m/s）
H	扬程（m）	W_z	轴承载荷（N）
$k_{斜}$	叶片载荷分布在主加载区的斜率	z	叶片数
m_n	齿轮的法向模数	z_i	诱导轮叶片数

2. 希腊字母含义

α_3'	导叶进口液流角（°）	Δc_{ind}	诱导轮叶尖间隙（m）
α_f	反导叶进口安放角（°）	δ_{ind}	诱导轮叶片厚度（m）
α_f'	反导叶进口液流角（°）	μ_t	湍流黏度（Pa·s）
β_1	叶片进口角（°）	ε	湍流耗散率（m²/s³）
β_2	叶片出口角（°）	ν_t	运动黏度（m²/s）
β_{i1}	诱导轮进口叶片安放角（°）	μ	流体动力黏度（Pa·s）
β_{i2}	诱导轮出口叶片安放角（°）	ξ_i	间隙流场进出口压力损失系数
β_L	齿轮螺旋角（°）	ξ_e	间隙流场进出口压力恢复系数
θ	叶片总包角（°）	σ	叶轮盖板圆周方向应力（Pa）
θ_1	诱导轮叶片前缘包角（°）	$[\sigma]$	许用应力（Pa）
θ_2	叶尖包角（°）	ρ	密度（kg/m³）
θ_w	蜗壳隔舌起始角（°）	ω	主轴转速（r/min）
Φ_{ind}	诱导轮进口流量系数		

目录 ◑
Contents

第1章　概述

1.1　背景

石油化工产业在国民经济发展中具有重要作用，是我国关键支柱产业之一。随着国家经济的发展，我国已成为世界最大能源生产国和消费国，其中石油消费仅次于美国居世界第二。为了充分利用石油资源，降低能耗和生成成本，国内石油化工产业朝着炼化一体化、规模化和集群化方向推进。为推动产业集聚发展，国家发改委制定的《石化产业布局方案》提出，建设上海漕泾、浙江宁波、广东惠州、福建古雷、大连长兴岛、河北曹妃甸和江苏连云港七大世界级石化基地。七大石化基地中规模最大的是浙江石化 4000 万 t/a 炼化一体化项目，其他炼厂的平均炼油规模在 1500 万~2000 万 t/a 的级别，如大连恒力 2000 万 t/a 炼化项目，广东石化 2000 万 t/a 炼化一体化项目，连云港盛虹 1600 万 t/a 炼化一体化项目，中科湛江 1500 万 t/a 炼化项目。2022 年，伴随着浙江石化和广东石化等炼化一体化项目投产，中国炼油产能继续增加，总能力达到 9 亿 t/a 以上规模，继续排名世界第一。

离心泵是石油化工产业的关键设备，它将工作介质加压输送至系统各个生产环节和操作单元，是整个液体输送系统的心脏。其中加氢裂化装置的加氢进料泵、延迟焦化装置的高压切焦水泵和催化裂化装置的高温油浆泵是整个炼油过程中最重要的动力设备（图 1-1），其性能和可靠性直接影响着炼油工业的连续化生产。在加氢裂化装置中，加氢进料泵（图 1-2）将原料油（蜡油、柴油、渣油等）升压至 16~30MPa 后分别送至蜡油加氢、柴油加氢、渣油加氢反应器与新氢及循环氢混合。该泵是炼油工艺流程中最典型和使用最多的高端石化离心泵，高压、大流量、大功率，输送渣油和蜡油等高温易燃易爆介质。如浙江石化 320 万 t/a 蜡油加氢处理装置的加氢进料泵，输送蜡油温度为 168℃，流量为487m³/h，扬程为1870m，功率为3200kW，转速为4300r/min。山东东营联合石化400万t/a渣油加氢装置的加氢进料泵，流量为650m³/h，扬程为2700m，功率为5800kW，转速为4300r/min，是目前采用电动机驱动最大功率的加氢进料泵。

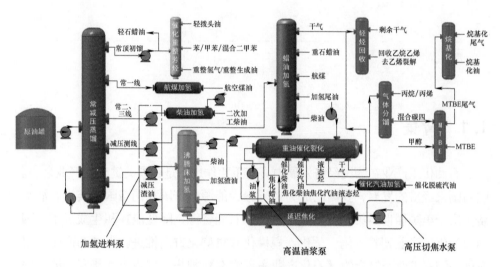

图1-1　石油炼制工艺流程简图

MTBE—甲基叔丁基醚

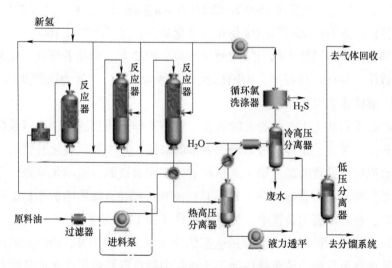

图1-2　渣油加氢工艺流程示意图

在延迟焦化装置中，高压切焦水泵（图1-3）为焦炭塔的水力除焦系统提供 20~30MPa 的高压力水流，驱动切焦器等设备进行水力除焦，但切割过程中产生的切焦粉会进入循环水中，将影响泵的安全运行。如辽宁宝来 20 万 t/a 针状焦装置中的高压切焦水泵机组，其流量为 260m³/h，扬程为 3303m，转速为 4000r/min，功率为 3800kW。浙江石化 320 万 t/a 延迟焦化装置中的高压切焦水泵，流量为 300m³/h，扬程为 3300m，功率高达 4400kW，转速为 3900r/min。

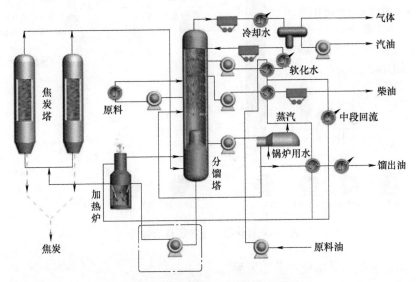

图 1-3　延迟焦化工艺流程示意图

在催化裂化装置中，高温油浆泵（图 1-4）是输送含有催化剂粉末的塔底泵，实现分馏塔底油体循环及提高管道油体的回炼效果。如在中石化金陵 350 万 t/a 催化裂化装置循环油浆泵，输送介质温度为 375℃，流量为 1404m³/h，扬程为 115m，功率为 560kW，转速为 1490r/min；宁波大榭石化在 320 万 t/a 催化裂化装置扩建过程中，工艺需求适合介质温度为 330℃，流量为 1557m³/h，扬程为 112.5m，电动机配套功率为 710kW 的油浆泵。该类型泵输送介质中含有固体颗粒，在设计过程中需要考虑磨损问题。

随着石化工业向大型化方向发展，离心泵也逐步向大功率密度方向发展，同时输送介质种类增多，输送工况也愈加严苛，产品开发难度增大。目前，高参数化离心泵机组经研究人员努力已经实现国产化，并占领了国内主要市场。大功率加氢进料泵和高压切焦水泵，及高温油浆泵主要由美国福斯公司和日本荏原公司垄断，价格昂贵，产品的运行维护和故障检修都由外方负责，由于供货和维修时间长，依赖进口产品和技术将影响炼油装置长期稳定安全运行，同

3

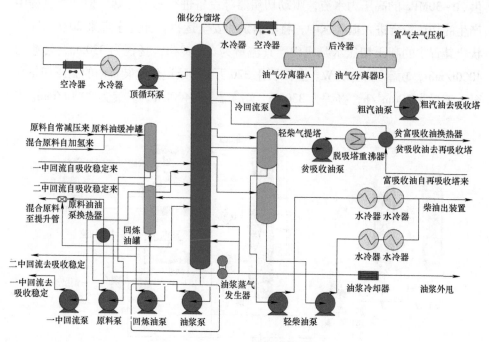

图 1-4 催化裂化工艺流程示意图

时也将严重影响我国炼化产业的发展。

离心泵作为一种典型的水力机械，其应用面十分广泛，不仅在上述的石油化工行业，在水利能源、航空航天、深海开发等国家高科技战略领域均为关键设备，随着国民经济和科学技术的快速发展，各领域对泵提出了极端的应用需求，这也意味着离心泵作为关键设备要满足在严苛的工作环境下能高效稳定运行。但是目前还没有针对严苛工况开展针对性的结构设计和产品开发，忽略实际的严苛工况，显著增加了泵的开发进度，产品性能和系统运转平稳性会受到很大影响，甚至无法正常工作。本书将开展基于严苛工况下的离心泵设计及应用研究，为极端条件下离心泵的设计优化提供参考。

1.2 严苛工况离心泵机组的应用

1.2.1 石油炼化装置离心泵机组

石油炼化工业是我国的主导和基础工业，随着石油炼化工业向炼油乙烯一体化和大型化发展，需要不同规格的离心泵。浙江石化 4000 万 t/a 炼油乙烯一体化项目一期工程就需要离心泵约 5000 台、大连恒力 2000 万 t/a 炼油乙烯一体化项目需要离心泵约 3000 台、中科湛江 1500 万 t/a 炼油乙烯一体化项目需要离心泵约 2000 台泵。根据 API 610（美国石油学会标准），石化离心泵按工艺位置和重要程度依次可分为关键用泵（操作条件极为苛刻，一旦故障会导致恶性或重特大事故）、一类泵（高参数和严苛工况，一旦故障会带来潜在危害）和二类泵（即常规工艺流程离心泵），目前二类泵已经完全国产化，部分一类泵和关键用泵即高端石化离心泵仍需要大量进口。加氢装置的加氢进料泵及高温液力汽轮机（高温、高压、大功率、易燃易爆介质、高可靠性）、延迟焦化装置的辐射进料泵（高温、大流量、介质含颗粒）和高压切焦水泵（超高扬程、大功率、介质含颗粒、变工况间歇运行）、催化裂化装置的高温油浆泵（高温、大流量、介质含硬质颗粒）、乙烯裂解装置的急冷（水）油泵（高温、高压、流量变化范围大、密封难度大）以及大流量高温离心泵等一类泵和关键装置用泵，都属于石化工业的高端用泵。

随着石油炼化工业向大型化发展，由于高参数化特征加上使用工况苛刻（高/低温、含固体颗粒和低汽蚀余量等），以炼油为典型代表的石化等流程工业对关键装置和关键工位所使用的高端石化离心泵要求非常苛刻，开发难度巨大，存在的关键技术难题主要体现在：

1）未能掌握高端石化离心泵内全流场非定常复杂流动特性。泵内主流场与间隙流场的尺度差距明显，间隙流对主流的影响更加突出；高压和高转速引起泵内流体具有高剪切速率，流动非线性特征明显；输送低温易汽化等液态介质极易析出少量气体，由于介质声速随含气率的增加下降明显，导致实际介质不再是理想不可压。跨尺度、非线性和弱可压这三个特征，加上考虑高温、含固体颗粒和低汽蚀余量等严苛工况，导致泵内流动预测非常困难，目前尚未形成适宜的流动模型和全流场数值方法来揭示泵内非定常复杂流动。因此未能建立考虑这些特征的性能预测和水力设计方法，无法有效解决石化离心泵小流量工作稳定性差、效率低和汽蚀性能差等难题。

2）未能有效保障高端石化离心泵转子系统运转平稳性。在保证转子动平衡等机械因素外，降低泵内非定常流动对转子动力特性的影响（临界转速和振动响应）是抑制高端石化离心泵转子振动的最主要措施。目前主要依据 API 610 标准并按结构形式和轴功率确定转子系统的临界转速和振动响应，但没有考虑非最优工况和泵内非定常流动的影响。转子设计校核时，仅以叶轮附加质量代替主流场激励力，间隙流场激励力的计算依据经验公式或系数，不能真实反映泵内全流场非定常激励对转子特性的影响；也难以建立相应的高端石化离心泵转子动力系统设计分析方法，无法有效保证运行平稳性。

3）没有针对严苛工况开展针对性的结构设计和产品开发。对高/低温、易汽化、含固体颗粒等严苛工况，必须考虑与严苛工况相适应的针对性结构设计，才能保证所设计的石化离心泵具有较好的运行可靠性。由于未能掌握实际介质泵内全流场流动特征及其对运行稳定性的影响，就无法按实际工况进行针对性的结构设计。目前采用的以清水和非严苛工况进行设计的通用方法，难以保证高端石化离心泵高安全性和可靠性的要求。

这些卡脖子技术难题一直未能得到很好解决，未能形成基于流体动力、转子动力、结构设计和实际工况的石化离心泵融合设计方法，严重制约着高性能和高可靠性的高端石化离心泵的研发及应用。我国仅炼油工业每年就花费上百亿元进口加氢进料泵、高压切焦水泵、急冷油泵和高温油浆泵以及热高分液力汽轮机组等大功率离心泵。大连恒力 2000 万 t/a 炼油乙烯一体化项目仅进口 31 台大功率加氢进料泵就需要花费 5 亿元人民币，平均每台 1613 万元。浙江石化、广东石化炼化、福建古雷炼化和江苏盛虹石化等在建、筹建的大石化工程均需进口大功率离心泵，这些都严重限制了我国石化工业重点装置和能源战略项目的自主化建设和运行。

1.2.2 煤化工装置关键用泵机组

以煤制油和煤制烯烃为基础的煤化工产业在国民经济中占有重要地位，不仅能够促进煤炭的清洁高效利用，缓解国内"富煤、有气、少油"的能源特点导致的石油紧张现状，而且还极大地促进我国富煤省区的经济发展。近些年来，我国积极发展煤化工产业，内蒙古、山西、陕西和宁夏等省区在丰富煤炭资源基础上重点发展起来的煤化工产业已经成为当地支柱产业，我国煤化工产业的整体规模和技术水平已经走在国际前列。我国煤化工产业及煤液化技术发展迅速，装机容量和处理能力持续增加。2008 年，神华集团在内蒙古鄂尔多斯建成了国内首家百万吨级煤直接液化示范装置。2015 年，我国首套 100 万 t/a 低温费-托合成煤间接液化示范项目和 10 万 t/a 高温费-托合成煤间接液化示范装置，在陕西榆林的陕西未来能源化工有限公司投产。2018 年，潞安集团 180 万 t/a 高硫煤清洁利用油化电热一体化示范项目，在山西长治实现了生产线的全流程满负荷运行。国家能源集团宁夏煤业集团公司煤制油分公司（以下简称宁煤煤制油公司）于 2016 年 12 月在宁夏宁东建成投产的 400 万 t/a 煤炭间接液化示范项目，如图 1-5 所示，是继神华集团建设运营鄂尔多斯煤直接液化项目取得成功后第二个国家级煤炭深加工示范项目，也是全球单套装置规模最大的煤制油项目。

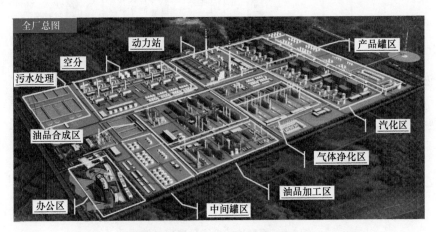

图 1-5　宁煤煤制油 400 万 t/a 煤炭间接液化厂区示意图

煤制油是指以煤炭为原料通过直接液化或间接液化工艺技术合成油品。煤炭直接液化技术是煤粉在氢气和催化剂共同作用下，经过热萃取、溶解、分解和加氢等物理化学过程，最终将固体煤转化成液态油；间接液化是先将煤经汽化炉汽化制得粗合成气（CO+H_2），再经过费-托合成催化反应转化为油品，如图 1-6 所示。直接液化工艺需要长焰煤和褐煤等高质量原煤，以及高压高温等苛刻反应条件；而间接液化工艺对煤的质量要求不高，反应温度在 350℃ 以下，但对煤汽化要求较高，需要配置大规模的汽化装置。

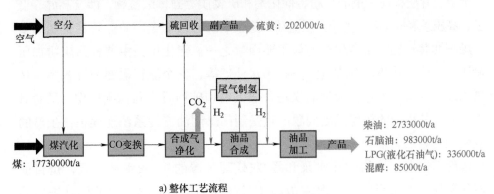

a) 整体工艺流程

图 1-6　煤制油间接液化流程

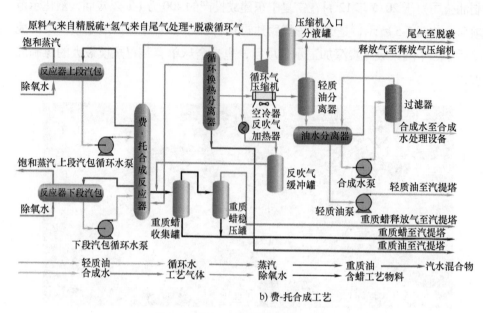

b) 费-托合成工艺

图1-6 煤制油间接液化流程（续）

　　整个煤炭间接液化流程工艺中，油品合成单元和加工单元等下游工艺流程与炼油和化工基本相同，主要工艺不同在于前道的汽化单元。离心泵是间接液化流程的关键装备，下游工艺装置配套的离心泵与常规石油化工用泵类似，且多数已经国产化。如动力站的高压锅炉水泵，流量为720m³/h，扬程为1740m，介质温度为220℃，目前主要采用郑州电力等公司生产的泵；油品净化和合成装置的给料泵，存在大流量、低温和汽蚀性能要求严苛等特点，多采用大连深蓝等公司生产的循环泵。然而，粉煤汽化单元和净化单元等上游工艺流程中，由于输送介质存在大量的煤粉、催化剂和矿物质等固体颗粒物，涉及高温、低温、高压差和固-液-气多相介质流动，是影响离心泵安全高效运行甚至制约整个煤制油装置连续正常生产的最主要因素之一。汽化单元主要分为煤粉加压输送、汽化、除渣、合成气洗涤和黑水处理等，整个流程需要配置各类循环泵和浆料泵，由于存在大量的煤粉、催化剂和矿物质等固体颗粒物，泵的磨损失效及其引起的机组振动问题一直是制约煤制油流程系统连续正常生产的瓶颈问题。

　　用于煤汽化炉的激冷水泵和黑/灰处理装置的黑/灰水循环泵，是目前汽化装置也是整个煤化工装置故障率最高的动设备，尽管目前仍以进口苏尔寿公司的泵产品为主，但使用过程中也经常出现故障，通常运行3个月左右就需要更换过流部件，在一些极端工况下，泵的运行寿命甚至缩短至两周以内。宁煤煤制油公司汽化装置共有 28 条汽化生产线，每条线有 3 台激冷水泵，设计运行为两开一备，由于水力设计和转子设计没有充分考虑输送介质含有的固体颗粒的影响，在运行过程中叶轮、衬板和导叶等过流部件严重磨损引发振动导致出现断轴故障，如图 1-7 所示；陕西陕化煤化工集团多元料浆汽化装置灰水处理系统的灰水沉降操作单元过滤机给料泵，经常出现出入口管线频繁堵塞等问题，导致泵不能安全运行；河南龙宇煤化工二期汽化闪蒸装置输送灰水的 5 级高压循环水泵在运行过程中多次出现泵体晃动和泵轴磨损报废等故障。造成这些故障的主要原因是激冷水泵和黑水高压循环泵的输送介质含有固体颗粒，颗粒易沉积堵塞泵进口流道出现空化，导致离心泵过流部件时刻被含固相的空化流冲刷，空蚀和磨损问题十分严重。这些泵内部流动实际上就是固-液-气多相流动，是液相湍流、空化泡群和固体颗粒相间耦合作用的复杂流动过程。空化泡群与煤浆颗粒的耦合作用，一方面，空化的剧烈相变及其诱导煤浆颗粒高速撞击流道壁面产生冲刷磨损；另一方面，引起离心泵运行状态的改变，导致离心泵转子振动甚至断轴等事故。

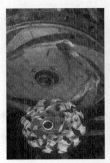

a) 叶轮和衬板磨损　　　　　　b) 键槽撕裂和断轴

图 1-7　宁煤集团煤制油汽化厂激冷水泵失效形貌

开展煤化工装置关键用泵研发需要重点解决空化-颗粒耦合激励下离心泵磨损失效和转子振动防控等关键科学问题：一是如何建立考虑空泡边界的气-液两相与固体颗粒的耦合作用模型，实现对离心泵内部固-液-气多相流场特性及其破坏机制进行准确模拟，这是揭示固体颗粒的运动与碰撞机制、降低离心泵磨损速率的核心和基础；二是如何构建空化-颗粒耦合激励的离心泵转子振动计算模型，掌握多相流场作用下离心泵转子振动的影响因素，提出基于主流场及间隙流场流体激振力特性的离心泵转子优化设计方法，进而抑制泵流体激振和防止因振动造成的轴断裂等故障。

尽管我国煤制油产业已经得到了很大的发展，但煤化工装置在运行过程中也暴露出了许多问题，尤其是作为煤制油工艺汽化装置输送煤粉和催化剂等固体颗粒物的核心装备，激冷水泵和黑/灰水循环泵就经常出现磨损和振动失效等故障，严重影响整个装置的连续正常运行。

1.2.3 冶金与化工关键泵机组

全球双碳背景下，新能源汽车进入爆发式增长阶段。电池作为提供动力的核心部件，是新能源汽车的"心脏"，在整车成本中占比 40% 以上。电池技术的发展、性能的提升是决定新能源汽车实现长久发展的核心动力。以磷酸铁锂、三元锂电池等为代表的动力电池将继续作为第一大支柱产业，是未来 5 ~ 10 年新能源电池发展的"主力军"。动力电池已开始加速商业化量产，2021 年全球动力电池累计装机 296.8GW·h，同比实现翻倍式增长，2025 年装机规模或超 1000GW·h，未来增量空间显著。中国企业多年积累的技术和产能优势凸显，全球份额占比已占据绝对优势。未来将持续推进动力电池技术研发、成本优化，完善产业在关键材料、制造设备、系统集成等各环节覆盖，实现动力电池装机量突破式增长和全价值链跨越发展。当前磷酸铁锂和三元锂等动力锂电池技术在纯电动和混动汽车中占绝对主导地位，已处于商业化量产阶段。锂、铁、磷、镍、钴、锰的原料价格大涨，以宁德时代、比亚迪、国轩高科、华友化学等为代表的企业都大力投资电池原料行业，未来几年有色冶炼、磷酸铁锂等相关行业用泵有较大需求，同时新工艺新装置的出现对耐腐蚀、耐磨蚀泵在结构形式和使用寿命上提出了更高要求。

由于化工介质多样性和新工艺新装置的出现对化工泵要求的多样性，化工泵不断朝着高精度、高效率、高可靠性、大型化和智能化方向发展。随着化工市场需求结构的不断变化和调整，迫切需要结构紧凑、高压力、能耗低、替代性强、技术含量高的耐高温、耐腐蚀、耐磨蚀化工泵。国内厂家生产的化工泵主要有 DBY 型电动隔膜泵、滑片泵、IH 型不锈钢化工泵、IHF 型氟塑料化工泵、FSB 型氟塑料化工泵、CQB 化工磁力泵、IMD 化工磁力泵、FZB 化工自吸泵等。图 1-8 所示为化工泵的结构，这些化工泵在化工、冶金、制药、化成箔等行业均有着重要的用途。

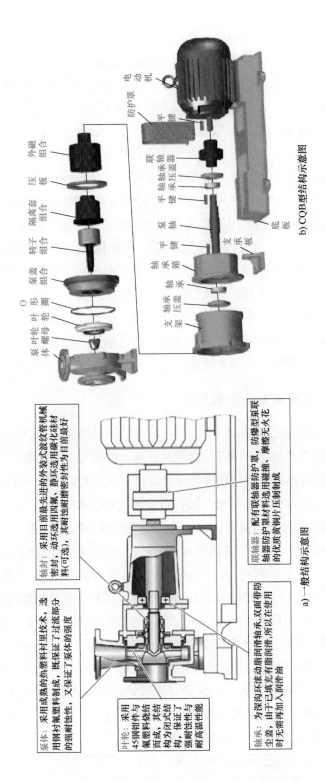

泵体：采用成熟的热塑料衬里技术，选用钢衬氟塑料制成，既保证了过流部分的强度耐腐蚀性，又保证了泵体的强度耐高温性能

叶轮：采用45钢衬件与氟塑料烧结而成，其结构为闭式结构，保证了强度耐腐蚀性耐高温性能

轴承：为确保环流滚动脂润滑轴承，双面带防尘盖，由于已填充有脂润滑，所以在使用时无需再加入润滑油

轴封：采用目前最先进的外装式波纹管机械密封，动环选用四氟，静环选用碳化硅材料(可选)，其耐腐蚀耐磨密封性能为目前最好

联轴器：配有联轴器防护罩、防爆型泵联轴器防护罩选用碰撞、摩擦无火花的优质黄铜片压制而成

a) 一般结构示意图

b) CQB型结构示意图

图 1-8 化工泵结构示意图

11

较为有名的国外品牌有美国威尔夫利泵、美国路易斯泵、德国莱因汉特泵、奥地利奥克斯纳泵、太平洋金属泵和法国日蒙施耐德泵等，但价格昂贵，备品备件供应比较困难。近年来国内主要化工泵生产厂家通过引进国外技术、合资合作、自主开发等多种途径，使化工泵的技术水平有了较大提高。耐腐蚀、耐磨蚀化工泵替代进口基本实现，但总体来看国内化工泵设计及生产加工技术同国外相比，还有一定差距。一是泵的标准化、系列化和通用化程度差，零部件标准化和互换性低，品种和规格不全，满足不了化工企业发展的需要。二是质量和可靠性与国外产品还有一定差距，主要是因为国内耐腐蚀材料性能与国外还有差距。三是泵效率低，由于国内泵设计水力模型较差，加工精度不高，泵效率一般比国外低 3%~5%。材料、密封、节能、智能化是泵行业的共性问题，制约化工泵技术水平和质量的提高，阻碍了国产化工泵产业的发展。特别是国内目前的化工装置向大型化发展，如产能继续扩大，能耗指标考核要求逐步提高，设备还将进一步向大型化发展，国内的化工泵已完全无法满足化工、冶金大型装置要求，因此，生产高效、节能、环保、高可靠性化工泵及大型化工泵改进设计已成为一个亟须解决的技术问题。

1.2.4 液化天然气装置关键泵机组

液化天然气（Liquefied Natural Gas，LNG）作为一种清洁、高效的能源，越来越受到青睐。与石油相比，LNG 价格相对低廉，扩大 LNG 的利用，可以弥补石油资源不足，实现能源多元化和提高环境质量。而且 LNG 便于运输，可以在产地冷冻为液体送到世界各地市场。因此很多国家都将 LNG 列为首选燃料，LNG 正以每年约 10% 的幅度高速增长，成为全球增长最迅猛的能源行业之一。为保证能源供应多元化和改善能源消费结构，一些能源消费大国越来越重视 LNG 的引进，日本、韩国、美国、欧洲都在大规模兴建 LNG 接收站。随着我国对能源需求的不断增长，引进 LNG 将优化我国的能源结构，有效缓解能源供应安全、生态环境保护等问题。目前澳大利亚已经在出口产能上超过了卡塔尔，将成为世界最大 LNG 出口国。澳大利亚出口的 LNG 主要运往日本、中国、韩国等亚洲国家，近几年中国占据的份额越来越大。我国对 LNG 产业的发展越来越重视，国家在沿海地区布局建设了很多 LNG 接收站，截至 2019 年年底，已投产 LNG 接收站 20 余座，总接收能力超 8000 万 t/a；据不完全统计，规划、扩建、新建 LNG 接收站超过 60 座，接收能力超亿吨。浙江、广东、福建、山东、天津、海南、上海等多地都建有大型 LNG 工厂和 LNG 接收站。

如图 1-9 所示，LNG 高压输送泵将 LNG 进行增压输送到下游的汽化器，为 LNG 接收站再汽化单元提供输送动力，是 LNG 接收站中最关键的流体输送设备。随着接收站规模的扩大，对高端大功率 LNG 泵的需求越来越多，特别是超高扬程（扬程为 1500~3000m）和大功率（功率≥1000kW）的 LNG 离心泵应用范围将越来越广。中石化青岛 LNG 接收站 700 万 t/a 项目（供气能力为 90 亿 m³/a），远期建设规模 1100 万 t/a（供气能力 135 亿 m³/a），其中 LNG 泵扬程为 1926m，功率为 1120kW；中石化广西北海 LNG 接收站 600 万 t/a 项目，其中 LNG 泵扬程为 2629m，功率为 2170kW；中石油江苏如东接收站 650 万 t/a 项目中大功率 LNG 泵扬程为 2470m，功率为 2200kW。可见，超高扬程、大功率是 LNG 接收站核心装置用泵的重要发展方向之一。

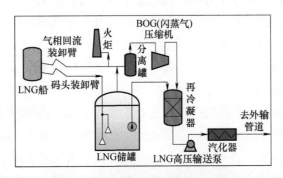

图 1-9　LNG 接收站输送管线示意图

超高扬程、大功率 LNG 泵是保障我国大型 LNG 接收站和能源战略项目顺利实施的核心关键装备，是目前国产化难度最大、安全级别要求最高的低温离心泵。由于使用工况苛刻，产品研发难度极大，深层次原因在于对低温介质下离心泵关键科学（技术）问题研究得不够充分。经过努力，目前国内功率 1000kW 以下的 LNG 泵已经实现了国产化。但功率 1000kW 以上超高扬程、大功率 LNG 泵产品主要依赖进口，核心技术由日本 Nikkiso、Ebara 和美国 JC Carter 等公司控制和垄断。我国中石油如东、中石化青岛、中石化天津等 LNG 接收站都是进口 Ebara、JC Carter 等公司生产的超高扬程、大功率 LNG 泵。国产超高扬程、大功率 LNG 泵的工作可靠性和产品性能与国外相比仍有差距，国内用户对超高扬程、大功率 LNG 泵的认可度也略显不足。如：中石化广西北海接收站超高扬程、大功率 LNG 泵基本上采用开 3 备 1 运行方式，制造商为日本 Ebara 公司，备泵由国内低温泵领军企业杭州新亚低温科技有限公司提供。据统计，我国海洋重点工程和沿海大型液化气接收站仅进口一台超高扬程、大功率 LNG 泵就需要 800 万元，每年用于进口大功率 LNG 泵的费用达数十亿元，同时维修周期漫长，严重限制了我国海洋装备重点工程和能源战略项目的自主化建设和运行。

在 LNG 泵产品开发过程中，由于低温介质的工作环境，对部件（如叶轮和轴承）设计和加工方面提出了很高的要求。LNG 泵叶轮等产品叶片大都采用复杂曲面，是通过三维扭曲形成的，对零件的几何精度要求高。同时为适应 LNG 离心泵低温、高压、高转速的工作条件，关键零部件常采用耐低温合金等高性能材料，这些材料极难切削，因而常采用数控电解技术作为叶轮加工的抛光工序，并结合实际加工工艺，考虑加工间隙变化情况、工具阴极加工刃边宽度影响以及叶片表面形状影响等因素，对展成运动轨迹进行修正。

低温轴承的研发与应用方面，低温轴承选用材料除所必需的高强度、高硬度、高断裂韧性、抗应力腐蚀以及尺寸稳定性外，超低温应用还要求材料具有和低温介质的相容性。镍和铜合金、不锈钢及铝合金具有与氧的相容匹配性，目前普遍采用的超低温轴承套圈和滚动体材料为 95Cr18 钢，属于高碳马氏体型不锈钢，经淬火和低温回火后具有较高的硬度和耐磨性，具有优良的耐蚀性，适用于承受高度摩擦并在腐蚀条件下工作的零件。超低温轴承需要具备自润滑性，而保持架正是自润滑材料的主要来源。迄今为止所发现的超低温环境下最好的润滑剂是聚四氟乙烯（PTFE），但纯 PTFE 具有强度低、抗磨性差、受载后冷流动和导热性差等弱点，因此超低温轴承常用保持架材料为聚四氟乙烯与不同材料的组合。同时，在轴承起动初期保持架材料转移膜尚未形成时常采用 PVD（物理气相沉积）膜层来实现润滑，正常运转时主要依靠保持架材料的转移来进行润滑以保持轴承运转平稳，超低温轴承即依靠这两类润滑膜可靠运转。

目前，国际上日本 Nikkiso、Shinko、Ebara 公司及美国 JC Carter 等公司在液化气接收站超高扬程、大功率 LNG 泵的技术和市场上仍然占据领先地位，相关产品也成了高端大功率 LNG 离心泵的代名词，代表当今最高技术水平。国内生产高端大功率 LNG 离心泵的厂家主要有杭州新亚低温科技有限公司、大连深蓝泵业有限公司等。超高扬程、大功率 LNG 泵是国产化难度最大的低温多级离心泵，目前 LNG 运输船和 LNG 接收站的超高扬程、大功率 LNG 泵主要依赖进口。因此，对于扬程为 1500~3000m、功率为 1000kW 以上的超高扬程、大功率 LNG 离心泵有待进一步研究，以突破其关键技术，实现国产化。

1.2.5 船用低振动噪声离心泵机组

为了深入推广"一路一带"倡议，我国国防建设逐渐从近海被动防御转向远洋主动防卫，这对国防装备尤其是潜艇、航母等舰船配备的装备要求越来越高，必须具备反侦查、高可靠性以及长周期免维护运行等特性。传统的潜艇动力系统一般依靠燃油提供动力，这类动力系统的主要缺点是需要定期补充燃油，无法做到真正意义上的长周期运行。而核动力系统一次装填核燃料可以用上好几年，甚至几十年，几乎拥有无限续航能力，所以新一代大型核动力潜艇和航母是我国未来国防和海军建设重点。

核动力系统主要由一回路系统、二回路系统以及相关辅助系统组成。一回路系统主要由核反应堆、核主冷却剂泵等组成；反应堆产生巨大的热能由核主泵输送至堆芯的水被加热成高温高压水流经 U 形管，将热能传递给二回路系统，释放热量后又被主泵送回堆芯重新加热再进入蒸汽发生器。二回路系统由蒸汽发生器、循环水系统、汽轮发电机组等组成。泵机组作为液体输送的关键装备，在核动力系统中的应用十分广泛，是整个动力系统的核心装置之一。常见的有：核动力系统中输送去离子水的给水泵机组（一个动力系统配备 8 台）、动力系统中输送凝结水的凝水泵机组（一个动力系统配备 8 台）以及动力系统中输送冷却水的循环水泵机组（一个动力系统配备 2~4 台）等，如图 1-10 所示。

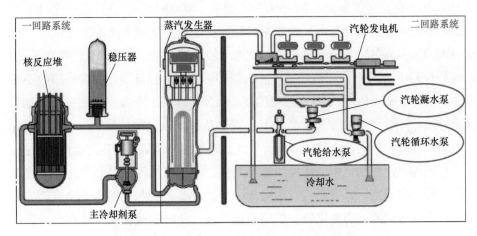

图 1-10　核动力一回路、二回路系统示意图

在军用舰船中，振动噪声是衡量其安全性、隐蔽性的重要考量参数之一。影响离心泵振动噪声最直接的因素：一是离心泵内流噪声；二是离心泵不稳定流动诱导振动噪声。舰船用离心泵除了具备优越的水力性能、振动噪声等指标，更重要的是在运行过程必须具有很好的安全性、可靠性。对于潜艇而言，静音隐身是最关键指标，是衡量潜艇安全性、隐蔽性的最重要考量参数，是整个潜

艇的生命线。同时，由于军用舰船等海军装备，受到其应用场所和环境的影响，对泵的重量及尺寸都有严格的要求，目前舰船用泵组结构一般由独立电动机或汽轮机驱动，通过联轴器与泵轴相连。穿轴密封采用机械密封与填料密封组合，整体结构复杂，尺寸大，重量重。机电一体化凝水泵组，永磁电动机与泵进行集成，实现结构一体化。泵组具有结构紧凑、体积小、重量轻等优点。由于没有传统电动机滚动轴承振动源，结构具有更好的刚性，有利于进一步降低泵组的振动噪声。

1.2.6 航空航天用高速泵机组

液体火箭发动机（Liquid Rocket Engine，LRE）是运载火箭的动力装置，而涡轮泵是整个液体发动机的心脏。离心泵作为涡轮泵系统的核心部件，其主要功能是实现推进剂加压输送使其进入发动机推力室，保证推进剂安全高效输送。离心泵的性能和可靠性是保证 LRE 乃至火箭可靠运行的前提。随着宇航技术的飞速发展，为了提高发动机的比冲和推质比，提高转速是 LRE 离心泵发展的核心方向之一。自 20 世纪 40 年代 V-2 火箭问世以来，LRE 离心泵的转速已从 3800r/min，提高到了俄罗斯 RD-866 离心泵的 100000r/min。高转速导致 LRE 离心泵内部流动特性极其复杂，严重影响泵的性能。虽然液体火箭发动机以"概念-预研-型号-列装"思路开展研究，获得了较大的成功，但其设计仍存在不足，尤其是对 LRE 离心泵内部流动机理的认识不够深入，由此导致的惨痛事故不断重演。早在 1999 年，由于输送液氢的离心泵发生非稳定现象，强烈压力脉动致使诱导轮叶片断裂，导致了日本 H-Ⅱ 火箭第八次发射失败。此外，LRE 主涡轮泵也遇到过压力脉动冲击破坏问题，导致涡轮外侧轴承破坏和密封面严重磨损。

在液体火箭发动机中，常采用液氢液氧、液氧煤油等低温易汽化低密度液态介质作为推进剂，以提高火箭的运载能力。LRE 离心泵在输送低密度液态介质时，局部区域的流态变化极易析出微量气体；此时的微含气介质在高速旋转作用下，其流动将呈现明显的弱可压特征，导致 LRE 离心泵内部流动与普通离心泵中的不可压流动存在较大区别。理想不可压流动的能量变化仅由速度和压力主导；然而在弱可压作用下，压力密度耦合关系将使得泵能量分配机制更为复杂，并进一步影响泵的性能参数，对泵的设计提出新的挑战。因此，基于能量变化率的 LRE 离心泵弱可压流动特性研究迫在眉睫。尽管目前针对 LRE 离心泵内部流动开展了较多的数值计算和试验研究，但大多数工作侧重于宏观性能的对比分析和对内部流动规律的定性研究，尚未从能量变化率的角度对高转速弱可压作用下离心泵内部流动特性进行系统深入的研究。

1.2.7 深海采矿泵机组

深海占地球表面积的 49%，开发深海是我国建设海洋强国的必然选择，尤其是当今陆上资源日渐枯竭之时，深海因其丰富的矿产和燃气资源，显示出前所未有的重要价值，也是世界各国竞相争夺的重要战略目标。由于深海环境极其特殊和复杂，深海资源开发利用具有极高的技术门槛，对于我国而言，这一领域的任何技术进步都具有极为重要的意义。一方面，深海资源开发利用可弥补陆上资源不足，减少对外依赖，增强我国原材料和能源保障能力；另一方面，深海高技术具有强大的引领和辐射作用，可对我国的工业装备、信息通信、导航定位、能源利用等诸多领域的发展产生明显的加成效应，彰显整个国家的技术和综合实力。

深海采矿是深海矿产资源开发的关键，如何将深海海底矿物采集并输送到水面是研究的重点，采集和输送技术与装备的研究始于 20 世纪七八十年代，以多金属结核的采矿为主要研究对象，已进行了具有一定规模的深海开采试验，其中以美国为首的西方国家占据了绝对优势。1970 年，美国海洋采矿协会（OMA）在 1000m 水深采用拖曳式水力式集矿机和气力提升进行了第一次结核采矿原型试验；1978 年美国海洋管理公司（OMI）采用水力-机械采集头的拖曳式集矿机加上气力与水力管道提升进行 5500m 水深采矿试验，成功获取了近千吨锰结核；21 世纪以来，各国对于深海采矿日趋重视，中国、日本、韩国、印度等也开展了大量管道提升式的多金属结核单体和联动试验，其中我国于 2016 年和 2018 年进行了 500m 级的多金属结核的水下提升和海底结核采集试验。

目前深海采矿正处于工程试验向商业开采发展的过渡期，国内外已形成了由海底集矿机采集、管道提升和水面采矿船组成的深海矿产资源开采系统的主流模式，如图 1-11 所示。其中用于矿产资源管道提升的深海采矿混输泵是最核心设备之一。

深海采矿混输泵作为整个提升系统的动力来源，其工况参数需要与管线和采集作业参数相匹配，一方面，需要对管系提供足够的流量和扬程保证，且自身不能出现颗粒堵塞、流道损坏等问题；另一方面，作为采矿系统数千米竖直管系中的一个连接单元，其串联了数百吨的静载荷和动载荷，在复杂风浪流作用下连同管线呈现横振和垂荡姿态。因此，对整机的结构可靠性要求极高。目前，国际上深海采矿混输泵的研制主要集中在德国 KSB 公司、美国 GE 公司、日本荏原公司，我国石家庄强大泵业和天津百溢世通公司也在"九五""十五"期间效仿 KSB 的结构开展了深海混输泵的研制工作。从使用效果来看，国内外的深海混输泵尚不够成熟，流道堵塞和磨损现象时有发生，目前常规的复杂曲折的多级空间导叶串联结构（见图 1-11b），在输送安全性和整机可靠性方面存在较大隐患，在设计使用过程中需对其进行准确计算分析。目前国外已开展新一代混输装备的研发，我国在这方面创新不足，未来可能成为我国的技术瓶颈。

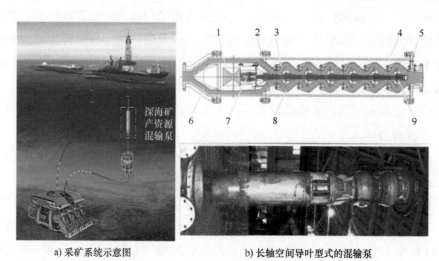

a) 采矿系统示意图　　　　　b) 长轴空间导叶型式的混输泵

图 1-11　深海矿产资源开采系统

1—潜艇电动机　2—连接管　3—泵转子　4—外壳　5—排出口
6—软管　7—联轴器　8—扩散器　9—泵轴

1.3　国内外研究现状

1.3.1　离心泵内部流动机理研究

离心泵运行过程涉及高温、高压及含固输送等严苛工况，且泵内部流道结构复杂，主流场和间隙流场尺寸差异大，同时动静部件间存在动静干涉及过流部件上下游存在流动干涉，因此泵内流动是高温液相湍流和固体颗粒相间耦合作用的复杂流动过程。

在离心泵瞬态流动计算方法方面，采用大涡模拟（Large Eddy Simulation，LES）方法对泵内部非稳定流动进行数值模拟具有更高的精度。但 LES 方法的经典 Smagorinsky 模式在近壁区的剪切湍流中耗散过大，同时该模型假设亚格子应力只正比于应变率张量，无法很好地适用于离心泵内部的旋转非线性流动，由此 Germano 等提出了动态亚格子应力模式，极大地提高了 LES 方法的适应性。Li 等在旋转流动中添加基于涡量梯度张量的螺旋度修正项来考虑亚格子应力，构建了非线性亚格子应力模型，可准确模拟非定常旋转流场。目前已有基于动态亚格子模型的 LES 方法被成功应用于离心泵的数值计算研究中。Pacot 等应用动态亚格子模式的 LES 方法对小流量工况下水泵水轮机内流场进行了数值模拟，通过计算发现失速现象，失速团数目及传播速度与试验吻合，揭示了失速团演化机理。但目前很少见到利用 LES 方法对离心泵多相多场下进行数值模拟的研究工作，将该方法应用到具有高度复杂几何流道的高参数化离心泵研究更是缺乏。

在固液两相计算方面已有相当多的研究成果，研究固体颗粒-流体两相流动的模型方法主要包括双流体模型（Two-Fluid Model，TFM）、连续-离散联合模型（Combined Continuum and Discrete Model，CCDM）和流体拟颗粒模型（Pseudo Particle Model，PPM）。PPM 属于拉格朗日方法，对计算资源需求巨大，目前的模拟还局限于一些较为理想的情况。Wang 等采用双流体模型对带挡板的液固搅拌釜内颗粒的流动特性进行了数值模拟，利用 Huilin-Gidaspow 阻力模型计算了液相和固相的相间相互作用，预测了不同高度下的速度和固体体积分数分布，结果表明该模型可以捕捉液固搅拌容器中的液固流动。Singh 等采用欧拉-拉格朗日方法对不同流速和固体浓度的直管内的灰浆流动进行分析，发现管内压降随流速和固体浓度的增加呈非线性增加。Zaichik 等在 Maxwell 型概率密度函数（Probability Density Function，PDF）碰撞模型研究基础上，提出了适合于不同尺度和密度的双扩散颗粒统计碰撞模型，包含颗粒脉动运动的各向异性、临近颗粒的速度关联、不同类颗粒间的相对漂移效应。Chen 等提出了一种考虑液体-颗粒、颗粒-颗粒和颗粒-壁面相互作用的两相流磨损预测模型，其中颗粒-颗粒、颗粒-壁面接触采用 Hertz-Mindlin 模型，针对弯管的磨损速率和磨损位置进行了分析。Zhang 等通过试验数据对湍流模型和颗粒反弹模型进行了对比，同时提出了适合捕捉细颗粒扩散和输运的网格划分方法，实现了弯管内固液两相流动磨损的准确预测。研究者针对直管、弯管和搅拌器等简单结构进行了计算方法的修正，虽然有一定的旋转但转速不高，未考虑大曲率和多弯曲壁面的影响。

在离心泵固液两相内部流动机理分析方面，权辉采用 Mixture 模型对固液螺旋离心泵内漩涡演变及叶轮域能量转换进行了研究，发现随着含沙水固相体积分数增加，叶片进口段湍动能耗散增加，最后达到稳定，工作面的湍动能耗散增加最快；随着固相粒径增大增加了流层及两相之间的摩擦，使得湍动能耗散扩大。Tarodiya 等采用欧拉-欧拉双流体模型分析了固体颗粒对离心泥浆泵内流场和性能的影响，发现叶轮通道和蜗壳内颗粒速度和分布都不均匀，粒径增大使这种不均匀增加，但随浓度增大不均性有所改善。Wu 等采用滑移网格方法对固液两相渣浆泵内非定常固液两相流动进行了模拟，发现叶片和隔舌的动静干涉效应对隔舌和叶轮出口附近液相的影响比固相更大。Liu 等采用离散元方法（Discrete Element Method，DEM）对离心泵内固液两相流动进行了模拟计算，发现大的晶体颗粒主要位于压力侧，小的晶体颗粒主要靠近吸力侧区域；在叶轮进口的流体相对速度大于固体颗粒的速度，而固体颗粒的速度在出口远大于流体相的速度。赵伟国等采用 RNG（重整化群）$k\text{-}\varepsilon$ 湍流模型和离散相方法（Discrete Phase Model，DPM），在不同体积分数下对输送含沙水的离心泵进行了数值计算，发现沙粒体积分数较小时，沙粒运动轨迹较为平稳；随着沙粒体积分数的增加，沙粒运动轨迹逐渐趋于紊乱，尤其是在靠近叶片出口及在蜗壳第 2 至第 4 断面附近。在离心泵固液两相流动特性和机理方面研究取得了相当多的成果，但大多在常温工况采用 RANS（雷诺时均）方法对内部流场进行计算。针对间隙流场和主流场尺寸差异，很少考虑不同尺度下流场和固体颗粒间作用力的不同。

1.3.2　离心泵水力性能预测研究现状

在离心泵内部流动计算方面，大涡模拟（LES）是目前最主要的数值计算方法。离心泵内部流动计算先后经历了无黏数值计算、准黏流数值计算和完全黏流数值计算三个阶段。随着旋转机械数值计算技术的发展，湍流模型的研究和应用也在不断深入。完全黏流湍流数值模拟方法可以分为直接数值模拟（Direct Numerical Simulation，DNS）、雷诺时均法（Reynolds Averaged Navier-Stokes，RANS）、大涡模拟方法和混合 RANS-LES 方法。在雷诺时均的框架下，常见的模型有 $k\text{-}\varepsilon$ 模型、$k\text{-}\omega$ 模型和雷诺应力模型（Reynolds Stress Model，RSM）等。大涡模拟方法相较基于系综平均的 RANS 方法，保留了可解尺度流场量（尤其是压力）的脉动特性；而且还可以捕捉湍流的大尺度结构以及模拟流动的非稳态效应，对资源需求（较 DNS）也更合理，因此，LES 具有模拟离心泵内复杂流动的极大潜力。在具体流动计算中，考虑次流场区域的离心泵内部全流场计算是最为合理也是最主要的计算途径。离心泵内部结构复杂，泵内除了主流道内部流动之外，还普遍存在间隙流、动静干涉等特殊流动现象，这些次流场流动的尺度相对主流动较小，但对离心泵的性能却有很大影响，在某些情况下甚至会引起离心泵运行故障。以上研究大多是在设计工况下开展的，较少针对包括小流量及大流量工况的全流量工况进行研究。

随着叶轮流道的强旋转、大曲率、黏性及逆压梯度的作用，泵内不可避免地会出现各种流动分离、二次流、回流等不稳定流动结构。这些不稳定流动不仅表现出较为强烈的水动力学特性，同时在一定程度上改变泵的能量转换特性，影响泵的稳定运行。离心泵在外特性不稳定工况运行时，其内部流动存在的不同尺度轴向、径向和周向涡系等非稳态流动结构非常强烈，表现为明显的特性线驼峰和剧烈的出口压力波动等。带导叶液体火箭发动机离心泵的扬程流量曲线曾在 60%设计流量和 80%设计流量附近出现两个典型的驼峰区域，导致所设计的离心泵不能使用。因此应深入研究离心泵内部不稳定流动，揭示泵内流动不稳定发生的机理及其对离心泵外特性不稳定影响的特性。

Pedersen 等结合数值研究了带有不同叶片数复合叶轮的低比转速离心泵内部流动结构，发现在小流量工况下存在强烈的流动不稳定现象。Atif 利用 PIV（粒子图像测速）技术对混流泵在非设计工况下的流动结构进行研究，表明性能曲线不稳定是由旋转失速造成的，压力脉动频谱有两个峰值，分别是动静干涉作用的频率及其谐振频率和旋转失速引起的叶片边界层分离产生的漩涡脱落频率。Feng 等采用数值计算和 PIV 试验研究离心泵内部导叶和叶轮动静干涉时叶轮内部的速度分布规律，研究发现导叶与叶轮之间的动静干涉作用造成泵内部流动的不稳定，并导致了泵内流体速度、压力等关键参数发生明显的波动。

为了捕捉离心泵内部流动不稳定流动并进行特征提取，必须要定量研究叶轮流道内流体运动细节，但运动部件的流场测量及其特征提取极为困难。离心泵叶轮出口的射流尾迹结构是最常见的不稳定流动形式，叶轮出口的射流尾迹作用易使出口处在周向上出现不均匀的压力分布，增强叶轮与蜗壳之间的动静干涉作用效果。姚志峰等通过试验研究叶轮形式对双吸离心压力脉动的影响，发现双吸离心泵普遍存在叶频、泵轴频和低于轴频的低频脉动成分，压力脉动沿圆周方向的不均匀性会产生其他谐波成分。Iino 和 Kasai 对离心泵内的压力脉动进行了试验测量，研究发现，流量和叶片与导叶之间的角度是引起脉动的主要原因。Furukawa 等研究离心泵导叶内的压力脉动特性时发现，离心泵叶轮与导叶间的相互干涉作用对内部流动的影响要明显强于叶轮的射流-尾迹作用对流动的影响，叶片的出口安放角对导叶内的压力脉动影响显著。

当离心泵在偏流量工况，尤其是小于设计工况区域运行时，内部流动更加复杂，流动分离、回流、二次流及旋转失速等现象尤为突出。Miyabe 等对离心叶轮的设计和非设计工况进行试验研究，发现在设计工况相对速度场的射流-尾迹结构呈现出固定的非稳态特征；而在非设计工况下，旋转失速现象则表现出准周期性的不稳定特征。Abramian 等测量三种工况下叶轮叶片出口边在中间高度上的二维瞬态速度场，并与激光多普勒测量结果进行对比，发现在小流量工况下出现大面积的旋转失速现象。Paone 等采用 PIV 和压力脉动试验研究离心泵内旋转失速现象，研究发现，在旋转失速工况下，根据低通滤波压力不同，离心泵扩压器内的流动产生外部射流和回流现象，并且两者之间会交替变化；在设计工况附近，叶轮和导叶动静交界区域的高速泄漏流易造成导叶进口流道发生失速。Sinha 等利用 PIV 研究了离心泵内部旋转失速现象的演化规律，研究发现，离心泵导叶内失速团的泄漏和回流随着流量的减少而逐渐增强，失速团由一个流道扩散到两个流道。

Jia 等针对半开式和全开式叶轮离心泵的试验表明，较大的间隙值可以有效地改善扬程-流量特性线的驼峰现象；而且对不同叶顶间隙下半开式叶轮离心泵进行数值计算及外特性试验，分析了叶顶间隙流动对叶轮流道内流动的影响，并得到了该离心泵的最佳间隙值。20 世纪 80 年代，Dring 等提出了叶轮和导叶流体之间的相互作用由两部分组成，分别为势流的相互作用和尾迹的相互作用。随后，通过 PIV、热线仪等设备，国内外学者对泵内的尾迹相互作用进行了一些试验研究。数值研究方面，Barrio 等分析了叶轮与隔舌间隙率在 $8.8\% \sim 23.2\%$ 时对压力脉动和径向力特性的影响。徐朝晖等在动静叶栅间采用滑移网格技术建立交互界面，同时，采用 RNG（重整化群）$k\text{-}\varepsilon$ 湍流模型对高速泵全流场进行了非定常数值模拟。Yuan 等采用滑移网格技术，分析了由动静干涉作用以及蜗壳流道和叶轮流道内压力脉动的变化规律。

综上可以看出，当离心泵在外特性不稳定工况下运行时，各种内部不稳定流动结构产生机理和对离心泵及其系统的运行稳定的影响程度不同，具有各自独立的时频特性。但是，国内外对于离心泵内部流动不稳定特性的研究还不够充分，没有完全掌握各类不稳定流动的独立和联合作用机制。同时，需要进一步深入研究离心泵内不稳定流动引起的内部流动损失及其对离心泵振动等的影响。

在离心泵水力性能预测方面，由于离心泵流道形状和内部流动都非常复杂，尤其是泵在非设计工况下的内部流动与设计工况相比变化较大，使得流动更为复杂，导致对其内部流动进行数值和试验研究比较困难，很难形成适合不同工况的性能预测模型。Gülich 编制程序预测了原型、模型转换中粗糙度和雷诺数对离心泵效率变化的影响，研究发现叶轮/扩压器/蜗壳内部的损失比值随着比转速的增加而增加，粗糙度对扩压器/蜗壳的影响强于其对叶轮的影响。但随着比转速的增加，粗糙度对静止部件的影响，弱于其对转动部件的影响。Ogata 等采用试验手段对输送表面活性添加剂的离心泵性能进行分析，发现其效率比输送自来水高，而且随着活性剂浓度的增大而增加，同时流量的最大值也有所增加，在最佳温度情况下效率达到最大值。陈红勋等选用标准 k-ε 和可伸缩壁面函数，在 0°叶片安放角下，通过网格无关性分析，选择合适的网格数，分别在定常和非定常条件下对轴流泵进行了多工况点的数值模拟和外特性计算，发现非定常计算结果总体优于定常结果。李龙等在分析基于水力光滑区 Blasius 摩擦因数的原型、模型效率换算莫迪方法的基础上，采用适用于"过渡区"流动摩擦因数的 Haaland 和 Swamee-Jain 计算公式，参考莫迪拓展公式处理与雷诺数有关及无关的两种水力损失的方法，提出了考虑粗糙度影响的原型、模型效率换算计算式，并进行了不同"过渡区"流动摩擦因数表达式、不同类型水力损失比例的计算研究。结果表明，在标准规定的原型粗糙度内，效率换算差值不大于 0.0025。

彭晓强等从介质能量的观点分析了不同工况下低比转速离心泵叶轮出口处的湍流流动结构，计算结果表明，在叶轮的出口附近靠近吸力面一侧存在一个低能区，而压力面一侧能量相对较高。当偏离设计工况时，该低能区的范围和强度略有增加，叶轮效率也相应降低。黄智勇等通过泵水力试验，对不同转速下大流量轴流泵的性能进行了对比分析。结果表明，在低转速下泵效率存在分层现象。分析发现效率分层的主要原因是低转速下试验所得的泵水力效率误差比较大，故需要对低转速下的试验效率值进行修正。为了使试验数据尽可能反映真实值，在试验设备能力允许的情况下，试验转速应不低于额定转速的 80%。Ding 等采用一种研究泵汽蚀的 CFD（计算流体力学）新方法对一台轴流水泵的性能进行了预测和验证。模拟采用多重参考系和瞬态方法，计算过程中流量从 70%~120% 发生变化，输出结果包括水泵扬程、水力效率和汽蚀特性，并与试验结果进行了对比，同时对泵内的汽蚀模式与试验中的动态影像也进行了对比。Fatsis 等发展了一种实用数值模型对离心泵性能曲线进行预测。该方法输入值包括离心泵几何参数和经验系数，输出结果为扬程、容积效率和功率。但该方法精度不够高，仅可作为工程中的简单速算。Dazin 等从泵内瞬时转矩和能量的基本表达式出发，考虑叶轮和流体的加速以及瞬时流动结构演化的影响，并将蜗壳部分简化为额定等效长度的管路，得到了关于瞬时扬程的理论表达式，试验结果证实了该方法的有效性。Li 等针对离心泵的汽蚀流动，提出了一种预测泵水力性能的计算模型，该空化模型基于黏性雷诺平均 N-S 方程求解器，采用该模型获得了非设计工况下流动的特征趋势，在两个不同流量系数情况下获取了低空化数时扬程系数的快速下降特征。

综上可知，尽管目前离心泵内部流动计算取得一定进展，但经典 Smagorinsky 亚格子模式不能很好地预测旋转壁面附近流动的分离、回流以及多尺度漩涡等，LES 方法在收敛精度、计算效率等方面还需进一步探索；在全面把握离心泵内部流动机理问题上还缺乏全流场全流量工况的系统性流动计算。在离心泵水力性能预测方面，虽然目前针对效率计算及性能预测进行的研究取得了一定的进展，但究其基本手段，一是基于某种湍流模型采用 CFD 的方法进行数值计算，二是采用试验方法进行统计分析，多数是针对某一具体对象进行研究，对非定常流动工况下离心泵效率计算和性能预测的误差分析研究得不够，适用于大功率多级离心泵性能预测的方法未能很好地总结出来，尤其是非定常流动工况下离心泵。

1.3.3　非定常流动对离心泵宏观性能影响研究现状

随着叶轮的高速旋转，离心泵内部将会出现轴向涡流、进出口回流、射流-尾迹、二次流、流动分离等不稳定流动结构。这些不稳定流动结构不仅会降低离心泵的工作效率，还会引起泵体的振动，其中固体颗粒还将引起过流部件的磨损，严重影响其运行的安全性。因此，需要深入研究离心泵内部不稳定流动结构对其流体动力性能、磨损特性及振动特性的影响。

在对离心泵流体动力性能影响研究方面，Tarodiya 等分析了输送多尺度粒径固体颗粒的浆液对离心泵性能和颗粒动力学的影响规律，在多粒径和等粒径下泵的性能分别呈现非线性和线性的变化，采用中值法和加权平均法捕捉粒径变化对泵的性能影响存在一定的偏差。Cheng 等分析了颗粒粒径和浓度对固液两相泵性能的影响，较大粒径不能很好地跟随液相流动，过多的大固体颗粒的存在导致泵中压力下降，因此随着颗粒浓度和粒径的增加，泵的扬程和效率迅速下降。Shi 等通过 PIV 试验分析了固体颗粒的分布及其对不同叶轮性能的影响，和清水工况相比，固液两相输送导致流体黏度变化使流速和叶片型线存在一定的角度，流场分布不均匀，采用双圆弧比单圆弧泵具有更均匀、稳定的流场分布和更高的性能。Wang 等研究了细颗粒尺寸和体积浓度对固液两相离心泵性能的影响，结果表明随着颗粒粒径和体积浓度的增大，离心泵进口负压值增大，进出口总压差减小，扬程和效率相应降低。张玉良等针对低比转速固液两相离心泵进行了数值模拟研究，泵的扬程和效率随着粒径和浓度的增加而减少，颗粒密度对性能的影响相对较少；同时采用动网格方法对起动过程中离心泵内的固液两相流动进行了数值计算和试验研究，发现从起动到达稳定流量工况的时间长于清水工况。

为了改善固液两相的磨损问题，学者们针对磨损模型及磨损机理方面开展了很多工作，为准确分析非定常流动对离心泵的磨损特性影响提供了参考。Okita 等通过试验和数值模拟评估了流体黏度和颗粒粒径对磨损的作用，在高黏度中较小粒径的磨损速率下降，但较大粒径的磨损速率变化不大，并根据试验结果发展了同样材料在空气中的磨损预测方程。El-Behery 等分析了管道弯曲方向、进口速度、弯曲尺寸、颗粒浓度和粒径等因素对弯管内侵蚀磨损速率的影响，同时基于其他大量磨损速率的预测结果，提出了一个基于 CFD 的新的关联式，用于预测磨损位置和磨损速率。Nguyen 等采用数值模拟和试验方法分析了固液混合物中沙子颗粒粒径（$50\mu m$、$80\mu m$、$150\mu m$、$350\mu m$、$450\mu m$ 和 $700\mu m$）对不锈钢表面的磨损模式、磨损速率、磨损机理和磨损剖面的影响，发现磨损速率随着粒径增大先增大，当大于一定粒径时磨损速率反而随粒径增大而减小。在对离心泵磨损特性影响方面，Tarodiya 等采用欧拉-拉格朗日方法耦合磨损模型对离心泥浆泵的磨蚀磨损进行了预测，发现叶轮靠近叶片进口压力面以及靠近压力面的前盖板处磨损严重，蜗壳中心 80° 和 300° 处磨损严重。Noon 等采用磨损模型结合能量方程对输送石灰浆的离心泵内侵蚀磨损进行了数值分析，发现磨损损失随着冲击速度、颗粒浓度和粒径的增大而增大，在蜗壳靠近隔舌（约 35°）和靠近出口（300°）处侵蚀磨损最严重，温度将影响腐蚀磨损现象。Peng 等针对离心渣浆泵不同颗粒浓度下的磨损特性进行了分析，发现小流量工况下泵内存在明显的回流和强烈的局部磨损，随着颗粒浓度的增加，流动阻力和回流增加，局部壁面磨损加重；通过高颗粒浓度区域和滑移速度预测的叶轮的磨损位置与试验观察到的严重磨损一致。Pagalthivarthi 等采用离散相模型（DPM）在不同泵的运行参数如流量、转速、颗粒粒径，以及不同几何参数如隔舌曲率、蜗壳宽度、扩散段斜率工况下，获得磨损速率和运行工况、几何参数的定量变化趋势。Yan 等采用磨损模型研究了不同磨损间隙下离心泵流动表面的磨损规律，结果表明，离心泵叶片的磨损主要集中在叶片的出口和进口部位，吸力面出口和叶片前部的压力面磨损更为严重。随着间隙的增大，叶轮中的最大磨损值先增大后减小，蜗壳壁面的磨损程度和磨损率先增大后减小；随着间隙和流体介质浓度的增加，离心泵间隙处的磨损更加严重，严重磨损区域呈点状周向分布。

在对离心泵流体激励振动影响方面，流体激振源主要包括叶轮-隔舌动静干涉、叶片尾缘脱落涡和偏工况进出口回流等不稳定流动结构，其中隔舌处的动静干涉和叶片尾缘脱落涡是产生离心泵内部非定常压力脉动的主要诱因，而且非定常压力脉动与离心泵内部的流体激振密切相关。Zhang 等通过 LES 湍流模型数值模拟与试验相结合的方法，对叶轮与隔舌之间的尾迹脱落涡和撞击隔舌过程进行了分析。研究结果表明，叶轮与隔舌之间的动静干涉作用主要由尾迹脱落涡强度和隔舌处涡的撞击决定。Zobeiri 等对比了原始水轮机叶片和斜切尾缘的改型叶片的尾缘脱落涡激振强度，数值模拟和试验结果分析发现尾缘斜切叶片可有效地降低尾缘脱落涡的激振效应。Al-Qutub 等通过试验对比分析了 V 形叶片尾缘对离心泵内部流体激振特性的影响，发现 V 形切口减少了叶轮与蜗壳的干涉作用，能有效降低叶片通过频率处振动的幅值。施卫东等对三种不同隔舌安放角的离心泵进行了全流场数值模拟，发现径向力的大小受到不同隔舌安放角的影响，隔舌安放角越大，径向力越小，将改善离心泵的振动。Tao 等研究了叶片厚度对环形蜗壳陶瓷离心泵瞬态特性、振动和固液两相流的影响，发现随着叶片厚度增加压力侧固体体积分数高的区域向叶片厚度较大的叶轮出口偏移，叶轮上的扭矩、径向力和轴向力随着叶片厚度的增加而减小，泵的振动也将随之减少。张陈良等针对不同叶片尾缘离心泵内的不稳定流动和振动开展了研究，发现适当的切削角度可以减弱叶片尾缘处涡量的强度及尾迹脱落涡的面积，改善压力脉动和叶轮上的流体激励力，降低转子系统的振动。

以上研究人员针对非定常流动对离心泵宏观性能方面的影响开展了大量的研究，但很少针对石油炼化的实际介质开展，很少涉及不同温度、不同工况、不同颗粒浓度和粒径、几何参数下内部非定常流动对离心泵内流体动力性能、磨损特性和振动性能影响，进行全面系统的研究。

1.3.4　离心泵转子系统动力学特性预测研究现状

离心泵流体激励力研究方面，流体激励对离心泵的振动具有显著的影响，而且由于离心泵叶轮与蜗壳几何形状的复杂性与工作介质的流动性，对其机理的研究相对于固体结构的振动而言更加困难。而叶轮内部流场流固耦合所造成的叶轮流体激励力主要是指在相对运动的叶轮与蜗壳的间隙中，由于流体动量以及流体与叶片、蜗壳等的流固耦合作用而产生的流体力。要研究离心泵叶轮转子系统的振动特性，首先必须分析叶轮周围非定常流场，并求出叶轮在流场中的受力情况，为离心泵的振动分析以及动力学特性做好理论基础。

目前，对于诱导离心泵流体激振作用在叶轮上的流体激励力主要有三种不同的处理方法。第一种方法是将叶轮所受到的流体力简化为弹性支撑，建立叶轮、蜗壳耦合作用下流体激励力引起叶轮涡动的二维数学模型，数值分析叶轮流体力并采用试验方法进行验证。但是，该方法并未考虑叶轮转子系统中的转轴，因此无法对转轴与叶轮间的相互作用力进行研究。同时，二维模型无法对叶轮涡动产生的陀螺力矩进行研究。因此，有不少学者通过数值方法，计算得到叶轮在两个垂直方向上受到的流体力，并在此基础上计算得到流体力支撑的刚度、阻尼矩阵等，同时，通过试验测试方法进行验证。第二种方法是将流体简化为转子的附加质量，忽略了叶轮所受的流体力，从而对转子系统的临界转速进行分析，其中，附加质量为叶轮中流体质量的 20%~40%。由于不需要计算真实的流体激励力，只需要从结构力学考虑系统的机械特性，因此这种方法在工程上得到了一定应用。但是，其具有明显的缺陷：由于叶轮增加了附加质量，转子系统的实际临界转速将发生变化，同样流量下随着叶轮转速的增加，叶轮实际所受的流体激励力也将按转速二次方的关系增加，但是此简化模型并未考虑转速不同时附加质量的变化。同时，由于离心泵内流场呈现明显的不对称结构，在泵运行过程中，叶轮所受的流体激励力也是非轴对称的。因此，该模型需要进一步进行修正。第三种方法是直接将叶轮受到的两个方向的合力作用激励力加载到所建立的转子动力学模型上。胡朋志等将叶轮径向力直接作为激励力，建立了离心泵转子刚性支撑的转子系统，分析了转子系统的非线性特性以及转子的振动及轴心轨迹，研究结果表明，流体力与转子柔度的增加，叶轮间隙流动引起的振动对离心泵转子系统不稳定性会产生非常重要的影响。

早在 20 世纪 70 年代初，Uchida 等就已开展对叶轮所受径向流体合力的研究。主要集中于离心泵内压力脉动与压力脉动作用下蜗壳与叶轮结构自身的振动情况、叶轮-转子-支撑系统流体激励力作用下的振动分析、汽蚀对离心泵振动的影响、流体激励作用下离心泵振动的稳定性分析、基于减小流体激励的离心泵结构设计、对离心泵流体激励的振动监测、人体内离心血泵的减振研究、不同工作介质对离心泵振动的影响等。

随着试验手段的提高，研究人员对于径向流体力进行了大量的试验研究。Yoshida 等通过改变叶片角度、叶片间距以及叶轮偏心对不平衡流体力进行了试验研究，研究结果表明，流体动力的幅值随着叶轮偏心程度的增加而变大，不平衡流体力与流体流量密切相关，而质量偏心所引起的不平衡力与流体流量无关。Black 对高速离心泵转子系统的横向振动和稳定性做了分析，首次发现离心泵在运行过程中会受到流体附加作用力的影响。Colding-Jorgensen 以一个简单二维叶轮为计算模型，并对流体做出无黏、不可压缩的假设，应用奇异势流理论计算出了刚度系数和阻尼系数，并建立叶轮流固耦合力学模型。通过对转子稳定性的分析，得出结论：在一定运行条件下，叶轮所受到的流体附加作用力会使转子的稳定性下降。Tsujimoto 等以一个在蜗壳中涡动的二维离心式叶轮为研究对象，考虑蜗壳和脱流漩涡对叶轮周围流体的影响，得到了非定常流体的附加作用力。Adkins 以离心泵的叶轮为研究对象对叶轮动力学特性进行分析，获得了刚度系数、阻尼系数、惯性系数，并提出了叶轮流固耦合作用力模型。Adkins 和 Brennen 开展了大量的理论和试验工作对整个叶轮受到的流体附加作用力进行了分析，得出在总流体附加作用力中叶轮前侧盖板流固耦合力对叶轮的影响最大。Childs 提出了包含叶轮涡动和倾摆的叶轮前侧盖板流固耦合作用力模型，采用 Bulk-Flow 理论推导了叶轮前侧盖板泄漏流的流体控制方程，通过摄动法对控制方程进行扰动分析，并应用分离变量法对一阶扰动方程进行求解，得出模型中的刚度系数、阻尼系数、惯性系数。Guinzburg 等分别对三种不同的泄漏流通道进行了研究，分析了不同泄漏流通道间隙、不同泄漏流量和不同叶轮偏心率对流体激励力的影响。随后 Hsu 和 Brennen 等进一步研究了不同泄漏流通道、不同入口涡动率对叶轮前侧盖板流体附加作用力的影响。Childs 等在整体流动模型理论的基础上，建立了叶轮转子系统中叶轮前侧盖板、叶轮后侧盖板、迷宫密封环的间隙流体控制方程，得出动态特性系数和流体附加作用力模型，并将理论分析与试验数据进行了对比。

20 世纪末期，随着计算机技术的发展以及技术水平的进一步提高，研究人员通过数值计算与试验定量分析叶轮蜗壳间隙变化所引起叶轮径向流体力的变化。Moore 等将计算流体动力学的方法成功应用到了叶轮前侧盖板流固耦合作用力的求解中。Benra 等利用 CFD 软件和有限元软件，分别采用单向耦合和双向耦合计算方法，分析了单叶片无堵塞离心泵转子振动位移和所受的水力激励，对比了两种耦合方式的计算结果，并使用非接触式电涡量传感器对转子系统的水力激振位移进行测量。通过试验数据与数值计算结果的对比分析，发现数值计算所得的转子振动位移和流体激励力大于试验测得的值，且双向耦合的计算结果更接近试验值。Campbell 等建立了适用于泵叶片流体激振变形的流固耦合求解方法，并对一个典型涡轮叶片进行了定常流固耦合计算和水洞试验分析，两者结果吻合较好。Muench 等对由非定常湍流诱导振动的 NACA（美国国家航空咨询委员会）翼型进行了流固耦合计算，结果与理论分析和试验值吻合较好，并提出该流固耦合算法可以扩展到涡轮机械叶片的流固耦合分析。Jiang 等采用大涡模拟计算了泵的内部流场，利用有限元程序计算泵部件的瞬态动力学特性，以叶轮内表面压力脉动作为边界条件，计算并分析了泵壳的流体诱导振动特性。

我国也有不少科研工作者对离心泵叶轮转子流固耦合问题的研究做出了贡献，但是相对于国外而言还处于起步阶段。裴吉针对单叶片离心泵建立流固耦合求解方法，并将该方法应用到蜗壳式离心泵转子-流动耦合系统的流固耦合振动求解。何希杰等研究了离心泵水力设计对振动的影响。吴仁荣及黄国富等对离心泵振动噪声的水力设计方法做了较全面、系统的分析，并提出了几种减小水激振动的水力设计原则。倪永燕运用 Fluent 软件对离心泵进行了全流道非定常湍流模拟，研究了叶轮和蜗壳动静干涉对压力脉动和水力激振的影响。叶建平分析了作用于蜗壳上的径向力变化规律，在仅考虑径向力作用下，计算了离心泵的振动响应，并对其辐射声场进行了分析。Xu 等应用双向流固耦合方法对导叶式离心泵的外特性和内流场进行了分析，研究了流固耦合作用对外特性影响的机理。王洋等采用单向流固耦合方法对离心泵冲压焊接叶轮的强度进行了分析，指出为了提高叶轮可靠性，应尽量避免其在小流量工况下运行。窦唯等对高速泵三维流场进行了非定常计算，分析了高速泵内的压力分布情况，研究了高速泵叶轮上的稳态径向力和脉动径向力，分析了流体激励力对高速泵叶轮系统的振动及其轴心轨迹的影响。蒋爱华等计算了离心泵叶轮转动过程的瞬态内流场，同时，积分得出蜗壳内表面三个方向上流体激励合力并进行频谱分析，最后运用九次多项式拟合、傅里叶级数与分段多项式拟合分别建立叶轮单周转动各向流体合力数学模型。结果表明，蜗壳所受出口方向、进口方向与垂直于进出口方向的流体激励力以叶片通过频率为基频波动，且波动幅值依次减小，波谷均出现于叶片通过隔舌时；采用三段多项式拟合所建的数学模型与原始波形有最小的偏差，并且具有较低阶次。袁振伟等在不考虑流体作用的转子动力学有限元模型的基础上，利用流固耦合分析推导的薄圆盘和圆柱体单独在流体中分别做平移和转角振动时受到的流体阻力公式，建立转子圆盘和轴段在流体中的单元运动方程，把作用在转子上的流体力整合到系统运动方程中，得到了考虑流体作用的转子动力学有限元模型。

胡朋志等采用非定常不可压缩势流理论对叶轮所受的流体激励力进行求解，以非线性油膜力为激励源对转子系统动力学特性和分岔特性进行分析，研究发现叶轮转子系统的稳定性会受到质量偏心和轴承间隙的影响。李同杰等建立了故障叶轮转子系统非线性动力学模型，采用处理非线性动力学问题的数值方法分析了横向流体激励力和转子故障这两个非线性因素对叶轮转子系统非线性动力学特性的影响。唐云冰等分析了叶轮偏心引起的气流激励力对转子系统稳定性的影响，发展了系统失稳的计算方法，同时还讨论了叶轮偏心导致转子失稳的机理和特点。蒋庆磊将叶轮前侧盖板泄漏流通道简化成锥形结构，用 CFX 软件对内部流场进行分析，求出流体激励力，并把该流体作用力代入离心泵转子系统方程，最后通过耦合法求出转子的不平衡响应。张妍对叶轮前侧盖板流固耦合动力学特性进行了深入研究，分析了叶轮前侧盖板的轴向长度、叶轮前侧盖板的倾斜角度、转子偏心率、泄漏流通道平均间隙等相关参数对稳态压力分布和速度分布的影响，求出了叶轮前侧盖板的一系列刚度系数、阻尼系数和惯性系数。

通过对国内外相关研究情况进行对比分析，可以看出：我国在离心泵流体激励力研究方面取得了长足进展，并且研究成果也得到了广泛的应用。但是，相比于国外研究，我国在流体激振基础研究方面以及基础应用层面上还有较大的差距。严苛工况离心泵的振动问题十分复杂，相关研究涉及流体力学、传热学、结构力学、转子动力学、计算方法等交叉学科。

我国在严苛工况离心泵内部流体激振方面理论基础储备和积累不够，可供借鉴的有效经验不多。对于大功率石化离心泵振动机理及影响因素的认识还停留在经验和试验上，缺乏专业的设计指导规范。在大多数研究中，基本上是利用商业软件进行数值分析研究，尽管研究问题的规模与复杂度日益增长，但是对于数值方法、计算模型的理解并不深入，尤其是对于大功率、高压、高转速离心泵目前仍停留在产品级的外特性试验，没有开展非定常内部流动的测试与分析工作，使得数值计算的模型和结果无从验证。由于缺乏相应的试验系统，只能基于最简单的公式得到了密封刚度参数，致使转子动力学计算结果误差较大和正确性判断较困难。而当振动问题出现后，国内目前主要依靠试车考核，从工艺方面考虑的较多，由于激振源、激励、路径和流固耦合的影响未知，只能被动采取抗振的措施。

转子系统动力学特性预测方面，随着离心泵向大型化、多级化方向发展，由于轴系转子设计不合理而引起的超标振动，以及由于转子系统动力学特性预测不准确而引起的轴系失稳现象，是影响离心泵机组运行稳定性及安全性的最主要因素。国内曾发生由于离心泵机组工作转速与临界转速相近引起的大轴弯曲事故，因此必须对严苛工况离心泵开展转子动力特性分析，其关键是要提出准确的离心泵轴系建模及动力学特性求解方法，从而指导离心泵轴系转子设计。

目前，轴系转子动力学建模及分析应用最为广泛的是传递矩阵法与有限元法。早期，Lund 和 Orcutt 拓展了 Myklestad-Prohl 传递矩阵法的使用范围，求解了考虑阻尼的复特征值和特征向量。Xu 等应用传递矩阵法，建立了考虑机械密封影响的转子轴承模型，发现密封对于系统的临界转速有较大影响。传递矩阵法的主要特点是不会因系统所划分单元数的增加而影响传递矩阵的阶次，且各阶频率计算方法相同，但当考虑支承等转子周围结构时建模比较困难。Kang 等通过有限元法分别对转子、轴承、支承进行建模研究，分析了不同刚度、阻尼的支承对于系统稳定性的影响，并提出了改进支承设计的方法。Cavalca 等对转子和支承进行了有限元建模，提出了一种减少轴承支承自由度的方法并验证了其对系统稳定的影响。有限元法特别适用于转子和周围结构组成的复杂系统的建模和分析，能够较容易地通过编制程序来计算系统的特征值，而且有限元法适用于对精度要求很高的转子系统，建模准确性已得到了验证。到目前为止，转子的有限元模型已经基本成熟，计算过程中考虑了转动惯量、轴向载荷、陀螺力矩、轴承刚度、剪切变形、内外阻尼等因素。

此外，严苛工况离心泵在设计及制造过程中，多应用环形密封以减小静止及转动部件间的流动损失，特别是在高压多级离心泵或高速离心泵中，由于密封及平衡压力的需要，存在多组如密封口环、级间密封及平衡鼓等液体环流密封。上述环形密封间隙内流动一方面会造成泄漏，降低离心泵效率；另一方面，当水泵环形密封两端存在压差时，对泵轴系动力学性能及动力学行为产生较大影响。以 Alford、Vance 和 Murphy 为代表首次对环流密封动力特性进行了定量分析，并提出了阻塞流的假设。随后，Black 和 Jessen 基于滑动轴承动力学特性求解方法应用并发展了短轴承理论，给出了密封线性等效动力学特性系数的定义及求解方法，其计算结果在雷诺数小于 2×10^4 范围内已被试验证实。近年来，以 Childs 为代表的美国得州农工大学涡轮重点实验室针对不同长径比的光滑环流密封动力学特性求解，提出了完善的分析方法，并在轴系动力学特性计算、校核及布局优化设计中得到了一定的应用。

离心泵转子动力学特性计算需要考虑叶轮口环和平衡鼓等间隙处的次流动

与轴系结构的作用，次流动区域流场与轴系固体结构场的单向耦合计算是常用的动力学分析手段。Jacquet-Richardet 和 Lornage 提出了代表性的耦合方法，分别利用有限差分或有限元法对流场及固体场划分网格，建立数学模型后计算得到转子位移响应及流场区域的压力分布，并利用交界网格法在两场之间传递数据实现耦合计算。裘雪玲对迷宫密封腔内可压缩气体间隙流场进行 CFD 模拟，所得流体力与轴系结构进行单向耦合计算，并分析了预旋对轴系动力学特性及动力学行为的影响。张万福等基于 CFD 方法求解得到密封动力特性系数，建立了转子-轴承-密封系统有限元模型，对轴承/密封耦合作用下转子同步振动特性与转子不稳定振动特性进行了深入研究。以上分析中密封流场的 CFD 计算进出口边界条件均局限于经验公式及经验系数，没有从全流场计算角度准确判定次流动区域边界条件，耦合求解所得轴系动力学特性及动力学行为有较大误差。

综上，国内外研究学者对轴系动力学特性求解模型与方法、轴系动力学行为定性与定量研究做了很多工作，但是与轴系固体场耦合计算中的间隙处次流场计算多基于经验公式及经验系数进行，流体激励力及轴系耦合模型还有待改进、完善。

1.3.5　离心泵设计研究现状

离心泵内部流动是一个全三维的复杂多相多场多尺度的流动，在不了解内部流动特性的情况下，完全基于经验设计过流部件会使得获得优秀模型的概率大大降低。因此研究者在基于流动分析的基础上对离心泵过流部件进行设计。Li 等针对叶片出口宽度、叶片出口角和叶片包角三个参数，以效率和扬程为目标基于正交试验方法对高比转速离心泵进行了优化设计，优化后泵的性能得到了适当的提高。童哲铭等选取叶片出口宽度、叶轮出口直径以及叶片出口角为设计变量，采用神经网络和遗传算法进行了多目标寻优，形状优化后的叶片使泵的扬程和效率得到了一定的提升。申正精等建立了颗粒参数与过流部件表面磨损的内在关联，确定了叶片工作面的磨损和蜗壳内壁主要磨损区域，发现颗粒粒径在 0.05 ~ 0.16mm 范围内，粒径的增大会加速磨损；而当粒径大于 0.16mm 后，磨损率增长放缓，在此基础上，给出了固液两相流泵水力设计和结构设计的优化方向。Peng 等采用响应面法对叶轮的叶片数、叶片直径、叶片出口宽度和包角进行了优化设计，降低了叶轮内的磨损速率。Riccietti 等利用 CFD 结合人工神经网络并将支持向量积分类应用到离心泵的参数设计中，随着自由参数的微调，使用分类程序可以舍弃大多数不可行的样本，减少了所需的

CFD 计算量 50%~70%，增加了设计程序的可行性。

在考虑流体动力性能和磨损特性的基础上，离心泵还需要保证运行的可靠性。Li 等采用多叶片、较大径向间隙及 12°叶片交错角的叶轮设计方法，使双吸离心泵在全流量范围内获得了更高的扬程，泵内的压力脉动和振动减小。Sa 等提出了一种基于拓扑导数方程的流体机械转子拓扑优化方法，以最小流体能量耗散、涡量和扭矩为优化目标函数，改进流体分布，进行了离心泵叶轮流道和转子的优化设计，获得了较好的构型。Wang 等以最大加权平均效率和最小基底振动强度为目标，对叶片数、叶轮出口直径、出口宽度和叶片包角等进行了优化设计。优化后，在非设计流量工况下叶轮的径向力、轴向力的变化率明显减小，且泵侧支架和出口法兰的振动速度也显著降低。流体对转子系统的作用是显而易见的，浸泡在液体中的湿转子与介质为空气条件下的干转子运行条件存在明显差异，由于转子和支承体（叶轮口环等）之间的液膜对转子起到类似轴承的支承作用，使得转子临界转速大幅提高，尤其是大型多级离心泵。API 610 规定对于含齿轮箱的多级离心泵整个轴系进行扭转振动分析，对多级叶轮主轴进行湿转子条件下的固有频率分析。因此，在离心泵转子设计过程中必须综合考虑流体作用下的转子系统动力特性计算。

综上，离心泵设计过程的三维流动分析最终目的在于为提高效率、稳定性和可靠性提供基本手段，流动分析还需与磨损性能、转子系统动力特性分析有机结合起来开展离心泵的设计，才能保证泵获得高效及高可靠运行性能。但目前离心泵的设计过程鲜见基于流体动力性能、磨损性能和振动性能综合考虑的离心泵的融合设计方法。

1.3.6 离心泵机组在线监测和故障诊断研究现状

离心泵机组在线监测研究方面，现代监测技术大致经历了以下两个阶段。

第一阶段是以动态测试技术和传感器技术为基础，信号处理技术是主要处理手段。得益于现代科技的快速发展，这两项技术已经在工程中得到广泛的应用。根据检测的参数不同，人们可以利用噪声、振动、温度、力、电、光、射线、磁等多种传感器，依赖各自的噪声、振动、热成像、光谱、铁谱、无损检测等监测分析技术进行分析。数值处理与信号分析理论的发展，给微计算机监测系统的应用提供了理论保障，对比分析、函数分析、状态空间分析、统计和模糊分析、逻辑分析方法等数据处理方法迅速被应用到工程中。

第二阶段以人工智能技术为基础。人工智能技术的应用是现代监测技术智能化发展的体现。这一阶段的研究内容与实现方法是以知识处理为核心，替代了以数据处理为核心的过程，开展了神经网络、专家系统和应用技术的研究和模糊分析等理论、方法。人类的知识，包括领域知识和求解问题的方法在这一阶段中起主导作用。同时通过将数据、知识处理与信号检测都整合在一套设备中，利用简单的操作来替代复杂的分析过程，使得这类设备的操作难度大大降低，甚至适用于一般操作人员。在泵运行状态的监测过程中，现代计算机信号分析测量技术，诸如红外测温、超声、声发射等已经代替了传统的眼看、耳听、手摸。

欧、美等发达国家对泵测试技术的研究起步较早，监测系统的产品已比较成熟，对于特殊泵的研制、泵的开发与创新特性测试等方面国外技术更加成熟。目前国外的泵监测系统呈现出集成化高、体积小、可移动、多功能、易操作等特点。1961 年，英国国立工程实验室（NEL）就建立了自己的水力试验台，该试验台适用于水泵和模型水轮机（最大直径 500mm）的性能试验，可以以开式和闭式两种循环方式进行效率和汽蚀试验，部分参数可自动控制，试验数据由计算机进行自动采集、处理，并自动绘制和打印试验结果。德国 KSB 公司和瑞士苏尔寿公司水泵试验台均采用了计算机自动化监测系统。又例如英国 CussonsTechnology 公司生产的 P6250 齿轮泵、轴流泵、离心泵和活塞泵测试平台等。但这类水泵测试装置仍存在如数据处理功能薄弱、缺少嵌入式数据处理分析系统、效率不高等缺陷。

在国内，泵监测技术的发展相对较慢，其发展历程可以简要地划分为两个阶段：20 世纪 80 年代以前和 20 世纪 80 年代至今。20 世纪 80 年代以前，我国的泵监测手段比较落后。泵性能参数测试设备仍主要以手动操作试验过程、手动测量试验数据、手工绘制曲线为主，存在测量手段落后、测试仪表众多、测试精度差、劳动强度高、测试效率低等缺点。20 世纪 80 年代至今，随着计算机技术、通信技术和智能控制技术的高速发展，自动控制领域日新月异，智能仪表、先进的控制方法等层出不穷，这给泵的监测技术带来了契机。智能电磁流量计、超声波流量计、激光流量计、智能电容式压力变送器、转矩转速传感器、微机扭矩仪、单片机、PLC 等先进的电子装置迅速地被应用于智能的泵监测系统中，极大地提高了泵监测系统的自动化程度、测试精度、响应速度和人工效率。中国农业机械化科学研究院、山东省农业机械科学研究所、江苏大学等单位相继对水泵试验装置进行了研究与开发，建立了各具特色的试验装置，他们为水泵自动测试系统的不断完善发挥了先导作用。如山东省农业机械科学研究所给荏原博泵泵业有限公司研发的特大型水泵试验台，功能完备，但操作相对复杂；另外，江苏大学 TP 自动化研究所开发的泵参数综合测试仪则结构紧凑，安装方便。

故障诊断研究方面，故障诊断始于 20 世纪 70 年代英国和日本对锅炉、压力容器和铁路机车等领域的研究。国外普遍采用故障诊断技术使得设备维修费用平均降低 15%~20%。离心泵的故障诊断已从纯粹的以动态测试技术和传感器技术为特征逐步向以人工智能为特征进行转变。基于动态测试技术和传感器技术的离心泵在线监测技术的发展与应用已相对成熟，在在线监测基础上实现基于人工智能的故障诊断是提高离心泵智能化水平的关键。采集数据的预处理、数据库建立和模型算法等相关方法相对成熟，关键是如何采用这些方法来构建适用于严苛工况离心泵的故障诊断模型。

在故障诊断模型研究方面，Correcher 等运用离散事件系统规则研究了水泵和阀门系统的故障诊断问题，将系统状态划分为正常态和故障态两种情况，但没有提出故障诊断定性推理的具体策略。Musierowicz 运用模糊逻辑理论研究了中压输电线路间歇性接地故障的检测问题，这是一种典型的定性故障诊断方法。而基于定量分析的故障诊断方法则是通过对研究对象建立数学模型，得到表征故障对系统性能影响程度的残差信息，通过对残差进行分析以达到故障诊断的目的。常用的方法有 Lyapunov 理论、随机切换理论，以及统计模型、小波变换、经验模式分解、粗糙集和决策优化等。Guo 等提出了一种基于经验模式分解和多重支持向量机相结合的间歇故障诊断方法，研究表明此方法可以有效降低间歇故障对系统造成的虚警。Chow 等将信息熵引入故障诊断中，提出了定量评价旋转机械振动状态的方法，并把它作为一种特征量来分析。讨论了功率谱熵、小波空间特征熵、奇异熵和涡动状态特征熵的定义及应用场合。Toyota 等采用支持向量机（Support Vector Machine，SVM）的特征提取方法，基于振动信号概率密度服从正态分布假设的函数展开法，提出了在噪声环境中分离出有用信息的盲源分离法（Blind Source Separation，BSS）。各种特征提取方法的综合利用也成为近年来故障诊断领域研究的热点，如隐马尔科夫模型（Hidden Markov Model，HMM）及其拓展方法引入离心泵振动信号分析诊断中，把语音、图像等信号特征提取方法的研究推向更深的层次。Flandrin 和 Gloersen 等把故障诊断技术应用于水电机组，采用模糊核聚类、多类支持向量机、模糊 K 近邻等方法利用振动数据判断水电机组的故障情况，其方法能分离有效特征，处理分布不均匀和线性不可分的复杂数据，具有较高精度。Muralidharan 和 Sugumaran

等建立基于小波变换的振动特征提取方法，采用 SVM 方法应用故障诊断，具有比较高的准确度。

从上面的分析可以看出，尽管国内外已经针对旋转机械开展了基于振动的故障诊断技术研究，但针对严苛工况离心泵也仅仅是针对振动的单一维度进行分析，定性结合定量故障诊断技术研究还不完善，特别是对基于流场和转子动力学的智能诊断方法还没有建立起来。

1.3.7　离心泵机组产品开发研究现状

泵是流体输送的关键设备，是一种在国防和工农业领域广泛应用的动力机械，耗电量约占全国总发电量的20%，离心泵是最重要的一类泵产品，占所有泵类产品的70%左右。而智能化严苛工况离心泵的应用前景十分广泛，主要潜在市场有中哈、中缅、中俄油气管道的原油输送项目；海上油气开采中的海洋平台与陆上终端建设项目；我国城市化进程中加大能源需求项目；节能减排与城市雾霾治理中的推进油品升级改造项目；推进我国能源战略储备与替代工程中的煤制油、煤制气、煤制烯烃、煤化工等项目；中东、俄罗斯等国家推进油气深加工建设项目；页岩气、原油产品开发项目。同时，在新能源领域智能化严苛工况离心泵的应用前景也十分可观，潜在市场主要有核电、新型核反应堆技术、核化工和核废处理等领域、光热发电中的一回路高压循环输送领域、海水淡化工程以及医药化工、精细化工等领域。同时，中国海军走出第一岛链，迈向远洋是必然的趋势。安全可靠、长周期运行、低振动噪声以及高智能化战术装备是国防军工未来发展的重中之重。目前，现有常规舰船、潜艇的换装升级，新建常规潜艇、核潜艇、航空母舰以及配套的水面舰船系列装备对具有高可靠性、高效水力性能、低振动噪声的智能化离心泵机组产品的需求十分巨大。但是，我国离心泵产品在可靠性、效率、智能化等方面与国际先进水平还存在较大差距，涉及国防军工的特种离心泵产品仍受到西方的技术封锁。

目前国外的技术和产品的新进展要远远地超过国内同行，近年来世界主要泵公司相继推出了各自具有不同特点的智能泵新技术和新产品。其中比较典型的包括：ITT 公司推出的具有以 14 项专利技术为基础的 PS 系列智能泵（Pump Smart）控制器，是集合了化工泵、化工工艺流程、变频器三方面的技术和专长，为优化流程系统的性能和提高泵运行的稳定性提供的了一种世界领先的有效解决方案。其优点包括可实现泵送系统的智能控制，优化和保护整个泵送系统，稳定流程工艺，减少故障维修，延长泵送系统寿命，提高泵送效率，节能降耗；可以将能量消耗和维护成本降低 30% ~ 70%。这种智能泵控制器具有泵干运转保护、最小流量保护和汽蚀保护功能，并可以对流程系统内仪表故障进行诊断和应急控制，可以在那些导致泵和机械密封损坏的异常工况下，对泵进行保护并维护泵送流程。

这种智能泵控制器可以使泵以较低转速在最佳效率点附近运行，降低轴承和密封上的载荷，延长泵的使用寿命。而离心泵转速降低 20%，则可以减少 50% 的电能消耗。第 5 代智能泵控制器产品也在近 2 年得以推出。新推出的智能泵控制器对泵的控制和保护功能更加强大，其中具有代表性的专利功能可以在无任何仪表检测设备的情况下实时计算泵送流量，并将误差控制在 ±5% 以内。

美国福斯集团研制开发出的 IPS Tempo 系列产品是一种智能泵优化控制和保护系统。这种新型智能泵能够调整泵的流量、压力、温度和液位的变化，监测流程的各种变量和泵功率并提供状态监测和控制，其特点是改进了泵性能，降低泵使用周期成本，降低能耗可达 50%，同时可提高平均故障间隔时间。这种新型智能泵采用了变频驱动器技术、泵结构优化技术以及工业级电力驱动器，一个可提供极佳保护和可靠性的直观菜单驱动用户界面。这种新型智能泵适用于石油化工、水工业、采矿和一般工业等领域。而在国内智能泵研发这一块，目前只有极少数的泵企业在进行一些初步的探索研发，属于刚刚起步阶段。为了改变这一现状，使其与发达国家技术接轨，开发新型、高效、智能的大型离心泵系列产品，是非常必要的，这对我国离心泵行业都具有重大的战略意义。

第2章 严苛工况离心泵机组基本理论

2.1 严苛工况离心泵的主要性能参数

一般而言，离心泵的主要性能参数有流量、扬程、转速、汽蚀余量、功率和效率。对于严苛工况离心泵机组而言，轴承温度/温升、振动和噪声也是极为关键的性能参数。

1. 流量

流量是指单位时间内泵所输送的液体量，一般为体积流量或者质量流量。其中体积流量通常用 m^3/h、m^3/s、L/s 及 L/min 来表示；质量流量通常用 kg/s、t/h 来表示。

2. 扬程

扬程是指泵对单位重量液体做功后，从泵进口法兰到泵出口法兰，液体获得的能量增加值。扬程表征的是泵本身的性能，与系统装置无关，只与离心泵进出口法兰处液体能量大小有关。扬程也称为水头。通常用符号 H 来表示，通常用 m 来作为单位。

3. 转速

转速是指单位时间内离心泵旋转的转数，一般用符号 n 来表示，单位一般为 r/min。

4. 汽蚀余量

离心泵的汽蚀余量指泵入口处液体所具有的总水头与液体汽化时的压力头之差，单位用 mH_2O 标注，一般用 NPSH（Net Positive Suction Head）表示，单位为 m。

5. 功率和效率

离心泵的功率是指原动机（电动机、汽轮机等）传到泵轴上的功率，又称为轴功率，一般用 P 表示。

泵对液体作用后，单位时间内液体获得的有效能量，称为有效功率，一般用 P_e 来表示。

泵的效率是有效功率和轴功率之间的比值，一般用 η 表示，即

$$\eta = P_e/P \tag{2-1}$$

6. 轴承温度/温升

对于严苛工况离心泵而言，首先要保证其安全稳定运行，因此，轴承温度、温升等是其关键性能参数之一。一般而言，离心泵滚动轴承最高温度不超过95℃，滑动轴承最高温度不超过80℃。轴承温升是指轴承温度减去测试时的环境温度，离心泵的轴承温升不超过55℃。

7. 振动

随着我国离心泵朝着高端大功率以及严苛工况发展，泵的振动成为更加关键的性能指标。泵的振动主要包括泵轴径向振动、泵轴轴向窜动、泵壳体振动以及泵机脚振动。振动主要分为振动位移（一般用 mm 表示）、振动速度（一般用 mm/s 来表示）和振动加速度（一般用 mm/s^2 来表示）。

8. 噪声

高端离心泵机组尤其是海军重大装备用关键离心泵机组，对泵的噪声要求非常严苛。离心泵产生噪声主要有四大类：①泵内流动引起的流噪声；②流动诱导振动噪声；③机械旋转产生的噪声；④泵内介质汽蚀产生的噪声。噪声一般用 dB 来表示。

2.2 液体在离心泵内的流动方程及求解方法

2.2.1 计算流体力学基本理论

1. 控制方程

流体运动遵循质量守恒、能量守恒以及动量守恒三大定律，而这三大守恒定律对应的控制方程分别是质量守恒方程、能量守恒方程以及动量守恒方程，这三大方程组成 Navier-Stokes（N-S）方程。其中，对于三维黏性不可压缩的非定常流体流动而言，N-S 方程在直角坐标系下的表达式为

$$\begin{cases} \dfrac{\partial \overline{u_i}}{\partial x_i}=0 \\ \rho\dfrac{\partial \overline{u_i}}{\partial t}+\rho\overline{u_j}\dfrac{\partial \overline{u_i}}{\partial x_j}=\mu\dfrac{\partial^2 \overline{u_i}}{\partial x_j \partial x_j}-\dfrac{\partial \overline{p}}{\partial x_i}+F_i \end{cases}$$

(2-2)

式中　ρ——流体密度（kg/m³）；

　　$\overline{u_i}$、$\overline{u_j}$——流体时均速度（m/s）；

　　x_i、x_j——坐标（m）；

　　$\overline{p}$——流体时均压强（Pa）；

　　t——时间（s）；

　　μ——动力黏度（Pa·s）；

　　F_i——体积力（N/m³）。

式（2-2）中的下标 i、j 为矢量（或张量）的分量指标，在三维情况下可取 1、2、3。

一般在对离心泵内部不可压缩三维非定常湍流进行数值计算时，经常采用雷诺时均（RANS）法进行求解，可以用雷诺时均方程描述：

$$\begin{cases} \dfrac{\partial \overline{u_i}}{\partial x_i}=0 \\ \rho\dfrac{\partial \overline{u_i}}{\partial t}+\rho\overline{u_j}\dfrac{\partial \overline{u_i}}{\partial x_j}=\mu\dfrac{\partial^2 \overline{u_i}}{\partial x_j \partial x_j}-\rho\dfrac{\partial}{\partial x_j}(\overline{u_i' u_j'})-\dfrac{\partial \overline{p}}{\partial x_i}+F_i \end{cases}$$

(2-3)

式中　$-\rho\overline{u_i' u_j'}$——时均雷诺应力。

根据 Boussinesq 假设：

$$-\rho\overline{u_i' u_j'}=\mu_t\left(\dfrac{\partial \overline{u_i}}{\partial x_j}+\dfrac{\partial \overline{u_j}}{\partial x_i}\right)-\dfrac{2}{3}\left(\rho k+\mu_t\dfrac{\partial \overline{u_i}}{\partial x_i}\right)\delta_{ij}$$

(2-4)

式中　μ_t——湍流黏度（Pa·s）；

　　k——湍动能（m²/s²）；

　　δ_{ij}——Kronecker（克罗内克）算符。

当流动为不可压时，标准 $k\text{-}\varepsilon$ 湍流模型为

$$\dfrac{\partial(\rho k)}{\partial t}+\dfrac{\partial(\rho k u_i)}{\partial x_i}=\dfrac{\partial}{\partial x_j}\left[\left(\mu+\dfrac{\mu_t}{\sigma_k}\right)\dfrac{\partial k}{\partial x_j}\right]+G_k-\rho\varepsilon$$

(2-5)

$$\dfrac{\partial(\rho\varepsilon)}{\partial t}+\dfrac{\partial(\rho\varepsilon u_i)}{\partial x_i}=\dfrac{\partial}{\partial x_j}\left[\left(\mu+\dfrac{\mu_t}{\sigma_\varepsilon}\right)\dfrac{\partial\varepsilon}{\partial x_j}\right]+\dfrac{G_{1\varepsilon}\varepsilon}{k}-C_{2\varepsilon}\rho\dfrac{\varepsilon^2}{k}$$

(2-6)

式中　G_k——由平均速度梯度引起的湍动能生成项 [kg/(m·s³)]，可表示为

$$G_k = \mu_t \left(\frac{\partial u_i}{\partial x_j} + \frac{\partial u_j}{\partial x_i} \right) + \frac{\partial u_i}{\partial x_j} \tag{2-7}$$

一般，$G_{1\varepsilon} = 1.44$，$C_{2\varepsilon} = 1.92$，$\sigma_k = 1.0$，$\sigma_\varepsilon = 1.3$。

标准 k-ω 模型中的湍动能方程，即 k 方程，与前面标准 k-ε 湍流模型中的一致，而涡量脉动方程，即 ω 方程，则是通过瞬时涡量方程得到的。标准 k-ω 模型的具体方程如下：

$$\frac{\partial(\rho k)}{\partial t} + \frac{\partial(\rho k u_i)}{\partial x_i} = \frac{\partial}{\partial x_j} \left[\left(\mu + \frac{\mu_t}{\sigma_k} \right) \frac{\partial k}{\partial x_j} \right] + G_k - Y_k \tag{2-8}$$

式中 Y_k——由湍流引起的湍动能 k 的耗散 $[\text{kg}/(\text{m} \cdot \text{s}^3)]$。

定义湍动能比耗散率 $\omega = \varepsilon/k$（单位为 $1/\text{s}$），那么输运方程为

$$\frac{\partial(\rho \omega)}{\partial t} + \frac{\partial(\rho k u_i)}{\partial x_i} = \frac{\partial}{\partial x_j} \left[\left(\mu + \frac{\mu_t}{\sigma_\omega} \right) \frac{\partial k}{\partial x_j} \right] + C_\omega \frac{\omega}{k} G_k - Y_\omega \tag{2-9}$$

式中 Y_ω——由湍流引起的湍动能比耗散率 ω 的耗散 $[\text{kg}/(\text{m}^3 \cdot \text{s}^2)]$；

其余模型参数：$C_\omega = 5/9$，$\sigma_\omega = 2$。

在高雷诺数湍流中，湍流黏度 μ_t 表示为

$$\mu_t = \rho \frac{k}{\omega} \tag{2-10}$$

标准 k-ω 模型在近壁区流场的模拟中能够获得较好的结果，同时 k-ε 模型在边界层外部和自由来流的模拟中也有较好的结果，因此，Mentor 将这两种湍流模式结合起来，形成了一种兼备两种湍流模型优点的 Baseline（BSL）模型。BSL 模型用变量 ω 表示 k-ε 模型中的变量 ε，并引入阈值参数，从而使两组方程用同一组方程表示。BSL 模型的方程组为

$$\frac{\partial(\rho \omega)}{\partial t} + \rho \frac{\partial \omega}{\partial x_i} = \frac{\partial}{\partial x_i} \left[(\mu + \sigma_\omega \mu_t) \frac{\partial k}{\partial x_i} \right] + \frac{\gamma \omega}{k} P - \beta \rho \omega^2 + 2(1 - F_1) \rho \sigma_\omega \frac{1}{\omega} \frac{\partial k}{\partial x_i} \frac{\partial \omega}{\partial x_i}$$

$$\tag{2-11}$$

$$\rho \frac{\partial k}{\partial t} + \rho \frac{\partial k}{\partial x_i} = P - \beta^* \rho k \omega + \frac{\partial}{\partial x_i} \left[(\mu + \sigma_k \mu_t) \frac{\partial k}{\partial x_i} \right] \tag{2-12}$$

其中，各系数 $\boldsymbol{\phi}_0 = \begin{bmatrix} \beta^* & \beta & \sigma_k & \sigma_\omega & \gamma \end{bmatrix}^{\mathrm{T}}$ 满足：

$$\boldsymbol{\phi}_0 = F_1 \boldsymbol{\phi}_1 + (1 - F_1) \boldsymbol{\phi}_2 \tag{2-13}$$

切应力输运湍流模型（SST k-ω）是一种混合模型，是 Mentor 在 BSL 模型基础上，将雷诺应力的传递也体现在湍流运动黏度 ν_t 中。对于不可压流动 SST k-ω 模型方程为

$$\frac{\partial(\rho k)}{\partial t}+\frac{\partial(\rho k u_i)}{\partial x_i}=\frac{\partial}{\partial x_j}\left[\left(\mu+\frac{\mu_t}{\sigma_k}\right)\frac{\partial k}{\partial x_j}\right]+C_k-Y_k \tag{2-14}$$

$$\frac{\partial(\rho\omega)}{\partial t}+\frac{\partial(\rho\omega u_i)}{\partial x_i}=\frac{\partial}{\partial x_j}\left[\left(\mu+\frac{\mu_t}{\sigma_\omega}\right)\frac{\partial\omega}{\partial x_j}\right]+C_\omega-Y_\omega+D_\omega \tag{2-15}$$

式中　C_ω——由速度梯度引起的 ω 生产 $[kg/(m^3 \cdot s^2)]$；

　　　D_ω——由交叉扩散引起的 ω 耗散 $[kg/(m^3 \cdot s^2)]$。

SST k-ω 湍流模型利用调配函数 F_2 在近壁区的 k-ω 模型和远场区域的 k-ε 模型之间进行转换，且具有 k-ω 模型计算近壁区黏性流动的准确性和 k-ε 模型计算远场自由流动的准确性。由于模型考虑了湍流切应力的传递，即使在流动分离的计算中也能够得到较为准确的结果。

离心泵内部流动是高速旋转、高曲率的各向异性湍流。在小流量工况运行时，叶轮中的内部流动更为复杂，大冲角会诱发严重的流动分离，进而发展成为失速团，逆压梯度还会造成进出口回流，这几种流动结构之间存在强非线性相互作用。这种特殊性和极端复杂性对湍流模型提出了非常高的要求，数值模拟容易出现湍流模型预测不准确的问题。由于离心泵中的流动雷诺数较高，各种涡结构的尺度非常复杂，就目前的计算机能力而言，对所有的涡结构求解尚不可能，且小尺度涡对整体的流动影响较小，因此可以采用模型化的方法处理。基于这种思想，Smagorinsky 提出了大涡模拟（LES）方法。具体的方法是首先通过空间滤波函数过滤掉湍流中的小尺度涡，对大尺度涡的运动直接求解，而小尺度涡对大尺度涡运动的影响可以通过亚格子应力（Subgrid-scale Stress，SGS）模型表示。大涡模拟与直接数值模拟相比大大节省了计算资源，而与雷诺时均方法相比又可以获得较高的计算精度，因此在计算离心泵内部湍流流动时显示出了独特的优越性，是计算离心泵内部流动的有效方法，而 SGS 模型是大涡模拟中的关键，对计算效率和精度都有很大的影响。Smagorinsky 模型在湍流 LES 中能取得成功，其优势在于模型简单，计算量小，能较准确地描述亚格子耗散特性；而且是纯耗散模型，数值稳定性好。但是它为了描述近壁面的渐近行为，使用了壁面衰减函数，从而引入了更多的人为因素；需要人为地给定一个模型系数，对经验依赖性强，且不能反映能量的逆传。为消除选取经验常数的人为因素，Germano 等提出了动态 Smagorinsky 模型，成为目前工程上使用最为广泛的 SGS 模型。该模型的基本思想是通过二次滤波把湍流局部信息引入 SGS 应力中，进而实现计算过程中模型系数的自动调整。

LES 控制方程是由 N-S 方程经过物理空间的（各向同性）盒式过滤器，或

利用傅里叶变换在谱空间上对波数的低通过滤器过滤而得到的。过滤运算为

$$\bar{f}_{\text{Flow}}(x) = \frac{1}{V}\int_V f_{\text{Flow}}(y)\,\mathrm{d}y,\ y \in V \tag{2-16}$$

式中　f_{Flow}——任意流动变量；

　　　V——计算网格的体积（m^3）；

　　　$\mathrm{d}y$——积分运算的体积元（m^3）。

用上划线"$\overline{}$"表示滤波后的变量，得到经过滤波的流场控制方程：

$$\frac{\partial \rho}{\partial t} + \frac{\partial(\rho \bar{u}_j)}{\partial x_j} = 0 \tag{2-17}$$

$$\frac{\partial(\rho \bar{u}_i)}{\partial t} + \frac{\partial(\rho \bar{u}_i \bar{u}_j)}{\partial x_j} = \frac{\partial \bar{p}}{\partial x_i} + \frac{\partial}{\partial x_j}\left(\mu \frac{\partial \sigma_{ij}}{\partial x_j} - \tau_{ij}\right) \tag{2-18}$$

式中　σ_{ij}——黏性应力（Pa）；

　　　τ_{ij}——亚格子应力（Pa）。

经过滤波处理的方程中会出现一项，它反映了小尺度运动对大尺度运动的影响。亚格子应力τ_{ij}定义为

$$\tau_{ij} = \overline{u_i u_j} - \bar{u}_i \bar{u}_j \tag{2-19}$$

τ_{ij}是一个对称张量，其包含六个独立未知变量，使得上述控制方程组不封闭。采用不同的思路对τ_{ij}建立就得到了不同的 SGS 模型。

尽管目前离心泵内部流动计算取得一定进展，但经典 Smagorinsky 亚格子模式不能很好地预测旋转壁面附近流动的分离、回流以及多尺度漩涡等，LES 方法在收敛精度、计算效率等方面还需进一步探索；在全面把握离心泵内部流动机理问题上还缺乏全流场全流量工况的系统性流动计算。本书将在 2.2.2 节中介绍适宜严苛工况离心泵的湍流模型发展。

2. 壁面函数

壁面函数法是 Launder 和 Spalding 提出方法的推广。为了用公式描述各层流动，引入两个无量纲参数 u^+ 和 y^+，分别表示速度与距离：

$$u^+ = \frac{\bar{u}}{u_\tau} \tag{2-20}$$

$$y^+ = \frac{\Delta y \rho u_\tau}{\mu} = \frac{\Delta y}{\nu}\sqrt{\frac{\tau_w}{\rho}} \tag{2-21}$$

式中　$\bar{u}$——流体时均速度（m/s）；

　　　τ_w——壁面切应力（Pa）；

u_τ——壁面摩擦速度（m/s），$u_\tau = (\tau_w/\rho)^{1/2}$；

Δy——到壁面的垂直距离（m）。

当 $y^+ < 5$ 时，所对应的区域是黏性底层，此时速度沿壁面法线方向呈线性分布，即 $u^+ = y^+$；当 $5 \leqslant y^+ \leqslant 60$ 时，速度光滑地从一种分布过渡到另外一种分布，称为缓冲区，表达式为 $u^+ = (1/K)\ln y^+ + B = (1/K)\ln(Ey^+)$，式中，对于光滑壁面而言，$K = 0.4$，$B = 5.5$，$E = 9.8$；当 $60 < y^+ < 300$ 时，流动处于对数率层，即此时流体的速度沿壁面法线方向呈现出对数率分布规律，$u^+ = 2.5\ln y^+$。

2.2.2　适宜泵实际工况的湍流模型发展

本书在适用的模型构建和数值计算方面开展了如下研究。分别针对经典 RANS 湍流模型、LES 模型等湍流模型进行了修正，通过对比分析不同模型得到的计算误差，完成了严苛工况下泵内部适用的模型构建。同时，在 LES 模型螺旋度和拉格朗日追踪修正基础上，提出了针对输送含气弱可压介质、输送含颗粒介质以及低温易空化介质等严苛工况下的湍流计算模型的修正。

1. 基于 RANS 模型的湍流修正模式

湍流模型自身的局限性导致数值计算中存在着不可避免的误差，根据误差的大小可以判断湍流模型对离心泵数值模拟的适用性。本书考虑旋转和曲率的影响结合 RNG k-ε 模型和 Realizable k-ε 模型的优点，将其和标准 k-ω 模型进行整合，用以改进 SST k-ω 模型，使用修正后的 k-ω 湍流模型对离心泵叶轮流道进行数值模拟，从图 2-1 所示的外特性曲线可以看出，离心泵扬程曲线的模拟结果与试验值的总体趋势保持一致；数值上略有不同可能是由于数值模拟是理想情况，没有考虑各种系统的损失。从三种湍流模型的模拟结果来看，在设计工况附近三种模型的结果比较接近，而在 $0.5Q_d$ 和 $0.25Q_d$ 的小流量工况下 k-ω 模型的误差相对较小。

图 2-2 所示为 $1.0Q_d$ 工况下上述三种 RANS 湍流模型在 $r = 0.65D_2$、$0.75D_2$、$0.9D_2$、$1.01D_2$ 的计算速度矢量和参考文献 [170] 给出的 PIV（粒子图像测速）测量结果，图中流体速度从叶片的压力面向叶片的吸力面增大，不过三种湍流模型的速度矢量图并无明显差异。

图 2-3 所示是三种湍流模型计算和 PIV 试验的湍动能分布云图。从图中可以看出湍流动能从离叶片较远的中间区域向离叶片近壁面递增；叶片进口端的湍动能大于叶片中间段；负压区的湍动能分布较其他区域相比更为复杂。通过比较数值模拟结果和 PIV 测试结果的湍动能云图发现，标准 k-ε 湍流模型和标

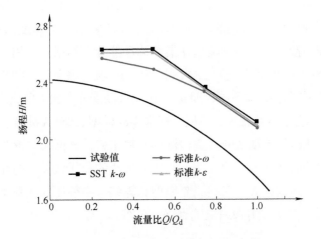

图 2-1　数值模拟及文献试验的扬程曲线

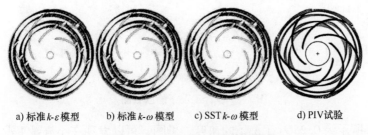

a) 标准 k-ε 模型　　b) 标准 k-ω 模型　　c) SST k-ω 模型　　d) PIV试验

图 2-2　设计工况下的速度矢量图

准 k-ω 模型的湍动能分布与 PIV 测试结果较为接近，SST k-ω 模型的湍动能分布与 PIV 测试结果相差较大。其中 SST k-ω 模型在叶轮流道的湍动能呈均匀分布且叶片进口端处无明显变化。

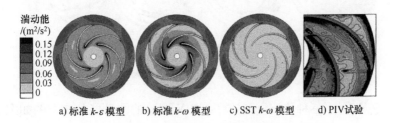

a) 标准 k-ε 模型　　b) 标准 k-ω 模型　　c) SST k-ω 模型　　d) PIV试验

图 2-3　设计工况湍动能云图

　　比较三种湍流模型的 k 输运方程可以发现，标准 k-ω 和 SST k-ω 的 k 输运方程仅有湍流黏度项 μ_t 存在区别，而标准 k-ε 模型与其他两个模型的输运方程存

在较大差异。如果不考虑流体可压缩性和浮力的影响，标准 k-ε 模型对比标准
k-ω 的 k 输运方程少了 k 值耗散项——Y_k 而多了 k 耗散率与密度乘积项——$\rho\varepsilon$，
但模拟结果较为接近，说明这两项在最终湍动能分布结果上作用相似；而标准
k-ω 模型与 SST k-ω 模型方程的主要区别在于 μ_t 项。综上，三种湍流模型湍动
能分布不同的原因是 μ_t 项不同，即 μ_t 是影响湍动能分布的主要原因。

图 2-4 所示分别为标准 k-ε 模型、标准 k-ω 模型、SST k-ω 湍流模型的静压
云图。叶轮中流体的流动从叶片进口流向叶片出口，其间压力逐步增大。在靠
近叶片进口端处的叶片吸力面存在一个压力极小的负压区域，而在叶片出口端
的叶片背面压力达到最大。三种湍流模型计算结果中静压云图基本一致，可见
三个模型中 μ_t 项的区别并没有影响到静压分布。

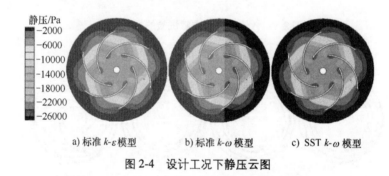

a) 标准 k-ε 模型   b) 标准 k-ω 模型   c) SST k-ω 模型

图 2-4   设计工况下静压云图

图 2-5 所示为 $0.25Q_d$ 工况下的速度矢量图，可以发现在小流量工况下的三
种模型模拟的速度矢量图与 PIV 测量的矢量图整体趋势能保持一致。

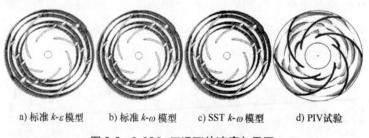

a) 标准 k-ε 模型   b) 标准 k-ω 模型   c) SST k-ω 模型   d) PIV 试验

图 2-5 $0.25Q_d$ 工况下的速度矢量图

$0.25Q_d$ 工况下三种湍流模型计算和 PIV 试验的湍动能分布云图如图 2-6 所
示。在 $0.25Q_d$ 工况下，SST k-ω 模型的湍动能分布与 PIV 测试结果有明显差别，
标准 k-ε 模型和标准 k-ω 模型的湍动能分布与 PIV 测试结果的差别很小。由于
时均模拟自身的局限，三者在叶片吸力面和出口端的湍动能数值上都小于 PIV
测试结果。

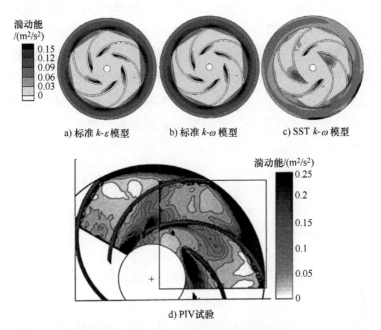

a) 标准 k-ε 模型   b) 标准 k-ω 模型   c) SST k-ω 模型

d) PIV试验

图 2-6 $0.25Q_d$ 工况下湍动能分布云图

图 2-7 所示为 $0.25Q_d$ 工况下三种湍流模型数值模拟结果的静压云图。可以看出在小流量工况下进口负压区的压力分布变得不稳定，呈现出无规律分布。在小流量工况下，离心泵会发生失速现象，这种现象可能是造成负压区压力分布异常的原因；而在出口段的静压力分布与设计工况基本一致。通过对比发现小流量工况对 SST k-ω 湍流模型的影响较标准 k-ε 模型和标准 k-ω 模型都更为明显。

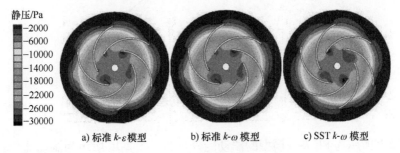

a) 标准 k-ε 模型   b) 标准 k-ω 模型   c) SST k-ω 模型

图 2-7 $0.25Q_d$ 工况下静压云图

在速度矢量和静压分布的模拟中，标准 k-ε 模型、标准 k-ω 模型和 SST k-ω 模型均能较为准确地模拟出相应的分布形式；在湍动能的分布中，标准 k-ε 模型、标准 $k\text{-}\omega$ 模型能较为准确地获得分布形式，而 SST $k\text{-}\omega$ 模型的结果并没有预期的理想，可见 SST $k\text{-}\omega$ 模型在 μ_t 上相对标准 $k\text{-}\omega$ 模型的调整在该离心叶轮的模拟中并未取得明显改善效果，此外由于三者均是基于时均雷诺框架下的数值模拟，湍动能数值上都要小于试验结果。综合模拟与试验的内外特性对比分析，标准 $k\text{-}\omega$ 模型相对最为理想，因此后续将针对标准 $k\text{-}\omega$ 模型进行旋转曲率修正。

任芸等基于前述分析原因，对标准 $k\text{-}\omega$ 模型进行修正，得到修正的模型（PR $k\text{-}\omega$）如下：

$$\frac{\partial}{\partial t}(\rho k)+\frac{\partial}{\partial x_i}(\rho k u_i)=\frac{\partial}{\partial x_j}\left(\Gamma_k\frac{\partial k}{\partial x_j}\right)+G_k-Y_k+S_k \tag{2-22}$$

$$\frac{\partial}{\partial t}(\rho \omega)+\frac{\partial}{\partial x_i}(\rho \omega u_i)=\frac{\partial}{\partial x_j}\left(\Gamma_\omega\frac{\partial \omega}{\partial x_j}\right)+G_\omega-Y_\omega+$$

$$\rho(1-F_1)\left(\beta'S\omega-\frac{k(\beta'\omega)^2}{k+\sqrt{\beta'\nu k\omega}}\right) \tag{2-23}$$

式中 β'——模型常数。

从图 2-8 所示的外特性曲线对比可以看出，PR $k\text{-}\omega$ 模型在设计工况与标准 $k\text{-}\omega$ 模型计算结果比较相似，在 $0.5Q_d$ 和 $0.25Q_d$ 小流量工况下的计算结果有改善。

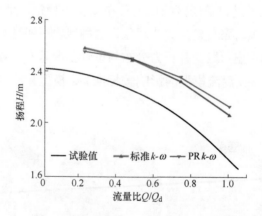

图 2-8　修正 PR $k\text{-}\omega$ 模型扬程曲线比较图

图 2-9 所示为 PR $k\text{-}\omega$ 模型的湍动能分布图，图 2-10 所示为湍动能分布 PIV 试验图。通过与 PIV 测试结果的比较分析，可以发现 PR $k\text{-}\omega$ 模型获得的湍动能分布在小流量工况下较标准 $k\text{-}\omega$ 模型更接近 PIV 测试结果，证明修正确实能改善小流量工况下的内流场模拟。

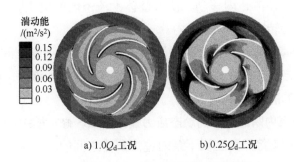

a) 1.0Q_d工况　　　　b) 0.25Q_d工况

图 2-9　PR k-ω 模型湍动能分布图

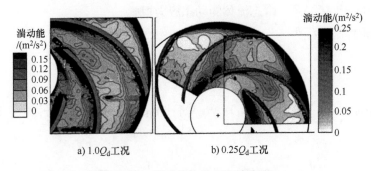

a) 1.0Q_d工况　　　　b) 0.25Q_d工况

图 2-10　湍动能分布 PIV 试验图

图 2-11 给出了 PR k-ω 模型的静压模拟结果。对比修正模型和前述标准模型的静压分布可以发现，在设计工况下，PR k-ω 模型的静压云图显示与标准模型无明显区别；在 0.5Q_d 工况下 PR k-ω 模型在进口端压力分布呈现两叶片的周期性变化，而且负压区较小；在 0.25Q_d 的小流量工况下，PR k-ω 模型的进口叶片前缘区域压力变化率较小，整个流道内的压力分布也更为均匀。标准 k-ω 模拟结果的负压区都附着于叶片的吸力面，而修正模型的结果中，负压区开始

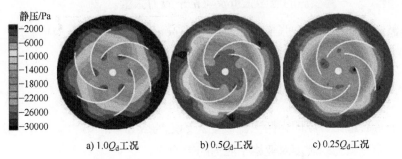

a) 1.0Q_d工况　　　b) 0.5Q_d工况　　　c) 0.25Q_d工况

图 2-11　PR k-ω 模型三种工况下静压云图

脱离吸力面而向叶轮流道内移动，使得整体上流道内的负压区作用面积更大，一直延伸到叶轮旋转域外的静止域内。

综上，PR *k-ω* 模型能改善小流量区的扬程曲线和湍动能分布，提高模拟精度；在静压分布方面，能让负压区脱离吸力面而向流道中移动，使得负压区域能延伸到叶轮外的静止域。

2. 适于离心泵内瞬态流体的动态应力模式（LES 修正模式）

高转速、强剪切等严苛工况下泵内过流部件之间的流动干涉效应明显，加上固体颗粒运动对流体的影响，流动呈现多尺度非线性特征。因此，为了更加精确地捕捉泵内瞬态流动信息，本书在经典 Smagorinsky 亚格子应力模式的基础上，构建了适于离心泵内瞬态流体的动态应力模式。

流体相控制方程为

$$\frac{\partial}{\partial t}(\alpha_1 \rho_1) + \nabla \cdot (\alpha_1 \rho_1 \tilde{u}_1) = Q_{pl} \tag{2-24}$$

$$\frac{\partial}{\partial t}(\alpha_1 \rho_1 \tilde{u}_1) + \nabla \cdot (\alpha_1 \rho_1 \tilde{u}_1 \tilde{u}_1) = -\alpha_1 \nabla p_1 + \alpha_1 \rho_1 g + \nabla \cdot [\alpha_1 (\tilde{\tau}_{1,ij} + \tilde{\tau}_{1,ij}^{SGS})] - S_1 \tag{2-25}$$

$$\frac{\partial}{\partial t}(\alpha_1 \rho_1 T) + \nabla \cdot (\alpha_1 \rho_1 T \tilde{u}_1) = \frac{1}{Pr_1} \nabla(\mu_1 \nabla T) - L_1 \tag{2-26}$$

式中 ρ_1、u_1——流体密度和速度；

$\quad\quad Q_{pl}$——颗粒相对流体连续相的质量源项；

$\quad\quad \alpha_1$——某个网格内流体所占据的体积分数；

$\quad\quad S_1$、L_1——颗粒相对连续相的动量、能量反作用项；

$\quad\quad T$、Pr_1——流体温度和普朗特数；

$\quad\quad$ "~"——滤波操作；

$\tilde{\tau}_{1,ij}$、$\tilde{\tau}_{1,ij}^{SGS}$——滤波后的应力张量及亚格子应力张量。

滤波后的亚格子应力张量 $\tilde{\tau}_{1,ij}^{SGS}$，在 Smagorinsky 模型基础上构建适用于瞬态流动的各向异性联合约束动态应力模式进行封闭求解：

$$\tilde{\tau}_{1,ij}^{SGS} = C_1 \Delta^2 |\tilde{S}| \tilde{S}_{ij} + C_2 \Delta^2 \frac{\partial \tilde{u}_i}{\partial x_k} \frac{\partial \tilde{u}_i}{\partial x_k} + C_3 \lambda_\Delta^2 \Delta |\tilde{S}| \tilde{R}_{ij} \tag{2-27}$$

式中，等号右边第一项即为两次滤波动态确定的应力项；第二项为速度梯度非线性项；第三项为螺旋度对亚格子应力的影响项。

对 $\Delta_x/\Delta_z \approx 1$ 和 $\Delta_y/\Delta_z \approx 1$ 的近似各向同性网格亚格子涡黏系数 $\nu_T = (C_S \Delta)^2$

$(2\bar{S}_{ij}\bar{S}_{ij})^{1/2}$，可将式（2-27）中的 Δ 用 $\Delta_{eq}=(\Delta_x\Delta_y\Delta_z)^{1/3}$ 取代；同时，考虑到离心泵内不同方向上速度存在较大的差距，拟基于当地速度场信息的各向异性修正方法，将局部流场信息引入过滤器中，即构建了 $f(a_1,a_2,\boldsymbol{u})$ 的函数置于变量之前，Δ_{eq}^2 变更为

$$\Delta_{eq}^2=f(a_1,a_2,\boldsymbol{u})(\Delta_x\Delta_y\Delta_z)^{2/3} \tag{2-28}$$

式中，$a_1=\Delta_x/\Delta_z$，$a_2=\Delta_y/\Delta_z$，为体现各向异性的自变量；$\boldsymbol{u}$ 为当地速度矢量，体现主流动和次流动在滤波尺度中的不同权重。通过合理构建 $f(a_1,a_2,\boldsymbol{u})$ 的函数形式，从而整体构建出基于各向异性局部结构及流场信息动态亚格子模式。限于篇幅，详细推导见参考文献［172］。

本书开展了基于经典 Smagorinsky-Lilly 模型和螺旋度修正 SGS 模型的两种大涡模拟。在半高处作一切面，得到内部流场对比图。在半径分别为 $r/R_2=0.5$、0.65、0.75、0.9 的径向距离处取速度矢量图进行对比（见图 2-12）。由 PIV 测试结果可知，在 $0.25Q_d$ 工况时，叶轮中三个流道内流动较为顺畅，与之相邻另三个流道则出现较为明显的回流，而且回流呈现从吸力面向压力面的顺时针流动趋势，也因此使得流道内的相对速度极大值更加靠近吸力面。对比经典 SGS 模型和螺旋度修正 SGS 模型的瞬态流场矢量图，可以发现两者模拟的结果都比较混乱，相对而言，经过螺旋度修正的 SGS 模拟结果中相对速度的极大值更加靠近吸力面。从图 2-13 所示的湍动能云图可以进一步发现，靠近吸力面处的值都比较小，而经过修正的模拟结果中，低值区域面积比起经典模型的结果相对较小。

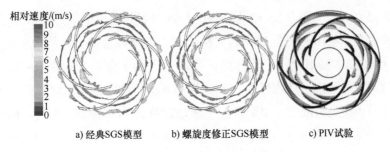

a) 经典SGS模型 b) 螺旋度修正SGS模型 c) PIV试验

图 2-12 $0.25Q_d$ 工况相对速度矢量图对比

为了克服大涡模拟模型系数可能出现负值和系数分母过小导致计算发散等问题，本书创新性地引入了物理意义比较明确的追踪质点运动过程中的物理量的统计平均方法，将其称为质点追踪平均，也可以称为拉格朗日追踪平均法。

图 2-14 给出了 12 个质点的追踪轨迹图。选取里面初始在最左边的质点为代表，给出其追踪过程中的流场量分析。

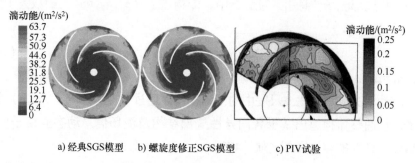

a) 经典SGS模型　　　　b) 螺旋度修正SGS模型　　　　c) PIV试验

图 2-13　$0.25Q_d$ 工况湍动能云图对比

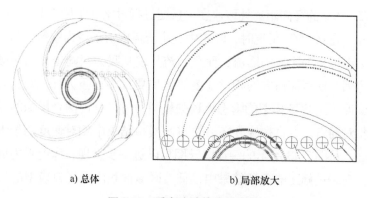

a) 总体　　　　　　　　b) 局部放大

图 2-14　质点追踪轨迹示意图

图 2-15 给出了经典 LES 和动态修正 LES 得到的亚格子应力分布云图对比。从图中首先可以看出，经典 LES 的亚格子应力数值较为集中，从最小的 7.11×10^{-6} 到最大的 3.99×10^{-2}，而动态修正 LES 的亚格子应力分布在 $0 \sim 0.4$ 之间。首先比较明显的区别是动态修正 LES 的最小亚格子黏性是零，而经典 LES 的亚格子黏性最小也是有限值，说明在近壁区动态修正 LES 能提高精度，因此近壁区的亚格子黏性应该快速降为零，而经典 LES 始终是一个小值。同样地，动态修正 LES 的最大亚格子黏性也提高了一个量级，从 10^{-2} 提高到了 10^{-1}，这些都为更准确地模拟流场提供了基础。

以 5×10^{-3} 为界，分别将两者的黏性分为两部分。大于该数值的经典 LES 亚格子黏性仅存在于叶片头部的吸力面附近，而动态修正 LES 的分布区域更广泛。

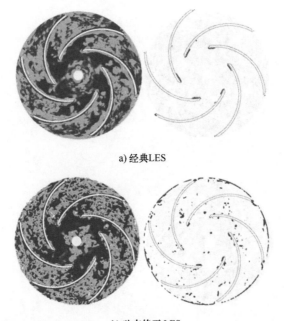

a) 经典LES

b) 动态修正 LES

图 2-15　经典 LES 和动态修正 LES 亚格子黏性对比（以 5×10⁻³ 为界）

　　图 2-16 中则以 $2×10^{-2}$ 为界，将黏性分为两个视图。观察图中结果可以发现在大于 0.02 的经典 LES 结果中，基本已经见不到该范围数值分布的亚格子黏性，而动态修正 LES 中显著扩大了这部分的分布区域。

　　可见，动态修正 LES 结果不仅在数值上扩大了亚格子黏性的分布范围，在空间分布上也使得较大值区域的分布范围更大。即动态修正 LES 捕捉到的流动细节更为完整丰富，这对于正确预测流动损失非常重要。

3. 空化湍流修正模式发展

　　（1）考虑输送含气介质的 LES 修正模式发展　　当泵用来输送低温易汽化低密度等液态介质时，在输送过程中极易汽化析出少量气体，流体介质声速随着含气率增加下降极为明显，含有少量气体的运动流体不再是理想不可压。本书基于此类流动介质，考虑弱可压对数值预测准确性的影响，形成泵内流弱可压数值计算方法。确定的联合约束应力模式为

$$\tau_{ij} = C_1\Delta^2 \mid \tilde{S} \mid \tilde{S}_{ij} + C_2\Delta^2 \frac{\partial \tilde{u}_i}{\partial x_k} \frac{\partial \tilde{u}_i}{\partial x_k} + C_3\lambda_\Delta^2 \Delta \mid \tilde{S} \mid \tilde{R}_{ij} \qquad (2\text{-}29)$$

式中　　$C_1\Delta^2 \mid \tilde{S} \mid \tilde{S}_{ij}$——两次滤波动态确定的应力项；

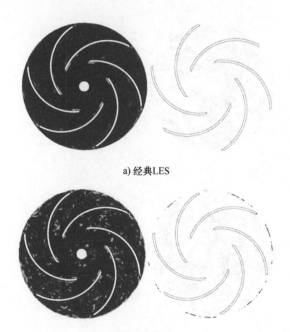

a) 经典LES

b) 动态修正 LES

图 2-16　经典 LES 和动态修正 LES 亚格子黏性对比（以 2×10^{-2} 为界）

$C_2\Delta^2\dfrac{\partial\tilde{u}_i}{\partial x_k}\dfrac{\partial\tilde{u}_i}{\partial x_k}$——速度梯度非线性项；

$C_3\lambda_\Delta^2\Delta\,|\,\tilde{S}\,|\,\tilde{R}_{ij}$——螺旋度对亚格子应力的影响项。

采用在质点轨迹上进行时间平均的拉格朗日轨迹平均法来确定动态应力模式系数 C_1：

$$C_1=\frac{I_{ML}}{I_{MM}}=\frac{\displaystyle\int_{-\infty}^0 M_{ij}L_{ij}(z(t'),t')W(t-t')\,\mathrm{d}t'}{\displaystyle\int_{-\infty}^0 M_{ij}M_{ij}(z(t'),t')W(t-t')\,\mathrm{d}t'} \tag{2-30}$$

式中，加入了时间权重函数 $W(t-t')$ 来考虑质点轨迹上不同时刻的 $M_{ij}L_{ij}$ 和 $M_{ij}M_{ij}$ 的贡献度。采用基于当地速度场信息的各向异性修正来确定 Δ 并用 $\Delta_{eq}=(\Delta_x\Delta_y\Delta_z)^{1/3}$ 取代，即

$$\Delta_{eq}^2=f(a_1,a_2,\boldsymbol{u})(\Delta_x\Delta_y\Delta_z)^{2/3} \tag{2-31}$$

对弱可压流体，引入弱可压流体的连续性方程：

$$\frac{\partial p}{\partial t}+\rho c^2\nabla_i u_i=0 \tag{2-32}$$

对微含气介质，常数 c 随含气率 α 的变化而不同，其计算公式为

$$c = \sqrt{\frac{K_1/\rho}{1+(K_1/E)(d/e)+\alpha(K_1/K_g-1)}} \qquad (2\text{-}33)$$

以一台叶轮级数为 11 级、功率为 2170kW、流量为 407m^3/h、扬程为 2629m 的液化石油天然气潜液泵为例，开展弱可压模型的性能验证，图 2-17 所示为 LNG 泵的组装图及部分过流部件的结构示意图。

图 2-17　LNG 泵的组装图及部分过流部件的结构示意图

图 2-18 所示为两种模型模拟的扬程特性曲线。图中显示了 $0.4Q_d$（160m^3/h）到 $1.2Q_d$（480m^3/h）5 种工况下的性能曲线对比。从图中可知，扬程变化趋势基本相同，没有考虑弱可压修正的扬程曲线略陡。说明介质的属性对泵的性能产生了明显的影响。

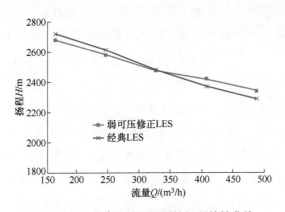

图 2-18　两种湍流模型预测的扬程特性曲线

（2）基于局部流场特性对 PANS（普朗特时均）模型的修正　本书还对标准 $k\text{-}\varepsilon$ 湍流模型构造的 PANS 模型进行动态修正，将修正模型用于后台阶流动和水翼绕流计算，计算结果和试验结果非常吻合，验证了修正模型的有效性。

该修正模型中未分解部分时均化湍动能 k_u 和未分解部分时均化湍动能耗散率 ε_u 的基本方程为

$$\frac{\partial k_u}{\partial t}+\frac{\partial(U_i k_u)}{\partial x_i}=\frac{\partial}{\partial x_j}\left[\left(\nu+\frac{\nu_u}{\sigma_{ku}}\right)\frac{\partial k_u}{\partial x_j}\right]+P_u-\varepsilon_u \tag{2-34}$$

$$\frac{\partial \varepsilon_u}{\partial t}+\frac{\partial(U_i \varepsilon_u)}{\partial x_i}=\frac{\partial}{\partial x_j}\left[\left(\nu+\frac{\nu_u}{\sigma_{\varepsilon u}}\right)\frac{\partial \varepsilon_u}{\partial x_j}\right]+C_{\varepsilon 1}P_u\frac{\varepsilon_u}{k_u}-C_{\varepsilon 2}^*\frac{\varepsilon_u^2}{k_u} \tag{2-35}$$

式中　P_u——未分解湍动能产生项；

其他常数：$C_{\varepsilon 1}=1.44$，$C_{\varepsilon 2}=1.92$。

未分解湍动能普朗特数 σ_{ku}，以及未分解湍动能耗散率普朗特数 $\sigma_{\varepsilon u}$ 和耗散系数 $C_{\varepsilon 2}^*$ 取值为

$$\sigma_{ku}=\sigma_k \frac{f_k^2}{f_\varepsilon},\ \sigma_{\varepsilon u}=\sigma_\varepsilon \frac{f_k^2}{f_\varepsilon},C_{\varepsilon 2}^*=C_{\varepsilon 1}+\frac{f_k}{f_\varepsilon}(C_{\varepsilon 2}-C_{\varepsilon 1}) \tag{2-36}$$

式中　σ_k——常数，$\sigma_k=1.0$；

σ_ε——常数，$\sigma_\varepsilon=1.3$；

f_k——未分解湍动能比率，$f_k=k_u/k$；

f_ε——未分解湍动能耗散比率，$f_e=\varepsilon_u/\varepsilon$。

现有的大多研究中，f_k 在整个计算过程中全流场设置为同一个值。如果 f_k 值设定太大，将预报过大的湍流黏度，从而抑制湍流的发展；如果 f_k 设定太小，当地网格精度不足求解小尺度涡，将导致非物理数值解。因此，针对任意的求解问题，本书发展了一种基于当地网格尺度和当地湍流尺度的 f_k 表达式：

$$f_k=\min\left[1,3(\Delta/l_t)^{2/3}\right] \tag{2-37}$$

式中　l_t——湍流含能尺度，$l_t=k^{1.5}/\varepsilon$；

Δ——当地网格尺度，$\Delta=(\Delta_x \Delta_y \Delta_z)^{1/3}$。

采用 clark-Y 水翼空化绕流问题进行模型验证，计算域和边界条件如图 2-19 所示。水翼弦长 $c=0.07m$，水平安装攻角 8°。水洞高 2.7c，上游距离水翼前缘 4c，下游距离水翼前缘 6c。在计算域进口平面上给定来流速度 $u_0=10m/s$，根据空化数 $\sigma[\sigma=(p_{out}-p_v)/(0.5\rho_1 u_0^2)=0.8]$ 给定出口断面上的静压。

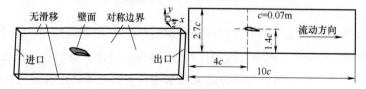

图 2-19　计算域和边界条件

图 2-20 给出了不同时刻空泡形态的数值模拟结果和试验结果。修正的动态
PANS 模型可以很好地预测空泡的生成、发展、断裂、脱落过程，与试验结果
吻合良好。标准 k-ε 模型未捕捉空泡脱落过程。$f_k = 0.8$ 和 $f_k = 0.5$ 时 PANS 模型
虽然预报了空泡脱落过程，但是空泡形态为二维结构，没有捕捉到试验中观察
到的三维结构。图 2-21 展示了某典型时刻（$t = 0.875T_{cycle}$ 与 $t = 1.000T_{cycle}$ 之间，
T_{cycle} 为一个周期）空泡体积分数（10%）等值面和涡量结构。由于回射流的剪
切作用，二维结构的片空泡转变为具有三维复杂结构的云空泡，并且片空泡和
云空泡呈现高强度的漩涡特性。

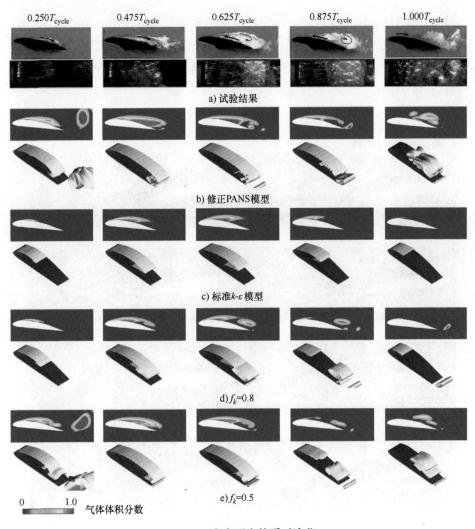

图 2-20　空泡形态的瞬时演化

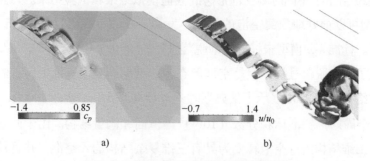

a)   b)

图 2-21　典型时刻空泡形态和漩涡结构

回射流的存在和发展对空泡断裂、脱落起着非常关键作用。图 2-22 显示了不同湍流模型预测的涡量瞬时分布云图。可见，动态 PANS 模型能精确地捕捉到回射流向上游运动，并剪断片空泡。这是因为动态 PANS 模型能有效地降低对湍流黏度的预报，如图 2-23 所示。

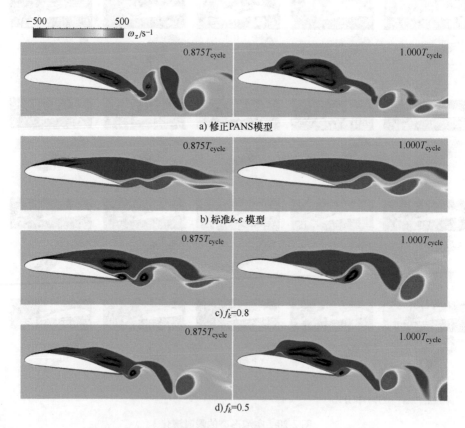

图 2-22　不同湍流模型预测的涡量瞬时分布和空泡等值线

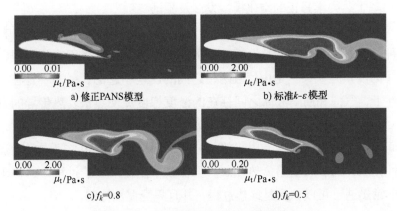

a) 修正 PANS 模型　　　　　　　　b) 标准 k-ε 模型

c) f_k=0.8　　　　　　　　d) f_k=0.5

图 2-23　不同湍流模型计算的湍流黏度

表 2-1 列出了阻力系数和升力系数的试验结果和计算结果。动态 PANS 模型对阻力系数的预测偏差较小，升力系数与试验值非常吻合。图 2-24 给出了不同湍流模型对平均流向速度的预测结果比较，动态 PANS 的计算结果与试验值更为接近。

表 2-1　水翼的阻力系数和升力系数

模型	阻力系数	阻力系数误差	升力系数	升力系数误差	频率/Hz
试验结果	0.119	—	0.76	—	24.1
修正 PANS	0.127	6.72%	0.76	0%	30.9
标准 k-ε	0.104	−12.61%	0.79	3.95%	26.6
f_k = 0.8	0.115	−3.36%	0.83	9.21%	27.7
f_k = 0.5	0.150	26.05%	0.84	10.53%	41.5

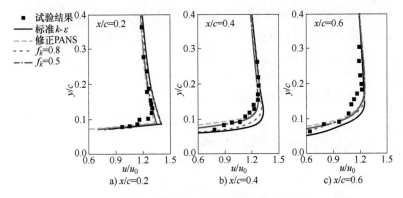

a) x/c=0.2　　　　　　b) x/c=0.4　　　　　　c) x/c=0.6

图 2-24　不同湍流模型对平均流向速度的预测结果比较

（3）基于热力学修正的空化模型发展及验证

1）考虑热效应的空化模型发展。空化的形成和溃灭速率主要由两种机制决定：一种是在绝热条件下，发生相变时挤压或拉伸周围液体所需的动量，被称为惯性（动量）控制，它是由气液两相之间的压差引起的；另一种是在不考虑相变条件下，气泡和周围液体之间存在的温度梯度促使热量以热传导的方式通过气液交界面而驱动的气泡变形，被称为传热控制，它是由相变发生时，气液两相之间的焓传递导致的温差引起的。在空化形成的过程中，气泡径向运动首先受惯性控制，然后改变为传热控制。但在整个空化溃灭的过程中，由于其发生过程非常迅速，可以认为是绝热过程，并且只受惯性控制。

经典的热平衡空化模型是基于简化的 Rayleigh-Plesset 方程（简称 R-P 方程）推导得出的，而且主要是针对室温下的水而言的，其方程形式如式（2-38）所示。该模型考虑了气泡与周围液体之间的压差所引起的惯性效应，气液两相之间的传质与气泡半径的增长速率有关。液体和气体处于热平衡的状态，即空化发生的整个过程中气液两相的温度始终相等，并且保持不变。该模型忽略了与气泡形成相关的能量需求（气相和液相的焓差），也就是没有考虑传热效应。模型中涉及的基本假设是，气泡生长的限制因素是置换液体以使气泡生长所需的机械能，从液体到气体为蒸发分子提供潜热所必需的焓传递没有限制气泡形成的速度，相变仅仅取决于气泡周围的液体和蒸汽的压差。

$$R_{\mathrm{B}}\frac{\mathrm{d}^2 R_{\mathrm{B}}}{\mathrm{d}t^2}+\frac{3}{2}\left(\frac{\mathrm{d}R_{\mathrm{B}}}{\mathrm{d}t}\right)^2+\frac{4\mu_{\mathrm{l}}}{\rho_{\mathrm{l}}R_{\mathrm{B}}}\left(\frac{\mathrm{d}R_{\mathrm{B}}}{\mathrm{d}t}\right)+\frac{2S}{\rho_{\mathrm{l}}R_{\mathrm{B}}}=\frac{p_{\mathrm{v}}(T)-p}{\rho_{\mathrm{l}}} \qquad (2\text{-}38)$$

式中　R_{B}——单个球形气泡半径（m）；

　　　S——气液两相界面之间的张力系数（N/m）；

　　$p_{\mathrm{v}}(T)$——当地热力学状态下的饱和蒸气压（Pa）；

　　　p——液体压力（Pa）；

　　　ρ_{l}——液体密度（kg/m³）；

　　$\dfrac{\mathrm{d}^2 R_{\mathrm{B}}}{\mathrm{d}t^2}$——气泡半径变化的加速度（m²/s）；

　　$\dfrac{\mathrm{d}R_{\mathrm{B}}}{\mathrm{d}t}$——气泡半径变化的速率（m/s）；

　　下标 l——液相；

　　下标 v——气相。

研究表明，在空化发生的初期以及发展的大部分时间内，二阶导数项相对于一阶导数项来说是一个非常小的项。该项只在气泡溃灭的瞬间，气泡壁面以加速度运动缩小的过程中才变得不可以忽略。通常以 R-P 方程推导空化模型时，人们都是忽略黏性项、二阶导数项和表面张力项，这样可以得到如下形式的一阶导数项的表达式：

$$\frac{\mathrm{d}R_{\mathrm{B}}}{\mathrm{d}t} = \sqrt{\frac{2}{3} \frac{|p_{\mathrm{v}}(T) - p|}{\rho_1}} \mathrm{sgn}[p_{\mathrm{v}}(T) - p] \tag{2-39}$$

那么气泡质量 m_{B} 的变化率可以通过下式计算：

$$\frac{\mathrm{d}m_{\mathrm{B}}}{\mathrm{d}t} = \rho_{\mathrm{v}} \frac{\mathrm{d}V_{\mathrm{B}}}{\mathrm{d}t} = \rho_{\mathrm{v}} \frac{\mathrm{d}}{\mathrm{d}t} \left(\frac{4}{3} \pi R_{\mathrm{B}}^3 \right) = 4\pi\rho_{\mathrm{v}} R_{\mathrm{B}}^2 \sqrt{\frac{2}{3} \frac{|p_{\mathrm{v}} - p|}{\rho_1}} \tag{2-40}$$

假设每单位体积的流体中含有 N_{B} 个气泡，则气体体积分数可以通过下式计算：

$$\alpha_{\mathrm{v}} = V_{\mathrm{B}} N_{\mathrm{B}} = \frac{4}{3} \pi R_{\mathrm{B}}^3 N_{\mathrm{B}} \tag{2-41}$$

那么每单位体积流体中，气液两相之间的质量转换速率为

$$\dot{m} = N_{\mathrm{B}} \frac{\mathrm{d}m_{\mathrm{B}}}{\mathrm{d}t} = \frac{3\alpha_{\mathrm{v}}\rho_{\mathrm{v}}}{R_{\mathrm{B}}} \sqrt{\frac{2}{3} \frac{|p_{\mathrm{v}} - p|}{\rho_1}} \tag{2-42}$$

则可以得到凝结源项为

$$\dot{m}^- = -F_{\mathrm{cond}} \frac{3\alpha_{\mathrm{v}}\rho_{\mathrm{v}}}{R_{\mathrm{B}}} \sqrt{\frac{2}{3} \frac{\max(p - p_{\mathrm{v}}, 0)}{\rho_1}} \tag{2-43}$$

在汽化过程中，采用 $\alpha_{\mathrm{nuc}}(1 - \alpha_{\mathrm{v}})$ 代替 α_{v}，则可以得到汽化源项为

$$\dot{m}^+ = F_{\mathrm{vap}} \frac{3\alpha_{\mathrm{nuc}}(1 - \alpha_{\mathrm{v}})\rho_{\mathrm{v}}}{R_{\mathrm{B}}} \sqrt{\frac{2}{3} \frac{\max(p_{\mathrm{v}} - p, 0)}{\rho_1}} \tag{2-44}$$

式中　$\dot{m}^+$、$\dot{m}^-$——质量随时间的正、负变化率（kg/s）；

　　　F_{vap}——经验系数，对于常温的水而言，$F_{\mathrm{vap}} = 50$；

　　　F_{cond}——经验系数，对于常温的水而言，$F_{\mathrm{cond}} = 0.01$；

　　　R_{B}——气泡直径（m），取 1×10^{-6} m；

　　　α_{nuc}——气核点的体积分数，$\alpha_{\mathrm{nuc}} = 5 \times 10^{-4}$。

以上就是著名的 Zwart-Gerber-Belamri 空化模型。

由于目前比较成熟的空化模型都只适用于室温下的水，而对热敏流体的空化流动不适用，并且对于热敏流体的空化流动数值模拟还处于一种不断探索阶段。因此，发展一种专门针对热敏流体空化流动计算的空化模型具有重要的意

义。下面在 Zwart-Gerber-Belamri 空化模型的基础上发展一种考虑热效应的空化修正模型。该模型在考虑惯性效应的基础上还考虑了传热效应。

首先将 R-P 方程做一下等效变化，并表示为

$$R_{\mathrm{B}}\frac{\mathrm{d}^2 R_{\mathrm{B}}}{\mathrm{d}t^2}+\frac{3}{2}\left(\frac{\mathrm{d}R_{\mathrm{B}}}{\mathrm{d}t}\right)^2+\frac{4\mu_1}{\rho_1 R_{\mathrm{B}}}\left(\frac{\mathrm{d}R_{\mathrm{B}}}{\mathrm{d}t}\right)+\frac{2S}{\rho_1 R_{\mathrm{B}}}=\frac{p_{\mathrm{v}}(T)-p_{\mathrm{v}}(T_\infty)}{\rho_1}+\frac{p_{\mathrm{v}}(T_\infty)-p}{\rho_1} \tag{2-45}$$

将式（2-45）等号右边第一项进一步展开，可得

$$\frac{p_{\mathrm{v}}(T)-p_{\mathrm{v}}(T_\infty)}{\rho_1}=\frac{\mathrm{d}p_{\mathrm{v}}}{\rho_1\mathrm{d}t}\Delta T \tag{2-46}$$

式中　T——当地流体的温度（K）；

T_∞——远场流体的温度（K）；

ΔT——当地流体的温度与远场流体的温度的差值（K）。

本文对原始 Zwart-Gerber-Belamri 空化模型的经验系数进行修正，可以得到一种考虑热效应的空化修正模型：

$$\dot{m}^+=F_{\mathrm{vap}}\frac{3\alpha_{\mathrm{nuc}}\alpha_1\rho_{\mathrm{v}}}{R_{\mathrm{B}}}\left[\sqrt{\frac{2}{3}\frac{\max(p_{\mathrm{v}}-p,0)}{\rho_1}}-\frac{C_0 h_{\mathrm{b}}}{\sqrt{K_1\rho_1 C_1}}\right] \tag{2-47}$$

$$\dot{m}^-=-F_{\mathrm{cond}}\frac{3\alpha_{\mathrm{v}}\rho_{\mathrm{v}}}{R_{\mathrm{B}}}\left[\sqrt{\frac{2}{3}\frac{\max(p-p_{\mathrm{v}},0)}{\rho_1}}-\frac{C_0 h_{\mathrm{b}}}{\sqrt{K_1\rho_1 C_1}}\right] \tag{2-48}$$

由式（2-47）和式（2-48）可知，空腔的形状同时受到周围环境中的压降和温降的驱动。其中，$\sqrt{\dfrac{2}{3}\dfrac{\max(p_{\mathrm{v}}-p,0)}{\rho_1}}$ 也就是前面所说的惯性控制，而

$\dfrac{C_0 h_{\mathrm{b}}}{\sqrt{K_1\rho_1 C_1}}$ 表示位于空腔界面附近的热力学边界层中的温度梯度对空腔大小的影响，该值相对于 $\sqrt{\dfrac{2}{3}\dfrac{\max(p_{\mathrm{v}}-p,0)}{\rho_1}}$ 而言比较小。对于热敏空化流动的数值计算，经验系数 F_{vap} 和 F_{cond} 对计算结果的影响很大。

2）基于热敏流体绕二维水翼稳态流动的模型验证。本书采用 Hord 在 NASA 的资助下进行的热敏空化试验来验证数值计算方法的有效性。试验模型是一个安装在截面为方形的水洞中且前缘半径为 3.96mm 的半球头型水翼。五个温度传感器和压力传感器分别安装在水翼的上表面。由于水翼的上下表面对称，所以只选取其中的一半作为计算域。二维的计算域和边界条件如图 2-25 所示，水翼表面设置为绝热，并采用 scalable wall 壁面函数。入口的速度和温度根

据试验数据设定，出口压强需要进行多次调整，使计算得到的入口压强与试验数据保持一致。对流项设置为高分辨率格式。

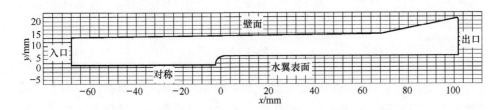

图 2-25　计算域和边界条件

本书采用三套控制单元数量不同的网格来验证网格无关性，网格在水翼表面附近加密。如图 2-26 所示，网格 1 的控制单元总数为 10665，网格 2 的控制单元总数为 25325，网格 3 的控制单元总数为 50423。三套网格的主要差别为水翼表面附近的网格数量不同。采用单相无空化计算获得的水翼表面压力系数与试验数据进行对比来验证网格无关性。计算结果如图 2-27 所示，三种控制单元数量不同的网格计算结果差别不大，但是网格 2 的计算结果与试验数据更接近一些，所以本书计算采用网格 2。

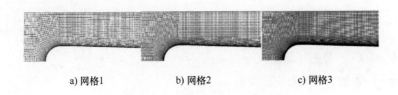

a) 网格1　　　　　　b) 网格2　　　　　　c) 网格3

图 2-26　水翼表面附近网格划分

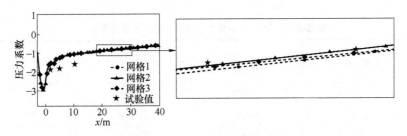

图 2-27　数值计算得到的压力系数与试验数据进行对比

本书选择参考文献［176］中的三种不同的试验工况作为参考数据，具体试验参数见表 2-2。

表 2-2　三种不同工况的试验参数

工况	入口温度 T_∞/K	入口速度 u_∞/(m/s)	空化数 σ_∞	汽化潜热 L/(J/kg)
293F	77.9	23.9	1.7	1.98×10^5
295D	83.2	24.3	1.67	1.91×10^5
296B	88.54	23.7	1.61	1.83×10^5

表 2-3 列出了三种不同试验工况下氮的液相与气相的物质参数。由于液氮的饱和蒸气压是随温度不断发生变化的，通常用温度作为变量来表示饱和蒸气压。这种表示方法多种多样，比较简单的表示方法有 Clapeyron 方程以及多项式函数等。在本章研究中，对于液氮绕水翼做稳态流动，采用 Clapeyron 方程法来表示饱和蒸气压。该方法本质上是用温度的一阶多项式来表示饱和蒸气压，所以计算公式相对比较简单，但是计算精度不及多项式方法。在下一章中，对于非稳态的空化流动数值计算，将采用精确性比较高的多项式方法。首先将饱和蒸气压用泰勒级数展开为

$$p_v(T) = p_v(T_\infty) + \frac{\mathrm{d}p_v}{\mathrm{d}T}\bigg|_{T_\infty} (T-T_\infty) + O(T^2) \tag{2-49}$$

使用 Clapeyron 方程来计算展开式等号右边的第二项：

$$\frac{\mathrm{d}p_v}{\mathrm{d}T} = \frac{L}{T\Delta v} \tag{2-50}$$

式中　L——汽化潜热（J/kg）；

　　　Δv——系数，$\Delta v = (\rho_1 - \rho_v)/(\rho_1 \rho_v)$。

那么得到的饱和蒸气压为

$$p_v(T) = p_v(T_\infty) + \frac{L}{T}\frac{\rho_1 \rho_v}{\rho_1 - \rho_v}(T-T_\infty) \tag{2-51}$$

表 2-3　三种工况下氮的液相与气相的物质参数

液相	温度/K		
	77.9	83.2	88.54
饱和蒸气压/Pa	108000	191640	317470
密度/(kg/m³)	803.6	778.84	752.5
比热容/[J/(kg·K)]	2044.2	2076.5	2124.2
热导率/[W/(m·K)]	0.14465	0.13361	0.12279
动力黏度/Pa·s	0.00015724	0.00012901	0.0001075
汽化潜热/(J/kg)	198469	191178	182927

（续）

气相	温度/K		
	77.9	83.2	88.54
密度/(kg/m³)	4.8916	8.3234	13.367
比热容/[J/(kg·K)]	1128	1175.6	1242.8
热导率/[W/(m·K)]	0.0075603	0.0081369	0.0088131
动力黏度/Pa·s	$5.4779×10^{-6}$	$5.8949×10^{-6}$	$6.3346×10^{-6}$

图 2-28 所示为采用热力学修正空化模型和未修正空化模型模拟结果对比，模拟的介质为液氮。从图中可见，修正后的模拟值与试验值更加吻合。

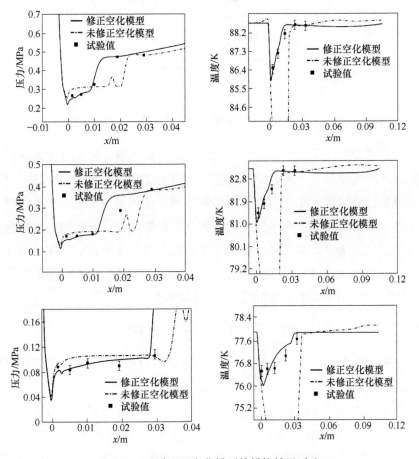

图 2-28　两种不同空化模型的模拟结果对比

3）基于热敏流体绕三维水翼非稳态流动的空化模型验证。本书还基于佛罗里达大学 Kelly 博士的氟化酮试验数据来研究非稳态空化的热效应。本书计算域与 Kelly 等采用的试验设备保持一致。如图 2-29 所示，弦长 $c = 50.8$mm 的水翼被安装在截面边长为 100mm 的长方体通道中。水翼的攻角为 7.5°，来流速度 $u_\infty = 7.5$m/s，入口温度 $T_\infty = 298.15$K。空化数为 0.7，出口压强根据空化数 $[\sigma = (p_{out} - p_v(T))/(0.5\rho_1 u_\infty^2)]$ 来计算。计算域的入口与水翼的导边相距 $2.1c$，出口与导边相距 $6c$。计算域的前后上下壁面被设置为绝热和自由滑移，而水翼的表面设置为绝热无滑移壁面。

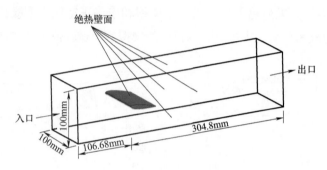

图 2-29　计算域和边界条件

该三维水翼空化研究中，采用的流动介质为氟化酮。氟化酮作为一种替代物质来取代低温流体，主要是因为室温下氟化酮的热敏特性与低温流体相似。它可以降低试验难度，并在室温下就表现出明显的热敏效应。表 2-4 列出了温度为 298.15K 时氟化酮液相与气相的各种物质参数。由于氟化酮的饱和蒸气压随温度的变化而变化，本章采用多项式函数拟合的办法来表示饱和蒸气压。考虑到本章氟化酮的参考温度为 298.15K，所以使用四阶多项式拟合出温度在 290~315K 之间的饱和蒸气压的值。拟合结果如下：

$$p_v(T) = \sum_{i=0}^{4} a_i T^i \quad (290\text{K} < T < 315\text{K}) \tag{2-52}$$

式中，$a_0 = 2.61981046197 \times 10^{-5}$；$a_1 = 8.25356198753 \times 10^3$；$a_2 = 9.73028863533 \times 10^1$；$a_3 = 3.87203555441 \times 10^{-1}$；$a_4 = 5.20611788917 \times 10^{-4}$。

由于多项式中的常数项 a_0 的值非常小，对计算计算结果影响不大，所以忽略 a_0 项。另外，同样使用湍动能 k 和混合密度 ρ_m 来修正饱和蒸气压。若用 $p_v(T)$ 表示前面用四阶多项式拟合出来的饱和蒸气压，那么修正的饱和蒸气压 p_v 定义如下：

$$p_{tur} = 0.39 k \rho_m \tag{2-53}$$

$$p_v = p_v(T) + \frac{1}{2}p_{\text{tur}} \tag{2-54}$$

表 2-4　温度为 298.15K 时氟化酮的物质属性

状态	密度/(kg/m³)	比热容/[J/(kg·K)]	热导率/[W/(m·K)]	动力黏度/Pa·s	汽化潜热/(J/kg)
液相	1602.2	1102.3	0.058233	0.00069875	94840
气相	5.3298	870.42	0.012849	0.000011151	

　　图 2-30 所示为四个典型时刻的数值模拟和试验得到的空化形状对比。从该图可以发现本书的数值模拟可以合理地预测到试验中观察到的空化脱落。

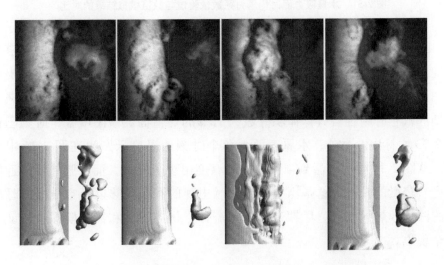

图 2-30　四个典型时刻的数值模拟和试验得到的空化形状对比

　　图 2-31 所示为数值模拟得到的水翼吸力面时均压力系数 $C_p = (p - p_\infty)/(0.5\rho_1 u_\infty^2)$ 与 Kelly 的试验数据进行的对比,从该图中可以发现数值模拟结果与试验值吻合较好。

　　图 2-32 给出了氟化酮空化流动中空腔总体积随时间的变化趋势,其中空腔总体积 V_c 计算公式为

$$V_c = \sum_{i=1}^{N} \alpha_i V_i \tag{2-55}$$

式中　　N——计算域内控制单元的总数;

　　　　α_i——每个控制单元内气体的体积分数;

　　　　V_i——每个控制单元的体积 (m³)。

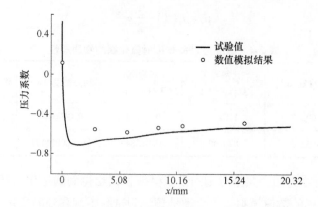

图 2-31 水翼吸力面时均压力系数试验值与数值模拟结果的对比

图 2-32 表明了空腔总体积的变化是一个准周期过程。为了下文能够更好地分析氟化酮空化流动的动态演化过程，图 2-33 显示了从图 2-32 中提取出的两个典型周期，其中 T_{ref} 表示一个周期的时间。图 2-34 显示了一个典型周期的八个时刻各自气体体积分数为 10% 的等值面。该图中各个时刻已在图 2-33 中标出。另外，水翼表面上各个时刻的温度云图也在图 2-34 中给出。从图 2-34 中可以看到空腔内部的温度出现了降低，而空腔外部附近的温度有轻微的升高。这是由空化形成时出现的汽化吸热以及空化溃灭时出现的液化放热导致的。早期有关热敏流体空化的试验和数值模拟也论证了这个现象。

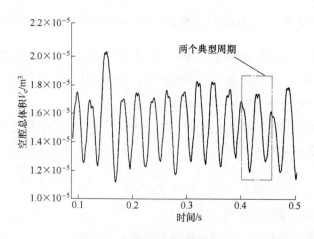

图 2-32 空腔总体积的变化

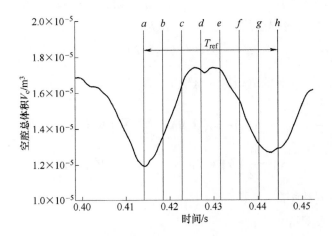

图 2-33　两个典型周期

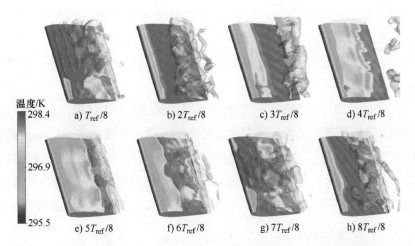

图 2-34　一个典型周期中气体体积分数为 10% 的等值面以及水翼表面温度云图

　　通过以上数值计算结果,可以将氟化酮的非稳态空化行为归纳为以下四个步骤:①从 $T_{ref}/8$ 到 $3T_{ref}/8$,由于回射流的作用,水翼吸力面上的附着片状空化脱落,并被主流驱赶到下游,形成高度湍流化的大尺度云状脱落结构;②与此同时,水翼导边附近的附着片状空化开始形成,并向水翼的随边生长;③从 $4T_{ref}/8$ 到 $5T_{ref}/8$,附着片状空化沿流向发展到最大长度,并几乎覆盖整个水翼的吸力面,脱落的云空化溃灭,并导致压力波的出现;④从 $6T_{ref}/8$ 到 $8T_{ref}/8$,回射流在空化的尾部形成,附着片状空化的体积开始出现自动振荡,直到回射流横切空腔表面。

在图 2-35 中显示了一个典型周期的八个时刻各自的 $\Omega=0.52$ 的等值面。其中，Ω 是由刘超群等提出的，其计算公式为

$$\Omega=b/(a+b+\zeta) \tag{2-56}$$

$$a = \text{trace}(\boldsymbol{A}^{\mathrm{T}}\boldsymbol{A}) = \sum_{i=1}^{3}\sum_{j=1}^{3}(\boldsymbol{A}_{ij})^2 \tag{2-57}$$

$$b = \text{trace}(\boldsymbol{B}^{\mathrm{T}}\boldsymbol{B}) = \sum_{i=1}^{3}\sum_{j=1}^{3}(\boldsymbol{B}_{ij})^2 \tag{2-58}$$

$$\nabla V = \frac{1}{2}(\nabla V + \nabla V^{\mathrm{T}}) + \frac{1}{2}(\nabla V - \nabla V^{\mathrm{T}}) = \boldsymbol{A}+\boldsymbol{B} \tag{2-59}$$

式中　$\boldsymbol{A}$——对称矩阵；

　　　$\boldsymbol{B}$——反对称矩阵；

　　　ζ——很小的正数（用来防止分母为零）。

参考文献 [180, 181] 指出，通过数值研究表明，当 $\Omega=0.52$ 时能够较合理地识别出涡旋的边界。本书选用 Ω 方法来识别涡旋结构主要是因为该方法有两个优点，一是因为 Ω 是一个无量纲数，二是因为 $\Omega=0.52$ 比较容易实现，该方法避免了从很大范围的数值中不断调试来选择一个合适阈值的麻烦。

图 2-35 通过 Ω 方法显示了一个典型周期的涡旋的演化过程，其演化过程也可以归纳为四个主要的步骤：①从 $T_{\text{ref}}/8$ 到 $3T_{\text{ref}}/8$，随着水翼导边附近的片状空化往下游发展，空腔内部的片状展向涡面也随之往下游发展。处在片状空化和云状空化之间的片状展向涡面在主流的搓动下被卷起，并形成扭曲的圆柱状展向涡面。该圆柱状展向涡面是片状展向涡面向 U 形涡面形成过程中的一种过

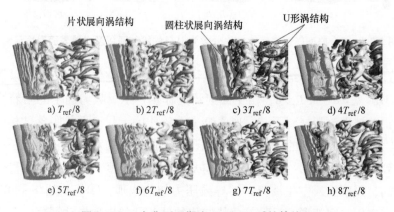

a) $T_{\text{ref}}/8$　　b) $2T_{\text{ref}}/8$　　c) $3T_{\text{ref}}/8$　　d) $4T_{\text{ref}}/8$

e) $5T_{\text{ref}}/8$　　f) $6T_{\text{ref}}/8$　　g) $7T_{\text{ref}}/8$　　h) $8T_{\text{ref}}/8$

图 2-35　一个典型周期中 $\Omega=0.52$ 时的等值面

渡结构。水翼表面附近形成的涡旋不但影响水翼表面的压力分布，而且也会影响水翼吸力面的流动分离与再附。②当扭曲的圆柱状展向涡面离开水翼表面时，它将演化成三维的大尺度结构，并形成许多 U 形涡旋结构。③从 $4T_{ref}/8$ 到 $5T_{ref}/8$，随着片状空化发展到最大的长度，片状展向涡面也发展到最大长度。④从 $6T_{ref}/8$ 到 $8T_{ref}/8$，由于回射流的干扰，片状空化开始出现震荡以及脱落，并且形成云状空化，云空化内部的涡面与云空化有点相似。当云空化在下游溃灭时，出现了大量的 U 形涡结构。这些 U 形涡结构在主流的驱动下不断地往下游传播，并且演化成了尺度越来越大的涡面，从而使得下游流场的湍流区域越来越广。

前面章节已经提到过热敏空化与等温空化的一个较大的区别在于热效应导致的温差对热敏流体的物质属性产生了较大的影响。热效应的研究通常关注温降与液相物质属性之间的关系。经典的方法包括 B 因子理论和夹带理论。针对不同的理论和假设，B 因子的计算形式有多种多样。参考文献 [184] 中对 B 因子做了一些假设用来预测温降，修改的 B 因子定义如下：

$$B = \frac{C_1 \rho_1}{L \rho_v} \Delta T_B \qquad (2-60)$$

参考文献 [185] 在假设空腔区域为气液两相混合物的条件下，对 B 因子做了修改。其修改的定义式如下：

$$B = \frac{\alpha_v}{1 - \alpha_v} \qquad (2-61)$$

将式（2-60）代入式（2-61），则由 B 因子计算得到的温降 ΔT_B 定义如下：

$$\Delta T_B = -\frac{\alpha_v \rho_v L}{(1 - \alpha_v) C_1 \rho_1} \qquad (2-62)$$

若将数值模拟结果 $\Delta T = T - T_\infty$ 看作实际温降，那么图 2-34 中的中平面处各个时刻对应实际的温降 ΔT 和基于 B 因子计算得到温降 ΔT_B 的变化趋势可用图 2-36 来表示。从该图中可以发现除了在两个地方有明显的误差外，B 因子理论可以有效地预测大部分区域的温降。其中，一个是 B 因子无法预测空化溃灭的过程中由于液化放热导致的温升，该区域在图 2-36 中已用绿色虚线圈标出；另一个是 B 因子理论过渡预测了水翼导边附近区域附着片状空化内的温降，该区域在图 2-36 中已用黄色虚线圈标出。总之，尽管 B 因子理论具有局部热平衡的简单性，但它能合理地模拟空化区域的温度分布。

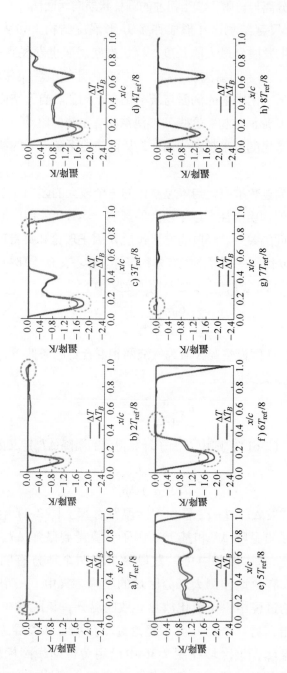

图 2-36 一个典型周期内水翼中平面处的温降

此外，通过研究空化数的差值也可以评估热效应对空化的影响程度。不考虑热效应的空化数 σ_∞ 的定义式如下：

$$\sigma_\infty = \frac{p_\infty - p_v(T_\infty)}{0.5\rho_1 u_\infty^2} \tag{2-63}$$

考虑热效应的空化数 σ 的定义式如下：

$$\sigma = \frac{p_\infty - p_v(T)}{0.5\rho_1 u_\infty^2} \tag{2-64}$$

那么热敏空化流动中空化数的差值 $\Delta\sigma$ 可以定义如下：

$$\Delta\sigma = \sigma - \sigma_\infty = \frac{p_v(T_\infty) - p_v(T)}{0.5\rho_1 u_\infty^2} \tag{2-65}$$

图 2-37 显示了一个典型周期中各个时刻的中平面上空化数差值的云图，以及气体体积分数为 10% 的等值线。从图中可以发现空化数差值的分布与空腔形状几乎完全一致。空化区域内的温降通过降低饱和蒸气压来抑制空化强度，空化数的差值仅仅在空化区域的内部出现增值。因此，就空化对流体机械有害的一面来考虑，热效应对流体机械而言是有利的。

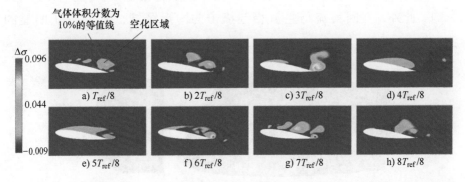

图 2-37　一个典型周期内水翼中平面处空化数的差值以及气体体积分数为 10% 的等值线

在水翼的压力面附近，流动是无分离的层流流动。而在吸力面上，由于回射流的影响，以及空化生长、脱落和溃灭，流动是有分离的湍流流动。在讨论分离流之前，先介绍一下流动分离的识别方法。对于二维稳态流动，表面摩擦力系数为零的点即为分离点，但是对于三维流动，这个结论不再适用。本书采用将摩擦力系数与参考文献［186］等提出的边界涡量流（Boundary Vorticity Flux，BVF）相结合的方法来识别三维的流动分离。其中，边界涡量流 σ 的定义式如下：

$$\boldsymbol{\sigma} = \boldsymbol{n} \times \boldsymbol{a} - \boldsymbol{n} \times \boldsymbol{F} + \frac{\boldsymbol{n}}{\rho} \times \nabla p + \nu (\boldsymbol{n} \times \nabla) \times \boldsymbol{\omega} \tag{2-66}$$

式中　$\boldsymbol{n}$——从液体指向外部的单位法向矢量；

　　　$\boldsymbol{\omega}$——涡量（$\mathrm{m^2/s}$）；

　　　$\boldsymbol{a}$——流体的加速度（$\mathrm{m^2/s}$）；

　　　$\boldsymbol{F}$——体积力（$\mathrm{N/m^3}$）；

　　　ν——运动黏度（$\mathrm{m^2/s}$）。

对于水翼绕流而言，流体被假设为不可压缩的，雷诺数比较大，忽略体积力，而且水翼表面是无滑移的。因此，$\boldsymbol{\sigma}$ 的展开式中 $\boldsymbol{\sigma}_p = (\boldsymbol{n}/\rho) \times \nabla p$ 的影响要比其他几项都大。假设绕 z 轴的旋转速度是 $\boldsymbol{\omega}$，并用 $\boldsymbol{\sigma}_p$ 的展向分量 σ_{pz} 来代替 $\boldsymbol{\sigma}_p$。其原因是水翼表面上分布的 σ_{pz} 值比其他几个分量都要大。

图 2-38 所示为曲面 1 和水翼表面示意图。图 2-39 中显示了水翼吸力面上的 σ_{pz} 云图以及曲面 1 上的速度矢量分布。其中，曲面 1 是将水翼表面往外偏移 $c/450$（c 为水翼弦长）的距离而得到的，具体示意图如图 2-38 所示。从图 2-39 中可以看出水翼表面上出现了几个由于空化脱落造成的汇以及由于空化溃灭造成的源。这些汇和源对水翼表面的速度分布产生了很大的影响。此外，在回射流与主流相互撞击的附近区域，σ_{pz} 出现了明显的峰值。

图 2-38　曲面 1 和水翼表面示意图

对于三维流动分离的识别，吴介之基于涡量动力学的研究，总结出一套完整的分离流和分离涡诊断的理论。通过该理论可以快速、准确地对分离流的位置进行识别。其主要的结论如下：

分离区特点：不但表面摩擦力线聚集，而且涡量线出现较大的正曲率，BVF 出现峰值。

分离线判据：涡量线曲率处在最大值。

分离前兆：BVF 线的折向与表面摩擦力线的方向基本一致。

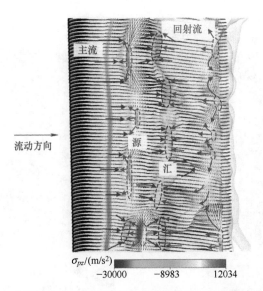

$\sigma_{pz}/(\text{m/s}^2)$

-30000   -8983   12034

图 2-39   水翼表面上 σ_{pz} 分布的云图以及曲面 1 上分布的速度矢量

图 2-40 中显示的 σ_{pz} 云图以及表面摩擦力线（$\tau = -\mu n \times \omega$）用来分析回射流对流动分离的影响。从图中可以看到各个时刻的流动形态非常复杂。由图 2-40b 可知，在导边附近的 σ_{pz} 峰值处出现了一条分离线和再附线。表面摩擦力系数在该处突然终止，表明此处出现了明显的流动分离和再附现象。在分离线附近，回射流与主流相互撞击。此外，在脱落的空化表面附近出现了一些离散的分离区，并且由于随边涡的影响，在随边附近区域出现了一些离散的再附区。这些结果表明回射流在诱导涡旋形成的同时也促进了流动分离的产生。

为了进一步分析回射流对流动分离的影响，图 2-41 中显示了水翼中平面上不同时刻表面摩擦力模量的变化曲线。从图 2-41 中可以看到，在图中每个时刻的 $x/c = 0.0096$ 位置处，表面摩擦力的模量都会出现一个峰值，这是由于导边处的表面曲率急剧变化引起。在 $t = 2T_{\text{ref}}/8$ 时刻，曲线的极小值位置出现了流动分离和再附。与此同时，在水翼随边附近表面摩擦力的大小出现了振荡，这是由水翼随边附近流动的不稳定引起的。在 $t = 4T_{\text{ref}}/8$ 时刻，附着片状空化的长度达到了最大值。由于吸力面上附着片状空化的内部流动强度相对较弱，所以该处的表面摩擦力几乎为零。需要注意的是，该区域中并不是所有的地方都出现了流动分离的现象，这也证实了在三维流动中表面摩擦力系数为零的地方并不一定出现流动分离的现象。此外，在附着空腔内部，由于回射流与主流的相互撞击，导致流向速度急剧减小。随后，附着剪切层在主流的驱使下脱离了边界层，

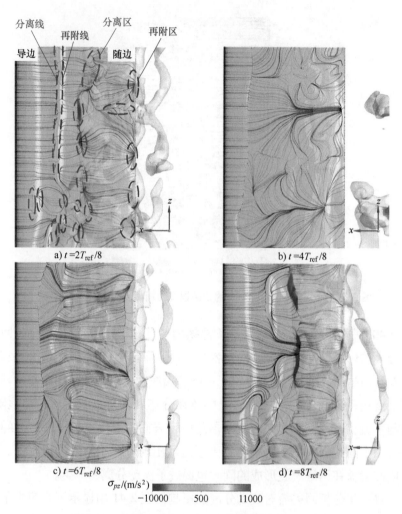

分离线　分离区　再附区
再附线
导边　　　　　　随边

a) $t = 2T_{\mathrm{ref}}/8$　　　　b) $t = 4T_{\mathrm{ref}}/8$

c) $t = 6T_{\mathrm{ref}}/8$　　　　d) $t = 8T_{\mathrm{ref}}/8$

$\sigma_{pz}/(\mathrm{m/s^2})$

-10000　　500　　11000

图 2-40　水翼表面空化，σ_{pz} 和表面摩擦力线的分布

并导致了一条流动分离线的出现。与此同时，在空腔内部（$x/c = 0.5$）出现了一个由于涡旋引起的流动再附区，并且在空化的尾部区域附近也出现了一对由于涡旋引起的流动分离与再附区。类似地，在 $t = 6T_{\mathrm{ref}}/8$ 时刻，由于回射流的强度足够克服主流，以至于促使附着片状空化从吸力面上脱落。在空腔内部，也是由于流动强度相对较弱，所以该处表面摩擦力系数几乎为零。此外，在回射流与主流相互碰撞的地方同样出现了流动分离线。在 $t = 8T_{\mathrm{ref}}/8$ 时刻，由于脱落的空化对主流的阻碍作用，从而导致空腔表面附近的速度方向发生了明显变化，并且在该区域附近出现了明显的流动分离线（$x/c = 0.6$）。

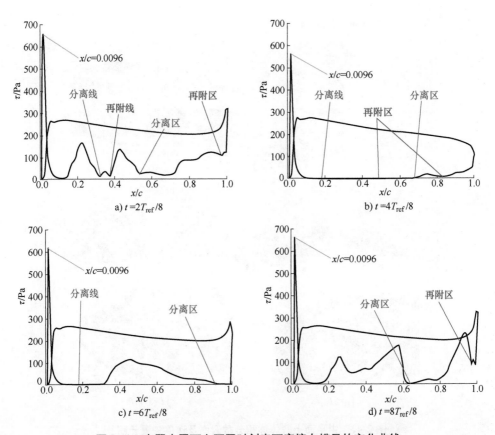

图 2-41　水翼中平面上不同时刻表面摩擦力模量的变化曲线

分离流与涡旋的形成和演化关系密切，分离流的研究离不开涡旋。图 2-42 中用速度矢量和气体体积分数云图来描述流场。图 2-43 显示了各个时刻中平面上压力系数的分布。

从图 2-42a 中可以看到，在水翼的导边附近出现两个顺时针旋转的涡旋结构（V1，V2）。通过对比图 2-43a 可以发现，在涡核附近位置存在逆压梯度。其原因可以认为是逆压梯度诱导了回射流的形成。随后，回射流与主流相互作用导致涡旋的形成，并且出现流动分离。相应地，在 V1 涡核的两边分别出现了流动分离线和再附线。与此同时，一个逆时针旋转的涡旋 V3 在水翼的随边出现，并且诱导再附区的形成。从图 2-43b 中可以发现，水翼吸力面几乎被附着的片状空化覆盖，而且在空腔内部出现了一个顺时针旋转的涡旋 V4。由于数值模拟中假设空腔内部的压强等于饱和蒸气压，因此在该涡旋的涡核附近位置压力梯度不明显，从而也导致该涡旋的强度比较弱，并且出现了比较弱的流动再

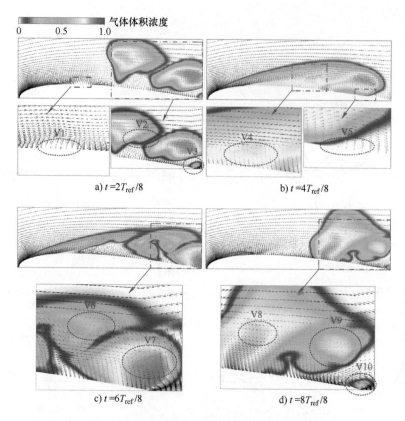

图 2-42   中平面上气体体积分数云图及速度矢量云图

附。此外，从图 2-43b 中还可以发现在片状空化的尾部区域出现了顺时针旋转的涡旋 V5，该涡旋的强度能够诱导明显的流动分离与再附。在图 2-43c 所示的脱落空化内部出现了顺时针旋转的涡旋 V6，并且在水翼的随边附近区域出现了逆时针旋转的涡旋 V7。由于涡旋 V6 的涡核离水翼的表面比较远，因此在水翼表面产生的压力梯度不明显。在图 2-43d 中，由于脱落的空化对整个流场的影响，从而导致压力变化变得更加明显。主流与回射流之间的强烈相互作用引起流速的大小以及方向发生显著的变化，从而导致涡旋 V8 的形成并且出现明显的流动分离。

综上所述，流动分离促进涡旋结构的形成，而形成的涡旋反过来又影响流场的分离流动。黏性和逆压梯度对于边界层流动中的流动分离是必要的。当较强的逆压梯度出现并作用于具有黏性阻滞的边界层时，流动分离很可能会出现。

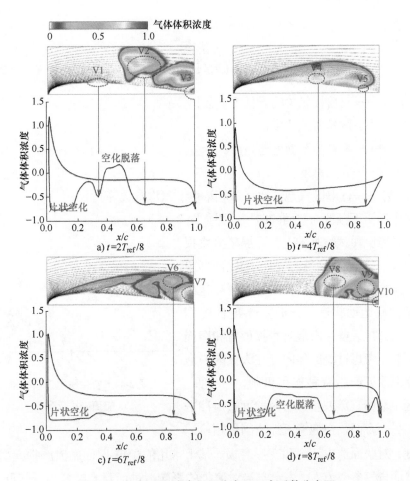

图 2-43　中平面上速度矢量分布及压力系数分布图

4. 考虑输送含固颗粒介质的湍流模型和磨损模型发展

在流致磨损分析时，通过开展颗粒-壁面碰撞反弹试验和多相流体动力学分析，对颗粒与壁面的相互作用、壁面微观磨损形貌和磨损深度的变化规律等进行研究，确立泵内流致磨损计算方法并开展数值计算。

（1）空化作用下颗粒与壁面碰撞反弹和磨损模型构建　该部分研究拟在不同空化余量、颗粒参数并结合泵过流部件的材质等参数，开展颗粒与壁面的碰撞反弹试验，统计颗粒与壁面的碰撞速度、碰撞角度、反弹速度和角度等运动参数，获得空化条件下颗粒反弹速度恢复系数 e_v 和角度恢复系数 e_θ。采用无量纲参数 κ 表示空泡带来的综合影响，进而建立空化作用下壁面碰撞速度和角度恢复系数计算模型，其中

$$e_v = \left| \frac{v_2}{v_1} \right| = \kappa(b)f(v, \theta, \mu, \dots) \tag{2-67}$$

$$e_\theta = \left| \frac{\theta_2}{\theta_1} \right| = \kappa(b)'g(v, \theta, \mu, \dots) \tag{2-68}$$

式中　f、g——与碰撞相关的无量纲参数；

　　　　v——颗粒碰撞速度；

　　　　θ——颗粒与壁面碰撞角度；

　　　　μ——介质黏度；

　　　$\kappa(b)$——近壁区气泡参数（气相浓度、气泡参数等）。

空化作用下颗粒与壁面的碰撞反弹如图 2-44 所示。

在碰撞反弹试验基础上，开展碰撞磨损特性分析。分析不同碰撞工况下的壁面形貌特征、磨损程度变化规律，同时利用高速相机观测颗粒运动轨迹，分析颗粒-壁面的相互作用，分析近壁区汽泡对磨损位置和磨损量的影响。考虑过流部件内存在大量的空泡群，空泡溃灭产生两种作用机制，一方面，近壁区空泡溃灭激波直接会对壁面造成冲击破坏；另一方面，空泡溃灭加速固体颗粒运动速度，对壁面造成切削和变形磨损。基于常用的颗粒-壁面碰撞磨损模型 Er，采用壁面含气参数 $f(b)$ 表示空泡对磨损的影响，进而建立颗粒与含气壁面碰撞磨损模型 Er_b：

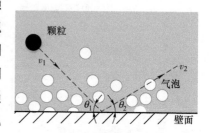

图 2-44　空化作用下颗粒与
壁面碰撞反弹

$$Er_b = f(b)Er = f(b) \sum_{p=1}^{N_p} \frac{m_d C(d_p) f(\theta) v^{b(v)}}{A_{\text{face}}} \tag{2-69}$$

（2）离心泵过流部件磨损失效机理研究　为了获得更精细的离心泵磨损特性，分析过流部件不同区域、不同磨损阶段的磨损速率和磨损形貌，将离心泵从投入使用到磨损失效全过程分为几个典型磨损阶段，从试验和仿真两方面，分阶段开展磨损位置和磨损强度的动态数据统计。

基于离心泵内部颗粒运动模拟以及建立的颗粒与壁面的碰撞磨损模型，结合离心泵特性试验和磨损试验，对固-液-气多相流动和磨损特性开展研究。通过提取不同工况下的磨损速率、最大磨损深度、平均磨损深度等关键磨损特征量；在此基础上，通过颗粒数密度对颗粒的分布进行表征，并提取近壁面颗粒数密度的分布特征，确立工况参数、结构参数与离心泵流道磨损相互关系。对比分析空化和无空化两种流动条件下离心泵内部流道壁面磨损区域分布规律和磨损形貌特征差异，揭示空化状态对过流部件流道磨损的作用规律；结合空化泡群与颗粒联合作用的运动特点，以及材料自身的动态应力极限数据，分析空化泡群-固体颗粒联合作用破坏壁面的规律。

2.2.3 全流场瞬态数值计算求解

单级高速悬臂离心泵全流场模型主要包括六部分：进口管路、出口管路、前腔间隙、后腔间隙、叶轮、蜗壳。图 2-45 所示为单级高速悬臂离心泵全流场结构图。在进行三维建模时不仅包括了离心泵主流场区域，还包括了前盖板与叶轮之间的叶顶间隙区，以及口环间隙和平衡孔间隙等。

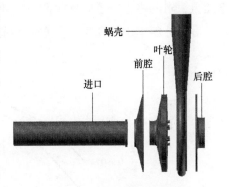

图 2-45　单级高速悬臂
离心泵全流场结构图

大功率多级离心泵的全流场计算域涵盖主流动区域和间隙流动区域，主流动区域主要指叶轮和蜗壳等过流部件内流通道，间隙流动区域主要指前后盖板间隙、口环间隙和平衡鼓间隙等。计算涵盖这些区域能够获得更准确的水力性能和受力特性。图 2-46 所示为某石油炼化领域的反应进料泵全流场结构示意图。

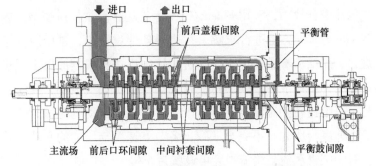

图 2-46　大功率多级离心泵全流场结构示意图

在对大功率离心泵全流场进行网格划分时，采用分块建模及网格划分，分别对泵进口管路、出口管路、前腔间隙、后腔间隙、口环间隙、叶轮主流场、导叶流道、蜗壳等过流部件进行结构化网格划分。同时，在全流场流道计算时，需要对网格无关性进行验证。图 2-47 所示为某单级高速离心泵网格无关性验证示例，在该示例中，采用了 6 组不同的网格进行流场数值计算，计算网格节点数分别为 150 万、220 万、300 万、370 万、470 万以及 590 万。图中，Ψ^* 表示为扬程无量纲系数，其表示的含义是各网格节点数下该高速离心泵扬程与网格数为 470 万泵扬程的比值；η^* 表示为效率无量纲系数，其表示的含义是各网格节点数下泵效率与网格数为 470 万时泵效率的比值。最后，综合考虑计算精度、计算效率等因素，在进行全流场计算时采用网格节点数为 470 万。为了保证网格质量，对网格进行了质量检测，一般高质量离心泵网格要求网格的等角斜率以及等尺寸斜率小于 0.5，近壁面处网格 Y+值低于 10 左右。

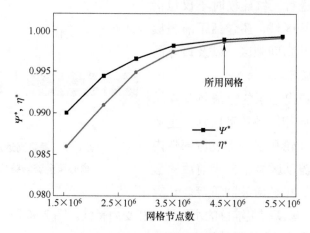

图 2-47　流场计算网格无关性验证

在全流场流道计算中，利用 Fluent/CFX 等流场计算软件对模型泵内三维非定常时均 Navier-Stokes 方程进行求解。在边界条件设置中，进口边界条件可设置为速度进口、质量流量进口或者压力进口；出口边界根据流量工况设置为自由流出出口、压力出口或者不同质量流量出口。对于湍流流动，在给定进出口边界条件时，需给定初始湍流强度，由于在离心泵中流动为湍流，进口边界上各节点的流体速度与压力并不完全一致，各节点速度与压力的平均值均存在一定的波动，对于圆管湍流，湍流强度可设置为 5%。

在对离心泵划分网格时将泵流场分成进出口、叶轮、蜗壳、口环间隙、平衡鼓间隙等相互分离的流体域。因此，在数值计算过程中，各个相互连接的流体域之间需要进行数据传递。当流体域相互连接的界面之间网格数量与网格位置不能一一对应时，此时需要选择网格界面（Grid Interface）来进行计算域之间的数据传递。对于离心泵的进出口壁面、蜗壳壁面、前腔壁面以及后腔壁面等固壁条件设定为静止壁面；由于模型泵叶轮以特定速度进行旋转，其附近流体也随着叶轮壁面转动，此时近壁处的介质流动与离心叶轮相对静止。因此，可将泵叶轮叶片表面以及泵前后盖板的固壁边界设置为无滑移的、绝热的转动边界；在近壁处应根据实际工况采用壁面函数。

在非定常流场数值计算时，一般取叶轮每旋转 0.2°、0.5°、1°、2°或 3°等为一个时间步长。由于模型离心泵叶轮具有多个叶片，需计算得到叶轮的旋转周期；再根据离心泵转速，可计算得到离心泵旋转一周所需时间，最后计算得到非定常流动计算的单位时间步长。在对模型离心泵流场进行非定常计算时，每个时间步长内，将迭代收敛残差值可设置成 10^{-4}、10^{-5} 或 10^{-6} 等。

2.2.4　严苛工况离心泵水力性能预测

在具体数值计算中，计算域涵盖主流动区域和间隙流动区域，主流动区域主要指叶轮和蜗壳等过流部件内流通道，间隙流动区域主要指前后盖板间隙、口环间隙和平衡鼓间隙等。计算涵盖这些区域能够获得更准确的水力性能和受力特性。

由于关键部件内主流动区域和间隙流动区域尺度相差巨大，在保证精度和稳定前提下，建立适用于各区域流场分布的局部加密网格模型，在不显著增加计算量的情况下，可实现主流动区域和间隙流动区域的精确模拟。

开展不同流量、转速及几何参数（如叶轮的叶片数 Z、进出口安放角 β_1 与 β_2、出口宽度 b_2 等）下的泵内流动 LES 计算，得到流场压力、速度、扬程、效率、功率等信息。

2.3　转子动力特性基本方程及求解方法

转子动力特性求解是基于离心泵全流场数值模拟结果，计算主流场激励；确定多相多场耦合下的间隙流场激励计算方法；构建考虑主流场及间隙流场非定常激励的离心泵转子系统多维运动模型及其求解方法，进而实现转子系统径向-轴向-扭转耦合振动的预测，揭示多场多相流体激励对转子系统耦合振动特性的影响规律。

2.3.1 转子系统动力学方程及受力分析

在对离心泵转子系统动力学特性进行预测时，首先需基于离心泵全流场数值计算结果，对离心泵间隙流场激励力进行表征，同时提取并计算主流场流体激励力；然后对转子激振响应方程进行展开，求解各项参数；最后在不同流量工况和结构参数下对求解转子系统动力学特性方程，最后分析并预测不同流动状态下转子系统模态、振型、响应频率等振动响应特性。

严苛工况离心泵转子系统结构和受力形式分别如图 2-48 和图 2-49 所示，根据转子系统受力，本书构建的转子系统动力学特性方程为

$$M\ddot{x}+C\dot{x}+Kx=B_1F_{unb}+B_2G+B_3F_{fr} \tag{2-70}$$

式中　　M——质量矩阵（kg）；

　　　　C——阻尼矩阵（N·s/m）；

　　　　K——刚度矩阵（N/m）；

　　　　G——转子系统重量矩阵（N）；

　　F_{unb}——转子本身不平衡质量引起的激励力（N），可分解 F_{rxunb} 和 F_{ryunb} 两个分量；

　　F_{fr}——全流场流体激励力（N），全流场激励力 F_{fr} 主要包括主流场激励力 F_{rxim} 和 F_{ryim}、口环间隙流体激励力 F_{rxkh} 和 F_{rykh}、盖板间隙流体激励力 F_{rxgb} 和 F_{rygb}、平衡鼓间隙流体激励力 F_{rxbp} 和 F_{rybp}；

B_1、B_2、B_3——节点划分后的转子系统位置矩阵。

图 2-48 和图 2-49 中 F_{rxin} 和 F_{ryin} 为诱导轮所受激励力，F_{rxb1}、F_{ryb1}、F_{rxb2} 和 F_{ryb2} 为轴承支承力。

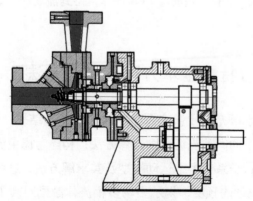

a) 转子系统结构示意图

图 2-48　大功率高速离心泵转子系统结构与受力示意图

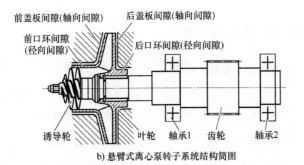

b) 悬臂式离心泵转子系统结构简图

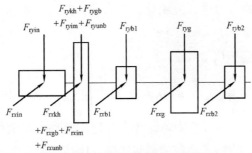

c) 悬臂式离心泵转子系统受力简图

图 2-48　大功率高速离心泵转子系统结构与受力示意图（续）

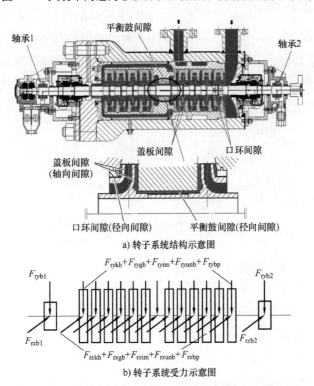

a) 转子系统结构示意图

b) 转子系统受力示意图

图 2-49　大功率多级离心泵转子系统结构与受力示意图

2.3.2 流体激励力表征及求解

1. 单向介质间隙流场激励计算方法

大功率严苛工况离心泵内部非定常流体激励力包括主流场激励力和间隙流场激励力，如图 2-50 所示为作用在中间级叶轮的流体激励力。F_{im} 为叶轮所受流体激励力、F_{as} 为口环流体激励力、F_{cp} 为前盖板流体激励力、F_{bp} 为后盖板流体激励力。主流场激励力主要是作用在叶轮上的非定常流体激励力 F_{rim}，可通过对作用在叶轮表面的压力进行面积分计算获得，并进一步求解其作用力偶，其表达式为

$$F_{rim} = F'_{p\text{-side}} + F'_{s\text{-side}}$$

$$= \sum_{n=1}^{n} \int_0^{2\pi} \int_0^R p'_{p\text{-side}}(r,\theta)\,dr\,d\theta + \sum_{n=1}^{n} \int_0^{2\pi} \int_0^R p'_{s\text{-side}}(r,\theta)\,dr\,d\theta \tag{2-71}$$

离心泵口环、前后盖板等间隙流场内非定常流动引起流体激励力对转子系统的作用主要通过影响转子系统的质量矩阵、刚度矩阵和阻尼矩阵来体现，具体等效计算求解过程如图 2-51 所示。求解过程主要包括流体微元控制方程组的建立、边界收敛方程的构建与完善以及基于摄动法的微元控制方程组的求解，求解对象主要包括径向间隙（叶轮口环、平衡鼓间隙）与轴向间隙（叶轮盖板间隙）。在求解过程中，分别将径向和轴向动量方程引入径向和轴向间隙流体微元控制方程组中，建立包括周向、轴向、径向动量方程及连续性方程在内的离心泵径向和轴向间隙流体微元控制方程组：

$$\begin{cases} \rho H\left(\dfrac{\partial u_z}{\partial t} + u_\theta \dfrac{\partial u_z}{R\partial\theta} + u_z \dfrac{\partial u_z}{\partial z}\right) = -H\dfrac{\partial p}{\partial z} + \tau_z \Big|_0^H \\[3mm] \rho H\left(\dfrac{\partial u_\theta}{\partial t} + u_\theta \dfrac{\partial u_\theta}{R\partial\theta} + u_z \dfrac{\partial u_\theta}{\partial z}\right) = -H\dfrac{\partial p}{R\partial\theta} + \tau_\theta \Big|_0^H \\[3mm] \rho H\left(\dfrac{\partial u_r}{\partial t} + u_r \dfrac{\partial u_r}{\partial z} + \dfrac{u_\theta}{R}\dfrac{\partial u_r}{\partial\theta}\right) = -H\dfrac{\partial p}{\partial r} + \rho H\dfrac{u_\theta^2}{R}\dfrac{dR}{d\theta} - \tau_r \Big|_0^H \\[3mm] \dfrac{\partial H}{\partial t} + \dfrac{\partial(Hu_\theta)}{R\partial\theta} + \dfrac{\partial(Hu_z)}{\partial z} = 0 \end{cases} \tag{2-72}$$

式中　　H——扬程（m）；

　　　　ρ——密度（kg/m³）；

　　　　p——压力（Pa）；

　　　　z——轴向坐标（m）；

θ——圆周坐标（°）；

r——径向坐标（m）；

u_z、u_θ、u_r——速度（m/s）；

R——间隙半径（m）；

τ_z、τ_θ、τ_r——应力（Pa）。

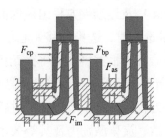

图 2-50 中间级叶轮的流体激励力

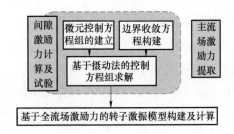

图 2-51 间隙流体激励力表征

基于全流场数值计算结果，构建边界收敛方程，建立径向间隙进出口压力与速度边界，以及两者与工况参数之间的函数 $f_{1p}(n,Q,v_0)$ 与 $f_{2v}(n,Q,v_0)$，轴向间隙进出口压力与速度边界以及两者与工况参数之间的函数 $f_{3p}(n,Q,p_{\text{okh}},v_{\text{okh}})$ 与 $f_{4v}(n,Q,p_{\text{okh}},v_{\text{okh}})$。在进出口收敛方程中，利用 $f_{1p}(n,Q,v_0)$ 与 $f_{3p}(n,Q,p_{\text{okh}},v_{\text{okh}})$ 对压力项进行修正，利用 $f_{2v}(n,Q,v_0)$ 与 $f_{4v}(n,Q,p_{\text{okh}},v_{\text{okh}})$ 对速度项进行修正，最后基于间隙入口压力损失和出口压力恢复效应构建新的间隙边界收敛方程如下：

径向间隙进口：

$$f_{1p}(n,Q,v_0)p_{\text{i}} - p(0,\theta,t) = \frac{\rho}{2}\left[f_{u_z}(n,Q,f_{2v})\right]^2_{(0,\theta,t)}(1+\xi_{\text{i}}) \tag{2-73}$$

径向间隙出口：

$$p_{\text{e}}f_{1p}(n,Q,v_0) - p(1,\theta,t) = \frac{\rho(1-\xi_{\text{e}})}{2}\left[f_{u_z}(n,Q,f_{2v})\right]^2_{(1,\theta,t)} \tag{2-74}$$

轴向间隙进口：

$$f_{3p}(n,Q,p_{\text{okh}},v_{\text{okh}})p_{\text{i}} - p(z,\theta,0) = \frac{\rho}{2}\left[f_{u_r}(n,Q,f_{4v})\right]^2_{(z,\theta,0)}(1+\xi_{\text{i}}) \tag{2-75}$$

轴向间隙出口：

$$p_{\text{e}}f_{3p}(n,Q,p_{\text{okh}},v_{\text{okh}}) - p(1,\theta,t) = \frac{\rho(1-\xi_{\text{e}})}{2}\left[f_{u_r}(n,Q,f_{4v})\right]^2_{(1,\theta,t)} \tag{2-76}$$

式中　　　　n——转速（r/min）；

$\qquad\qquad\quad Q$——流量（m³/h）；

$\qquad v_0$、u_r、v_{okh}——速度（m/s）；

p、p_i、p_e、p_{okh}——压力（Pa）；

$\qquad\qquad\quad \xi_i$——出口压力损失系数，无量纲参数；

$\qquad\qquad\quad \xi_e$——出口压力恢复系数，无量纲参数。

基于摄动法对由动量方程（周向、轴向和径向）及连续性方程组成的间隙流体微元控制方程组进行计算求解，在摄动变量选取时，选择位移偏心小量，根据摄动变量对速度、压力分布和间隙大小进行表征，根据摄动量将微元控制方程组简化为零阶和一阶摄动方程；根据全流场计算得到的间隙流场边界条件，以及边界收敛方程，将原方程组简化为一阶微分方程组，并基于打靶法进行求解，计算可得间隙流场内流体速度、压力分布函数、流体激励力及其等效动力学特性参数。

在转子系统流体激振模型中，除了由轴承处引起的刚度、阻尼以及转子不平衡质量引起的质量矩阵外，还存在由口环、前后盖板等间隙内激励力引起的附加质量矩阵、等效阻尼矩阵以及等效刚度。其中，叶轮、诱导轮、转轴等的质量矩阵根据材料属性可查表获得；对于轴承的等效刚度和等效阻尼也可通过现有的经验公式获得。本书主要对由口环、前后盖板间隙内非定常流体激励力引起的附加质量、等效刚度和等效阻尼进行深入计算。根据全流场压力（p）分布数值计算得到间隙流场激励力（F_x、F_y），将激励力代入转子系统流体激振方程中进而求出间隙流场的附加质量（M、m）、阻尼（C、c）和刚度（K、k）。图 2-52 所示为间隙场流场激励力附加质量、等效刚度及阻尼的求解过程。

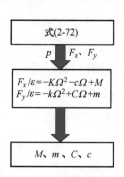

图 2-52　间隙场流体激励力附加质量、等效刚度及阻尼的求解

2. 多相多场耦合下的间隙流场激励计算方法

（1）多相多场下间隙流道微元控制方程组　通过对间隙流域流体微元进行流动及受力分析，同时考虑固体颗粒运动对流体的作用，以及流动过程温度变化，建立了多相多场下盖板和口环等间隙微元控制方程组：

连续性方程：

$$\frac{\partial H}{\partial t}+\frac{1}{R}\frac{\partial(Hu_\theta)}{\partial \theta}+\frac{\partial(Hu_z)}{\partial z}=0 \qquad (2\text{-}77)$$

周向动量方程：

$$\rho H\left(\frac{\partial u_\theta}{\partial t}+u_\theta\frac{\partial u_\theta}{R\partial\theta}+u_z\frac{\partial u_\theta}{\partial z}\right)=-H\frac{\partial p}{R\partial\theta}-\tau_\theta\left.\right|_0^H-\boldsymbol{S}_\theta \tag{2-78}$$

轴向动量方程：

$$\rho H\left(\frac{\partial u_z}{\partial t}+u_\theta\frac{\partial u_z}{R\partial\theta}+u_z\frac{\partial u_z}{\partial z}\right)=-H\frac{\partial p}{\partial z}+\tau_z\left.\right|_0^H-\boldsymbol{S}_z \tag{2-79}$$

径向动量方程：

$$\rho H\left(\frac{\partial u_r}{\partial t}+u_r\frac{\partial u_r}{\partial z}+\frac{u_\theta}{R}\frac{\partial u_r}{\partial\theta}\right)=-H\frac{\partial p}{\partial r}+\rho H\frac{u_\theta^2}{R}\frac{\mathrm{d}R}{\mathrm{d}\theta}-\tau_r\left.\right|_0^H-\boldsymbol{S}_r \tag{2-80}$$

能量方程：

$$\rho\frac{\mathrm{D}e}{\mathrm{D}t}=\rho q+\boldsymbol{\nabla}\cdot(k\cdot\boldsymbol{\nabla}t)-P(\boldsymbol{\nabla}\cdot\boldsymbol{V})+\Phi \tag{2-81}$$

颗粒运动方程：

$$m\frac{\mathrm{d}\boldsymbol{v}_\mathrm{p}}{\mathrm{d}t}=m\boldsymbol{g}+\boldsymbol{F}_\mathrm{p}+\boldsymbol{F}_\mathrm{dc} \tag{2-82}$$

式中 H——扬程（m）；

ρ——密度（$\mathrm{kg/m^3}$）

u_z、u_θ、u_r——速度（m/s）；

R——间隙半径（m）；

τ_z、τ_θ、τ_r——应力（Pa）；

e——单位质量流体内能（$\mathrm{kg\cdot m^2/s^2}$）；

S_z、S_θ、S_r——单位质量流体体积力做功功率（W）；

Φ——黏性项 $[\mathrm{kg/(m\cdot s^{-3})}]$；

$\boldsymbol{F}_\mathrm{p}$、$\boldsymbol{F}_\mathrm{dc}$——颗粒所受阻力和浮力（N）。

（2）考虑多相多场下间隙流道摩擦因数修正及间隙流体激励的计算　多相多场下间隙微元控制方程组中切向力 τ 为流动速度与摩擦因数 $\lambda(T)$ 的函数，$\tau=\frac{1}{2}\lambda(T)\rho u^2$，根据 Blasius 提出的摩擦理论模型，湍流流动摩擦因数为相对粗糙度及雷诺数相关的函数。为了更准确地计算多相流场下间隙流场的激励，通过间隙流道的流阻试验来确定相关的系数，重点考虑不同颗粒浓度和转速等工况，建立与颗粒浓度、转速等相关的摩擦因数函数关系式：

$$\lambda(T)=f_{\lambda1}\left(\frac{\varepsilon uc_r}{\mu_\mathrm{t,m}}\right)^{f_{\lambda2}} \tag{2-83}$$

式中　c_r——间隙流道的半边间隙；

$\quad\quad\quad u$——介质流动速度；

$\quad\quad\quad \mu_{t,m}$——混合流体的黏度。

间隙微元边界条件构建将基于全流场数值模拟的结果进行分析，分别获得前后盖板及口环等间隙进口及出口压力、速度、温度边界与工况参数的关系函数，用于修正各间隙的压力边界、速度边界和温度边界；并基于摩擦阻力试验建立间隙入口压力损失系数函数与出口压力恢复系数函数。项目拟基于摄动法对各间隙流场激励力和等效动力学参数进行计算。将偏心涡动小量作为摄动量，流体微元的轴向速度、周向速度、压力值、环形间隙径向厚度用偏心量表示，通过摄动法求解方程组获得各间隙流体激励力及等效动力学特性参数。

2.3.3　转子系统动力学特性方程

通过对离心泵间隙场流体激励力的等效刚度、附加质量以及等效阻尼的计算，本书将构建的转子系统流体激振方程展开可得到以下方程：

$$
\begin{bmatrix} M+m_{as11}+m_{cp11}+m_{bp11} & m_{as12}+m_{cp12}+m_{bp12} \\ m_{as21}+m_{cp21}+m_{bp21} & M+m_{as22}+m_{cp22}+m_{bp22} \end{bmatrix}\begin{bmatrix} \ddot{x} \\ \ddot{y} \end{bmatrix}+
$$

$$
\begin{bmatrix} c_{bearing11}+c_{as11}+c_{cp11}+c_{bp11} & \Omega[J]+c_{bearing12}+c_{as12}+c_{cp12}+c_{bp12} \\ c_{bearing21}+c_{as21}+c_{cp21}+c_{bp21}-\Omega[J] & c_{bearing22}+c_{as22}+c_{cp22}+c_{bp22} \end{bmatrix}\begin{bmatrix} \dot{x} \\ \dot{y} \end{bmatrix}+
$$

$$
\begin{bmatrix} k_{bearing11}+k_{as11}+k_{cp11}+k_{bp11}+K & \Omega[J]+k_{bearing12}+k_{as12}+k_{cp12}+k_{bp12} \\ k_{bearing21}+k_{as21}+k_{cp21}+k_{bp21} & k_{bearing22}+k_{as22}+k_{cp22}+k_{bp22}+K \end{bmatrix}\begin{bmatrix} x \\ y \end{bmatrix}
$$

$$
=\boldsymbol{B}_1\begin{bmatrix} F_{ubmx} \\ F_{ubmy} \end{bmatrix}+\boldsymbol{B}_2\begin{bmatrix} F_{rinx} \\ F_{riny} \end{bmatrix}+\boldsymbol{B}_3\begin{bmatrix} F_{rimx} \\ F_{rimy} \end{bmatrix}+\boldsymbol{B}_4\begin{bmatrix} F_{gearx} \\ F_{geary} \end{bmatrix}
$$

$$(2\text{-}84)$$

式中　M、m_{as}、m_{cp}、m_{bp}——附加质量（kg）；

$\quad\quad c_{bearing}$、c_{as}、c_{cp}、c_{bp}——阻尼系数（N·s/m）；

$\quad K$、$k_{bearing}$、k_{as}、k_{cp}、k_{bp}——刚度系数（N/m）；

$\quad\quad\quad\quad\quad\quad\quad\quad \Omega$——涡动速度（r/min）；

$\quad\quad\quad\quad \boldsymbol{B}_1$、$\boldsymbol{B}_2$、$\boldsymbol{B}_3$、$\boldsymbol{B}_4$——节点划分后的转子系统位置矩阵；

$\quad F_{ubm}$、F_{rin}、F_{rim}、F_{gear}——流体力（N）。

2.3.4　转子系统动力学特性分析与预测

本书基于修正的大涡模拟方法，对主流场激励力进行面积分提取，同时对间隙流场激励力进行表征，建立了以主流场激励力为主要激振源、间隙流场激励力影响等效刚度、附加质量和等效阻尼的离心泵转子系统非定常流体激振模型，并对不同流动参数下，泵内非定常流体激振响应特性进行计算。

根据流场计算获得的流体激励力以及间隙流场计算得到的附加质量、刚度和阻尼，代入展开后的运动状态方程中，并令矩阵（2-84）等于 0。通过计算状态方程，得到矩阵方程的特征值，根据特征值的实部和虚部，获得离心泵转子系统的坎贝尔图；根据坎贝尔图计算获得转子系统的临界转速和固有频率。将坎贝尔图中各个转子系统的临界转速代回展开后的转子系统流体激振方程，分别计算各个临界转速下转子系统的模态振型、轴心轨迹、振动幅值等振动响应特性。

❶ 第3章 严苛工况离心泵机组整体方案及结构设计

图 3-1 所示为严苛工况离心泵机组融合设计流程示意图，首先根据严苛工况离心泵的设计要求（包括流量、汽蚀性能、整体布置要求等）完成整体设计，选择合适的离心泵转速、结构形式和进出口直径；然后基于前述离心泵流体动力和转子动力的设计方法，完成过流部件水力设计和转子系统设计。若达到总体性能要求，则进行样机试制及试运行，通过在线监测测试试车性能若符合预期，则完成设计；否则需要进行优化设计，再通过过流部件流程及转子系统设计流程校核，判断性能是否符合标准，若没有达到标准，再循环上面的流程直到符合要求为止，最终完成过流部件和转子系统的设计。在此基础上针对实际介质进行针对性的机械结构设计，并进行结构强度计算和校核，形成高效高可靠性的离心泵设计方法。

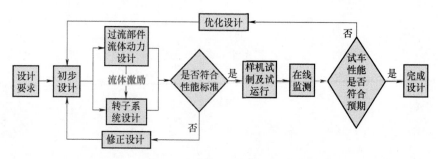

图 3-1 严苛工况离心泵机组融合设计流程示意图

本书在对严苛工况离心泵机组设计时，按照泵的性能参数和实际输送介质进行了分类。其中，按照严苛工况离心泵性能参数主要分为小流量高扬程离心泵、大流量低扬程离心泵以及大流量高扬程离心泵三大类；按照严苛工况实际介质主要分为高温高压含固介质离心泵、耐腐蚀耐磨损含固介质离心泵、低温介质离心泵、易汽化离心泵及含粗颗粒介质离心泵五大类。本章将着重针对上述类型严苛工况离心泵机组开展相关设计。

3.1 按照严苛工况离心泵性能参数设计

3.1.1 小流量高扬程离心泵

小流量高扬程离心泵具有流量小、扬程高的特点，在石油、化工、航空航天、制药、冶金及轻工业等领域有着广泛的应用。随着石化工业和航天技术的不断发展，离心泵逐步向高速、大功率密度方向发展。

小流量高扬程离心泵在小流量工作时内部流动不稳定是该类型泵必须要解决的关键难题之一。由于这类泵的比转速 n_s 很低，一般比转速 n_s 小于 80，有些特殊泵型，比转速仅为十几，甚至更低。这就造成这类泵型的流道极为狭长，泵的效率偏低。为了获得较高的效率，针对小流量高扬程离心泵的设计，往往采用加大流量的方法来提高泵的比转速，但是这种设计方法会使得泵在实际运行工况时处于偏离设计工况运行，即运行在小流量工况范围内。由于小流量高扬程离心泵叶轮流道十分狭长，在小流量工况时很容易在叶轮进口产生回流；而在叶轮出口位置容易产生尾流-射流结构以及流动分离现象，从而导致泵内各项损失增加，而在泵外特性曲线上则表现为正斜率上升段，因此很容易在小流量工况下出现不稳定现象，该现象表现为流动参数（如出口压力、流量等）发生剧烈波动。

随着石油、化工等工业的飞速发展，需要大量流量小于 $5m^3/h$、扬程高于 200m 的超低比转速离心泵（泵的比转速 n_s 小于 16）。例如，以液氨为原材料的染料生产装置需要流量为 $1\sim4.5m^3/h$、扬程为 $200\sim500m$ 的小流量高扬程离心泵；炼油工业的重整装置需要流量为 $2\sim10m^3/h$、扬程为 $400\sim1500m$ 的小流量高扬程离心泵；航空发动机输送液氧、液氨的燃料输送泵需要流量为 $1\sim10m^3/h$、扬程为 $500\sim2500m$ 的小流量高扬程离心泵。

针对小流量高扬程介质的输送一般采用高速离心泵、多级离心泵或者高速旋涡泵等方案，以此来提高叶轮的比转速。

1. 高速离心泵方案设计

与多级离心泵、往复式泵和漩涡泵相比，高速离心泵由于具有扬程高、结构紧凑、维护方便及可靠性好等优点，在小流量高扬程介质输送中得到了广泛的应用。

在确定超低比转速高速离心泵总体方案时主要考虑三个因素，即优越的性能参数、工作可靠性以及低廉的制造和使用成本。对低比转速高速离心泵而言，其所达到的性能指标是既要保证高速离心泵具有较高的效率、优越的汽蚀性能、小流量下工作稳定性，又要保证高速离心泵具有很好的工作可靠性。获得稳定的扬程-流量曲线主要通过设计合理的过流部件主要参数及采取合理的结构措施来保证。获得优越的汽蚀性能主要通过合理设计诱导轮结构形式、诱导轮与离心叶轮的匹配形式以及设计合理的诱导轮主要参数来保证，因此在保证小流量工况稳定性和汽蚀性能的前提下，提高低比转速高速离心泵的效率是水力设计的主要任务。在总体方案确定时应在主要保证工作可靠性及低廉的制造和使用成本的前提下，考虑如何提高高速离心泵的效率。

提高低比转速高速离心泵效率的最有效途径是大幅降低叶轮外径和适当提高工作转速。在流量、压力和汽蚀余量等设计参数确定的条件下，首先必须考虑的是要确定高速离心泵的工作转速和叶轮级数。工作转速的确定应根据以下几点进行：

1）应保证工作转速在高速离心泵的高速转子部件的第一阶临界转速的75%以下，即高速转子采用刚性轴设计，原则上工作转速相较于第一阶临界转速越小对高速泵机组的减振降噪越有利。

2）应满足装置给定的汽蚀比转速小于诱导轮所能够达到的汽蚀比转速的74%，一般设计合理且加工保证的汽蚀性能较好的诱导轮，其汽蚀比转速可达到4000。如果设计的汽蚀比转速要求在4000以上，则考虑要降低工作转速或采用两级诱导轮和在诱导轮前加引射装置。

3）使高速离心泵的设计比转速在16~80之间，一般泵在其设计比转速为40~70之间能够取得最理想的效率。如果设计比转速在16以下，应采用加大流量的方法来设计高速复合叶轮离心泵。

4）在满足承载能力和叶轮级数小于两级的情况下，应尽量不用滑动轴承而采用滚珠轴承支承方式，以降低高速离心泵的制造和使用成本。但是，如果对振动噪声指标要求较高的，则推荐采用滑动轴承。

5）采用压力油强迫润滑的滚珠轴承的极限转速小于10000r/min，因此当选用滚珠轴承支承时，工作转速不要高于 9000r/min，同时要使叶轮级数不得大于三级，且每级叶轮的外径不应大于 200mm。

6）当叶轮级数需要三级以上，或者泵的轴功率大于 110kW，应该采用径向滑动轴承和推力轴承支承方式，此时工作转速可以达到 10000r/min。

由于小流量高扬程离心泵比转速过低、离心泵的效率偏低，且非常容易产生小流量工作不稳定现象。因此，对于这类型离心泵，一种较为简便的办法是选用开式叶轮高速切线泵来实现小流量高扬程介质的输送，可以采用长、中、短叶片相间的复合叶轮来提高这类泵的效率。对于工作流量小于 5m³/h、扬程高于 200m 的小流量高扬程离心泵，按常规方法设计的蜗壳喉部面积和复合叶轮出口宽度很小，给加工带来了很大的困难。同时，由于设计比转速过低，所设计的小流量高扬程高速离心泵效率往往也很低，因此应该采用加大流量的方法来设计超低比转速高速复合叶轮离心泵。

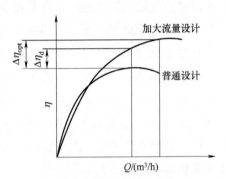

图 3-2　加大流量设计的指导思想

加大流量设计的指导思想如图 3-2 所示：对给定的流量和比转速进行放大，用放大后的流量和比转速来设计一台较大的离心泵，使其在较小的流量下工作，从而使离心泵的效率得到一定程度的提高。

加大流量设计可用式（3-1）和式（3-2）进行：

$$Q_d = k_1 Q \tag{3-1}$$

$$n_{sd} = k_2 n_s \tag{3-2}$$

式中　　Q_d——设计流量（m³/h）；

　　　　n_{sd}——设计比转速；

　　　　Q——流量（m³/h）；

　　　　n_s——工作比转速；

　　　　k_1——流量的放大系数；

　　　　k_2——比转速的放大系数。

一般而言，流量和比转速越小，其相应的放大系数应越大，流量 $Q = 3 \sim 6$m³/h，$n_s = 23 \sim 30$ 时，放大系数应取 $k_1 = 1.7$ 和 $k_2 = 1.48$。而对于工作流量小于 5m³/h、比转速低于 16 的超低比转速离心泵，在加大流量设计时，可按照将

流量放大到 $5m^3/h$ 以上，比转速放到 16~24 来进行设计。

同时，由于工作流量小于设计流量，按加大流量设计的超低比转速高速离心泵在工作流量下运行时，容易出现入口回旋流以及流动分离等不稳定流动现象，这些不稳定流量会产生很大的水力损失，从而导致扬程-流量特性曲线出现驼峰，使得高速离心泵在小流量工况下运行时出现不稳定现象。

2. 多级离心泵方案设计

多级离心泵主要分为中开式多级离心泵、分段式多级离心泵和筒袋式多级离心泵。

中开式多级离心泵一般都是螺旋线形的蜗壳，主轴中心线为水平者称为水平中开式；主轴是竖直的，称为竖直中开式。常见的中开式多级离心泵有 BB3 型和 BB5 型。BB3 型水平中开多级泵为单壳体、双蜗壳、轴向剖分、中心线支承、叶轮背靠背对称布置的卧式多级离心泵，该型泵泵体、泵盖及部分静摩擦副采用轴向剖分结构，因此其安装、维护极其方便。同时此类型泵没有复杂的平衡机构，在输送含固体颗粒的介质时更加安全可靠。叶轮背靠背对称布置及双蜗壳结构设计使得其绝大部分轴向力和全部径向力自动平衡，因此其运行更加平稳，使用寿命更长。出于对装置汽蚀的考虑，首级叶轮一般采用双吸结构。该泵具体结构如图 3-3 所示。

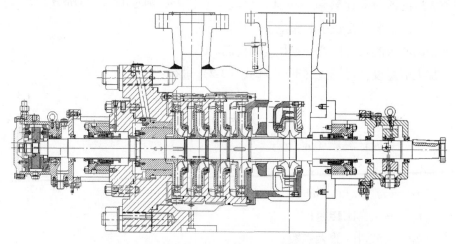

图 3-3　水平中开轴向剖分多级离心泵（BB3 型）

BB5 型多级离心泵为水平中开径向剖分结构，如图 3-4 所示。BB5 型多级离心泵主要由外壳体、内壳体、吐出壳体、转子部件、轴承部件、密封部件等组成。泵外壳体为承受高压性能的圆筒形结构，径向剖分，采用锻件组焊；内壳体设计采用中分结构。叶轮分两组背对背布置，能够较好地平衡轴向力，各级压水室之间由正反流道（导叶）连接。转子残余轴向不平衡力由可倾瓦轴承承受。BB5 型多级离心泵主要应用领域为石油炼化加氢进料装置、火力发电厂的锅炉给水装置、炼油高压设备进料装置、乙烯输送装置、陆上和海上高压注水装置、海上原油运输装置等。目前 BB5 型多级离心泵最大功率可达 5800kW。

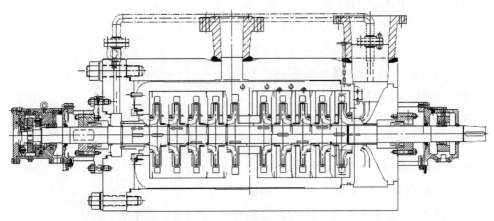

图 3-4 水平中开径向剖分多级离心泵（BB5 型）

分段式多级离心泵泵体为竖直剖分多段式结构，由一个首段、一个尾段和数个中段组成，用多组螺栓连接为一个整体，如图 3-5 所示。泵轴中间装有多级叶轮，每个叶轮均配有一导轮引流。轴的两端用轴承支承并置于轴承体内。轴封装置对称布置在泵的首段和尾段泵轴伸出部分。由于叶轮朝一个方向排列于轴上，每级叶轮均有一个轴向力，因此逐级相加后总的轴向力很大，必须在

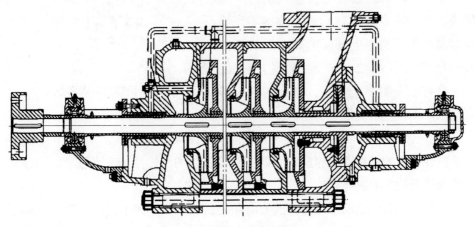

图 3-5 分段式多级离心泵

末级叶轮后面装动平衡盘用以平衡轴向力。分段式多级离心泵制造方便，泵体各段均可分别进行加工，但结构比较复杂，装拆困难。分段式多级离心泵工作性能好，流量和扬程范围大，在石油化工生产中应用广泛。

筒袋式多级离心泵一般为双层结构，在内、外壳体的空间充满保持压出压力的高压水。图 3-6 所示为筒袋式多级离心泵。内壳体仅受外压，在流体压力作用下泵体接合面密封性很好，外壳体承受等于压出压力的内压。筒式多级离心泵应用于扬程更高的场所，例如延迟焦化的切焦水泵。它除了具有 Y 型油泵的大部分结构特点和一般分段式多级离心泵的特点外，还有双层泵壳的特点。其外形为圆筒形，内壳呈竖直剖分或水平剖分结构。末级排出的液体先充满内外层壳体之间的间隙，然后经泵的出口排出。

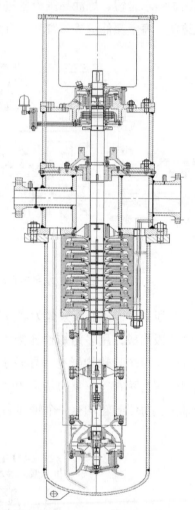

3. 旋涡泵方案设计

旋涡泵由于其具有流量小而扬程高的优点而广泛应用于炼油、化工、制造、冶金及轻工业等工业。对于扬程高于 200m 的旋涡泵，一般设计为高速旋涡泵。

由于旋涡泵的扬程随流量增加而下降较快，且扬程系数比离心泵要高得多，而用容易产生正斜率上升段的离心泵特性曲线相叠加，所得到的高速旋涡泵的特性曲线不会存在正斜率上升段，这样高速旋涡泵就根本不存在小流量不稳定性。

图 3-6　筒袋式多级离心泵

（1）结构设计　高速离心旋涡泵的结构简图如图 3-7 所示。设计诱导轮和复合叶轮的目的是保证高速旋涡泵能够获得优越的汽蚀性能，克服了旋涡泵本身汽蚀性能较差的缺点。

高速离心旋涡泵的结构与高速离心泵的结构相似，只不过高速离心旋涡泵在离心叶轮后面增加了一个级间导叶和旋涡主叶轮，同时在离心叶轮前设计了

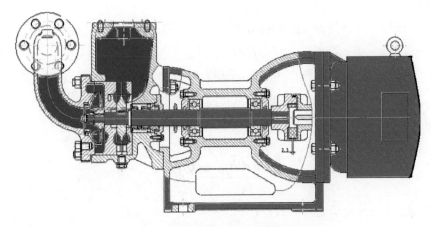

图 3-7　高速离心旋涡泵的结构简图

前置诱导轮。离心叶轮的结构形式根据不同要求可以设计成闭式或半开式的结构形式。

（2）水力设计　如图 3-8 所示，旋涡泵的扬程-流量特性曲线是一条随流量增加、扬程下降较快的直线，而如果高速离心泵的过流部件设计不合理，则其特性曲线可能出现正斜率上升段，将两条特性线叠加所得到的高速离心旋涡泵的扬程-流量特性曲线不存在正斜率上升段，即肯定不会出现小流量不稳定现象。同时，又可以使高速旋涡泵具有与旋涡泵一样的高扬程和高效率，具有与高速离心泵一样好的汽蚀性能、工作可靠性，还具有结构紧凑、维护方便等优点。

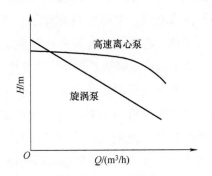

图 3-8　旋涡泵和高速离心泵的特性曲线

高速离心旋涡泵可以采用并行组合的方法进行设计，即诱导轮和离心叶轮等过流部件可以按照高速离心泵的设计方法进行，旋涡叶轮参照设计旋涡泵的方法进行设计，然后再有机组合起来。

1）扬程。高速旋涡泵的扬程 H 可由式（3-3）进行计算：

$$H = H_{cen} + H_{vor} \tag{3-3}$$

式中　H_{cen}——高速离心泵产生的实际扬程（m）；

H_{vor}——旋涡叶轮产生的扬程（m）。

2）效率。高速旋涡泵的效率 η 可由式（3-4）进行计算：

$$\eta = \frac{\rho g Q H}{\dfrac{\rho g Q H_{cen}}{\eta_{cen}} + \dfrac{\rho g Q H_{vor}}{\eta_{vor}}} \tag{3-4}$$

式中　η_{cen}——高速离心泵的效率；

η_{vor}——旋涡叶轮产生的效率。

一般而言，在小流量范围内，高速离心旋涡泵的效率与采用闭式复合叶轮或开式叶轮的高速离心泵的效率差不多；但在较大流量范围内，高速离心旋涡泵比采用闭式复合叶轮或开式叶轮的高速离心泵的效率低，而且其最高效率也要低，扬程随着流量增加而下降较快。总之，高速离心旋涡泵的工作范围较小，但扬程系数较高，其外形尺寸更小，结构更加紧凑。

3.1.2　大流量低扬程离心泵

1. 低速双吸离心泵

双吸离心泵由两个背靠背的叶轮组合而成，液体从叶轮两侧进入叶轮流道，液体经由离心叶轮流出后汇入一个蜗壳内。因泵盖和泵体是采用水平接缝进行装配的，又称为水平中开式离心泵。双吸泵具有如下一些特点：它相当于两个相同直径的单吸叶轮同时工作，在同样的叶轮外径下流量可增大一倍，与单级单吸离心泵相比流量大、效率高；双吸离心泵泵壳水平中开，检查和维修方便，同时，双吸泵进出口在同一方向上且垂直于泵轴，利于泵和进出水管的布置与安装；双吸泵的叶轮结构对称，没有轴向力，运行较平稳。在大流量低扬程流体输送领域，低速双吸离心泵具有流量大、效率高、汽蚀性能好、机组结构紧凑、可靠性高等特点。图3-9所示为低速双吸离心泵结构示意图。低速双吸离心泵一般转速在 1500r/min 以下，甚至更低，从而满足大流量低扬程的工况需求。

2. 轴流泵

轴流泵是一种高比转速叶片泵，其比转速一般为 $500\sim1200$，其最大的特点

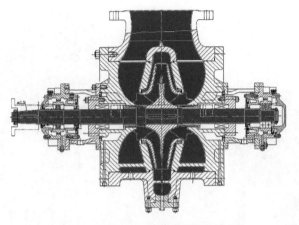

图 3-9　低速双吸离心泵结构示意图

是流量大、扬程低、效率高。轴流泵由叶片、轮毂和动叶调节机构等组成。叶片多为机翼型，一般为 3～7 片。轮毂用来安装叶片和叶片调节机构，有圆锥形、圆柱形和球形 3 种。小型轴流泵，叶轮直径在 300mm 以下的叶片和轮毂铸成一体，叶片的角度是固定的，也称为固定叶片式轴流泵；中型轴流泵，叶轮直径在 300mm 以上，一般采用半调节式叶轮结构，即叶片靠螺母和定位销钉固定在轮毂上，叶片角度不能任意改变，只能按各销钉孔对应的叶片角度来改变，称为半调节式轴流泵；大型轴流泵，叶轮直径在 1600mm 以上，一般采用球形轮毂，把动叶调节机构装于轮毂内，靠液压传动系统来调节叶片角度，称为动叶可调节式轴流泵。轴流泵适用于大流量、低扬程。图 3-10 所示为大流量轴流泵结构示意图。

3. 斜流泵

斜流泵也称为导叶式混流泵，是一种性能和结构介于离心泵和轴流泵之间的水泵。斜流泵的比转速传统应用范围为 290～590，目前其应用范围已开始逐渐向传统的离心泵和轴流泵领域拓展。通过合理设计以及对叶轮叶片进行调节，斜流泵可以实现大范围的高效稳定运行。斜流泵过流部件主要包括叶轮和导叶两部分，有的还包括进水导流部件。斜流泵在设计流量的 50%～70% 之间，流量-扬程曲线出现正斜率，也就是通常说的马鞍形曲线，斜流泵的这一不稳定特性会产生振动和噪声等不良现象。产生这一现象的主要原因是在小流量工况下叶轮进口回流损失引起的，可通过改善叶轮轮毂进口设计消除。图 3-11 所示为大流量斜流泵结构示意图。

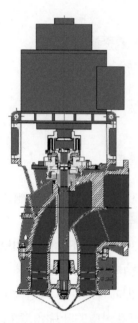

图 3-10 大流量轴流泵结构示意图

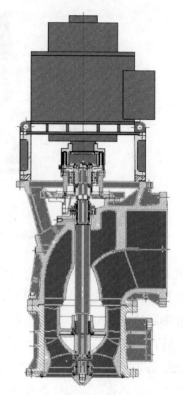

图 3-11 大流量斜流泵结构示意图

3.1.3 大流量高扬程离心泵

1. 高速双吸离心泵

高速双吸离心泵具有扬程高、流量大等特点，叶轮由两个背靠背的叶轮组合而成，从叶轮流出的水流汇入一个蜗壳中。双吸泵具有如下一些特点：它相当于两个相同直径的单吸叶轮同时工作，在同样的叶轮外径下流量可增大一倍；双吸入口能够使得该泵型叶轮进口处流体流量为单吸离心泵的一半，因此具有更优越的抗汽蚀性能；叶轮结构对称，轴向力可实现自平衡，机组运行较平稳。图 3-12 所示为高速双吸离心泵结构示意图。高速双吸离心泵一般转速在 5000r/min 以上，甚至更高，从而满足大流量高扬程的工况需求。

2. 首级双吸多级离心泵

首级双吸多级离心泵的首级叶轮采用双吸进口，使得该泵型叶轮进口处流体流量为单吸离心泵的一半，具有更优越的抗汽蚀性能。同时机组设计为多级

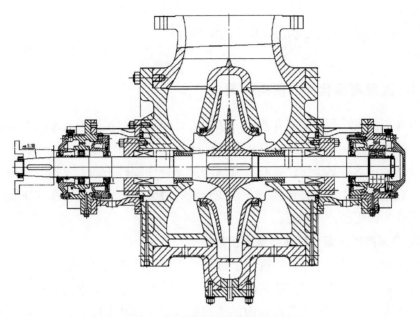

图 3-12　高速双吸离心泵结构示意图

离心泵，针对大流量高扬程工况时，相比于高速双吸离心泵，其运行转速可以更低，这对泵的汽蚀特性以及整机振动噪声有着明显的优势。图 3-13 所示为首级双吸多级离心泵结构示意图。一般而言，首级双吸多级离心泵可采用常规转速 3000r/min，针对扬程特别高的输送领域，可适当增加叶轮级数，也可适当增加泵的转速。

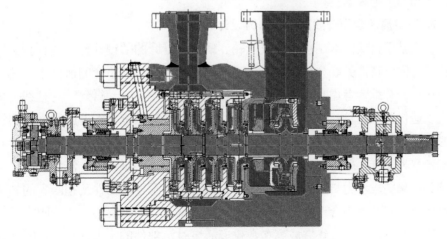

图 3-13　首级双吸多级离心泵结构示意图

3.2　按照严苛工况实际介质设计

3.2.1　高温高压含固介质离心泵

首先根据高温高压含固介质离心泵的设计要求（包括流量大小、汽蚀性能要求、整体布置要求等）完成整体设计，选择合适的离心泵转速、结构形式和进出口直径；然后基于前述离心泵流体动力学特性和转子动力学特性的研究结论，完成过流部件水力设计和转子系统设计；最终实现复杂流场作用下离心泵过流部件的优化设计与制造。

1. 高温高压含固介质离心泵磨损防控

考虑到离心泵内部流道的磨损是颗粒长周期的冲击碰撞和滑动切削所导致的，因此，在上述流道磨损研究的基础上，以颗粒的运动轨迹为控制策略，从几何结构和运行方式两个方面对内部流道的高温磨损开展防控研究。主要是在不同的叶轮型线和转速条件下，开展高温高压工况下泵流道表面的流致磨损计算和试验。分析颗粒群体迁移特征随结构及转速的演化规律，讨论关键易磨损区域近壁面颗粒数密度、速度、碰撞次数及碰撞角度等颗粒动力学特性的变化，获得颗粒对壁面的法向冲击和切向切削作用规律；提取内部流道磨损程度和磨损速率的时空分布，分析结构及运行工况对磨损特征的影响；在此基础上，通过相关性研究，分析颗粒运动参数对磨损影响的显著性程度，获得离心泵内部流道磨损的主导因素。

2. 高温高压含固介质离心泵水力设计

首先基于公式法编制程序完成叶轮、蜗壳和导叶的关键几何参数计算。然后在前述内外特性关联分析的基础上，在保证总叶片载荷不变的前提下，调整载荷分布，并综合考虑叶轮易磨损区域近壁面的流场特征，得到叶片型线；采用流线迭代法求解轴面速度梯度方程，并基于各子流道流量相等原则，得到流道的轴面形状。然后进行叶片加厚完成叶轮的初步设计。同理完成蜗壳和导叶的初步水力设计。采用所建立的两相计算方法完成离心泵内部全流场计算，基于计算结果完成水力与磨损性能预测，进而对离心泵过流部件及相匹配的转速进行优化设计，提出合理的结构参数和运行方案，以提高离心泵在含固介质工况下的运行可靠性，最终完成高参数化离心泵过流部件的水力设计，如图 3-14所示。

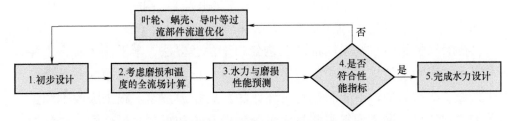

图 3-14   高温高压含固介质离心泵过流部件水力设计流程

3. 高温高压含固介质离心泵转子系统主动设计

根据整体设计及初步水力部件设计结果，以实际工作转速、叶轮转动惯量为依据，基于成熟机型转子系统模型，进行轴承选型与设计及转子整体布局初步设计（包括轴长度、轴承间距、叶轮与驱动端轴承间距等）；综合考虑主流场流体激励力的作用规律、环形密封几何参数对间隙激振力的作用规律及各转子部件对转子系统振动特性的影响，开展特定检修周期下叶轮及环形密封磨损量研究，并考虑该磨损量对叶轮不平衡力、间隙流体激振力的影响，开展不同流量工况下转子系统振动特性研究，进行转子系统布局及部件的二次设计，建立考虑叶轮磨损及环形密封磨损共同作用的离心泵转子系统设计方法，如图 3-15 所示。

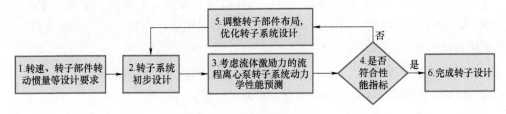

图 3-15   转子系统设计流程

4. 高温高压含固介质离心泵结构优化设计

开展蜗壳几何参数（喉部面积、截面形状、隔舌安放角）、导叶几何参数（叶片型线、进口角、出口角）及导叶与叶轮匹配参数（过流断面的面积比、径向间隙、错位角）对多相工况下离心泵主流场激振力特性及转子系统振动特性的影响规律研究；以振幅为优化目标，以上述几何参数为设计变量，建立基于离心泵固-液流动计算的过流部件参数优化方法。

3.2.2   耐腐蚀耐磨损含固介质离心泵

随着我国经济的高速发展，硫氧化物的排放量不断增加，导致我国的酸雨面积迅速扩大并出现了严重的雾霾天气，严重地阻碍了我国经济的发展，因此，对烟气中污染物和粉尘的排放控制势在必行。

在烟气脱硫中，按脱氧剂的工艺分为干法、湿法、半干法3种，干法和半干法只能脱除排放物中的有害气体，对于粉尘是无法脱除的并且会产生大量二次污染物，不能满足新《环保法》的排放要求。根据吸收剂和工艺的不同特点，湿法烟气脱硫技术可分为抛弃法和可再生循环法，湿法烟气脱硫脱硝及除尘技术是现在比较成熟和应用最多的脱硫工艺，也是我国各行业采用的主流工艺。在烟气脱硫脱硝及除尘系统中吸收塔循环泵是关键设备，被誉为"装置运行的心脏"。目前昆明嘉和科技股份有限公司生产的流量1750m³/h、扬程107m、配套电动机功率800kW的高扬程JFZ（C）300-850型循环泵已在大港石化、玉门油田烟气脱硫脱硝及除尘系统中成功运行。

同时该泵是在两相流理论与工况实践经验相结合的基础上，充分考虑了较大固体颗粒物良好的通过能力、过流件的耐磨性使用寿命、泵长期运行的可靠性、效率等因素设计的产品。本泵适用于炼油厂、火电厂、硫磷化工、钢铁厂等行业双碱法、镁法、石灰石-石膏、氨法、磷铵肥法、海水法等湿法烟气脱硫技术的脱硫系统循环浆液的输送；输送固体质量浓度不大于30%，氯离子浓度达2%~8%的各种酸性、中性、碱性的腐蚀、磨损性浆液介质，如石膏吸收剂、催化剂输送等。

耐腐蚀耐磨损含固介质离心泵为JFZ（C）、JFZ（F）系列脱硫循环泵，符合API 610标准中的OH1/OH2泵型，为卧式、单级、单吸、径向剖分、底脚支承或中心支承、悬臂式离心泵。

主要设计参数：设计压力5.0MPa，设计温度-25~+200℃，设计口径25~500mm，设计流量8~4200m³/h，扬程12~120m，设计转速740~1450r/min。

在确定耐腐蚀耐磨蚀含固介质离心泵设计时，主要考虑输送介质的特殊性既有腐蚀又有磨损并且高速流动复杂的情况下，对泵的用材和结构的合理性提出了苛刻的要求。据统计，在烟气脱硫脱硝及除尘系统中，循环泵的电耗占整个系统的1/3以上，高效、节能是对该泵的重要技术要求。循环泵是湿法烟气脱硫脱硝及除尘系统中的核心设备，泵的安全可靠性及检修维护便利性要求也很高。

图3-16所示为耐腐蚀耐磨损含固介质离心泵机组，主要由离心泵总成、联轴器及罩壳、电动机、底座以及监测用仪表组成。

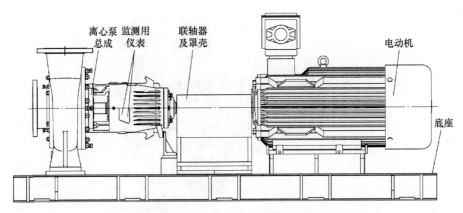

图 3-16　耐腐蚀耐磨损含固介质离心泵机组示意图

图 3-17 所示为耐磨蚀耐磨损含固介质离心泵的泵总成结构图，图 3-18 所示为耐磨蚀耐磨损含固介质离心泵三维剖面图。主要零件有泵体、叶轮、耐磨板、泵盖、轴封部件、轴承箱件、叶轮螺栓、叶轮螺母等。采用挠性联轴器中间带加长节，这种联轴器能够吸收小的轴向、径向和轴中心线偏移性的不对中。同时可以使包含所有易损件的整个转子部件（包括轴承、机械密封、耐磨板、叶轮等）在不拆卸进出口管路连接和电动机的情况下可整体拆出进行维修。

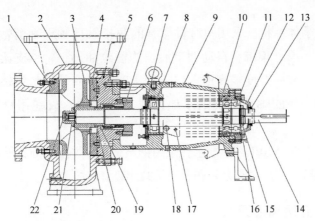

图 3-17　耐腐蚀耐磨损含固介质离心泵示意图

1—前耐磨板　2—泵体　3—叶轮　4—后耐磨板　5—泵盖　6—集装式机械密封　7—前轴承压盖

8—圆柱滚子轴承　9—轴承箱体　10—轴承盒　11—单列角接触球轴承　12—后轴承压盖

13—轴承隔离器　14—轴　15—圆螺母　16—止动垫圈　17—油杯　18—油标　19—耐磨环

20—机封短套　21—叶轮螺母　22—叶轮螺栓

图 3-18　耐腐蚀耐磨损含固介质离心泵三维剖面图

叶轮为闭式叶轮，进口直径较大，具有良好的抗汽蚀性能；叶片间流道宽敞，可以避免结焦及固体颗粒堵塞等；平衡孔、前后背叶片设计，除了有效平衡轴向力外，还可以减少泄漏量和降低封腔的压力。

耐磨板通过螺栓固定在泵体上，采用耐磨板主要是对泵体进行保护。同保证了流道长时间的平滑和完整，从而延长叶轮的使用寿命。在不更换泵体时，可以根据磨损腐蚀情况更换或重新修复，以延长其使用寿命，降低运行成本。

独立的轴承体结构，采用一对背靠背的角接触球轴承平衡轴向力。轴承用稀油润滑，轴承支架带有自动调节油位的恒位油杯。轴承支架的正常设计是不冷却的。在介质温度较高或入口压力大时，水冷却结构的轴承架是标准的，风扇冷却结构的轴承架（缺水地区或其他考虑）仅在用户特殊要求时提供。

底座的设计符合 API 标准要求，采用钢架结构，焊接坚固，设置调平螺钉，带有集液盘和起吊耳。底座为泵和电动机共用设计。

3.2.3　低温介质离心泵

在 LNG 泵产品开发过程中，由于低温介质的工作环境，对部件（如叶轮和轴承）设计和加工方面提出了很高的要求。常见的 LNG 输送泵为潜液泵，如船用潜液泵、汽车加气站潜液泵、大型贮罐罐内潜液泵等。

1）潜液式 LNG 泵与传统泵相比，具有下列不同的结构特点：

① 电动机转子、叶轮和诱导轮等转动部件都固定在同一根轴上，结构紧凑，转子动平衡要求较高。

② 电动机浸没在 LNG 中，输送的低温流体直接冷却，电动机效率高，但其动力电缆需要特殊设计并采用可靠材料，使其在 -200℃ 条件下仍保持弹性。

③ 由于结构上的限制，叶轮多采用串式结构，轴向力大，需要设计轴向力自平衡机构。

④ 电动机和泵之间不设置密封，轴承可利用输送介质润滑。

⑤ 泵吸入端设有诱导轮，保证泵具有高的汽蚀性能。

2）由于 LNG 泵采用潜液式结构，与传统泵相比具有以下的优点：

① 泵体完全浸没在液体中，工作噪声小。

② 不含转动轴封，泵内有封闭系统使电动机和导线与液体隔离。

③ 将电动机与叶轮设计在同一个轴上，省去了联轴器和对中的需要。

④ 叶轮和轴承通过液体自润滑，不需要附加的润滑系统。

⑤ 无需使用防爆电动机。

LNG 泵（图 3-19）按照安装位置及安装要求不同分为容器安装型泵和罐内可缩回型泵。容器安装型泵将整个泵和电动机装在一个容器中，安装简单，使用安全，无需对正。轴承冷却和润滑都无需另外的接头和辅助管道。容器作为泵的外壳，它由吸入口、支架、顶板、电缆导管和放空口组成。与传统的泵相比，它更轻便、安装简单、噪声低、无需定期维护。而且，当泵设备出现故障或检修时仅需关闭吸入阀和出口阀，并拆除顶部法兰即可。罐内可缩回型泵安装在 LNG 贮罐内，因此低于高液位以下的所有接口都取消，这样可以消除贮罐泄漏风险，同时减少泵设备的占地面积。潜液泵和电动机整体设计考虑，将潜液泵安装在圆柱形容器（称之为"泵井"）中，泵井作为泵的支座，也作为泵至贮罐顶部的出液管。潜液泵前部装有诱导轮，位于贮罐的最低液位处，可以改善水力特性和提高泵的净吸压头。为了隔离贮罐内的介质和泵井，使用了一个底部进口阀，通过法兰将阀门安装在泵井的下端，并用弹簧和贮罐内液体的静压将阀门关闭。潜液泵的缩回系统允许泵可安全地从贮罐内拆出，无需将储罐内的所有介质全部放空。罐内可缩回型泵相对于容器安装型泵，有如下优点：无需在罐体底部开孔接管，无需另加独立真空容器，降低泄漏风险及冷量损失；因无多余的进液、回气管阻，故能够拥有更低的抗汽蚀性能。

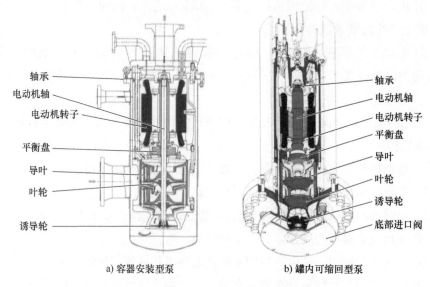

a) 容器安装型泵　　　　　　　　　　b) 罐内可缩回型泵

图 3-19　LNG 泵

　　LNG 泵的设计主要包括过流部件、转子系统等的设计，还需要考虑耐低温材料、潜液电动机和支承等方面。在泵过流部件设计方面，研究开发适合 LNG 物性的大流量、高效率、低汽蚀性能的叶轮型谱，采用数值模拟技术对过流部件的速度和压力分布进行优化设计，确保国产化泵型的性能曲线与进口泵型相近，保证在现有装置中并联操作的稳定性。在转子系统设计中，提高转子动平衡精度、泵的安装精度和零部件刚度，以达到降低泵组振动的要求，满足泵组长周期运行的需求。在耐低温材料选用方面，LNG 泵整体浸没在低温的 LNG 液体中，电动机、转子与叶轮以及引线电缆等均需要按照承受-196℃的低温进行设计选材。LNG 泵中的潜液电动机是关键部件，除了低温材料外，电动机的电磁特性在低温下也会发生改变，势必影响电动机的驱动特性。受低温的影响，电动机的机械特性也会发生改变，掌握低温下不同工况的电动机起动特性及运行方面与常温电动机的差异，对低温电动机的设计与应用有着至关重要的意义。目前，我国基本实现了低温电动机的国产化替代及低温电缆的国产化。LNG 泵中的轴承是重要的支承部件，可采用介质进行润滑，即采用-162℃的低温 LNG 作为轴承的润滑冲洗，避免长时间运转造成局部发热而导致轴承的失效。由于 LNG 本身的黏度小、润滑性差，对轴承的设计制造要求很高，目前国内普遍采用国外的轴承产品。由于低温 LNG 处于饱和状态，轴承转动摩擦过程中会产生热量，导致局部 LNG 汽化，如果汽化过大会影响泵的输送性能。在低温、低黏度环境下轴承润滑与冷却的研究，也是 LNG 泵国产化开发必须面对的难题。目前，我国也实现了低温轴承的国产化。

3.2.4　易汽化介质离心泵

在核动力系统中，凝水泵的作用是将汽轮机凝结器中凝结的水从热井抽出，经过加热器打到除氧器里去，然后除氧器的水经过给水泵再进入锅炉加热，变为蒸汽去汽轮机做功，以完成蒸汽-水-蒸汽的循环。由于装置工艺特殊性，凝水泵输送的工质为 50℃ 的饱和冷凝水，极易汽化析出气体，凝水泵组的装置汽蚀余量在 0.5m 以下，甚至更低，这对凝水泵的汽蚀余量要求非常高，凝水泵除了具备一定的气液混输能力，同时受到振动噪声指标的限制，而泵内汽蚀对振动噪声的影响非常大，因此凝水泵首要解决的关键问题是超低汽蚀余量水力设计与汽蚀防控。

同时，由于冷凝水在输送过程中，局部区域流速增加，介质压力会下降，更容易发生汽蚀，所以原则上冷凝水泵的汽蚀余量是越低越好。局部区域的汽蚀虽然一定程度上不会影响凝水泵的外特性（扬程和效率），但是对泵的振动影响较大。

针对冷凝水介质的输送，一般采用主泵与前置泵结合，并降低前置泵转速来实现汽蚀性能要求，同时对于汽蚀性能要求特别高的，还可以通过降低前置泵转速同时配置诱导轮结合的方式来实现。

前置泵的主要作用是给主泵入口增加压力以保证冷凝泵的抗汽蚀性能，因此前置泵的汽蚀性能则尤为重要，也是冷凝水泵机组水力设计的关键。

前置泵用来给主泵增压，采用低速、高抗汽蚀设计，前置泵的扬程只要用于满足冷凝水泵的吸入压力即可。由于冷凝水介质属于临界饱和状态，对温度和压力变化十分敏感，这就要求前置泵具有汽蚀余量很低、负压很低的双特点。因此，可采用带前伸螺旋叶片的复合式叶轮。该叶轮为闭式叶轮，叶片为长短叶片，其中长叶片头部类似诱导轮，前伸至泵入口。作用原理：其长叶片型线设计实际为双曲率叶片，前伸头部为螺旋形设计，基本原理与诱导轮设计相同，但通过一体化设计后，前伸部分与后面主送部分对接配合更好，流动顺畅，可以最大程度地降低流动损失，提高汽蚀性能。

同时，凝结水泵用来把凝汽器热井中凝结的冷凝水通过低压加热器加热后送到除氧器中，在除氧器中重新进行除氧，加热到 104℃ 左右。在备用时处在高度真空下，因此，必须要有非常可靠的轴封。轴封可采用密封填料或机械密封，此外还必须使用凝结水作为密封冷却水，因为如果采用其他水源来密封，会污染凝结水。凝结水泵要装空气管，因汽轮机的凝结器及水泵是处于真空状态下工作的。加装空气管的作用就是当泵内或凝结水中带一定的空气时，立即由空气管排至凝汽器，不致使空气集聚在泵内，影响泵正常运行。泵的过流部件材质为铸铁，轴封为填料密封，从电动机端向泵看，为逆时针方向旋转。成套供应泵、电动机、联轴器、底座、止回阀、闸阀。

易汽化介质离心泵的结构特点如下：

1）为使泵具有良好的抗汽蚀性能，该泵型首级叶轮采用双吸结构。

2）采用轴向导叶。在满足性能要求和保证刚度的前提下，减少了泵的横向安装尺寸，从而减少了泵的安装宽度。

3）泵的轴向推力主要由每级叶轮上的平衡孔、平衡腔平衡，剩余轴向推力则由泵本身的推力轴承部件承受。

4）泵的基础以下部分采用抽芯式结构，便于泵的拆装及检修。

3.2.5 含粗颗粒介质离心泵

针对深海采矿扬矿泵的设计要求，德国 KSB 公司研制了六级潜水提升电泵，整体设计方案如图 3-20 所示。六级泵的六组叶轮和导叶安装在同一轴上，包括由直段圆筒体和吸入法兰、吐出法兰共同组成的电泵外壳体。电泵外壳体具有圆柱体对称结构，便于承受电泵以下静载荷及其动载荷和便于串接在提升管道中一起随采矿船拖航运动。电动机上端伸出轴采用套筒联轴器与泵轴刚性连接。该泵型可能会因泵轴荷载过大而引起泵的振动和磨损。

日本荏原公司研制了八级离心式提升泵，该泵由上部泵和下部泵组成，潜水电动机装在两个水泵中间，上部泵、下部泵均为四级，下部泵的出口和上部泵的入口用短管连接。发生意外停泵时，上部泵出口位置安装的阀门关闭，同时安装在与泵体平行的旁路管道的阀门开启，提升泵以上管道中的颗粒通过旁路管道流入提升泵下部的管道。从泵型和泵结构分析，该泵存在停泵后海底矿物颗粒回流不顺畅的问题，并且泵的阀门控制易于发生故障。

长沙矿冶院在"十五"和"十一五"期间进行了海洋采矿提升电泵的研制，完成了四级提升电泵的设计，改进了八级提升电泵的流道和结构，如图 3-21 所示。电动机双出轴分别带动下部四级泵叶轮和上部四级泵叶轮开始旋转。"上部泵"和"下部泵"的设计思路有效减小了泵流道的长度，有效地减小了泵流道的长度，为意外停泵粗颗粒通过导叶和叶轮回流引起泵流道堵塞问题的解决提供了新思路。并可使泵的级数达到八级以上，使用单台泵便可将 5000~6000m 水深的海底矿物提升至海面采矿船，简化了深海采矿系统。

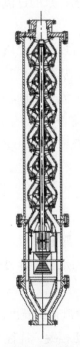

图3-20　粗颗粒六级输送泵整体结构　　　　图3-21　粗颗粒八级输送泵整体结构

　　此外，将电动机外壳环形流道设计成左右对称的双通道流道，确保颗粒在流道中的上升速度和流道通过与回流的最大粗颗粒的几何尺寸，解决了粗颗粒在电动机外壳环形流道中的堵塞问题。

　　该设计将下部吸入壳、上部吸入壳和电动机外壳的双通道环形流道、下部泵的流道和上部泵流道实现无缝隙连接成一体，形成电泵的整体流道。该整体流道几乎沿电泵轴线平行上升，具有很好的流线型，使得整体流道的畅通性好，具有满足海底粗颗粒矿物通过与回流的能力。

1. 深海粗颗粒混输泵过流部件设计

　　深海混输泵通常采用湿式潜水电动机直驱多级长轴转子。多级长轴转子上布置若干串联的旋转叶轮和静止导叶体，由此构成固液浆料在泵内的增压通道，即由进口段进入，经电动机外部筒体内的环形通道，依次通过旋转叶轮和静止导叶体的组合流道，最后由吐出段排出。

　　大颗粒固液浆料的两相混合均匀程度远不及高浓度小颗粒，颗粒相与液相之间的滑移速度相对较大，壁面对颗粒运动的约束作用在重点碰撞区域尤为明显，因此将单相的水力设计与颗粒的运动特征结合起来，实施两相关联性水力设计具有重要的工程应用价值。除去水力性能的要求，泵的过流部件抗磨损也是一个重要指标。这成了过流部件设计的指导思想。

粗颗粒泵水力设计的过程可简述为：首先开展常规清水介质下的旋转叶轮进出口速度三角形及关键水力参数计算和流道设计，从而获得叶轮的轴面形状和进出口直径等主体几何参数，在此之上延伸计算出流道内固相和液力各自的轴面速度，结合颗粒的滑移速度关系，精算出固液浆料等效的整体出流速度，由此计算出新的旋转叶轮的进口直径和出口宽度等几何参数，实现对旋转叶轮进出口参数的修正和流道绘形。

2. 深海混输中试泵的过流部件设计

深海混输泵由于扬程和流量都较大，往往采用六级到八级，体积庞大。中试阶段的混输泵往往采用两级设计，由于泵流量小，颗粒通过性不佳，存在堵塞的隐患。所以针对海底结核粗颗粒的输送中试泵的水力部件设计，通常采用放大流量设计法。

为保证大粒径颗粒能够顺利通过，需要增大叶轮流道的宽度。比转速 n_s 作为泵参数组成的一个综合参数，与泵的几何形状密切相关，往往可作为泵型分类的判别。随着 n_s 由小到大，泵型也由离心泵到轴流泵变化，其叶轮流道经历由窄到宽的一个变化过程。所以，为了保证海底粗颗粒的顺利通过，应加宽流道，即增大比转速 n_s。而增大 n_s 可以增加转速 n，降低扬程 H，增大流量 Q。增大转速会加快叶片的磨损，增大机组的振动和噪声。而深海采矿混输泵通常需要较高的扬程，所以综合来看须采取放大流量设计，使泵工作点与设计点适当分离。

放大流量设计法，即合理扩大混输泵的流道，可有效防止颗粒堵塞。该方法的主要设计思想是通过增大流量增大比转速。基于放大流量法设计的混输泵其设计流量高于运行流量，在运行流量下由于偏工况运行，在叶轮流道入口处容易产生回流以及流道内产生流动分离现象，从而加剧流动损失，导致偏工况运行下的流动不稳定现象。因此不合理的放大因子会严重降低混输泵的性能。为了克服这个问题，可引入第三个方程：

$$H' = k_3 H \tag{3-5}$$

放大因子 k_1、k_2 和 k_3 的表达式为

$$\begin{cases} k_1 = \left(\dfrac{b_2}{b_2'} k_3^{5/8} \right)^{4/3} \\[4mm] k_2 = \dfrac{k_1^{1/2}}{k_3^{3/4}} \\[4mm] k_3 = \dfrac{\sigma u_2^2 \dfrac{D_2'}{D_2} - k_1^{1/4} k_3^{5/8} v_{m2} \cot\beta_2 u_2}{\sigma u_2^2 - v_{m2} \cot\beta_2 u_2} \end{cases} \tag{3-6}$$

式中 H'——放大后的扬程（m）；

     b_2——叶片出口安放角（°）；

     b_2'——放大后的叶片出口安放角（°）；

     u_2——出口圆周速度（m/s）；

     D_2——叶轮出口直径（m）；

     D_2'——放大后的叶轮出口直径（m）；

     β_2——叶片出口安放角（°）；

     v_{m2}——叶片出口轴向速度（m/s）；

     σ——滑移系数。

且随着流量的放大，比转速也会相应地放大，深海扬矿泵不同于低比转速泵，其效率并不是随着比转速的增大而不断增加，基于放大流量法设计的混输泵存在最佳放大系数。因此使用放大流量法时放大系数的确定应根据具体情况。

通过放大流量法设计的混输泵，其工作流量通常小于设计流量。当混输泵运行于工作流量时，会发生回流和流动分离等不稳定流动现象，加剧了泵运行中的水力损失。因此，混输泵水力部件需要合理设计和优化以避免造成水力损失。放大流量法设计的叶轮流道如图 3-22 所示。

（1）叶轮的设计 叶轮叶片应该是扭曲的（弗朗西斯叶片），并且叶片进口角应和入流条件相匹配。如果空间合适，叶轮应充分前伸到叶轮的进口处。前缘处应加厚，轮廓的设计要尽可能地降低其对冲角变化的敏感性，例如使用椭圆形轮廓。

叶片和盖板之间设计大圆角半径可减小角涡的影响，并且会减小叶轮进口和出口处的磨损。

通常叶片数 z_1 不超过 5，以减少厚前缘剖面引起的进口堵塞。

1）叶片宽度。叶片出口宽度是影响叶轮性能的重要参数。在粗颗粒混输泵的设计过程中，有必要合理增大叶轮出口宽度，确保颗粒平滑地通过叶轮，且

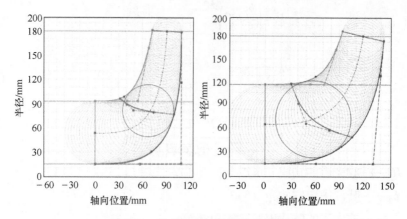

图 3-22　放大流量法设计的叶轮流道

颗粒削弱叶轮磨损。然而，过于宽的叶轮出口会导致泵的过载。合理的叶片出口宽度 b_2 可表达为

$$b_2 = 0.64 k_{b2} \left(\frac{n_s}{100} \right)^{\frac{5}{6}} \tag{3-7}$$

或者

$$b_2 = (2 \sim 3) d_p \tag{3-8}$$

叶片入口宽度 b_1 可略大于 b_2，取 $b_1 = (1.05 \sim 1.1) b_2$。

2）叶片角度。叶片出口角对混输泵性能有重要影响。通常，叶片出口角 β_2 由下式计算：

$$\beta_2 = 90 z_1^{-0.773} \tag{3-9}$$

对于混输泵来说，较大的叶片出口角可以减少叶轮出口摩擦损失和泵的径向尺寸，因此这种设计是受欢迎的。叶轮出口直径 D_2 通过下式确定：

$$D_2 = \frac{60}{n\pi} \left(\frac{v_{m2}}{2\tan\beta_2} + \sqrt{\frac{v_{m2}}{2\tan\beta_2} + gH + u_1 v_{u1}} \right) \tag{3-10}$$

叶片入口安放角 β_1 由多金属结核颗粒直径决定。颗粒直径越大，叶片入口边缘的磨损就更严重。增大 β_1 可以抑制磨损，因此可以选择相对小的入口角度。

3）叶片数量。叶片数量对叶轮内两相流动有重要影响。少叶片、大包角的叶轮可改善固液两相流动的稳定性。较少的叶片数量可使驼峰形的扬程曲线变平缓，减少水力摩擦，增强颗粒通过性。通常，混输泵叶片数选为 3。

4）其他。在叶轮侧壁间隙处使用可替换的耐磨板。

（2）导叶的设计　多采用空间导叶。

1）叶片宽度。导叶的作用主要是将叶轮出口的固液两相流动动能转变为压力能。考虑混输泵传输的颗粒粒径，导叶尺寸 b_3 应相应增大，即

$$b_3 = b_2 + (3 \sim 5)\,\text{mm} \tag{3-11}$$

2）叶片角度。多级混输泵的设计过程中，空间导叶直接影响进入下一级叶轮的固液两相流动状态。典型的出口角度是 90°。研究者发现，叶片出口角度略小于 90°时，两相流动将以更合适的角度进入下一级叶轮，减少两相流动的损失，提高泵的效率和扬程。最后一级导叶的出口角保持 90°，以减小流出混输泵后流体的旋转动能。

3）叶片数量。导叶数量 z_2 通常根据叶轮数量 z_1 进行确定：

$$z_2 = z_1 + 1 \tag{3-12}$$

（3）其他结构的设计　吸入法兰的下端和吐出法兰的上端具有与提升管道相同的连接方式，可实现粗颗粒混输提升泵与提升管道的快速串接。

粗颗粒混输泵处于高磨损条件下运行，由于旋转流动引起的严重磨损，不宜使用环形密封；使用斜向或径向密封间隙。泵的设计应该允许从外部对密封间隙进行调整而不用拆开泵体。阶梯式间隙会因为流动偏转而产生较高的磨损，这是要尽量避免的。某些浆料泵通过填缝来避免流动穿过密封。可采用合适的密封轴套来避免轴受到磨损的影响。

深海混输泵每级泵的叶轮与导叶之间设置有过滤防砂圆盘，可减少或者避免固体颗粒进入轴承，以提高泵轴承的使用寿命。

在混输泵的吐出法兰附近安装有泵进口压力传感器和出口压力传感器，其信号线与电动机供电铠装电缆沿上部提升管道接入采矿船的测控系统，可瞬时监测混输泵工作时扬程的变化情况。

第4章 严苛工况离心泵机组流体动力设计

4.1 过流部件设计

过流部件设计时要考虑实际介质（单相、气液两相、固液两相）的影响。

4.1.1 叶轮的设计

1. 叶片数 z

离心泵叶片数对泵的扬程、效率以及汽蚀性能有一定的影响，在进行叶片数选取时应当遵循两点：一是尽量减小叶片之间的排挤和表面摩擦；二是要保证流体介质在叶片流道内能够稳定流动，同时保证叶片对流体介质能够充分做功。参考文献［188］给出了一般铸造普通离心叶轮叶片数 z 选取的经验公式：

$$z = 13 \frac{R_m}{e} \sin \frac{\beta_1 + \beta_2}{2} \tag{4-1}$$

式中　e——叶轮流道轴面投影中线的展开长度（mm）；

　　　R_m——该中线的重心半径（mm）；

β_1、β_2——叶片进口、出口安放角（°）。

对于低比转速离心泵，参考文献［188，189］提出了如下的叶片数计算公式：

$$z = \frac{D_2 + D_1}{D_2 - D_1} \sin \frac{\beta_2 + \beta_1}{2} \tag{4-2}$$

式中　D_1、D_2——叶轮进口、出口直径。

对于比转速低于 30，甚至低于 16 的超低比转速离心泵，大多数采用复合叶轮式。式（4-3）就是确定复合叶轮叶片数应满足的设计依据。

$$z > \frac{0.2\pi D_2 \sin\beta_2}{R\ln\dfrac{\omega R}{\omega R - w_{\text{sp}}} + \delta} \tag{4-3}$$

式中　R——流道曲率半径（mm）；

ω——角速度（rad/s）；

w_{sp}——叶轮流道流线的平均相对速度（m/s）；

δ——复合叶轮的叶片法向厚度（mm）。

对于超低比转速离心泵，为了避免出现小流量工况下的不稳定现象，应在加工条件允许的前提下，取较多的叶片数。复合叶轮的长叶片数 z_1 根据式（4-4）取小值，这样可减少叶片对流体介质的入口排挤，并降低复合叶轮的入口动压降，从而提高复合叶轮的汽蚀性能，一般可取

$$z_1 = 4 \sim 6 \tag{4-4}$$

对于复合叶轮总叶片数 z_t，应在加工条件允许的情况下取大值，同时满足式（4-3）。为了便于实际加工，z_t 应取进口叶片数的整数倍，即

$$z_t = kz, k = 1, 2, 3, \cdots \tag{4-5}$$

2. 叶轮进口、出口直径 D_1 和 D_2

参考文献［188］对离心泵叶轮进口直径 D_1 进行了统计，根据速度系数法，得到了 D_1 的计算公式：

$$D_1 = \sqrt{D_0^2 + d_h^2} \tag{4-6}$$

$$D_0 = k_0 \sqrt[3]{Q/n} \tag{4-7}$$

式中　D_0——叶轮进口当量直径（mm）；

d_h——叶轮轮毂直径（mm）；

k_0——修正系数，一般可取 3.5~5.5，当主要考虑效率时 k_0 取小值，当主要考虑汽蚀时 k_0 取大值。

参考文献［188］给出了离心泵叶轮 D_2 的计算经验公式：

$$D_2 = K_{D2}\frac{\sqrt{2gH}}{n} = 19.2\left(\frac{n_s}{100}\right)^{1/6}\frac{\sqrt{2gH}}{n} \tag{4-8}$$

式中　K_{D2}——D_2 的修正系数；

g——重力加速度（m²/s）；

H——泵扬程（m）；

n_s——离心泵比转速（无量纲参数）。

但是，式（4-8）中的K_{D2}是根据转速低于3000r/min和比转速大于30的离心泵统计而得到的经验系数，因此，在对低比转速高速离心泵设计时，采用该公式会存在一定的误差。为此，通过对低比转速高速离心泵的设计和实践，本书提出用扬程系数φ来确定D_2的经验公式：

$$D_2 = \frac{60}{\pi n}\sqrt{\frac{gH}{\varphi}} \tag{4-9}$$

式中 φ——扬程系数，一般取$0.54 \sim 0.60$。

3. 叶片进口宽度b_1

b_1对离心泵的影响主要体现在对泵的效率、小流量时性能稳定性以及汽蚀性能三方面。

（1）b_1对泵效率的影响 b_1对泵效率的影响主要体现在对流道内流体扩散程度的影响。在相同流量工况下，当b_1增大时，叶轮进口的流体相对速度w_1会增加，此时叶轮进口与出口的流体相对速度比w_1/w_2增加，从而导致叶轮流道扩散严重，严重时甚至会使得叶轮流道内的流体发生流动失速。因此，从泵的效率考虑，b_1应该取较小值。

（2）b_1对泵性能稳定性的影响 低比转速离心泵在小流量时叶轮流道内易产生回流、二次流等不稳定流动，而b_1在小流量时对叶轮进口处的流动特性有较大的影响。当b_1增加时，叶轮叶顶与轮毂流体的压差增大，同时叶顶与叶轮前缘之间的压差也增大，在压差的作用下主流道内的部分流体回流至叶轮进口，从而形成和加剧叶轮流道内的回流和二次流，而在叶轮出口处这些回流及二次流会形成射流-尾迹结构和流动失速，进而导致小流量工况时扬程和效率降低，扬程-流量特性曲线出现正斜率上升段，即驼峰现象。因此，对于低比转速离心泵而言，从小流量性能稳定性方面考虑，b_1应取小值。

（3）b_1对汽蚀性能的影响 在相同流量工况下，较大的b_1值使得叶轮进口处的过流面积增加，从而使得进口处动压减小，能够有效地提高离心泵的抗汽蚀性能。此外，如果离心泵发生汽蚀后，选取的值应当保证叶轮发生汽蚀初期，进口容腔能够容纳汽蚀气泡，使得气泡不会很快堵塞叶轮流动。因此，从提高离心泵抗汽蚀性能角度考虑，b_1应该取较大值。

综合上述，b_1的选择既要满足良好的汽蚀性能和效率，同时又要避免小流量时扬程-流量特性曲线出现驼峰现象。参考文献［188］提出用加速系数α来确定b_1：

$$\frac{b_1}{D_1} = \frac{1-\bar{r}^2}{4\alpha} \tag{4-10}$$

式中 b_1——叶片进口宽度（mm）；

$\bar{r}$——叶轮进口轮毂比（无量纲参数）。

对于具有诱导轮的低比转速离心泵，其进口宽度 b_1 的计算公式为

$$b_1 = \frac{D_{io} - d_h^2}{4D_1\alpha} \tag{4-11}$$

式中 D_{io}——诱导轮出口直径（mm）；

d_h——叶轮轮毂直径（mm）；

α——加速系数，一般取 $0.5 \sim 0.8$，当主要考虑效率时 α 取较大值，当考虑汽蚀性能时 α 取较小值。

4. 叶片出口宽度 b_2

根据参考文献［188-190］，离心泵的欧拉方程为

$$H_t = \frac{1}{g}\left(u_2^2 - \frac{Qu_2}{\Psi_2\pi D_2 b_2 \tan\beta_2} - u_1 c_{u1}\right) \tag{4-12}$$

式中 H_t——泵的理论扬程（m）；

u_1——叶轮进口圆周速度（m/s）；

u_2——叶轮出口圆周速度（m/s）；

c_{u1}——叶轮进口圆周分速度（m/s）；

Ψ_2——叶轮出口排挤系数。

从上述方程可以得到扬程-流量特性曲线与叶片出口宽度 b_2 之间的关系，如图 4-1 所示。从图 4-1 中可以发现，随着叶片出口宽度 b_2 的增大，扬程-流量特性曲线逐渐变得平坦，而当 b_2 增加到一定值时，扬程-流量特性曲线在小流量工况时会出现驼峰现象。因此，在对离心泵进行水力设计时，必须选取合适，既保证扬程-流量特性曲线具有适合的有效工作范围，又需要保证小流量工况时扬程-流量特性曲线不存在驼峰现象。

参考文献［188］对我国离心泵叶片出口宽度 b_2 进行了统计，并得到了如下的计算公式：

$$b_2 = K_b \frac{\sqrt{2gH}}{n} \tag{4-13}$$

$$K_b = 1.3\left(\frac{n_s}{100}\right)^{1.5} \tag{4-14}$$

式中　g——重力加速度（m/s^2）；

H——扬程（m）；

n_s——比转速（无量纲参数）。

上述公式可以估算离心泵的叶片出口宽度 b_2，但是，对于低比转速高速离心泵而言，用式（4-13）和式（4-14）计算得到的 b_2 数值太小，会给实际铸造带来很大的困难。因此，在进行低比转速高速离心泵设计时可采用加大流量法，适当增大叶片出口宽度 b_2。

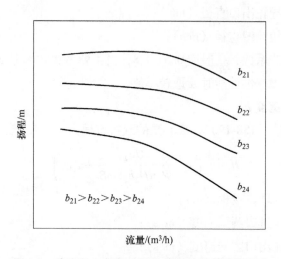

图 4-1　叶片出口宽度对扬程-流量特性曲线的影响

5. 子午面型线

子午面型线的设计在整个离心泵叶轮设计中非常重要。通过前面章节的介绍，我们可以通过相关经验公式计算获得离心泵的比转速、叶轮进出口直径、叶片进出口宽度等几何参数。而在初步确定上述几何参数之后，则可以进一步确定离心泵叶轮子午面型线的基本形状。在确定子午面型线基本形状后，需要根据离心泵叶轮具体设计要求，调整过流面积、静力矩等参数，对子午面型线进行优化和修正，从而进一步设计出最佳的子午面型线。图 4-2 所示为叶轮子午面基本型线图。

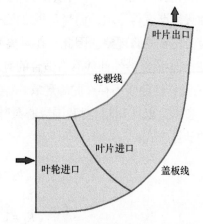

图 4-2　离心泵叶轮子午面基本型线图

在对离心泵子午面型线优化时，主要通过调整子午面的轮毂线、盖板线、叶片进口和叶片出口等参数来满足叶轮设计要求。

（1）过流断面面积计算　根据子午面型线画出子午面中间流线，同时，从叶轮进口到叶轮出口画出叶轮轮毂和盖板线之间的内切圆，如图 4-3 所示。从叶轮进口到出口计算获得各个内切圆面积（过流断面面积），并沿着叶轮中间流线相对位置作出过流断面面积与相对位置的关系图，如图 4-4 所示。

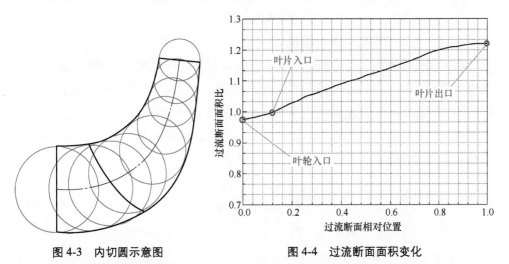

图 4-3　内切圆示意图　　　　　图 4-4　过流断面面积变化

（2）静力矩计算　静力矩 S 是指叶片半径从叶片前缘到尾缘的积分与叶片曲线长度的乘积，如式（4-15）所示。离心叶轮内外盖板出口的静力矩值分布应当相近。

$$S = \int_{r_{LE}}^{r_{TE}} r \mathrm{d}x \tag{4-15}$$

式中　x——叶片的长度（mm）；

　　　r——叶片所在点的半径（mm）。

6. 叶片进口、出口角 β_1 和 β_2

叶片进口角 β_1 是液流角与冲角之和，计算液流角时一般先假定 β_1 或者排挤系数，然后进行逐次逼近计算，使得最终确定的叶片进口角或排挤系数与假定值相等或接近。根据试验和实践，适当增加冲角能够增大叶片进口角，减小叶片的弯曲，增加叶片进口过流面积，减小叶片的排挤，即减小了叶片进口的液流绝对速度和相对速度。对于低比转速离心泵常用的复合叶轮，可采用较大的叶片角 β_1，即

$$\beta_1 = 16° \sim 22° \tag{4-16}$$

叶片出口角 β_2 对泵的性能、水力效率以及外特性曲线形状等具有重要的影响。参考文献 [188] 统计了常用的叶片出口角 β_2 的范围是 $22° \sim 30°$。而对于复合叶片而言，由于复合叶轮具有较多的出口叶片数，能够有效地防止尾流和脱流的产生，能够使液流相对稳定地流动，因此其叶片出口角 β_2 可取较大值，以提高扬程系数，一般取

$$35° \leqslant \beta_1 \leqslant 55° \tag{4-17}$$

7. 基于叶片载荷的叶片叶型设计

Zangeneh 等提出了叶片载荷理论，并将其应用于叶轮的水力设计之中，叶片由有势流动的奇点法中一系列的面涡所代替。面涡的强度由速度环量决定，叶片形状可根据给定的流场条件计算得出，流场条件主要取决于叶片载荷的分布情况，叶片载荷分布由周向平均速度矩对轴面流线的偏微分计算得出，离心泵叶片压力面和吸力面的压差与叶片载荷满足

$$p^+ - p^- = \frac{2\pi}{z}\rho w \frac{\partial(r \overline{V_\theta})}{\partial L'} \tag{4-18}$$

式中　p^+——叶片压力面压力（Pa）；

　　　p^-——叶片吸力面压力（Pa）；

　　　z——叶片数；

　　　w——叶片表面的相对速度（m/s）；

　　　ρ——水的密度（kg/m³）；

　　$r \overline{V_\theta}$——速度环量（m²/s）；

　　　r——径向距离（m）；

　　　L'——相对轴面距离，即流线节点至流线起点的长度与流线总长度的比值（无量纲参数）。

将速度环量 $r \overline{V_\theta}$ 无量纲化为 $r \overline{V_\theta}^*$，$r \overline{V_\theta}^*$ 可由式（4-19）计算得到：

$$r \overline{V_\theta}^* = \frac{r \overline{V_\theta}}{u_2 R_2} \tag{4-19}$$

式中　u_2——叶轮出口圆周速度（m/s）；

　　　R_2——叶轮出口半径（m）。

将 $\dfrac{\partial(r \overline{V_\theta}^*)}{\partial L}$ 称为叶片载荷（无量纲参数）。在处理的过程中，叶片载荷样条

曲线可以简化为由前加载点、后加载点和加载斜率三个参数决定的三段式曲线，如图 4-5 所示，其中，两端为抛物线，中间主加载区为直线。在叶片载荷理论中，叶片载荷分布规律是叶轮设计的关键因素。

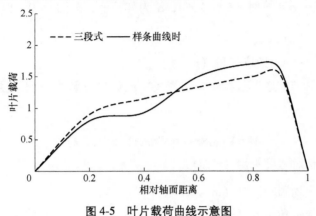

图 4-5　叶片载荷曲线示意图

确定叶片载荷曲线后，叶片几何形状（叶片包角 f）根据叶片型线微分方程计算得出：

$$df = \frac{\omega r^2 - r \overline{V_\theta}}{v_m r^2} ds \tag{4-20}$$

式中　v_m——速度（m/s）；

　　　s——上下游边界距离（m）。

目前通过反问题设计方法设计叶轮时主要应用的便是这个原理，由于叶轮内的实际流动是非常复杂的，若要描述叶轮内的运动规律，对叶轮内的流动做如下假设：

1）叶轮内的流动介质是无黏性的、不可压缩流体，且流动是相对稳定的。

2）叶轮的进流是无旋流动。

3）叶片有厚度，且叶片数是有限的。

建立流动方程，采用柱坐标 (r, θ, z)，其中 r 为径向距离，θ 为周向转角，z 为轴向距离。在描述叶片区域和非叶片区域特性时，引入变量 $\alpha(r, \theta, z)$：

$$\alpha(r, \theta, z) = \theta - f(r, z) \tag{4-21}$$

式中　$f(r, z)$——叶片上的角坐标，即叶片包角（°）；

　　　α——标量函数，当 $\alpha = m \dfrac{2\pi}{z}$ 时代表叶片区域，m 为整数。

根据上述假设可由开尔文定理，即流场中涡量 Ω 仅来自叶片，该涡量为周

期性函数:

$$\Omega = \nabla \times V = (\nabla r\, \overline{V_\theta} \times \nabla \alpha) \delta_p(\alpha) \tag{4-22}$$

式中 $\delta_p(\alpha)$——$\alpha = \dfrac{2\pi}{z}$时, $\delta_p(\alpha) \neq 0$; α 为其他值, $\delta_p(\alpha) = 0$, 但 $\delta_p(\alpha)$ 平均

值为 1;

　　V——绝对速度矢量 (m/s)。

反问题设计方法求解过程中, 将流场中的速度分解为周期速度 v 和平均周向速度 $\overline{V}$, 即

$$W = \overline{V} - \omega \times r + v = \overline{W}(r,z) + v(r,\theta,z) \tag{4-23}$$

式中 W——相对速度矢量 (m/s);

　　$\overline{V}$——平均周向速度 (m/s);

　　ω——旋转角速度 (rad/s);

　　v——周期速度 (m/s);

　　$\overline{W}$——平均相对速度 (m/s)。

对于定常流动, 连续方程为

$$\nabla V = 0 \tag{4-24}$$

考虑到叶片受到排挤效应的影响, 周向平均速度应满足方程:

$$\nabla \cdot (B_f \overline{V}) = 0 \tag{4-25}$$

式中 B_f——排挤系数:

$$B_f = 1 - \frac{z t_\theta}{2\pi r} \tag{4-26}$$

式中 t_θ——周向叶片厚度 (m)。

周向叶片厚度 t_θ 的解可根据式 (4-27)~式 (4-29) 计算得出:

$$n = \frac{-\dfrac{\partial f}{\partial r} e_r + \dfrac{1}{r} e_\theta - \dfrac{\partial f}{\partial z} e_z}{\sqrt{\left(\dfrac{\partial f}{\partial r}\right)^2 + \left(\dfrac{1}{r}\right)^2 + \left(\dfrac{\partial f}{\partial z}\right)^2}} \tag{4-27}$$

$$t_n = t_\theta \frac{1/r}{\sqrt{\left(\dfrac{\partial f}{\partial r}\right)^2 + \left(\dfrac{1}{r}\right)^2 + \left(\dfrac{\partial f}{\partial z}\right)^2}} \tag{4-28}$$

$$t_\theta = t_n \sqrt{1 + r^2 \left(\frac{\partial f}{\partial r}\right)^2 + r^2 \left(\frac{\partial f}{\partial z}\right)^2} \tag{4-29}$$

式中　n——叶片法向单位矢量；

　　　t_n——法向叶片厚度（m）。

反问题设计的求解是一个不断迭代的过程。首先根据已知的设计要求确定叶片厚度分布、轴面流道形状、速度三角形、速度环量分布等，然后根据所确定的速度环量分布和假设的均匀流动条件计算得到叶片包角f大小，作为叶片的初始形状。接着，进入循环迭代计算，即求解流函数与势函数方程，由此得到平均速度值和周期速度值。同时要求根据上述计算所得的速度值在叶片表面满足不可穿透条件，计算得到新的叶片包角大小。如此循环迭代直到达到收敛要求，输出符合设计要求的叶片形状和与此相对应的流场计算结果。

在严苛工况离心泵叶片叶型设计方面，本书从泵全流场三维非定常流动的角度出发，由叶片载荷分布情况描述泵内流场条件，并由此确定叶片几何形状。本书提出的基于叶片载荷控制离心泵压力脉动的流程如图 4-6 所示，模型泵结构图如图 4-7 所示。

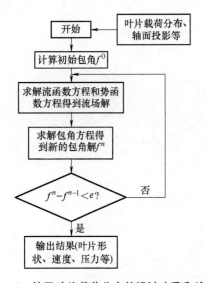

图 4-6　基于叶片载荷分布的设计步骤和流程

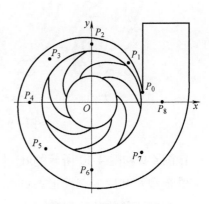

图 4-7　模型泵结构图

在基于叶片载荷分布的离心泵叶片叶型设计中，需要根据前、后盖板的叶片载荷分布情况，设计出与之相对应的叶片形状。本书在一圆柱形叶片离心泵基础上，保证叶片总载荷不变，即叶片载荷曲线总包裹面积不变，进行 9 组（方案 1~方案 9）不同的叶片载荷分布调整方案，如图 4-8 所示为 9 组调整方案的叶片载荷分布曲线。其中方案 5 为原始叶轮的叶片载荷分布曲线。

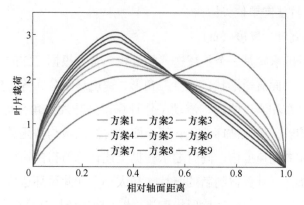

图 4-8　叶片载荷分布调整方案

以上 9 种叶片载荷分布曲线，主要通过改变中间主加载区斜率 $k_\text{斜}$ 值大小调整叶片载荷的分布情况，9 组调整方案的主加载区斜率 $k_\text{斜}$ 分别为 3.2、0、-1.2、-2.2、-3.2、-3.7、-4.4、-5、-5.7。根据以上所给出的叶片载荷曲线设计叶片，如图 4-9 给出了四种方案（方案 1、方案 2、方案 5、方案 9）的叶片三维造型，图 4-10 所示为这四种方案的叶片剖面视图。

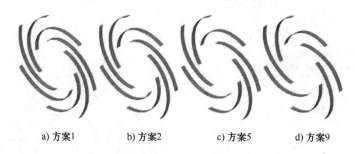

a) 方案1　　　　b) 方案2　　　　c) 方案5　　　　d) 方案9

图 4-9　叶片三维造型

由图 4-9 和图 4-10 所示的叶片三维模型及叶片的剖面形态可发现，在保证总的叶片载荷不变且保证前后加载点不变的前提下，通过调整主加载区斜率 $k_\text{斜}$、基于叶片载荷理论所设计的叶片，在叶片进口端有比较明显的弧度变化，越接近出口，叶片剖面形态改变越小，直至几乎重合。为评

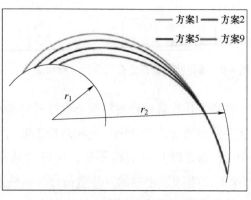

图 4-10　四种叶片的剖面形态

价叶片载荷分布对圆柱形叶片离心泵的影响,本书将 9 种叶片载荷下设计的叶

片装配在同一蜗壳,并对其进行全流场非定常数值计算,分别从泵的水力性能、内部流动等方面进行评价。

图 4-11 所示为 9 组方案的流量-扬程系数曲线。图 4-11 中扬程系数 φ 为无量纲参数:

$$\varphi = \frac{gH}{(\omega D_2)^2} \quad (4-30)$$

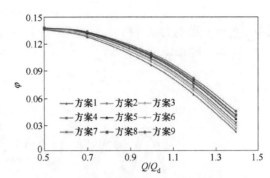

图 4-11　不同方案的流量-扬程系数曲线

图 4-12 所示为方案 1、方案 3、方案 5、方案 7 和方案 9 五种模型的效率曲线。由图 4-11 可以发现,当流量为 $0.5Q_d$ 时 (Q_d 为设计流量),这 9 种方案的扬程系数基本没有明显的变化,离心泵扬程受载荷调整的影响较小,随着流量增加,当流量达到 $0.7Q_d$ 后,扬程显著降低,9 种方案的扬程系数曲线也逐渐出现了分离,且分离程度随着流量增加逐渐变大,在设计工况时,方案 9 的扬程系数相比于方案 1 提高了近 13.6%。即当叶片载荷的主加载区斜率 $k_{斜}$ 变小时,扬程有上升趋势,且随着流量增加,扬程上升幅度不断变大。

由图 4-12 可发现,在设计工况点以及大于设计工况点时,随着 $k_{斜}$ 的降低,效率逐渐升高,在设计工况点,方案 9 的效率比方案 1 提高了 1.04%。但主加载区斜率 $k_{斜}$ 的降低并不总是有积极的作用,从图中可以明显地看出,在小流量工况下,方案 9 相对于其他模型在小于 $0.8Q_d$ 工况时效率逐渐降低,在 $0.5Q_d$ 时的效率明显低于其他模型。

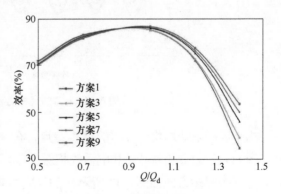

图 4-12　五种模型效率曲线

图 4-13 和图 4-14 所示分别为设计工况下离心泵叶轮在 x 方向和 y 方向上旋转一周的径向力系数变化时域图,图中横坐标 θ 为叶轮旋转角度,纵坐标为径向力系数 F^*,F^* 为无量纲参数,计算公式为

$$F^* = \frac{2F_r}{\rho u_2^2 \pi d_2 b_2} \qquad (4\text{-}31)$$

式中　F_r——径向力（N）；

　　　u_2——叶尖速度（m/s）。

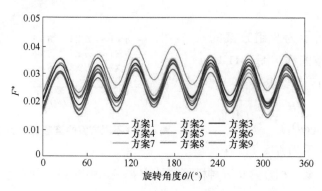

图 4-13　x 方向径向力系数

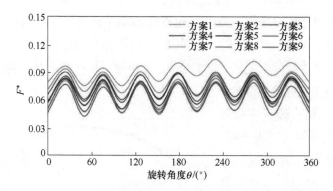

图 4-14　y 方向径向力系数

　　由于离心泵叶片均匀分布的结构特点，在一个完整的旋转周期内叶轮所受到的径向力分力会随着叶轮和隔舌的相对位置呈周期性变化，而且在 x 方向和 y 方向上（坐标轴方向如图 4-13 所示）的径向力分力系数均出现了 7 个波峰和波谷，相邻波峰和波谷之间相位差为 51.43°，这主要是受到叶轮叶片数和蜗壳隔舌的影响。从图中还可以发现，相同离心泵叶轮在 x 方向和 y 方向上的径向力分力系数的大小从方案 1 到方案 9 有一个逐渐降低的趋势，这主要受到叶片载荷分布不同的影响。

　　图 4-15 所示为 9 个模型径向力合力系数时域图，由图可以看出，方案 1 所对应径向力有较大的波动，且波形不稳定，它所对应的叶片载荷分布在主加载

区斜率 $k_{斜}$ 为正值，所设计出的叶片在叶轮入口有较大的弧度，这可能会使叶轮在流道内产生涡流、二次流等不稳定流动加剧叶轮的周向压力不均匀分布，从而导致径向力增大且会加剧径向力波动。而随着叶片载荷主加载斜率 $k_{斜}$ 不断降低，离心泵叶轮所受到的径向力系数大小逐渐降低且波形逐渐趋于稳定。

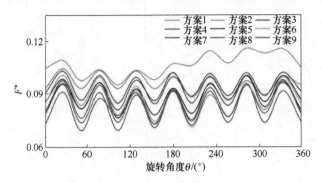

图 4-15 总径向力系数

图 4-16 所示为方案 1、方案 3、方案 5、方案 7 和方案 9 下的径向力系数与流量之间的变化关系，从图中可以发现，当流量低于设计工况时，流量变化对径向力的影响不太明显，在设计工况下，方案 1 的径向力系数明显大于其他方案的径向力系数，随着叶片载荷主加载区

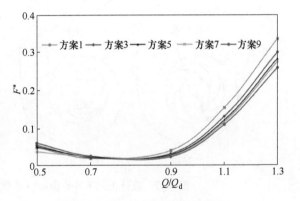

图 4-16 径向力系数随流量变化图

斜率 $k_{斜}$ 的不断降低，叶轮所受到的径向力系数逐渐变小。当流量超过设计工况点时，径向力系数急剧增大，相对应的扬程系数在大流量工况下也有明显的降低。图 4-17 所示为设计工况下离心泵叶轮所受到的径向力系数大小和方向。从图 4-17 中可以看出，随着叶片载荷主加载区斜率 $k_{斜}$ 的不断降低，离心泵中径向力系数逐渐降低，方案 9 相对于方案 1 在设计工况下径向力系数下降了 39.2%，但径向力的方向基本没有发生变化。产生这种现象的主要原因可能是由于叶片载荷分布的调整，使得叶片进口处的弧度变小，从而使得叶片进口处的流动阻塞和能量损失变小，这表明了改变离心泵的叶轮叶片载荷分布，能在一定的范围内降低离心泵的径向力。但是这并不能表明叶片载荷主加载区斜率

$k_斜$可以无限小，从图4-16中可以看出，当流量低于$0.8Q_d$时，方案9的径向力系数明显大于其他几种方案的径向力系数。且从图4-16中也可发现，随着叶片载荷主加载区斜率$k_斜$的不断降低，叶轮所受到的径向力下降速度逐渐放缓。

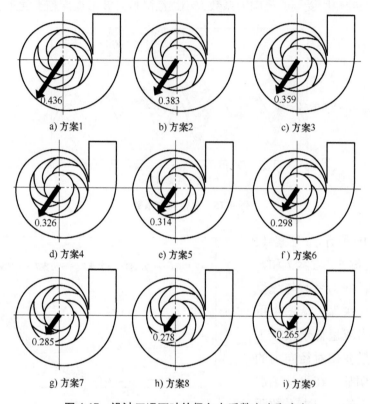

图4-17　设计工况下叶轮径向力系数大小和方向

图4-18所示为9种模型在设计工况下同一时刻的静压分布。由图4-18可以发现，9个离心泵模型的静压分布都比较均匀，不稳定区域主要集中在隔舌部位，在进口处压力最小，沿叶轮外径方向静压逐渐增加，而在进口处存在的负压容易导致离心泵发生汽蚀，叶轮对流体的做功使静压分布沿径向方向逐渐增大。从方案1到方案9模型泵的进口处的相对低压区逐渐降低，同时叶轮出口处的相对高压区逐渐扩大，这主要是受到叶片载荷分布主加载区的调整而导致的叶片进口处叶片弧度变化的影响，即随着叶片载荷主加载区斜率$k_斜$的降低，在设计工况下叶轮对流体的做功增加。

图4-19所示为方案1~方案9模型在设计工况下同一时刻隔舌位置的速度流线图，从图中可以看出，方案1在隔舌位置产生的涡最大，随着叶片载荷主

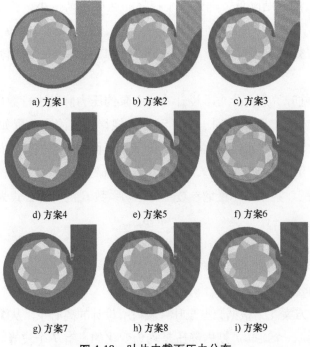

a) 方案1　　　　　b) 方案2　　　　　c) 方案3

d) 方案4　　　　　e) 方案5　　　　　f) 方案6

g) 方案7　　　　　h) 方案8　　　　　i) 方案9

图 4-18　叶片中截面压力分布

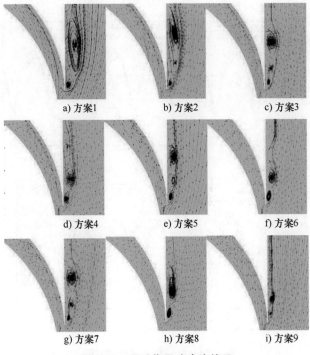

a) 方案1　　　　　b) 方案2　　　　　c) 方案3

d) 方案4　　　　　e) 方案5　　　　　f) 方案6

g) 方案7　　　　　h) 方案8　　　　　i) 方案9

图 4-19　隔舌位置速度流线图

加载区斜率 $k_{斜}$ 的逐渐降低，涡的大小和涡的区域逐渐变小，在方案 9 时隔舌位置的涡最小，这主要是因为叶片载荷的调整，主加载区斜率 $k_{斜}$ 的降低改变了叶片在进口处的几何形状（降低了叶片进口曲率），使流体的流动更加均匀。

对 9 种不同叶片载荷分布下设计的离心泵的压力脉动进行数值分析，主要分析蜗壳流道内压力监测点的压力脉动变化规律，监测点位置如图 4-7 所示，P_0 位于隔舌位置，$P_1 \sim P_8$ 分别位于蜗壳的 8 个断面的中心位置。

图 4-20 所示为设计工况下 9 种模型泵各个监测点处泵旋转一个周期的压力脉动系数时域图，其中，无量纲参数压力脉动系数 C_p 的计算公式为

$$C_p = \frac{p - p_{aver}}{0.5\rho\omega^2 d_2^2} \tag{4-32}$$

式中 p——监测点处的静压（Pa）；

p_{aver}——静压的线性平均（Pa）。

图 4-20 中方案 5 为根据原型泵叶片载荷所设计的离心泵。从图 4-20 中可以发现，在离心泵一个旋转周期内静压是均匀变化的，有 7 个波峰和波谷，对应叶轮有 7 个叶片，相对于其他的 8 个监测点，在隔舌处 P_0 的压力脉动系数具有

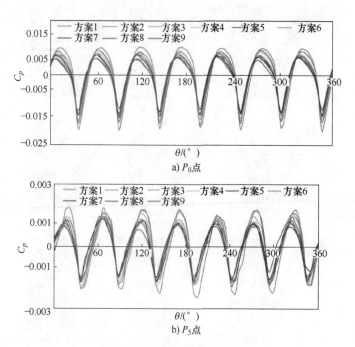

图 4-20 离心泵监测点时域图

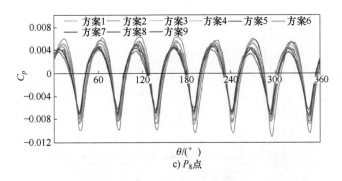

图 4-20　离心泵监测点时域图（续）

最大的振幅，可能是受到隔舌的影响使得此处的流动更加不稳定，随着监测点远离隔舌位置，压力脉动的振幅逐渐减小，在 P_4 处达到最小。对于每个监测点的 9 个不同模型，从方案 1 到方案 9 随着叶片载荷主加载区斜率的降低，其压力脉动系数的振幅逐渐降低。

图 4-21 所示为设计工况下蜗壳周向监测点处的频域图。从图 4-21 中可以发现，蜗壳内监测点的压力脉动的主频为叶片的通过频率 4.68Hz。对于同一个模型泵，在隔舌位置的压力脉动最大，而且压力脉动的成分也较多，随着监测点远离隔舌位置，压力脉动的幅值逐渐降低，且成分也随之减少。对于同一个监测点的不同模型泵，压力脉动系数随着主加载区斜率的降低也不断减小。这表明叶片载荷主加载区斜率的变化对离心泵内部的压力脉动是有影响的。

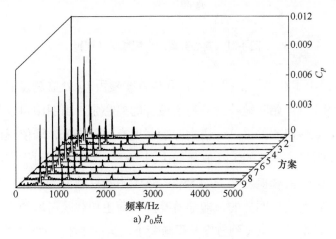

图 4-21　离心泵监测点频域图

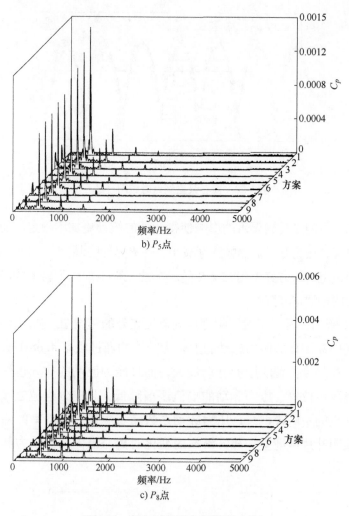

b) P_5点

c) P_8点

图 4-21　离心泵监测点频域图（续）

　　图 4-22 给出了在设计工况下 9 种调整方案隔舌 P_0 处监测点的主频峰值变化，方案 5 为根据原始叶轮叶片载荷所设计的离心泵，由图中可以发现，随着叶片载荷主加载区斜率的降低，压力脉动强度有明显降低，峰值逐渐降低。方案 9 相对原始叶轮方案 5 的主峰值降低达到 16%，方案 9 相对于方案 1 在隔舌处的压力脉动频域主峰值降低了约 55%，这表明叶片载荷的调整对离心泵内部的压力脉动影响是比较明显的，即随着叶片载荷主加载区斜率的逐渐降低，在隔舌位置产生的涡从方案 1 到方案 9 逐渐变小，这主要是因为叶片载荷的调整，主加载区斜率 $k_{斜}$ 降低改变了叶片在进口处的几何形状（降低了叶片进口处的

曲率），使流体的流动更加均匀。但是随着叶片载荷主加载区斜率 $k_{斜}$ 的不断降低，主峰峰值的降低幅度逐渐变缓。

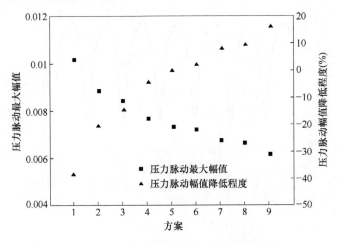

图 4-22 P_0 处频域最大压力脉动幅值对比

为进一步研究叶片载荷分布对离心泵性能影响的主要因素，本书给出了两种叶片载荷调整方案，对其进行研究。

方案一：在保证叶片总载荷不变的前提下，同时保持前后加载大小和后加载点位置不变，仅通过调整前加载点位置来调整叶片载荷分布，分析了两组叶片载荷调整方案——方案 10、方案 11。图 4-23 给出了两种叶轮模型改变前加载点位置的调整方案及叶片剖面。

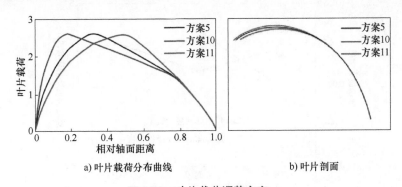

a) 叶片载荷分布曲线　　　　　　　　b) 叶片剖面

图 4-23 叶片载荷调整方案一

图 4-24 给出了三种模型泵在设计工况下离心泵隔舌处监测点旋转一周的时域变化、频域图以及主频峰值的变化图，由图 4-24 可看出，在调整叶片载荷前加载点位置前后在隔舌处的压力脉动并没有明显的变化，方案 11 相对于方案 10

的峰值仅降低了 2.2%。

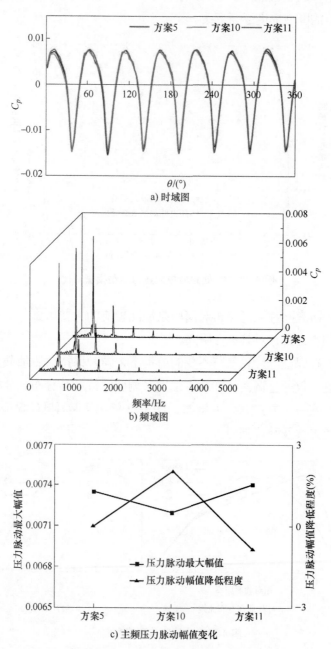

a) 时域图

b) 频域图

c) 主频压力脉动幅值变化

图 4-24　设计工况下隔舌处监测点压力脉动

　　图 4-25 所示为设计工况下三个叶轮（方案 5、方案 10 和方案 11）在同一时刻中截面的静压分布以及叶轮所受的径向力大小和方向，由图可知，静压的

变化最大的位置位于隔舌处，除了在隔舌位置所受到的静压有较小的差异外，其他位置的静压分布有着很高的相似性，而且叶轮所受到的径向力大小和方向基本没有变化。这也可能是离心泵压力脉动峰值不同产生的原因。

a) 方案5　　　　　　　　b) 方案10　　　　　　　　c) 方案11

图 4-25　设计工况下中截面静压云图及叶轮所受径向力大小和方向

方案二：在完成前述研究后，对叶片载荷后加载点位置和大小对离心泵性能的影响开展进一步研究。在保证叶片总载荷不变的前提下，保持前加载点的大小和位置不变，通过调整后加载点的大小和位置来调节叶片载荷分布，分析了两组叶片载荷调整方案——方案 12、方案 13。图 4-26 所示为两种叶片载荷调整方案的叶片载荷分布情况和叶片剖面图。

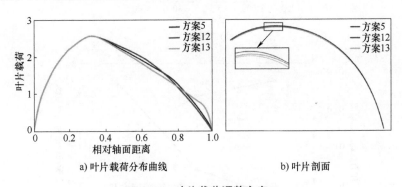

a) 叶片载荷分布曲线　　　　　　　　b) 叶片剖面

图 4-26　叶片载荷调整方案二

图 4-27 所示为三种模型泵在设计工况下离心泵隔舌处监测点旋转一周的时域变化、频域图以及主频峰值的变化图，由图可知，改变后加载点的大小和位置对离心泵的性能并没有明显的积极效应。

本书基于叶片载荷理论，在保证总加载大小不变的前提下，通过调整叶片载荷主加载区斜率 $k_{斜}=-5.7\sim3.2$ 对圆柱形叶片离心泵叶轮进行设计，将设计所得叶轮与同一蜗壳装配，对 9 组模型泵进行全流场非定常数值计算，分析对比了不同叶片载荷分布下设计的模型离心泵的扬程效率、径向力、内部流动特

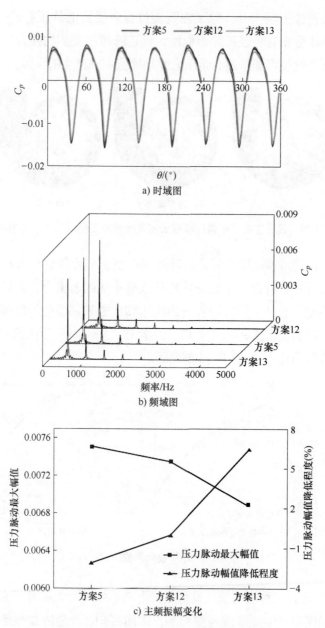

a) 时域图

b) 频域图

c) 主频振幅变化

图4-27 设计工况下隔舌处监测点压力脉动

性以及离心泵内部关键位置的时域、频域特性，得出通过调整叶片载荷主加载
区的斜率主要会改变叶片在进口处的曲率。研究发现，调整叶片载荷主加载区
斜率前后，在设计工况扬程系数提高了 13.6%，效率提高了 1.04%，叶轮径向
力降低了 39.2%，隔舌处监测点的压力脉动峰值降低了约 55%。总体来说，叶

片载荷主加载区是影响圆柱形离心泵性能的主要因素，主加载区斜率的变化在大于 $0.8Q_d$ 时可以有效地改善离心泵的水力性能。研究还发现，调整叶片载荷前加载点的位置以及后加载点的位置和大小对离心泵的性能无显著影响。

4.1.2　吸水室的设计

1. 吸入口设计

离心泵进口介质的流动速度对泵内部流动特性和外特性尤其是汽蚀性能的影响较大，因此，需要根据离心泵流量大小、汽蚀性能要求、整体布置要求等来选择合适的离心泵进口形式和进口直径。离心泵进口直径和进口流速的关系为

$$D_s = \sqrt{\frac{4Q}{\pi v_s}} \tag{4-33}$$

式中　D_s——离心泵进口直径（mm）；

　　　Q——离心泵流量（m^3/s）；

　　　v_s——离心泵进口流速（m/s）。

参考文献［188］对离心泵吸入口直径、流量以及流体速度之间的关系进行了统计，并认为 3m/s 左右的进口流速较为合理，同时给出了进口直径与流量和转速之间的经验公式：

$$D_s = K_s \sqrt[3]{\frac{Q}{n}} \tag{4-34}$$

式中　n——离心泵转速（r/min）；

　　　K_s——离心泵进口直径修正系数，一般取 4~5。

在石化工业领域，对于大流量的离心泵需要适当增加泵进口流速，以提高泵的过流能力，一般大流量离心泵的进口速度可达到 5~8m/s。部分对抗汽蚀性能要求较高的大流量离心泵，需要采取双吸入口的方式以减小泵进口流速，提高泵的抗汽蚀性能。

2. 诱导轮设计

诱导轮设计的主要参数是叶片数 z_i、进口流量系数 Φ_{ind} 和叶尖直径 D_t、进出口叶片安放角 β_{i1} 和 β_{i2}、进出口轮毂比 R_{d1} 和 R_{d2}、叶栅稠度 s_y 和叶片节距 s_j、叶片前缘包角 θ_1 和叶尖包角 θ_2、叶片总包角 θ 及轴向长度 L_y、叶尖间隙 Δc_{ind} 和叶片厚度 δ_{ind} 等。诱导轮结构示意图如图 4-28 所示。

图 4-28　诱导轮结构示意图

(1) 叶片数 z_i 从理论上讲，诱导轮的叶片数取 1 是最理想的，因为其对流体的排挤作用最小，但是单个诱导轮的节距 t 增加，要使诱导轮取得较好的汽蚀性能，就要增加轴向长度，这样就会增加水力损失和制造难度，因此 z_i 不宜取单个叶片数，一般 $z_i = 2$ 或 3。

(2) 进口流量系数 Φ_{ind} 和叶尖直径 D_t 进口流量系数 Φ_{ind} 是一个对离心泵效率和汽蚀性能影响很大的重要参数，在流量 Q 和转速 n 一定的情况下，确定了 Φ_{ind}，也就确定了诱导轮的叶尖直径 D_t。要使诱导轮取得很好的汽蚀性能，Φ_{ind} 必须取较小值。参考文献 [188] 给出了 Φ_{ind} 的参考范围：

$$\Phi_{ind} = 0.06 \sim 0.11 \tag{4-35}$$

在上述 Φ_{ind} 的范围，建议诱导轮叶尖直径 D_t 的参考范围为

$$D_t = 42 \sim 70 \text{mm} \tag{4-36}$$

(3) 进出口叶片安放角 β_{i1} 和 β_{i2} 诱导轮进口流量系数 Φ_{ind} 确定了，也就确定了进口液流角，而诱导轮的进口叶片角 β_{i1} 则为进口液流冲角 α_{ind} 与液流角之和，等螺距诱导轮的导程 $S_d = \pi D_t \tan\Phi_{ind}$，因此确定了 Φ_{ind} 也就确定了 S_d。根据设计经验，对于等螺距诱导轮一般可取

$$\alpha_{ind} = 3° \sim 5° \approx \arctan\Phi_{ind} \tag{4-37}$$

$$\beta_{i1} = \arctan\Phi_{ind} + \alpha_{ind} = 7° \sim 10° \tag{4-38}$$

对于变螺距诱导轮，其进口液流冲角可取零或者较小值，因此，进口叶片安装角等于或者略大于进口液流角，即

$$\beta_{i1} = \arctan\Phi_{ind} + (0° \sim 2°) \tag{4-39}$$

变螺距诱导轮的出口叶片安放角 β_{i2} 较大，以保证诱导轮产生的出口扬程能够满足离心叶轮进口的能量要求。在设计工况下，离心叶轮一般采用正冲角设计，其叶片进口安装角 $\beta_{i1} = 16° \sim 22°$，因此变螺距诱导轮的出口叶片安装角 β_{i2} 可取

$$\beta_{i2} = 12° \sim 20° \tag{4-40}$$

(4) 进出口轮毂比 R_{d1} 和 R_{d2} 为了提高诱导轮的汽蚀性能，诱导轮的进口轮毂比 R_{d1} 应取较小值，为了兼顾汽蚀性能和效率，一般可取

$$R_{d1} = 0.15 \sim 0.28 \tag{4-41}$$

由于诱导轮的汽蚀最先发生在速度较大的外缘进口处，为了使汽蚀压缩在轮缘局域，应将诱导轮设计出锥形诱导轮，锥形角 γ 一般可取 $\gamma = 10° \sim 15°$，同时，出口轮毂比 R_{d2} 应取较大值：

$$R_{d1} \approx 0.45 \sim 0.65 \tag{4-42}$$

（5）叶栅稠度 s_y 和叶片节距 s_j　诱导轮的叶栅稠度 s_y 定义为叶片展开长度 l 与叶片节距 s_j 的比值，其在一定程度上会影响诱导轮的汽蚀性能，根据参考文献 ［188］，s_y 的合理取值范围为

$$s_y \approx 2.0 \sim 3.0 \tag{4-43}$$

$z_i = 2$ 时取较小值，$z_i = 3$ 时取较大值。叶片节距

$$s_j = \pi D_t / z_i \tag{4-44}$$

（6）叶片前缘包角 θ_1 和叶尖包角 θ_2　根据实践和试验，叶片前缘包角 θ_1 取

$$\theta_1 = 90° \sim 20° \tag{4-45}$$

等螺距诱导轮的叶尖包角 θ_2 和轴向长度 L_y 分别由式（4-46）和式（4-47）计算获得：

$$\theta_2 = 360 t\tau \frac{\sin\beta_{i1}}{S_d} \tag{4-46}$$

$$L_y = \frac{\theta_1 + \theta_2}{360} S_d \tag{4-47}$$

式中　S_d——诱导轮导程（mm）。

变螺距诱导轮的叶尖包角 θ_2 按式（4-48）计算：

$$\theta_2 = \theta - \theta_1 \tag{4-48}$$

对于变螺距诱导轮，其叶片展开长度 l 和轴向长度 L_y 由式（4-49）和式（4-50）计算：

$$l = \int_0^\theta \frac{D_t \mathrm{d}\varphi}{2} \sqrt{1 + \tan\left(\beta_{i1} + \frac{\beta_{i2} - \beta_{i1}}{\theta}\varphi\right)} = \frac{D_t \theta}{2(\beta_{i2} - \beta_{i1})} \ln \frac{\tan(0.25\pi + 0.5\beta_{i2})}{\tan(0.25\pi + 0.5\beta_{i1})} \tag{4-49}$$

$$L_y = \int_0^\theta \frac{D_t \mathrm{d}\varphi}{2} \tan\left(\beta_{i1} + \frac{\beta_{i2} - \beta_{i1}}{\theta}\varphi\right) = \frac{D_t \theta}{2(\beta_{i2} - \beta_{i1})} \ln \frac{\cos\beta_{i1}}{\cos\beta_{i2}} \tag{4-50}$$

式中　θ——诱导轮的叶片总包角（°）；

　　　φ——诱导轮叶片从进口起的叶尖任意角度（°）。

同时，可根据 τ 的定义式和式（4-49）确定变螺距诱导轮的叶片总包角 θ。

（7）叶尖间隙 Δc_{ind} 和叶片厚度 δ_{ind}　叶尖间隙是诱导轮外径与导流套之间的半径单边间隙，对诱导轮的汽蚀性能具有一定的影响。间隙过大会导致间隙内的泄漏增加，加剧间隙流对主流的干扰，并进一步导致诱导轮前缘产生回流和流动损失，因此在设计诱导轮时，叶尖间隙 Δc_{ind} 应尽可能取较小值。一般，

叶尖间隙 Δc_{ind} 取

$$\Delta c_{ind} = (0.15 \sim 0.25)/1000 \qquad (4\text{-}51)$$

为了提高诱导轮的汽蚀性能，在强度允许的前提下应保证叶片厚度越小越好，诱导轮的进口边尽可能薄，因此，在诱导轮铣削加工后必须打磨进口边，而叶根厚度应厚一点，其倾角应不大于 6°。

4.1.3 压水室的设计

1. 蜗壳水力设计

蜗壳水力设计的主要参数有基圆直径 D_3、蜗壳宽度 b_3、隔舌起始角 θ_w 以及喉部面积 A_w 等。蜗壳隔舌起始角的范围一般在 0°~45° 之间，对于低比转速离心泵，其范围在 0°~15° 之间。

（1）基圆直径 D_3 基圆直径 D_3 应稍大于叶轮外径 D_2，同时要与隔舌之间存在一定的间隙，间隙值过大会影响泵的效率，但是间隙值过小容易使得流体发生堵塞而造成泵的振动和噪声问题。参考文献 [188] 对常用的蜗壳基圆直径进行了统计，一般取

$$D_3 = (1.03 \sim 1.08)D_2 \qquad (4\text{-}52)$$

对于低比转速高速离心泵一般取

$$D_3 = (1.03 \sim 1.05)D_2 \qquad (4\text{-}53)$$

（2）蜗壳宽度 b_3 蜗壳宽度 b_3 的选择主要考虑叶轮前、后盖板与蜗壳侧壁之间有足够的间隙，有利于回收部分圆盘摩擦消耗功率。参考文献 [188] 统计了蜗壳宽度 b_3 的相关经验算法：

$$b_3 = B_2 + (5 \sim 10)\text{mm}, \ b_3 = B_2 + 0.05D_2, \ b_3 = (1.6 \sim 2)B_2 \qquad (4\text{-}54)$$

对于低比转速离心泵，蜗壳宽度 b_3 一般取

$$b_3 = B_2 + (2 \sim 5)\text{mm} \qquad (4\text{-}55)$$

$$b_3 \geqslant a_3 \qquad (4\text{-}56)$$

式中　　B_2——包括叶轮前、后盖板在内的总厚度（mm）；

　　　　a_3——蜗壳喉部高度，即喉部外侧与基圆的间距（mm）。

（3）喉部面积 A_w 喉部面积 A_w 是蜗壳的最主要参数，其不仅影响整个蜗壳的大小，而且关系到蜗壳与叶轮之间的匹配。图 4-29 所示为喉部面积 A_w 大小与离心泵扬程-流量特性线之间的关系，从图中可发现 A_w 值较大，离心泵的扬程-流量特性线变得平坦，最高效率点向大流量方向偏移，并且最高效率值增大。当 A_w 值变小时，扬程-流量特性线变陡，最高效率点向小流量方向偏移，

最高效率值减小。一般，喉部面积 A_w 可按平均速度恒定的原理计算，也可按动量矩守恒原理设计。

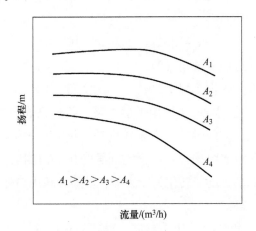

图 4-29　蜗壳喉部面积与扬程流量特性线的关系

2. 导叶水力设计

导叶的工作原理跟蜗壳类似，用以收集并引导离心叶轮出口的流体，主要用于多级离心泵。根据不同的结构形式，导叶主要可以分为径向导叶、流道式导叶、空间导叶、轴向导叶和混合式导叶等。

（1）径向导叶　径向导叶主要由螺旋线段、扩散段、过渡段以及反导叶组成。径向导叶的水力损失对离心泵整体效率有着较大的影响，因此径向导叶的水力参数设计十分重要。影响径向导叶水力特性的关键参数主要有以下几方面：导叶的基圆直径 D_3、导叶进口宽度 b_3、导叶进口安放角、导叶喉部面积、扩散段以及反导叶等。其中，对于基圆直径 D_3 和进口宽度 b_3 一般采用经验公式法给定初始值：$D_3 = D_2 + (2 \sim 10)\,\text{mm}$；$b_3 = b_2 + (2 \sim 5)\,\text{mm}$。径向进口安放角 α_3 一般按经验公式给定，进口安放角的统计公式为

$$\alpha_3 = \alpha_3' + \Delta\alpha, \quad \Delta\alpha = 3° \sim 8° \tag{4-57}$$

式中　α_3'——导叶进口液流角（°）。

导叶喉部面积 A_d 对导叶性能影响显著，导叶喉部面积的理论公式为

$$A_d = a_d b_d \tag{4-58}$$

式中　a_d——喉部平面宽度（mm）；

　　　b_d——喉部轴面宽度（mm）。

根据实践经验，喉部断面形状接近方形时，导叶的性能最佳，参考文献 [188] 给出了喉部平面宽度 a_d 的经验统计公式：

$$a_d = (0.6 \sim 1) b_d \tag{4-59}$$

反导叶的叶片数一般与径向正导叶数相同，反导叶的进口安放角可根据经验公式获得：

$$\alpha_f = \alpha_f' + \Delta\alpha, \quad \Delta\alpha = 3° \sim 10° \tag{4-60}$$

式中　α_f'——反导叶进口液流角（°）。

反导叶出口安放角根据工程实践经验一般取 $55° \sim 80°$。

（2）空间导叶　空间导叶主要用于潜水泵、斜流泵等，其主要特点是轴向尺寸长，径向尺寸短。空间导叶的主要作用是：收集叶轮出口处的液体，并将其输送到下一级叶轮或者泵出口；由于空间导叶从入口到出口其流道呈现扩散效应，可以将液体的部分动能转化为压力能；消除叶轮出口处液体的旋转分量，更有利于泵效率的提高。

（3）流道式导叶和轴向导叶　流道式导叶的正反导叶是连续变化的流道，从正导叶进口到反导叶出口形成单独的小流道，各个流道内的液体不能混合，相对于径向导叶而言，其水力损失稍小，效率更高。但是，流道式导叶结构相对复杂，径向尺寸较大，加工性能较差。轴向导叶没有正导叶，而在轴向转弯处加导向叶片，其优点是能够缩小径向尺寸，加工性能较好，但是水力性能较流道式导叶差。

（4）混合式导叶　目前，离心泵的一个发展趋势是高压、大功率密度，势必要求离心泵能够尽可能地缩小尺寸，因此，离心泵导叶应具备外形尺寸小，且能够保证在收集和输送液体的过程中水力损失最小。混合式导叶具有流道式导叶和轴向导叶的优点，从轴向导叶进口到反导叶出口及第二级叶轮进口均匀变化，形成单独的小流道，又具有较小的外形尺寸。从第一级叶轮出来的高速液体顺着旋转方向进入混合式导叶的轴向导叶，经轴向导叶的降速扩压，通过光滑连接的弯曲流道，轴向进入下一级叶轮。混合式导叶的加工性能较好，车削、铣削加工后进行打磨，大大减小了流道表面粗糙度值，可有效减小水力损失。

4.2　轴向力和径向力计算

4.2.1　轴向力计算

离心泵被广泛应用于航空航天和石油化工工业等领域。然而，由于高转速离心泵和多级大功率离心泵等普遍存在的大轴向推力问题，加剧了离心泵装置运行的不稳定性，影响泵的整体性能。因此，有必要对单级及多级离心泵侧腔内的流动结构及其轴向推力进行研究。考虑到采用传统的试验方法进行研究对时间和经济成本要求较高，且需要大量准备时间和设计时长。因此，为缩短离心泵的设计周期，在泵设计阶段采用数值模拟对轴向力进行有效合理预测是非常必要的，国内外学者也对此进行了大量研究。大量研究结果表明，影响离心泵轴向力的主要因素是叶轮前后盖板上受到的压力，因此，研究离心泵前后泵腔（如图 4-30 中黑色区域）的流动状态非常必要，但是，由于离心泵结构的复杂性，采用整体网格划分的方式对其进行高精度计算费时费力。因此，采用合理的简化模型对离心泵轴向力进行有效估计成为当前泵轴向力研究的一个热点。本章基于定子-转子腔理论模型，发展了一种预测单级高转速及多级大功率离心泵轴向推力的理论模型，该理论模型能够大幅降低计算成本，缩短单级高转速及多级大功率离心泵的设计周期，可为工程实践提供一定的参考。

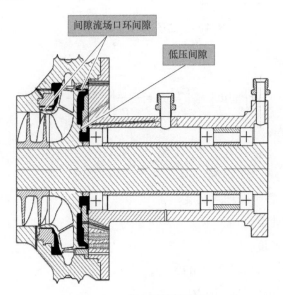

图 4-30　离心泵泄漏流道

1. 单级离心泵轴向推力预测理论模型

本书发展了一种基于转子-定子空腔理论的高速离心泵轴向推力简化计算模型，用于严苛工况离心泵设计阶段对泵转子轴向力进行预测。定子-转子腔理论模型的一般流动结构如图 4-31 所示，根据动静腔内流体运动和近壁边界层分布，可以建立柱坐标系下的流体运动控制方程，如式（4-61）和式（4-62）。

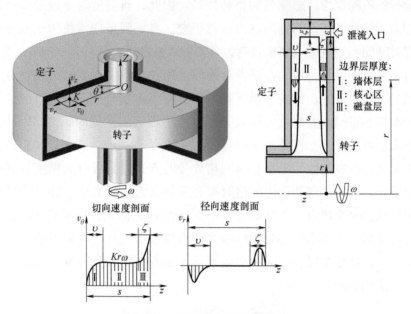

图 4-31　定子-转子腔理论模型

径向动量方程：

$$\frac{\partial}{\partial r}\left(r\int_0^s v_r^2 \mathrm{d}z\right) - \int_0^s v_\theta^2 \mathrm{d}z = -\frac{r}{\rho}\int_0^s \frac{\partial p}{\partial r}\mathrm{d}z - \frac{r}{\rho}\tau_r\big|_0^s \qquad (4\text{-}61)$$

切向动量方程：

$$\frac{\partial}{\partial r}\left(r^2\int_0^s v_r v_\theta \mathrm{d}z\right) = -\frac{r^2}{\rho}\tau_\theta\big|_0^s \qquad (4\text{-}62)$$

式中　s——定子-转子腔轴向宽度；

　　　v_r——径向速度；

　　　v_θ——切向速度；

　　　p——柱坐标（r,θ,z）处的压力；

τ_r、τ_θ——径向和切向的切应力。

式（4-61）和式（4-62）非常复杂，具有明显的非线性特征，且存在压力速度耦合，难以直接求解，因此为了获得方程的解，进行了以下假设：

假设 1：假定在旋转壁面和静止壁面边界层之间存在湍流核心区（图 4-31 中的区域Ⅱ），湍流核心区的相同径向区域，切向速度沿 z 轴方向的分布为一常数，即湍流核心区的切向速度只与径向位置 r 有关，于是可以得到无量纲切向速度 $K(r)=v_\theta/(r\omega)$。

假设 2：湍流核心区的径向速度分量 $v_r = 0$、轴向速度分量 $v_z = 0$。

假设 3：沿 z 轴方向的压力分布为一常数。

根据假设 2，仅在近壁面区域存在径向质量输运，因此可以得到如下连续性方程：

$$\int_0^{\zeta} 2\pi r \cdot v_r(z)\,\mathrm{d}z + \int_{s-v}^{s} 2\pi r \cdot v_r(z)\,\mathrm{d}z = Q \tag{4-63}$$

方程（4-63）左边第一项为转子近壁面区域的质量输运，左边第二项为定子近壁面区域的质量输运，考虑对方程左边第二项进行如下坐标变换：

$$z' = s - z \tag{4-64}$$

可以得到如下方程：

$$\int_{s-v}^{s} 2\pi r \cdot v_r(z)\,\mathrm{d}(z) = \int_{v}^{0} 2\pi r \cdot v_r(s-z')\,\mathrm{d}(s-z') = \int_{0}^{v} 2\pi r \cdot v_r(s-z')\,\mathrm{d}z' \tag{4-65}$$

$$v_r'(z') = v_r(s-z') \tag{4-66}$$

$$\int_0^{\zeta} 2\pi r \cdot v_r(z)\,\mathrm{d}z + \int_0^{v} 2\pi r \cdot v_r'(z')\,\mathrm{d}z' = Q \tag{4-67}$$

式中　　　　　Q——泄漏流的质量流量；

$v_r(z)$、$v_r'(z')$——边界层（Ⅲ）和边界层（Ⅰ）的径向速度；

v、ζ——边界层（Ⅰ）和边界层（Ⅲ）的厚度，如图 4-31 所示。

然后，根据边界层速度分布的 1/7 次幂律假设，边界层Ⅰ和边界层Ⅲ的速度分布可以计算如下：

边界层（Ⅰ）：

$$v_\theta'(z') = Kr\omega \left(\frac{z'}{v} \right)^{\frac{1}{7}} \tag{4-68}$$

$$v_r'(z') = v_{r0}^* \left(\frac{z'}{v} \right)^{\frac{1}{7}} \left(1 - \frac{z'}{v} \right) \tag{4-69}$$

$$v_{r0}^* = -a^*(1-K)r\omega \tag{4-70}$$

边界层（Ⅲ）：

$$v_\theta(z) = r\omega \left(1 - \left(\frac{z}{\zeta} \right)^{\frac{1}{7}} + K \left(\frac{z}{\zeta} \right)^{\frac{1}{7}} \right) \tag{4-71}$$

$$v_r = v_{r0} \left(\frac{z}{\zeta} \right)^{\frac{1}{7}} \left(1 - \frac{z}{\zeta} \right) \tag{4-72}$$

$$v_{r0} = aKr\omega \tag{4-73}$$

式中　v_{r0}、v_{r0}^{*}——参考速度，其值只取决于湍流核心的旋转速度；

a、a^{*}——经验常数。

动量方程中的切应力项和壁面边界层厚度也均参考光滑管道流动中的 1/7 次幂律假设，于是可以得到边界层（Ⅰ）和（Ⅲ）的切应力如下：

边界层（Ⅰ）：

$$\tau_{s\theta} = 0.0225\rho \left(\frac{\nu}{\upsilon}\right)^{0.25} \left((1-K)r\omega\right)^{1.75} \left(\left(\frac{v_{r0}^{*}}{(1-K)r\omega}\right)^{2}+1\right)^{0.375} \tag{4-74}$$

$$\tau_{sr} = 0.0225\rho \left(\frac{\nu}{\upsilon}\right)^{0.25} v_{r0}^{*} \left((1-K)r\omega\right)^{0.75} \left(\left(\frac{v_{r0}^{*}}{(1-K)r\omega}\right)^{2}+1\right)^{0.375} \tag{4-75}$$

$$\upsilon = fr \Big/ \left(\frac{r^{2}\omega}{\nu}\right)^{0.2} \tag{4-76}$$

$$f = -\frac{1}{a^{*}(1-K)} \left(abK^{3} - \frac{120}{49}\frac{Q}{2\pi\omega r^{3}}\left(\frac{r^{2}\omega}{\nu}\right)^{0.2}\right) \tag{4-77}$$

边界层（Ⅲ）：

$$\tau_{R\theta} = 0.0225\rho \left(\frac{\nu}{\zeta}\right)^{0.25} (Kr\omega)^{1.75} \left(\left(\frac{v_{r0}}{Kr\omega}\right)^{2}-1\right)^{0.375} \tag{4-78}$$

$$\tau_{Rr} = -0.0225\rho \left(\frac{\nu}{\zeta}\right)^{0.25} v_{ro} (Kr\omega)^{0.75} \left(\left(\frac{v_{r0}}{Kr\omega}\right)^{2}+1\right)^{0.375} \tag{4-79}$$

$$\zeta = bK^{2}r \Big/ \left(\frac{r^{2}\omega}{\nu}\right)^{0.2} \tag{4-80}$$

式中　　ν——运动黏度；

ω——转子转速；

a、a^{*}、b——经验常数。

将式（4-80）代入式（4-61）和式（4-62），可以得到以下微分方程：

$$\frac{dP}{dR} = 2RK^{2} + \frac{2R^{1.6}}{SRe^{0.2}}\left[F_{1}(R,K) - F_{2}(R,K)R\frac{dK}{dR}\right] \tag{4-81}$$

$$\left[\frac{5}{6}\frac{C_{q}}{R^{2.6}} - \frac{49}{240}ab\,(1-K)^{2}\right]R\frac{dK}{dR}$$

$$= 0.0225\left[\frac{(a^{2}+1)^{0.375}}{b^{0.25}}(1-K)^{1.25} - \frac{(a^{*2}+1)^{0.375}}{f^{0.25}}K^{1.75}\right] - \frac{5}{3}\frac{C_{q}}{R^{2.6}}K - \frac{1127}{3600}ab(1-K)^{3}$$

$$\tag{4-82}$$

$$F_1(R,K) = \frac{35}{69} \frac{C_q}{R^{2.6}} a^* K + \frac{b}{36} (1-K)^3 (8K+1) - \frac{2}{9} K^2 f - \frac{343}{460} ab (1-K)^3 (a^* K + a(1-K)) -$$

$$0.0225 \left[\frac{a(a^2+1)^{0.375}}{b^{0.25}} (1-K)^{1.25} - a^* (a^{*2}+1)^{0.375} \left(\frac{K^7}{f} \right)^{0.25} \right] \quad (4-83)$$

$$F_2(R,K) = \frac{343}{1656} \left[-\frac{120}{49} a^* \frac{C_q}{R^{2.6}} + ab (1-K)^2 (a^* - 4a - 4K(a^* - a)) \right] \quad (4-84)$$

式中，r_0 为转子半径；$K(r) = V_\theta / (r\omega)$；$P = p / (0.5 \rho r_0^2 \omega^2)$；$R = r / r_0$；$S = s / r_0$；

$C_q = \dfrac{Q}{2\pi r_0^3 \omega} Re^{0.2}$；$C_{am} = \left(\displaystyle\int_{r_0}^{r_0+c} r^2 V_z V_\theta \mathrm{d}r \right) \dfrac{Re^{0.2}}{r_0^5 \omega^2}$；$a$、$a^*$ 和 b 为常数。

上述公式的推导过程以及式（4-81）和式（4-82）的边界条件获取过程详见参考文献 [194]，这里不再展开。

为了将上诉定子-转子腔理论模型应用于轴向力预测，需要对甲烷泵泵腔的几何形状进行简化，甲烷泵泵腔简化几何结构如图 4-32 所示，甲烷泵的前、后腔分别被简化为模块 1 和模块 2。根据定子-转子腔理论，对每个模块列以下流动控制方程：

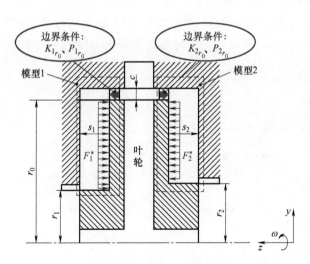

图 4-32　泵腔简化几何结构

无量纲压力-速度耦合方程（$i = 1, 2$）：

$$\frac{\mathrm{d}P_i}{\mathrm{d}R} = 2RK_i^2 + \frac{2R^{1.6}}{SRe^{0.2}} \left[F_1(R, K_i) - F_2(R, K_i) R \frac{\mathrm{d}K_i}{\mathrm{d}R} \right] \quad (4-85)$$

无量纲速度微分方程（$i = 1, 2$）：

$$\left[\frac{5}{6}\frac{C_q}{R^{2.6}}-\frac{49}{240}ab\left(1-K_i\right)^2\right]R\frac{\mathrm{d}K_i}{\mathrm{d}R}$$

$$=0.0225\left[\frac{\left(a^2+1\right)^{0.375}}{b^{0.25}}\left(1-K_i\right)^{1.25}-\frac{\left(a^{*2}+1\right)^{0.375}}{f^{0.25}}K_i^{1.75}\right]-\frac{5}{3}\frac{C_q}{R^{2.6}}K_i-\frac{1127}{3600}ab\left(1-K_i\right)^3$$

$$(4\text{-}86)$$

为求解这些方程，还需要求解简化模型的边界条件控制方程，以获得模型求解所需的边界条件，边界条件控制方程如下：

$$\begin{cases}\dfrac{49}{720}ab\left(1-K_{1_{r_0}}\right)^3+\dfrac{5}{6}C_{q1}K_{1_{r_0}}=0.0225S1\left(a^{*2}+1\right)^{0.375}\left(\dfrac{K_{1_{r_0}}^7}{f_{1_{r_0}}}\right)^{0.25}-C_{am1}\\[4mm]\dfrac{49}{720}ab\left(1-K_{2_{r_0}}\right)^3+\dfrac{5}{6}C_{q2}K_{2_{r_0}}=0.0225S2\left(a^{*2}+1\right)^{0.375}\left(\dfrac{K_{2_{r_0}}^7}{f_{2_{r_0}}}\right)^{0.25}-C_{am2}\end{cases}$$

$$(4\text{-}87)$$

求解这个方程可以得到模块 1 和模块 2 速度（$K_{1_{r_0}}$、$K_{2_{r_0}}$）和压力（$P_{1_{r_0}}$、$P_{2_{r_0}}$）边界条件。将获得的边界条件应用到式（4-81）和式（4-82）中，然后利用四阶 Runge-Kutta（龙格-库塔）法在 MATLAB 中对式（4-81）和式（4-82）进行数值求解，方程求解界面示意图如图 4-33 所示。数值求解可以得到泵腔速度和压力沿径向方向的分布，对径向压力分布采用以下积分式［式（4-88）］

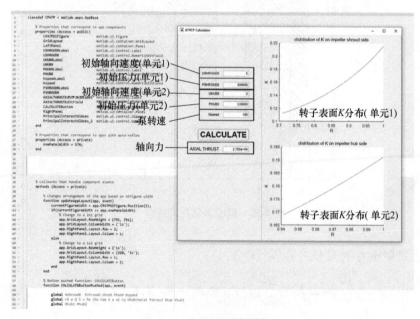

图 4-33　简化模型求解界面

进行积分，可以得到轴向力的预测值。

$$F^* = -F_1^* + F_2^* = -\int_{r_1}^{r_0} 2\pi r P \frac{1}{2}\rho r_0^2 \omega^2 \mathrm{d}r + \int_{r_2}^{r_0} 2\pi r P \frac{1}{2}\rho r_0^2 \omega^2 \mathrm{d}r \qquad (4\text{-}88)$$

图 4-34 给出了利用简化模型预测轴向力的具体流程。下面以一台 280kW 高速离心泵为例对简化模型计算精度进行验证，该泵设计转速为 9685r/min，扬程为 400m，流量为 130m³/h，采用闭式叶轮，6 枚长叶片与 6 枚短叶片组合的结构形式，壳体采用剖分式结构，280kW 高速离心泵结构如图 4-35 所示，利用简化模型预测得到的高速离心泵轴向力与三维流动计算结果的对比在图 4-36 中给出，由图 4-36 可知，简化模型轴向推力预测值比三维流动计算结果数值上偏高，

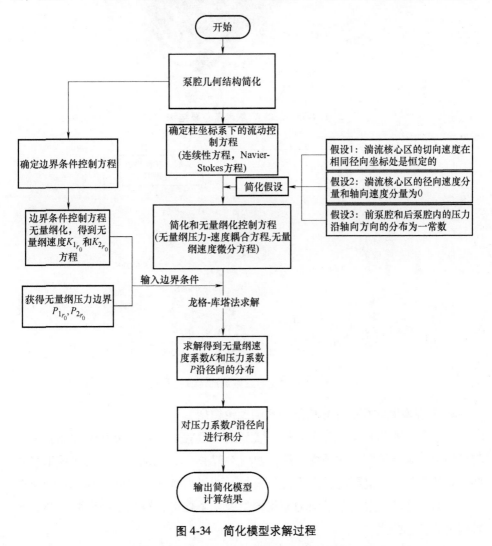

图 4-34　简化模型求解过程

在低转速工况下，存在较大的相对误差，约偏低 28%，而该简化模型在高转速工况下，相对误差减小到 20%，预测精度有所提高，能够较准确地预测泵轴向力。

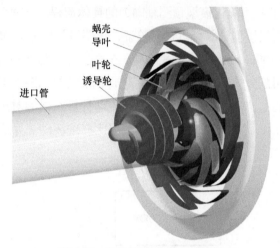

图 4-35　280kW 高速离心泵结构

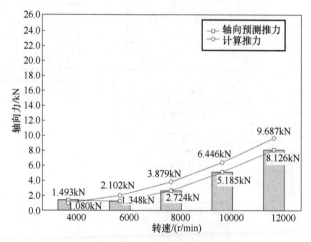

图 4-36　简化模型与三维流动计算结果对比

2. 多级串联式离心泵轴向推力预测理论模型

多级串联式离心泵将多个叶轮串联到同一根轴上，其各级叶轮的侧腔形式与单级离心泵叶轮侧腔的结构一致，如图 4-37 所示，因而，仅需对多级串联式离心泵的各级叶轮受到的轴向力进行叠加，即可得到多级串联式离心泵的总轴向力，对上述单级离心泵轴向力简化模型做如下推广，得到多级串联式离心泵轴向推力预测公式：

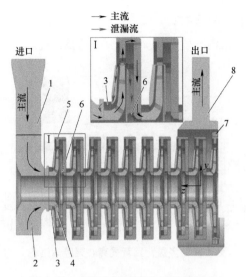

图 4-37　多级串联式离心泵腔体结构

1—进水管　2—吸气段　3—前耐磨环　4—叶轮　5—导叶

6—后耐磨环　7—出口孔（周向均匀分布 8 个）　8—出水管

$$F^* = \sum_{i=1}^{n} F_i^* = \sum_{i=1}^{n} \left(-F_{1_i}^* + F_{2_i}^* \right)$$

$$= \sum_{i=1}^{n} \left(-\int_{r_1}^{r_0} 2\pi r \cdot P \cdot \frac{1}{2}\rho r_0^2 \omega^2 \mathrm{d}r + \int_{r_2}^{r_0} 2\pi r \cdot P \cdot \frac{1}{2}\rho r_0^2 \omega^2 \mathrm{d}r \right) \tag{4-89}$$

式中　n——多级离心泵总级数。

3. 多级背靠背式离心泵轴向推力预测理论模型

多级背靠背式离心泵由于其泵腔结构水平对称布置，如图 4-38 所示，因此需要考虑到简化模型计算时轴向力的方向性问题，对多级背靠背式离心泵指向 z 轴正向的各级叶轮，采用式（4-89）进行计算；对指向 z 轴负向的各级叶轮，同样采用式（4-89）进行计算，但需要对这部分计算结果取负值；最后，将两部分计算结果进行叠加，可以得到多级背靠背式离心泵轴向推力预测公式，表达式如下：

$$F^* = \sum_{i=1}^{n} F_i^* = \sum_{i=1}^{k} \left(-F_{1_i}^* + F_{2_i}^* \right) - \sum_{i=k+1}^{n} \left(-F_{1_i}^* + F_{2_i}^* \right)$$

$$= \sum_{i=1}^{k} \left(-\int_{r_1}^{r_0} 2\pi r \cdot P \cdot \frac{1}{2}\rho r_0^2 \omega^2 \mathrm{d}r + \int_{r_2}^{r_0} 2\pi r \cdot P \cdot \frac{1}{2}\rho r_0^2 \omega^2 \mathrm{d}r \right) - \tag{4-90}$$

$$\sum_{i=k+1}^{n} \left(-\int_{r_1}^{r_0} 2\pi r \cdot P \cdot \frac{1}{2}\rho r_0^2 \omega^2 \mathrm{d}r + \int_{r_2}^{r_0} 2\pi r \cdot P \cdot \frac{1}{2}\rho r_0^2 \omega^2 \mathrm{d}r \right)$$

式中　n——多级离心泵总级数；

　　　k——多级离心泵内叶轮指向 z 轴正方向的级数。

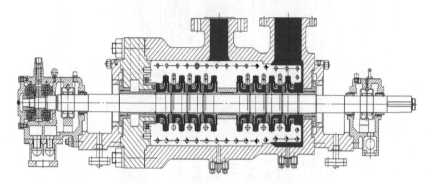

图 4-38　多级背靠背式离心泵腔体结构

4.2.2　径向力计算

严苛工况离心泵内部非定常径向力主要由主流场激励力和间隙流场激励力引起。其中，主流场激励力主要是作用在叶轮上的非定常流体激励力，可通过对作用在叶轮和诱导轮表面的压力进行面积分计算获得。离心泵口环、前后盖板等间隙流场内非定常流动引起流体激励力对转子系统的作用主要通过影响转子系统的质量矩阵、刚度矩阵和阻尼矩阵来体现。

本书以一台 800kW 单级高速离心泵为例开展离心泵径向力分析，该泵设计转速为 26000r/min，扬程为 2500m，流量为 50m³/h，采用闭式叶轮，6 枚长叶片与 6 枚短叶片组合的结构形式，壳体采用剖分式结构，800kW 高速离心泵结构如图 4-39 所示。

对比不同转速下高速离心泵转子径向力三维流动时域计算结果，如图 4-40 所示，时域结果表明：高速泵在接近额定转速工况时受到的径向力最小，低转速和高转速工况都会引起泵径向力的增加。此外，为了分析不同转速工况下的泵径向力的稳定性，图 4-41

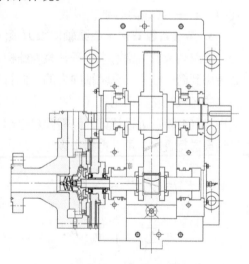

图 4-39　800kW 高速离心泵结构

和图 4-42 还给出了高速泵径向力的频域结果，频域结果表明，高速泵在接近额定转速工况时的径向力稳定性最高，其余转速工况都会引起高速泵径向力不稳定性的增加。

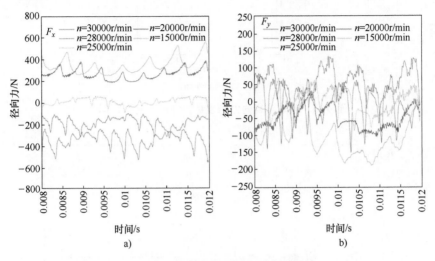

图 4-40　高速泵径向力变化时域曲线

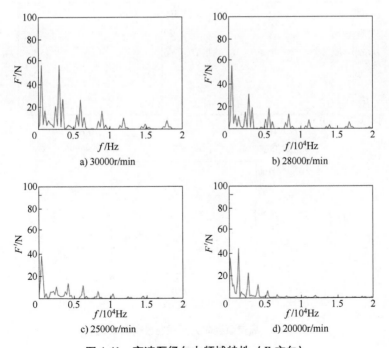

图 4-41　高速泵径向力频域特性（F_x 方向）

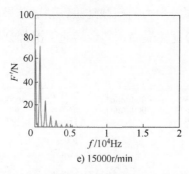

e) 15000r/min

图 4-41 高速泵径向力频域特性（F_x方向）（续）

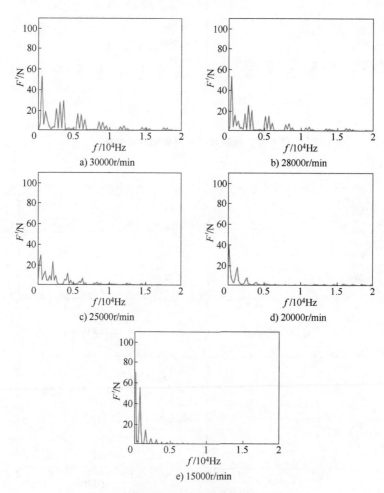

a) 30000r/min

b) 28000r/min

c) 25000r/min

d) 20000r/min

e) 15000r/min

图 4-42 高速泵径向力频域特性（F_y方向）

Chapter 5

第5章 严苛工况离心泵
机组转子动力设计

5.1 转子系统整体设计与校核

5.1.1 转子系统的整体设计

严苛工况离心泵转子动力系统设计时，首先要满足系统稳定性和临界转速要求，达到所需要的稳定性裕度，并且保证临界转速在一定程度上避开工作转速；保证由不平衡激励力激起的不平衡响应在要求范围内。由此可见，严苛工况离心泵转子系统动力学设计的核心主要是计算轴系的临界转速、不平衡响应与稳定性，且计算与设计过程中需综合考虑转子系统的耦合部件和流、固、热、力等物理场的耦合必然成为影响转子稳定性的主要因素。精确计算临界转速用以修改转子系统设计参数，使工作转速远离临界转速。当临界转速与工作转速比较接近时需要修改设计参数使临界转速偏离工作转速足够远，或减小工作转速下的振动幅值。精确计算不平衡响应，用于研究转子对在某些部位上的不平衡量的敏感程度，为确定最终的设计参数提供依据。精确计算稳定性用以确定转子系统的失稳转速，判定失稳转速是否足够高于工作转速，避免发生动力失稳现象，提高稳定性裕度。

考虑到严苛工况离心泵在高转速、高压力作用下将产生类似挤压油膜力的间隙流体力，进而对转子动力学性能及稳定性产生重要影响；作用于涡轮及低温泵叶轮、诱导轮上的扭矩、径向力与轴向力对转子系统径向振动、轴向窜动及扭转振动都有影响，且各振动形态之间也互相制约，此次严苛工况离心泵转子系统设计部分技术路线如图 5-1 所示，即主要内容包括浮环密封设计及其泄漏量、动力学特性计算，考虑流体激励力的泵转子系统耦合振动特性计算及转子系统结构优化。本书在对严苛工况离心泵转子动力设计时，以某双低温同轴高速泵为例开展研究。

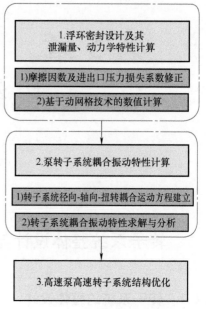

1. 浮环密封设计及其泄漏量、动力学特性计算

作为双低温同轴高速泵，两侧介质物性各不相同，为保证高速泵的可靠运行，高速泵需"绝对"密封，实现零泄漏。如图5-2所示，浮环密封设计时，根据两侧低温介质压差、高速泵转速完成密封组数、动静环间隙大小、浮环密封轴向长度等参数完成初步设计；基于初步设计结构进行浮环密封泄漏量计算与校核、间隙激励力及其等效动力学特性参数的计算；将计算所得浮环密封动力学性能加载到高速泵转子系统动力学计算中，

图 5-1 严苛工况离心泵转子
系统设计部分技术路线

校核转子系统临界转速、不平衡响应及稳定性是否满足设计要求，若不满足则继续修正浮环密封的几何参数。根据以上设计流程，浮环密封组件初步结构如图5-3所示。

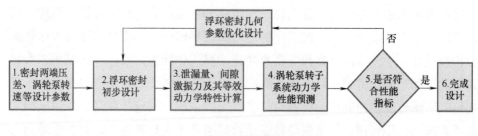

图 5-2 浮环密封组件设计流程

根据以上浮环密封组件设计流程，该部分主要内容包括：摩擦因数及进出口压力损失系数修正及基于动网格技术的浮环密封泄漏量及动力学特性计算，具体如下：

1）摩擦因数及进出口压力损失系数修正。基于流阻试验测定不同温度下的间隙流道流阻。间隙流道固体壁面绝对表面粗糙度为 $Ra1.6\mu m$；试验温度范围

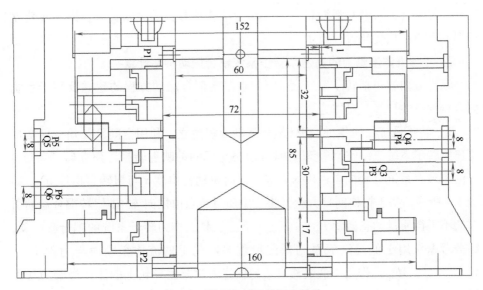

图 5-3　浮环密封组件初步结构

为 20～60℃。在上述工况下，考察介质温度对间隙流道摩擦因数的影响，并基于 Blasius 摩擦模型，结合流体微元受力分析、无量纲分析及流阻试验结果，建立与温度 T 相关的修正摩擦因数：

$$\lambda_{\text{Blasius}}(T) = f_{\lambda 1}(T)\left(\frac{uC_r}{\nu}\right)^{f_{\lambda 2}(T)} \tag{5-1}$$

式中　$f_{\lambda 1}(T)$、$f_{\lambda 2}(T)$——摩擦因数，是与温度相关的无量纲函数；

$\qquad\quad C_r$——间隙流道的半径间隙；

$\qquad\quad u$——介质流动速度；

$\qquad\quad \nu$——介质的运动黏度。

此外，在上述工况下，开展间隙-稳压腔（扩散型）流道及稳压腔-间隙（收缩型）流道的流阻测定试验，考察介质温度与间隙流道进口压力损失项 Δp_{in}、出口压力恢复项 Δp_{exit} 的映射关系，建立与温度相关的进口压力损失系数 $\xi_i(T)$ 及出口压力恢复系数 $\xi_e(T)$。

2）基于动网格技术的数值计算。基于小扰动模型及已修正的摩擦因数与进出口压力损失系数项，发展基于插值法的浮环密封动网格技术，然后通过 Fluent 提供的用户接口（UDF 功能），将动网格程序与 Fluent 求解器相连接，实现浮环密封转子小扰动下环形密封流场的瞬态数值计算；分析不同操作工况下浮环密封泄漏量、间隙激励力及其等效动力学特性的变化规律；构建浮环密封动环、静环几何参数与泄漏量、等效动力学特性参数的关联关系，进一步建立低温动密封结构优化设计技术。

2. 考虑流体激励力的高速泵转子系统耦合振动特性计算

该部分内容包括转子系统径向-轴向-扭转耦合运动方程的建立及转子系统耦合振动特性计算，具体为：

1）转子系统径向-轴向-扭转耦合运动方程建立。利用空间欧拉角变换实现高速泵转子系统三维空间静态坐标与动态坐标间的映射转换，建立转子系统 4 自由度节点系统（径向自由度 x 与 y、轴向窜动自由度 z 与扭转自由度 θ）。如图 5-4 所示，基于拉格朗日方程，将集中质量节点由径向-轴向-扭转耦合运动引起的不平衡质量动态激励 $F_{em\text{-}x}$、$F_{em\text{-}y}$、$F_{em\text{-}z}$、$M_{em\text{-}x}$ 作为转子系统的耦合激励项，综合考虑作用于低温液氧泵与低温甲烷泵叶轮上的流体激励力与力偶 $F_{o\text{-}yl}$、$M_{o\text{-}yl}$、$F_{c\text{-}yl}$、$M_{c\text{-}yl}$，作用于低温液氧泵与低温甲烷泵诱导轮上的流体激励力与力偶 $F_{o\text{-}ydl}$、$M_{o\text{-}ydl}$、$F_{c\text{-}ydl}$、$M_{c\text{-}ydl}$，作用于涡轮上的气动力与力偶 $F_{turbine}$、$M_{turbine}$，浮环密封及盖板间隙内流体激励力 F_{fh}、F_{gb}，轴承支承力 F_{rb}，构建离心泵转子系统运动微分方程：

$$\begin{cases} m\ddot{x}+c_x\dot{x}+k_x x = F_{em\text{-}x}(z,\theta,t)+F_x(t) \\ m\ddot{y}+c_y\dot{y}+k_y y = F_{em\text{-}y}(z,\theta,t)+F_y(t) \\ m\ddot{z}+c_z\dot{z}+k_z z = F_{em\text{-}z}(x,y,\theta,t)+F_z(t) \\ J_p\ddot{\theta}+c_\theta\dot{\theta}+k_\theta\theta = M_{em}(x,y,z,\theta,t)+M_\theta(t) \end{cases} \tag{5-2}$$

基于运动微分方程，利用有限元法与矩阵运算方法，构建考虑流体激励的转子系统径向-轴向-扭转耦合运动矩阵方程：

$$M\ddot{U}+C\dot{U}+KU=Q \tag{5-3}$$

式中　U——4 自由度节点系统的位移列矢量；

　　　M——惯性矩阵，包括转轴及各转动部件质量矩阵与转动惯量矩阵；

　　　C——阻尼矩阵，包含径向阻尼矩阵（具体包括径向轴承阻尼矩阵 C_{rb}^r、浮环密封间隙激励力等效阻尼矩阵 C_{kh}^r、叶轮盖板间隙激励力等效阻尼矩阵 C_{gb}^r）、轴向阻尼矩阵（具体为推力轴承阻尼矩阵 C_{rb}^z）；

　　　K——刚度矩阵，包含径向刚度矩阵（具体包括径向轴承刚度矩阵 K_{rb}^r、浮环密封间隙激励力等效刚度矩阵 K_{kh}^r、叶轮盖板间隙激励力等效刚度矩阵 K_{gb}^r 及残余轴向力等效刚度矩阵 $K_{e\text{-}zf}^r$）、轴向刚度矩阵（具体为推力轴承刚度矩阵 K_{rb}^z）；

Q——广义激励矢量，包含不平衡质量动态激励力/力偶矢量 Q_{em}、作用
于叶轮与诱导轮上的主流场激励力/力偶矢量 Q_{yl} 及 Q_{ydl} 及作用于涡
轮等效激励力/力偶矢量 Q_{gear}。

其中轴承径向及轴向刚度、阻尼矩阵将根据 Sunnersjo 计算模型进行求解。

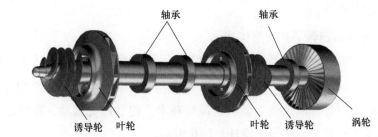

a) 双低温高速泵转子系统结构

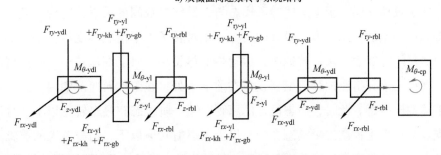

b) 双低温高速泵转子系统受力简图

图 5-4　齿轮增速式高速离心泵转子系统结构与受力简图

2）转子系统耦合振动特性求解与分析。基于全流场数值计算结果，提取作
用于泵上一个旋转周期内的流体力并对其进行多次谐波分析，将原流体载荷分
解为多组具有不同幅值及频率的谐波载荷；对比全流场非定常压力脉动计算结
果，将谐波载荷分别加载于频率一致的对应载荷受力点。参考横向振动分析模
型建立方法，在多级离心泵转子耦合系统轴向上对系统进行节点划分、节点更
新与排序、受力单元类型的识别与设置，分别建立离散的叶轮以及具有分布质
量和弹性变形的轴段单元轴向运动模型，将各部件的轴向运动模型通过矩阵整
合求得多级离心泵转子系统整体轴向振动模型。

利用状态空间法对转子系统径向-轴向-扭转耦合运动矩阵方程进行降阶求
解，可得转子系统各阶临界转速、模态振型；采用变步长 Newmark 隐式格式对
4 自由度转子系统在流体激励及不平衡激励下径向-轴向-扭转耦合振动特性进行
数值求解，重复插值变换并代入转子运动微分方程中，反复迭代求解 $5N \times 5N$

（N 为转子系统划分的节点数）维度的二阶微分运动方程，并通过时域图、轴心轨迹图、庞加莱映射图、幅频特性曲线图以及分岔图等，对比分析不同工况下转子系统耦合动力学响应特性及稳定性；对比分析非定常主流场及间隙流场激励力对径向振动特性、轴向振动特性、扭转振动特性及径向-轴向-扭转耦合振动特性的影响规律。

3. 高速泵高速转子系统结构优化

分析低温液氧泵、低温甲烷泵转动部件及涡轮在双低温同轴转子系统位置布局对转子系统临界转速、模态振型及振动响应等动力学特性的影响；结合高速泵流体动力设计技术及低温动密封设计技术，建立以低振动、高稳定性为目标的高速泵高速转子系统结构设计与优化方法。

转子校核方面，根据上述转子模态与无量纲参数间的关系，经恰当设计就可得到所期望的模态，模态设计的目标：①对转子不平衡敏感度尽量小；②外传力尽量小；③通过临界转速时，振动峰值尽量小。对于高压转子，一般情况下，弹性支承和挤压油膜阻尼器设置在前支承处；在工作转速范围内，允许存在上述两阶模态。此时，模态设计的原则：①一阶模态在慢车转速以下，且以前支点变形为主；②二阶模态在慢车以上、巡航转速以下，仍需较大的前支点变形。其目的是增加挤压油膜阻尼器的阻尼效果，降低转子对不平衡的敏感度，以及壁面高压涡轮叶尖与机匣的碰摩。

5.1.2　转子的不平衡响应计算

如上所述，在前支点配置阻尼器，阻尼系数为 d。一般情况下，阻尼对转子的模态影响很小，可忽略不计，但对转子的响应却影响显著。现分析转子的不平衡响应。

假设在转子两端截面上存在不平衡量，不平衡量的半径位置分别为 R_1 和 R_2，大小为 Δm_1 和 Δm_2，相角分别为 β'_1 和 β'_2。转子的运动方程为

$$M\ddot{r}+d(\dot{r}+ja\dot{\theta})+(S_{b1}+S_{b2})r+j(aS_{b1}-bS_{b2})\theta=\Omega^2 e^{j\Omega t}(\Delta m_1 R_1 e^{j\beta'_1}+\Delta m_2 R_2 e^{j\beta'_2})$$

$$(5-4)$$

$$I\ddot{\theta}-jI_p\Omega\dot{\theta}-da(j\dot{r}-a\dot{\theta})-j(aS_{b1}-bS_{b2})r+(a^2 S_{b1}+b^2 S_{b2})\theta$$

$$=\Omega^2 e^{j\Omega t}[aR_1\Delta m_1 e^{j\beta'_1}-(L-a)R_2\Delta m_2 e^{j\beta'_2}]$$

$$(5-5)$$

写成矩阵形式为

$$
\begin{bmatrix} M & 0 \\ 0 & I \end{bmatrix}\begin{bmatrix} \ddot{r} \\ \ddot{\theta} \end{bmatrix} + \begin{bmatrix} 0 & 0 \\ 0 & -jI_p\Omega \end{bmatrix}\begin{bmatrix} \dot{r} \\ \dot{\theta} \end{bmatrix} + \begin{bmatrix} d & jad \\ -jad & da^2 \end{bmatrix}\begin{bmatrix} \dot{r} \\ \dot{\theta} \end{bmatrix} + \begin{bmatrix} (S_{b1}+S_{b2}) & j(aS_{b1}-bS_{b2}) \\ -j(aS_{b1}-bS_{b2}) & (a^2S_{b1}+b^2S_{b2}) \end{bmatrix}\begin{bmatrix} r \\ \theta \end{bmatrix}
$$

$$
=\Omega^2 e^{j\Omega t}\begin{bmatrix} \Delta m_1 R_1 e^{j\beta_1'}+\Delta m_2 R_2 e^{j\beta_2'} \\ aR_1\Delta m_1 e^{j\beta_1'}-(L-a)R_2\Delta m_2 e^{j\beta_2'} \end{bmatrix} \tag{5-6}
$$

设解为

$$
\begin{bmatrix} r \\ \theta \end{bmatrix}=\begin{bmatrix} r_e \\ \theta_e \end{bmatrix}e^{j(\Omega t+\alpha)} \tag{5-7}
$$

代入方程（5-6）后得到

$$
\begin{bmatrix} S_{b1}+S_{b2}-M\Omega^2 & j(aS_{b1}-bS_{b2}) \\ -j(aS_{b1}-bS_{b2}) & a^2S_{b1}+b^2S_{b2}+(I_p-I)\Omega^2 \end{bmatrix}\begin{bmatrix} r_e \\ \theta_e \end{bmatrix}e^{j\alpha}+j\Omega\begin{bmatrix} d & jad \\ -jad & da^2 \end{bmatrix}\begin{bmatrix} r_e \\ \theta_e \end{bmatrix}e^{j\alpha}
$$

$$
=\Omega^2\begin{bmatrix} \Delta m_1 R_1 e^{j\beta_1}+\Delta m_2 R_2 e^{j\beta_2} \\ aR_1\Delta m_1 e^{j\beta_1}-(L-a)R_2\Delta m_2 e^{j\beta_2} \end{bmatrix} \tag{5-8}
$$

由此解得转子的不平衡响应为

$$
\begin{bmatrix} r_e \\ \theta_e \end{bmatrix}e^{j\alpha}=\left[\begin{bmatrix} S_{b1}+S_{b2}-M\Omega^2 & j(aS_{b1}-bS_{b2}) \\ -j(aS_{b1}-bS_{b2}) & a^2S_{b1}+b^2S_{b2}+(I_p-I)\Omega^2 \end{bmatrix}+j\Omega\begin{bmatrix} d & jad \\ -jad & da^2 \end{bmatrix}\right]^{-1}
$$

$$
\begin{bmatrix} F_{1e}+F_{2e} \\ aF_{1e}-(L-a) \end{bmatrix} \tag{5-9}
$$

式中

$$
F_{1e}=\Omega^2\Delta m_1 R_1 e^{j\beta_1}
$$

$$
F_{2e}=\Omega^2\Delta m_2 R_2 e^{j\beta_2}
$$

或

$$
\begin{bmatrix} r_e \\ \theta_e \end{bmatrix}e^{j\alpha}=\left\{\begin{bmatrix} S_{b1}+S_{b2}-M\Omega^2 & j(aS_{b1}+bS_{b2}) \\ -j(aS_{b1}-bS_{b2}) & a^2S_{b1}+b^2S_{b2}+(I_p-I)\Omega^2 \end{bmatrix}+j\Omega\begin{bmatrix} d & jad \\ -jad & da^2 \end{bmatrix}\right\}^{-1}
$$

$$
\begin{bmatrix} 1 & 1 \\ a & -(L-a) \end{bmatrix}\begin{bmatrix} F_{1e} \\ F_{2e} \end{bmatrix} \tag{5-10}
$$

运用前面的无量纲参数 $\dfrac{a}{L}$、$\dfrac{I}{ML^2}$、$\dfrac{S_{b1}+S_{b2}}{M}$ 和 $\dfrac{S_{b1}}{S_{b2}}$，可将转子的不平衡响应无量纲化，即

$$\begin{bmatrix} \bar{r}_e \\ \theta_e \end{bmatrix} e^{j\alpha} = \left\{ \begin{bmatrix} 1-\dfrac{\Omega^2}{\bar{\omega}^2} & j\left(\dfrac{a}{L}-\dfrac{1}{1+\dfrac{S_{b1}}{S_{b2}}}\right) \\[4mm] -j\left(\dfrac{a}{L}-\dfrac{1}{1+\dfrac{S_{b1}}{S_{b2}}}\right) & \left(\dfrac{a}{L}\right)^2+\dfrac{1}{1+\dfrac{S_{b1}}{S_{b2}}}\left(1-\dfrac{2a}{L}\right)+\dfrac{(I_p-I)\Omega^2}{ML^2\bar{\omega}^2} \end{bmatrix} + \right.$$

$$\left. j\begin{bmatrix} \dfrac{2\Omega}{\bar{\omega}}D & j\dfrac{2a}{L}\dfrac{\Omega}{\bar{\omega}}D \\[4mm] -j\dfrac{2a}{L}\dfrac{\Omega}{\bar{\omega}}D & 2\left(\dfrac{a}{L}\right)^2\dfrac{\Omega}{\bar{\omega}}D \end{bmatrix} \right\}^{-1} \begin{bmatrix} 1 & 1 \\[2mm] \dfrac{a}{L} & -\left(1-\dfrac{a}{L}\right) \end{bmatrix}\begin{bmatrix} F_{1e} \\ F_{2e} \end{bmatrix} \qquad (5\text{-}11)$$

式中

$$\bar{r}_e = \frac{r_e}{L}$$

$$\bar{\omega} = \sqrt{\frac{S_{b1}+S_{b2}}{M}}$$

$$D = \frac{d}{\bar{\omega}M}$$

$$F_{1e} = \frac{\Omega^2}{\bar{\omega}^2}\frac{\Delta m_1}{M}\frac{R_1}{L}e^{j\beta_1}$$

$$F_{2e} = \frac{\Omega^2}{\bar{\omega}^2}\frac{\Delta m_2}{M}\frac{R_2}{L}e^{j\beta_2}$$

系数矩阵行列式为

$$\Delta = g_{11}g_{22} - g_{12}g_{21} \qquad (5\text{-}12)$$

其中

$$g_{11} = 1-\frac{\Omega^2}{\bar{\omega}^2}+j2\frac{\Omega}{\bar{\omega}}D$$

$$g_{12} = -j\left(\frac{a}{L}-\frac{1}{1+\dfrac{S_{b1}}{S_{b2}}}\right)+\frac{2a}{L}\frac{\Omega}{\bar{\omega}}D$$

$$g_{21} = j\left(\frac{a}{L}-\frac{1}{1+\dfrac{S_{b1}}{S_{b2}}}\right)-\frac{2a}{L}\frac{\Omega}{\bar{\omega}}D$$

$$g_{22} = \left(\frac{a}{L}\right)^2 + \frac{1}{1+\dfrac{S_{b1}}{S_{b2}}}\left(1-\frac{2a}{L}\right) + \frac{(I_p-I)\Omega^2}{ML^2\overline{\omega}^2} + j2\left(\frac{a}{L}\right)^2\frac{\Omega}{\omega}D$$

当阻尼 $D=0$ 时，转子协调正进动的临界转速为

$$\left(1-\frac{I_p}{I}\right)\lambda^4 - \left[\frac{\left(\dfrac{a}{L}\right)^2\left(1+\dfrac{S_{b1}}{S_{b2}}\right)+\left(1-\dfrac{2a}{L}\right)}{\left(1+\dfrac{S_{b1}}{S_{b2}}\right)\dfrac{I}{ML^2}}+1-\frac{I_p}{I}\right]\lambda^2 + \frac{S_{b1}/S_{b2}}{\left(1+\dfrac{S_{b1}}{S_{b2}}\right)^2\dfrac{I}{ML^2}} = 0 \qquad (5\text{-}13)$$

式中 $\lambda = \dfrac{\Omega}{\omega}$。

由此解得

$$\lambda_{+1} = (\pm)\sqrt{\frac{1}{2}\left[\frac{\left(\dfrac{a}{L}\right)^2\left(1+\dfrac{S_{b1}}{S_{b2}}\right)+\left(1-\dfrac{2a}{L}\right)}{\left(1-\dfrac{I_p}{I}\right)\left(1+\dfrac{S_{b1}}{S_{b2}}\right)\dfrac{I}{ML^2}}+1\pm\sqrt{\left[\frac{\left(\dfrac{a}{L}\right)^2\left(1+\dfrac{S_{b1}}{S_{b2}}\right)+\left(1-\dfrac{2a}{L}\right)}{\left(1-\dfrac{I_p}{I}\right)\left(1+\dfrac{S_{b1}}{S_{b2}}\right)\dfrac{I}{ML^2}}+1\right]^2-\frac{4S_{b1}/S_{b2}}{\left(1-\dfrac{I_p}{I}\right)\left(1+\dfrac{S_{b1}}{S_{b2}}\right)^2\dfrac{I}{ML^2}}}\right]}$$

$$(5\text{-}14)$$

当有阻尼时，系数矩阵的行列式为

$$\Delta = \begin{vmatrix} 1-\dfrac{\Omega^2}{\overline{\omega}^2}+j\dfrac{2\Omega}{\omega}D & j\left(\dfrac{a}{L}-\dfrac{1}{1+\dfrac{S_{b1}}{S_{b2}}}\right)-\dfrac{2a}{L}\dfrac{\Omega}{\omega}D \\[4mm] -j\left(\dfrac{a}{L}-\dfrac{1}{1+\dfrac{S_{b1}}{S_{b2}}}\right)+\dfrac{2a}{L}\dfrac{\Omega}{\omega}D & \left(\dfrac{a}{L}\right)^2+\dfrac{1}{1+\dfrac{S_{b1}}{S_{b2}}}\left(1-\dfrac{2a}{L}\right)+\dfrac{(I_p-I)\Omega^2}{ML^2\overline{\omega}^2}+j2\left(\dfrac{a}{L}\right)^2\dfrac{\Omega}{\omega}D \end{vmatrix}$$

$$= \left(\left(\frac{a}{L}\right)^2+\frac{1}{1+\dfrac{S_{b1}}{S_{b2}}}\left(1-\frac{2a}{L}\right)+\frac{(I_p-I)\Omega^2}{ML^2\overline{\omega}^2}\right)\left(1-\frac{\Omega^2}{\overline{\omega}^2}\right)-\left(\frac{a}{L}-\frac{1}{1+\dfrac{S_{b1}}{S_{b2}}}\right)^2+$$

$$2jD\frac{\Omega}{\omega}\left\{\frac{1}{1+\dfrac{S_{b1}}{S_{b2}}}-\left(\frac{\Omega}{\omega}\right)^2\left[\left(\frac{a}{L}\right)^2+\frac{I\left(1-\dfrac{I_p}{I}\right)}{ML^2}\right]\right\} \qquad (5\text{-}15)$$

在协调正进动的临界转速处，有

$$\left[\left(\frac{a}{L}\right)^2+\frac{1}{1+\dfrac{S_{b1}}{S_{b2}}}\left(1-\frac{2a}{L}\right)+\frac{(I_p-I)\Omega^2}{ML^2\overline{\omega}^2}\right]\left(1-\frac{\Omega^2}{\overline{\omega}^2}\right)-\left(\frac{a}{L}-\frac{1}{1+\dfrac{S_{b1}}{S_{b2}}}\right)^2 = 0 \qquad (5\text{-}16)$$

故在临界转速处，系数行列式仅存在虚部，即

$$
\begin{vmatrix}
1-\dfrac{\Omega^2}{\omega^2}+\mathrm{j}\dfrac{2\Omega}{\omega}D & \mathrm{j}\left(\dfrac{a}{L}-\dfrac{1}{1+\dfrac{S_{b1}}{S_{b2}}}\right)-\dfrac{2a}{L}\dfrac{\Omega}{\omega}D \\[6mm]
-\mathrm{j}\left(\dfrac{a}{L}-\dfrac{1}{1+\dfrac{S_{b1}}{S_{b2}}}\right)-\dfrac{2a}{L}\dfrac{\Omega}{\omega}D & \left(\dfrac{a}{L}\right)^2+\dfrac{1}{1+\dfrac{S_{b1}}{S_{b2}}}\left(1-\dfrac{2a}{L}\right)+\dfrac{(I_p-I)\Omega^2}{ML^2\omega^2}+\mathrm{j}2\left(\dfrac{a}{L}\right)^2\dfrac{\Omega}{\omega}D
\end{vmatrix}
$$

$$
=2\mathrm{j}D\dfrac{\Omega}{\omega}\left\{\dfrac{1}{1+\dfrac{S_{b1}}{S_{b2}}}-\dfrac{\Omega^2}{\omega^2}\left[\dfrac{a^2}{L}+\dfrac{I\left(1-\dfrac{I_p}{I}\right)}{ML^2}\right]\right\}
\tag{5-17}
$$

显然，增大阻尼比 D 值，会减小振动峰值。但如式（5-17）所示，减振效果还与转子模态或转子参数有关。当阻尼比 D 一定时，要使转子在临界转速处振动峰值最小，须使行列式的模最大，即

$$
\left|\dfrac{\Omega}{\omega}\left\{\dfrac{1}{1+\dfrac{S_{b1}}{S_{b2}}}-\dfrac{\Omega^2}{\omega^2}\left[\dfrac{a^2}{L}+\dfrac{I\left(1-\dfrac{I_p}{I}\right)}{ML^2}\right]\right\}\right|
$$

最大。

对于高压转子，一般情况下，$I>I_p$，且相差不会太大。$\dfrac{a}{L}\leqslant\dfrac{1}{2}$。当在一阶临界转速运行时，即 $\Omega=\omega_1$ 时，选 $S_{b2}>S_{b1}$，则

$$
\left|\dfrac{\Omega}{\omega}\left\{\dfrac{1}{1+\dfrac{S_{b1}}{S_{b2}}}-\dfrac{\Omega^2}{\omega^2}\left[\dfrac{a^2}{L}+\dfrac{I\left(1-\dfrac{I_p}{I}\right)}{ML^2}\right]\right\}\right|
$$

趋于最大。这样的设计是合理的，也很容易理解。前支点刚度小，一阶振型下，前支点位移较大，阻尼器能发挥更大的阻尼作用。事实上，在发动机设计中，也遵循着这一规律。此外，增大阻尼比 D，振动峰值减小。

但在二阶临界转速运行时，即当 $\Omega=\omega_2$ 时，情况却相反。二阶模态为纯俯仰振动，节点靠近前支点，前支点位移小于后支点，且前支点刚度 S_{b1} 越小，节

点越靠近前支点，前支点的位移越小，阻尼器的阻尼作用就越小。

可以选择以下三种设计方案：

1）主要抑制转子通过一阶临界转速时的振动峰值。此时应选择 $S_{b2} > S_{b1}$，

例如，$\dfrac{S_{b1}}{S_{b2}} = [0.1, 0.5]$。

2）主要抑制转子通过二阶临界转速时的振动峰值。此时应选择 $S_{b2} \leqslant S_{b1}$，

例如，$\dfrac{S_{b1}}{S_{b2}} = [1, 2]$。

3）既要抑制一阶临界峰值，又要抑制二阶临界峰值，则须折中选择前、后

支点的刚度比，例如，$\dfrac{S_{b1}}{S_{b2}} = [0.5, 1]$。

无论何种方案，增加阻尼比 D 值，总会使前两阶临界峰值均减小。

一般情况下，转子的一阶临界转速 ω_1 处于低转速以下，而二阶临界转速 ω_2 处于发动机主要工作转速范围之内，例如，ω_2 可能在最大转速的 65%~75% 范围内。此时，应以抑制二阶临界峰值为主要设计目标。

5.1.3 基于有限元法的转子系统振动校核

有限元法是目前结构动力学软件应用最普遍的方法。应用有限元法分析时，转子由离散的刚性盘、具有分布质量和弹性的轴以及离散的具有刚度和阻尼的轴承组成，其运动方程由这些元素的运动方程根据一定规则组合而成。

1. 坐标系

建立 $OXYZ$ 坐标系，该坐标系为固定坐标系，$Oxyz$ 为旋转坐标系。其中 x 轴与 X 轴重合，为轴承中心的连线。$Oxyz$ 坐标系为 $OXYZ$ 坐标系绕着 x 轴旋转 ωt 角度得到，其中 ω 为转子的进动角速度。

在变形状态下，任意横截面相对于固定坐标系 $OXYZ$ 的位置用 V、W、B、Γ 表示，V 表示 Y 方向的位移，W 表示 Z 方向的位移，B 表示绕 Y 轴的转角，Γ 表示绕 Z 轴的转角。横截面绕其自身中心线以 Ω 的转速自转。

固定坐标系为 $OXYZ$，首先坐标系绕 Z 轴旋转 Γ，得到 $Ox''y''z''$ 坐标系，然后 $Ox''y''z''$ 坐标系绕 y'' 轴旋转 B'，得到 $Ox'y'z'$ 坐标系，最后 $Ox'y'z'$ 坐标系绕 x' 轴旋转 Φ，得到 $Oxyz$ 坐标系。经过这三个步骤后，该截面绕旋转坐标系三个主轴的角速度分别为

$$\begin{cases} \omega_x = -\dot{\Gamma}\sin B' + \dot{\Phi} \\ \omega_y = \dot{\Gamma}\cos B'\sin\Phi + \dot{B}'\cos\Phi \\ \omega_z = \dot{\Gamma}\cos B'\cos\Phi - \dot{B}'\sin\Phi \end{cases} \tag{5-18}$$

由于轴上点的摆动量很小，近似认为 B' 与 B 同轴，即 $B'=B$，$\dot{B}'=\dot{B}$，从而固定坐标系向旋转坐标系的转化关系为

$$\begin{bmatrix} \omega_x \\ \omega_y \\ \omega_z \end{bmatrix} = \begin{bmatrix} -\sin B & 1 & 0 \\ \cos B\sin\Phi & 0 & \cos\Phi \\ \cos B\cos\Phi & 0 & -\sin\Phi \end{bmatrix} \begin{bmatrix} \dot{\Gamma} \\ \dot{\Phi} \\ \dot{B} \end{bmatrix} \tag{5-19}$$

2. 各元素的运动方程

如上所述，将转子分为离散的刚性盘、具有分布质量和弹性的轴以及离散的具有刚度和阻尼的轴承，现在介绍这些元素的运动方程。

（1）盘元素运动方程　刚性盘的动能为

$$T^d = \frac{1}{2}\begin{bmatrix} \dot{V} \\ \dot{W} \end{bmatrix}^T \begin{bmatrix} m_d & 0 \\ 0 & m_d \end{bmatrix}\begin{bmatrix} \dot{V} \\ \dot{W} \end{bmatrix} + \frac{1}{2}\begin{bmatrix} \omega_x \\ \omega_y \\ \omega_z \end{bmatrix}^T \begin{bmatrix} I_p & 0 & 0 \\ 0 & I_d & 0 \\ 0 & 0 & I_d \end{bmatrix}\begin{bmatrix} \omega_x \\ \omega_y \\ \omega_z \end{bmatrix} \tag{5-20}$$

式中　m_d——盘的质量；

$\quad\quad I_d$——盘的直径转动惯量；

$\quad\quad I_p$——盘的极转动惯量。

将式（5-19）代入式（5-20），化简并略去二次方以上的项，得

$$T^d = \frac{1}{2}\begin{bmatrix} \dot{V} \\ \dot{W} \end{bmatrix}^T \begin{bmatrix} m_d & 0 \\ 0 & m_d \end{bmatrix}\begin{bmatrix} \dot{V} \\ \dot{W} \end{bmatrix} + \frac{1}{2}\begin{bmatrix} \dot{B} \\ \dot{\Gamma} \end{bmatrix}^T \begin{bmatrix} I_d & o \\ o & I_d \end{bmatrix}\begin{bmatrix} \dot{B} \\ \dot{\Gamma} \end{bmatrix} - \dot{\Phi}\dot{\Gamma}BI_p + \frac{1}{2}I_p\dot{\Phi}^2 \tag{5-21}$$

利用拉格朗日方程

$$\frac{d}{dt}\left(\frac{\partial T^d}{\partial \dot{q}}\right) - \frac{\partial T^d}{\partial q} = Q \tag{5-22}$$

得到刚性盘在固定坐标系中的运动方程为

$$(M_T^d + M_R^d)\ddot{q}^d - \Omega G^d \dot{q}^d = Q^d \tag{5-23}$$

式中　M——质量矩阵及惯性矩阵；

$\quad\quad q$——广义位移矢量；$q = \begin{bmatrix} V & W & B & \Gamma \end{bmatrix}^T$；

$\quad\quad \Omega$——转子自转角速度；

$\quad\quad G$——陀螺效应矩阵；

$\quad\quad Q$——外力；

d——上标，表示盘元素。

$$\boldsymbol{M}_T^{\mathrm{d}} = \begin{bmatrix} m_{\mathrm{d}} & 0 & 0 & 0 \\ 0 & m_{\mathrm{d}} & 0 & 0 \\ 0 & 0 & 0 & 0 \\ 0 & 0 & 0 & 0 \end{bmatrix}, \boldsymbol{M}_R^{\mathrm{d}} = \begin{bmatrix} 0 & 0 & 0 & 0 \\ 0 & 0 & 0 & 0 \\ 0 & 0 & I_{\mathrm{d}} & 0 \\ 0 & 0 & 0 & I_{\mathrm{d}} \end{bmatrix}, \boldsymbol{G}^{\mathrm{d}} = \begin{bmatrix} 0 & 0 & 0 & 0 \\ 0 & 0 & 0 & 0 \\ 0 & 0 & 0 & -I_p \\ 0 & 0 & I_p & 0 \end{bmatrix}$$

如果盘的重心在旋转坐标系上的偏心距坐标为 $(\eta_{\mathrm{d}}, \zeta_{\mathrm{d}})$，则固定坐标系中的不平衡力为

$$\boldsymbol{Q}^{\mathrm{d}} = m_{\mathrm{d}}\varOmega^2 \begin{bmatrix} \eta_{\mathrm{d}} \\ \zeta_{\mathrm{d}} \\ 0 \\ 0 \end{bmatrix} \cos\varOmega t + m_{\mathrm{d}}\varOmega^2 \begin{bmatrix} -\zeta_{\mathrm{d}} \\ \eta_{\mathrm{d}} \\ 0 \\ 0 \end{bmatrix} \sin\varOmega t \tag{5-24}$$

（2）普通轴元素运动方程 在有限元法中，设定轴元素为 Timoshenko 梁，每个元素具有前后两个节点，每个节点有两个方向的位移和两个方向的转角共 4 个自由度，所以每个元素有 8 个自由度。这 8 个自由度组成的广义坐标（位移和转角）为

$$\boldsymbol{q}^{\mathrm{e}} = \begin{bmatrix} q_1 & q_2 & q_3 & q_4 & q_5 & q_6 & q_7 & q_8 \end{bmatrix}^{\mathrm{T}} \tag{5-25}$$

式中　q_1、q_5——轴元素两端在 Y 方向的位移；

　　　　q_2、q_6——轴元素两端在 Z 方向的位移；

　　　　q_3、q_7——轴元素两端绕 Y 轴的转角；

　　　　q_4、q_8——轴元素两端绕 Z 轴的转角。

有限元法求解轴元素的思路是用这 8 个自由度的广义坐标的函数表示轴上任意一个微元段的 4 自由度广义坐标，然后求每一个微元段的动能以及势能。将动能和势能沿轴向全长积分，并运用拉格朗日方程，即可得到运动方程。

位移 (V, W) 与转角 $(B, \varGamma)$ 的关系可近似用以下方程表示：

$$\left. \begin{aligned} B &= -\frac{\partial W}{\partial s} \\ \varGamma &= \frac{\partial V}{\partial s} \end{aligned} \right\} \tag{5-26}$$

轴元素内任意一点的位移 (V, W) 可用断点的 8 个广义坐标表示，即

$$\begin{bmatrix} V(s,t) \\ W(s,t) \end{bmatrix} = \boldsymbol{\varPsi}(s)\boldsymbol{q}^{\mathrm{e}}(t) \tag{5-27}$$

式中，形函数矩阵为

$$\boldsymbol{\Psi}=\begin{bmatrix} \boldsymbol{\Psi}_V \\ \boldsymbol{\Psi}_W \end{bmatrix}=\begin{bmatrix} \boldsymbol{\Psi}_1 & 0 & 0 & \boldsymbol{\Psi}_2 & \boldsymbol{\Psi}_3 & 0 & 0 & \boldsymbol{\Psi}_4 \\ 0 & \boldsymbol{\Psi}_1 & -\boldsymbol{\Psi}_2 & 0 & 0 & \boldsymbol{\Psi}_3 & -\boldsymbol{\Psi}_4 & 0 \end{bmatrix} \tag{5-28}$$

微元段的弹性弯曲变形能 $\mathrm{d}\boldsymbol{P}_B^e$ 和动能 $\mathrm{d}\boldsymbol{T}^e$ 分别为

$$\begin{cases} \mathrm{d}\boldsymbol{P}_B^e = \dfrac{1}{2}\begin{bmatrix} \boldsymbol{\Theta}_B' \\ \boldsymbol{\Theta}_\Gamma' \end{bmatrix}^T \begin{bmatrix} EI & 0 \\ 0 & EI \end{bmatrix}\begin{bmatrix} \boldsymbol{\Theta}_B' \\ \boldsymbol{\Theta}_\Gamma' \end{bmatrix}\mathrm{d}s + \dfrac{1}{2}\begin{bmatrix} \boldsymbol{\Theta}_\Gamma & -\boldsymbol{\Psi}_V' \\ -\boldsymbol{\Theta}_B & -\boldsymbol{\Psi}_W' \end{bmatrix}^T \begin{bmatrix} GA_s & 0 \\ 0 & GA_s \end{bmatrix}\begin{bmatrix} \boldsymbol{\Theta}_\Gamma & -\boldsymbol{\Psi}_V \\ -\boldsymbol{\Theta}_B & -\boldsymbol{\Psi}_W \end{bmatrix}\mathrm{d}s \\ \\ \mathrm{d}\boldsymbol{T}^e = \dfrac{1}{2}\begin{bmatrix} \dot{V} \\ \dot{W} \end{bmatrix}^T \begin{bmatrix} \rho_l & 0 \\ 0 & \rho_l \end{bmatrix}\begin{bmatrix} \dot{V} \\ \dot{W} \end{bmatrix}\mathrm{d}s + \dfrac{1}{2}\begin{bmatrix} \dot{B} \\ \dot{\Gamma} \end{bmatrix}^T \begin{bmatrix} I_d & 0 \\ 0 & I_d \end{bmatrix}\begin{bmatrix} \dot{B} \\ \dot{\Gamma} \end{bmatrix}\mathrm{d}s + \dfrac{1}{2}\dot{\Phi}^2 I_p \mathrm{d}s - \dot{\Phi}\dot{\Gamma}BI_p\mathrm{d}s \end{cases} \tag{5-29}$$

式中　$\boldsymbol{\Theta}_\Gamma-\psi_V'$——$OXY$ 平面的剪切变形；

$\quad\quad -\boldsymbol{\Theta}_B-\boldsymbol{\Psi}_W'$——$OXZ$ 平面的剪切变形；

$\quad\quad \rho_l$——单位长度的质量；

$\quad\quad I_d$——单位长度的直径转动惯量；

$\quad\quad I_p$——单位长度的极转动惯量；

$\quad\quad \Phi$——转角，$\dot{\Phi}=\Omega$，Ω 为转子自转转速。

将式（5-25）~式（5-28）代入式（5-29），并沿元素全长积分得

$$\begin{cases} \boldsymbol{P}_B^e = \dfrac{1}{2}[\boldsymbol{q}^e]^T \boldsymbol{K}_B^e \boldsymbol{q}^e \\ \\ \boldsymbol{T}^e = \dfrac{1}{2}[\dot{\boldsymbol{q}}^e]^T (\boldsymbol{M}_T^e + \boldsymbol{M}_R^e)\dot{\boldsymbol{q}}^e + \dfrac{1}{2}\dot{\Phi}^2 I_p - \dot{\Phi}[\dot{\boldsymbol{q}}^e]^T \boldsymbol{N}^e \boldsymbol{q}^e \end{cases} \tag{5-30}$$

式中各表达式为

$$\begin{cases} \boldsymbol{K}_B^e = \displaystyle\int_0^l EI[\boldsymbol{\Theta}']^T \boldsymbol{\Theta}'\mathrm{d}s + \int_0^l GA_s\{[\boldsymbol{\Theta}_\Gamma - \boldsymbol{\Psi}_V]^T[\boldsymbol{\Theta}_\Gamma - \boldsymbol{\Psi}_V] + [-\boldsymbol{\Theta}_B - \boldsymbol{\Psi}_W]^T[-\boldsymbol{\Theta}_B - \boldsymbol{\Psi}_W]\}\mathrm{d}s \\ \\ \boldsymbol{M}_T^e = \displaystyle\int_0^l \rho_l[\boldsymbol{\Psi}]^T \boldsymbol{\Psi}\mathrm{d}s \\ \\ \boldsymbol{M}_R^e = \displaystyle\int_0^l I_d[\boldsymbol{\Theta}]^T \boldsymbol{\Theta}\mathrm{d}s \\ \\ \boldsymbol{N}^e = \displaystyle\int_0^l I_p[\boldsymbol{\Theta}_\Gamma]^T \boldsymbol{\Theta}_B\mathrm{d}s \end{cases} \tag{5-31}$$

利用拉格朗日方程

$$\frac{\mathrm{d}}{\mathrm{d}t}\left(\frac{\partial \boldsymbol{T}^e}{\partial \dot{\boldsymbol{q}}}\right) - \frac{\partial \boldsymbol{T}^e}{\partial \boldsymbol{q}} + \frac{\partial \boldsymbol{P}^e}{\partial \boldsymbol{q}} = \boldsymbol{Q} \tag{5-32}$$

得到轴元素在固定坐标系中的运动方程如下：

$$(\boldsymbol{M}_T^e + \boldsymbol{M}_R^e)\ddot{\boldsymbol{q}}^e - \Omega \boldsymbol{G}^e \dot{\boldsymbol{q}}^e + \boldsymbol{K}_B^e \boldsymbol{q}^e = \boldsymbol{Q}^e \tag{5-33}$$

式中，$\boldsymbol{G}^e = \boldsymbol{N}^e - [\boldsymbol{N}^e]^T$；$\boldsymbol{K}^e$ 为刚度矩阵；$\boldsymbol{Q}^e$ 表示轴单元上的外力；上标 e 为轴元素。

等截面轴单元各系数矩阵的表达式分别如下：

1）质量矩阵为

$$
\boldsymbol{M}_T^e = \frac{\rho_l l}{(1+\varphi_s)^2}
\begin{bmatrix}
M_{T1} & & & & & & & \\
0 & M_{T1} & & & & & & \\
0 & -M_{T4} & M_{T2} & & \text{对称} & & & \\
M_{T4} & 0 & 0 & M_{T2} & & & & \\
M_{T3} & 0 & 0 & M_{T5} & M_{T1} & & & \\
0 & M_{T3} & -M_{T5} & 0 & 0 & M_{T1} & & \\
0 & M_{T5} & M_{T6} & 0 & 0 & M_{T4} & M_{T2} & \\
-M_{T5} & 0 & 0 & M_{T6} & -M_{T4} & 0 & 0 & M_{T2}
\end{bmatrix}
\tag{5-34}
$$

式中

$$
\begin{cases}
M_{T1} = \dfrac{13}{35} + \dfrac{7}{10}\varphi_s + \dfrac{1}{3}\varphi_s^2 \\[2mm]
M_{T2} = \left(\dfrac{1}{105} + \dfrac{1}{60}\varphi_s + \dfrac{1}{120}\varphi_s^2\right) l^2 \\[2mm]
M_{T3} = \dfrac{9}{10} + \dfrac{3}{10}\varphi_s + \dfrac{1}{6}\varphi_s^2 \\[2mm]
M_{T4} = \left(\dfrac{11}{210} + \dfrac{11}{120}\varphi_s + \dfrac{1}{24}\varphi_s^2\right) l \\[2mm]
M_{T5} = \left(\dfrac{13}{420} + \dfrac{3}{40}\varphi_s + \dfrac{1}{24}\varphi_s^2\right) l \\[2mm]
M_{T6} = \left(\dfrac{1}{140} + \dfrac{1}{60}\varphi_s + \dfrac{1}{120}\varphi_s^2\right) l^2
\end{cases}
$$

$$
\boldsymbol{M}_R^e = \frac{\rho_l I}{l(1+\varphi_s)^2 A}
\begin{bmatrix}
M_{R1} & & & & & & & \\
0 & M_{R1} & & & & & & \\
0 & -M_{R4} & M_{R2} & & \text{对称} & & & \\
M_{R4} & 0 & 0 & M_{R2} & & & & \\
-M_{R1} & 0 & 0 & -M_{R4} & M_{R1} & & & \\
0 & -M_{R1} & M_{R4} & 0 & 0 & M_{R1} & & \\
0 & -M_{R4} & M_{R3} & 0 & 0 & M_{R4} & -M_{R2} & \\
M_{R4} & 0 & 0 & M_{R3} & -M_{R4} & 0 & 0 & M_{R2}
\end{bmatrix}
\tag{5-35}
$$

式中

$$\begin{cases} M_{R1} = \dfrac{6}{5} \\[2mm] M_{R2} = \left(\dfrac{2}{15} + \dfrac{1}{6}\varphi_s + \dfrac{1}{3}\varphi_s^2 \right) l^2 \\[2mm] M_{R3} = \left(-\dfrac{1}{30} - \dfrac{1}{6}\varphi_s + \dfrac{1}{6}\varphi_s^2 \right) l^2 \\[2mm] M_{R4} = \left(\dfrac{1}{10} - \dfrac{1}{2}\varphi_s \right) l \end{cases}$$

2）陀螺效应矩阵为

$$\boldsymbol{G}^e = \frac{\rho_l I}{15l(1+\varphi_s)^2 A} \begin{bmatrix} 0 & & & & & & & \\ G_1 & 0 & & & & & & \\ -G_2 & 0 & 0 & & & \text{反对称} & & \\ 0 & -G_2 & G_4 & 0 & & & & \\ 0 & G_1 & -G_2 & 0 & 0 & & & \\ -G_1 & 0 & 0 & -G_2 & G_1 & 0 & & \\ -G_2 & 0 & 0 & G_3 & G_2 & 0 & 0 & \\ 0 & -G_2 & -G_3 & 0 & 0 & G_2 & G_4 & 0 \end{bmatrix} \tag{5-36}$$

式中

$$\begin{cases} G_1 = 36 \\ G_2 = 3l - 15l\varphi_s \\ G_3 = l^2 + 5l^2\varphi_s - 5l^2\varphi_s^2 \\ G_4 = 4l^2 + 5l^2\varphi_s + 10l^2\varphi_s^2 \end{cases}$$

$$\boldsymbol{N}^e = \frac{\rho_l I}{15l(1+\varphi_s)^2 A} \begin{bmatrix} 0 & -N_1 & N_2 & 0 & 0 & N_1 & N_2 & 0 \\ 0 & 0 & 0 & 0 & 0 & 0 & 0 & 0 \\ 0 & 0 & 0 & 0 & 0 & 0 & 0 & 0 \\ 0 & -N_2 & N_4 & 0 & 0 & N_2 & -N_3 & 0 \\ 0 & N_1 & -N_2 & 0 & 0 & -N_1 & -N_2 & 0 \\ 0 & 0 & 0 & 0 & 0 & 0 & 0 & 0 \\ 0 & 0 & 0 & 0 & 0 & 0 & 0 & 0 \\ 0 & -N_2 & -N_3 & 0 & 0 & N_2 & N_4 & 0 \end{bmatrix} \tag{5-37}$$

174

式中

$$\begin{cases} N_1 = 36 \\ N_2 = 3l - 15l\varphi_s \\ N_3 = l^2 + 5l^2\varphi_s - 5l^2\varphi_s^2 \\ N_4 = 4l^2 + 5l^2\varphi_s + 10l^2\varphi_s^2 \end{cases}$$

3）刚度矩阵为

$$\boldsymbol{K}_B^e = \frac{EI}{l^3(1+\varphi_s)} \begin{bmatrix} K_{B1} & & & & & & & \\ 0 & K_{B1} & & & & & & \\ 0 & -K_{B4} & K_{B2} & & \text{对称} & & & \\ K_{B4} & 0 & 0 & K_{B2} & & & & \\ -K_{B1} & 0 & 0 & -K_{B4} & K_{B1} & & & \\ 0 & -K_{B1} & K_{B4} & 0 & 0 & K_{B1} & & \\ 0 & -K_{B4} & K_{B3} & 0 & 0 & K_{B4} & K_{B2} & \\ K_{B4} & 0 & 0 & K_{B3} & -K_{B4} & 0 & 0 & K_{B2} \end{bmatrix} \tag{5-38}$$

式中

$$\begin{cases} K_{B1} = 12 \\ K_{B2} = (4+\varphi_s)l^2 \\ K_{B3} = (2-\varphi_s)l^2 \\ K_{B4} = 6l \end{cases}$$

（3）普通轴承运动方程　考虑线性刚度和阻尼时，轴承的运动方程为

$$-\boldsymbol{C}^b \dot{\boldsymbol{q}}^b - \boldsymbol{K}^b \boldsymbol{q}^b = \boldsymbol{Q}^{b\_ex} \tag{5-39}$$

式中　$\boldsymbol{C}^b$——轴承阻尼矩阵；

$\boldsymbol{K}^b$——轴承刚度矩阵；

$\boldsymbol{Q}^{b\_ex}$——轴承处外力；

b——上标，表示普遍轴承元素。

$$\boldsymbol{q}^b = \begin{bmatrix} V & W & B & \Gamma \end{bmatrix}^T = \begin{bmatrix} c_{VV}^b & c_{VW}^b & 0 & 0 \\ c_{WV}^b & c_{WW}^b & 0 & 0 \\ 0 & 0 & 0 & 0 \\ 0 & 0 & 0 & 0 \end{bmatrix}, \boldsymbol{K}^b = \begin{bmatrix} k_{VV}^b & k_{VW}^b & 0 & 0 \\ k_{WV}^b & k_{WW}^b & 0 & 0 \\ 0 & 0 & 0 & 0 \\ 0 & 0 & 0 & 0 \end{bmatrix}$$

以上矩阵表示成4阶方阵是为了方便组成转子系统矩阵。

3. 运动方程求解

根据双转子系统运动方程，可以求解出系统的临界转速、振型、稳定性以及不平衡响应。

（1）临界转速、振型和稳定性分析　在双转子系统中，高压转子、低压转子均存在不平衡激振力。两转子转速不同，因而高、低压转子不平衡力激振频率不相等。两转子的不平衡力都能激起转子系统的共振，共振时的转速都是转子系统的临界转速。通过中介轴承以及支承将载荷由一个转子传递给另一个转子。低压转子的不平衡响应由低压转子不平衡量引起，高压转子的不平衡响应由高压转子不平衡量引起，其运动形式有所不同。当低压转子不平衡力为主激励时，低压转子以正同步进动，即自转与公转同步，并强迫高压转子做此公转运动。而高压转子因自转转速不一样，因此高压转子做非同步正进动。如果高压转子与低压转子旋转方向相反，则做非同步反进动。反之，高压转子不平衡量为主激励激起的运动是，高压转子做正同步进动，低压转子做非同步正进动（或非同步反进动）。发动机上测得的响应是此两种不平衡响应的叠加。

因此，双转子系统的临界转速按照主激振力不同分为两种：一种由低压转子不平衡力所激起，称为低压转子激振下的临界转速（Low Pressure Rotor Excitation，LRE）。这时，低压转速为公转（进动）转速；另一种由高压转子不平衡力激起，称为高压转子激振下的临界转速（High Pressure Rotor Excitation，HRE）。这时，高压转速为公转（进动）转速。因而计算临界转速时，需要先设定作为主激励的转速，然后根据高压转子/低压转子转速关系，确定另一个转速。

通过求解系统运动微分方程式的齐次解，得到在一定的主激励转速下，低压转子和高压转子自转转速分别为 Ω_1 和 Ω_2 时的进动频率（涡动频率）及其模态振型。可以将广义位移矢量设为 $\boldsymbol{q}^s = \boldsymbol{q}\mathrm{e}^{\mathrm{j}\omega t}$，将方程变为实特征值问题，通过一维搜索的方法求出进动频率。但是求解 $4n \times 4n$ 阶矩阵的行列式费时较长。推荐使用状态矢量的方法，将方程转化为 $8n \times 8n$ 阶矩阵的特征值问题。

用一个新的状态矢量 $\boldsymbol{h}$ 代替方程中的 $\boldsymbol{q}^s$，$\boldsymbol{h} = \begin{bmatrix} \dot{\boldsymbol{q}}^s & \dot{\boldsymbol{q}}^s \end{bmatrix}^{\mathrm{T}}$，$\boldsymbol{h}$ 为 $8n \times 1$ 阶矢量，这时方程的齐次式变为

$$\begin{bmatrix} 0 & \boldsymbol{M} \\ \boldsymbol{M} & \boldsymbol{C} - \Omega_{\mathrm{L}}\boldsymbol{G}_{\mathrm{L}} - \Omega_{\mathrm{h}}\boldsymbol{G}_{\mathrm{h}} \end{bmatrix}\dot{\boldsymbol{h}} + \begin{bmatrix} -\boldsymbol{M} & 0 \\ 0 & \boldsymbol{K} \end{bmatrix}\boldsymbol{h} = \begin{bmatrix} 0 \\ 0 \end{bmatrix} \tag{5-40}$$

设 $h=h_0 e^{\lambda t}$，则方程（5-40）变为如下特征方程：

$$\begin{bmatrix} -M^{-1}(C-\Omega_1 G_1 - \Omega_2 G_2) & -M^{-1}K \\ I & 0 \end{bmatrix} h = \lambda h \qquad (5\text{-}41)$$

式中，I 为 $4n \times 4n$ 阶单位矩阵；0 为 $4n \times 4n$ 阶零矩阵。

方程（5-41）中，将 $C-\Omega_1 G_1 - \Omega_2 G_2$ 用 $C-\Omega G$ 替换，就是单转子的特征方程。

在一定的主激励转速下，解方程（5-41）得到左边矩阵的复特征值 $\lambda = \alpha + j\Omega_r$，则无阻尼进动频率 ω_r 和该模态下的阻尼比 ξ 为

$$\begin{cases} \omega_r = \sqrt{\alpha^2 + \Omega_r^2} \\ \xi = \dfrac{-\alpha}{\sqrt{\alpha^2 + \Omega_r^2}} \end{cases} \qquad (5\text{-}42)$$

$$\begin{bmatrix} 0 & M \\ M & C-\Omega_1 G_1 - \Omega_2 G_2 \end{bmatrix} \dot{h} + \begin{bmatrix} -M & 0 \\ 0 & K \end{bmatrix} h = \begin{bmatrix} 0 \\ 0 \end{bmatrix}$$

特征值 λ 的实部 α 为衰减指数，虚部 Ω_r 为带阻尼转子的进动频率。

$\alpha<0$ 时，运动是衰减的，因而系统稳定；$\alpha>0$ 时，运动是发散的，因而系统不稳定；$\alpha=0$ 时，为稳定和不稳定的临界状态。

根据转子自转转速与公转（进动）转速的方向，可以将转子进动分为正进动和反进动，用有限元法计算出进动频率后，需要根据对应的振型，即以上特征值问题的特征矢量来判断转子的进动形式。假设一个进动频率对应的特征矢量在某一截面 V 和 W 方向的分量分别为 $V=V_r+jV_i$，$W=W_r+jW_i$，则有：当 $V_i W_r - V_r W_i > 0$ 时，转子做正进动；当 $V_i W_r - V_r W_i < 0$ 时，转子做反进动。

求解转子模态和不平衡响应的流程如图 5-5 所示。

求解各自转角速度下的进动频率时，取主激励转速（进动转速）和转速比，计算方程（5-41）左边矩阵的特征值，就是该自转角速度下的进动频率。一个自转角速度下有 $8n$ 个特征值，即 $8n$ 个进动频率，连接各自转角速度下相同阶进动频率，得到双转子坎贝尔图。其横坐标为主激励自转转速 Ω，纵坐标为计算出的各阶进动频率 Ω_r。由不平衡力激起共振时，其特点是激振力的频率等于自转角速度，在坎贝尔图上作出 $\Omega_r = \Omega$，即斜率为 1 的直线，该直线与各进动频率线的交点即为各阶临界转速。它们对应的模态振型就是临界转速下的振型。

根据斜率为 1 的直线的特点，坎贝尔图上交点左边的点纵坐标比横坐标大，右边的点横坐标比纵坐标大，对于每一条进动频率曲线，利用一个循环找出这

两个点，设其坐标分别为 (x_1,y_1) 和 (x_2,y_2)，则用线性插值法得到该曲线上的交点的坐标为

$$(x,y)=\left(\frac{x_1y_2-x_2y_1}{x_1-x_2-y_1+y_2},\frac{x_1y_2-x_2y_1}{x_1-x_2-y_1+y_2}\right)\qquad(5\text{-}43)$$

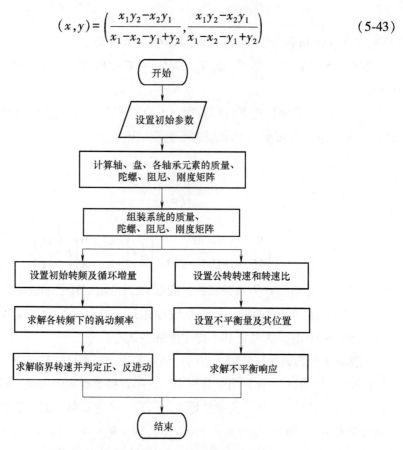

图 5-5　求解转子模态和不平衡响应的流程

　　求解出的交点横坐标或者纵坐标即为临界转速。将临界转速代入方程（5-41），求解特征值和特征矢量，寻找与该临界转速相等的特征值，其对应的特征矢量即为振型。利用振型数据，可以判断该阶临界转速是正进动还是反进动。实际计算中，由于数值计算带来的误差，很难找到与临界转速完全相等的特征值。这时，可以通过寻找与该临界转速误差最小的特征值来解决。

　　双转子系统中的两个转子是以各自的转速旋转的，而转速又是变化的。由于高压转子和低压转子的转速关系经常不能用简单的表达式表示，在求解频率方程时将遇到困难。这种情况下，可采用下述的计算方法。

　　在求解临界转速时，先给定低压转子的转速，计算得到高压转子同步正进

动的各阶临界转速；改变低压转子的转速，又可得到一组高压转子不平衡激起
的各阶临界转速。依此方法，求得在低压转子若干不同的转速下，高压转子不
平衡激起的临界转速。将各同阶临界转速点连成曲线，得到该双转子系统由高
压转子不平衡激起的临界转速，随低压转子转速的变化曲线，即 HRE 曲线。依
照相同的方法，求得该双转子系统低压转子不平衡激起的临界转速，随高压转
子转速的变化曲线，即 LRE 曲线。在这个图谱中，绘出两个转子的工作转速变
化关系曲线，曲线与临界转速图谱中各线的交点便是实际的各阶临界转速。

（2）不平衡响应求解　不平衡响应的求解与临界转速和振型的求解不同的
是，前者是求解二阶非齐次方程组，后者是求解二阶齐次方程组。不平衡响应
也应该根据高压转子不平衡激励和低压转子不平衡激励分别予以计算。各自计
算时，需要给定主激励转速以及高压转子和低压转子的定量关系。

主激励转速（选定高压转速或者低压转速）为 Ω，低压转速和高压转速分
别为 Ω_1 和 Ω_2，同式（5-24）所示的表达式，系统的不平衡力可以表示为

$$\boldsymbol{Q}^s = Q_c \cos\Omega t + Q_s \sin\Omega t \tag{5-44}$$

则双转子运动微分方程的稳态解可设为

$$\boldsymbol{q}^s = q_c \cos\Omega t + q_s \sin\Omega t \tag{5-45}$$

并推导、整理得到

$$\begin{bmatrix} q_c \\ q_s \end{bmatrix} = \begin{bmatrix} \boldsymbol{K}-\boldsymbol{M}\Omega^2 & \Omega(\boldsymbol{C}-\Omega_1\boldsymbol{G}_1-\Omega_2\boldsymbol{G}_2) \\ -\Omega(\boldsymbol{C}-\Omega_1\boldsymbol{G}_1-\Omega_2\boldsymbol{G}_2) & \boldsymbol{K}-\boldsymbol{M}\Omega^2 \end{bmatrix}^{-1} \begin{bmatrix} Q_c \\ Q_s \end{bmatrix} \tag{5-46}$$

从而

$$q^s = q\cos(\Omega t - \theta) \tag{5-47}$$

其中

$$\begin{cases} q = \sqrt{q_c^2 + q_s^2} \\ \theta = \arctan \dfrac{q_s}{q_c} \end{cases}$$

方程（5-46）中，将 $\boldsymbol{C}-\Omega_1\boldsymbol{G}_1-\Omega_2\boldsymbol{G}_2$ 用 $\boldsymbol{C}-\Omega\boldsymbol{G}$ 替换，就是单转子的不平衡响
应求解方程，对该方程的求解与双转子一致。

由以上推导可以看到，每给定一个主激励转速以及高压转速和低压转速的
定量关系，可以求出在一定不平衡量作用下双转子系统各节点的稳态响应。由
方程（5-46）可见，在线性条件下，稳态不平衡响应与不平衡量成正比。因为
可以先求解单位不平衡量作用下的不平衡响应，然后根据实际不平衡量乘以相

应系数。

（3）应变能分布的求解　为了减小转子系统不平衡振动响应的敏感度和避免转子系统自激振动引起的失稳，转子-支承-机匣系统应进行应变能分析。应变能分析的具体内容包括：转子的弯曲应变能、剪切应变能、弹性支承的应变能以及阻尼器消耗的能量。应变能分析通常在分析临界转速后进行，计算得到的是系统的应变能的相对值。

根据前述的临界转速的计算方法，可以得到整个双转子系统的振型，包括各节点的位移和转角。在此基础上，可以进行应变能分布的求解。

1）轴的应变能。如前文所述，轴元素的势能和动能由式（5-29）表示，即

$$\begin{cases} \boldsymbol{P}_B^e = \dfrac{1}{2} [\boldsymbol{q}^e]^T \boldsymbol{K}_B^e \boldsymbol{q}^e \\ \boldsymbol{T}^e = \dfrac{1}{2} [\dot{\boldsymbol{q}}^e]^T (\boldsymbol{M}_T^e + \boldsymbol{M}_R^e) \dot{\boldsymbol{q}}^e + \dfrac{1}{2} \dot{\Phi}^2 I_p L - \dot{\Phi} [\dot{\boldsymbol{q}}^e]^T \boldsymbol{N}^e \boldsymbol{q}^e \end{cases} \tag{5-48}$$

式中，$\boldsymbol{T}^e$ 的第一项即为轴的弯曲应变能及剪切应变能，式中各项已经在求解临界转速时得到。

式（5-48）为一段轴元素的弯曲应变能及剪切应变能表达式，考虑相邻的两端轴元素时，其应变能为

$$\boldsymbol{P}_B^e = \frac{1}{2} [\boldsymbol{q}_{12}^e]^T \boldsymbol{K}_{B1}^e \boldsymbol{q}_{12}^e + \frac{1}{2} [\boldsymbol{q}_{23}^e]^T \boldsymbol{K}_{B2}^e \boldsymbol{q}_{23}^e$$

$$= \frac{1}{2} [[\boldsymbol{q}_1^e]^T \quad [\boldsymbol{q}_2^e]^T] \begin{bmatrix} \boldsymbol{A} & \boldsymbol{B} \\ \boldsymbol{C} & \boldsymbol{D} \end{bmatrix} \begin{bmatrix} \boldsymbol{q}_1^e \\ \boldsymbol{q}_2^e \end{bmatrix} + \frac{1}{2} [[\boldsymbol{q}_2^e]^T \quad [\boldsymbol{q}_3^e]^T] \begin{bmatrix} \boldsymbol{E} & \boldsymbol{F} \\ \boldsymbol{G} & \boldsymbol{H} \end{bmatrix} \begin{bmatrix} \boldsymbol{q}_2^e \\ \boldsymbol{q}_3^e \end{bmatrix}$$

$$= \frac{1}{2} [[\boldsymbol{q}_1^e]^T \quad [\boldsymbol{q}_2^e]^T \quad [\boldsymbol{q}_3^e]^T] \begin{bmatrix} \boldsymbol{A} & \boldsymbol{B} & \boldsymbol{0} \\ \boldsymbol{C} & \boldsymbol{D}+\boldsymbol{E} & \boldsymbol{F} \\ \boldsymbol{0} & \boldsymbol{G} & \boldsymbol{H} \end{bmatrix} \begin{bmatrix} \boldsymbol{q}_1^e \\ \boldsymbol{q}_2^e \\ \boldsymbol{q}_3^e \end{bmatrix} \tag{5-49}$$

式中，$\boldsymbol{q}_{12}^e$ 和 $\boldsymbol{q}_{23}^e$ 分别为第一个轴段和第二个轴段的广义坐标，形式如式（5-25）所示，均为 8×1 阶矢量；$\boldsymbol{q}_1^e$ 为第一个轴段左端的广义坐标，$\boldsymbol{q}_2^e$ 为第一个轴段右端，也即第二个轴段左端的广义坐标，$\boldsymbol{q}_3^e$ 为第二个轴段右端的广义坐标，三者均为 4×1 阶矢量；$\boldsymbol{A}$、$\boldsymbol{B}$、$\boldsymbol{C}$、$\boldsymbol{D}$ 为 $\boldsymbol{K}_{B1}^e$ 的分块矩阵，$\boldsymbol{E}$、$\boldsymbol{F}$、$\boldsymbol{G}$、$\boldsymbol{H}$ 为 $\boldsymbol{K}_{B2}^e$ 的分块矩阵，8 个分块矩阵均为 4×4 阶方阵。

式（5-49）中第三行的广义三阶矩阵的组成与刚度矩阵的组合形式相同，将式（5-49）进行推广，可以得到结论：轴元素的总应变能可以用轴元素的

组合总刚度矩阵（不组合支承的刚度）和总广义位移矢量按照式（5-49）计算。

2）支承的应变能。支承的应变能为

$$U_k = \frac{1}{2}k(V^2 + W^2)$$

式中　　k——支承的刚度；

　　　　V——支承水平方向的位移；

　　　　W——支承竖直方向的位移。

5.2　转轴系统设计

5.2.1　叶轮结构设计

1. 叶轮盖板强度计算

离心泵现在不断向高速化方向发展，泵转速提高后，叶轮因离心力而产生的应力也随之提高，当转速超过一定数值后，就会导致叶轮破坏。在计算时，可以把叶轮盖板简化为一个旋转圆盘（即将叶片对叶轮盖板的影响忽略不计），计算与分析表明，对旋转圆盘来说，圆周方向的应力是主要的，叶轮的圆周速度与圆周方向的应力 σ 近似地有以下关系

$$\sigma = 10^{-7}\frac{\rho}{g}u_2^2 \tag{5-50}$$

式中　　σ——应力（Pa）；

　　　　ρ——叶轮材料的密度（kg/m³）；

　　　　u_2——叶轮圆周速度（m/s）；

　　　　g——重力加速度（m/s²），一般取 $g = 9.8$m/s²。

式（5-50）中的应力 σ 应小于叶轮材料的许用应力 $[\sigma]$。

2. 叶片厚度计算

叶片厚度 S 根据经验式（5-51）计算获得。结合叶轮比转速，根据叶轮材料查表获得经验系数 A，最后通过有限元分析再验证叶片厚度是否满足强度设计要求。

$$S = AD_2\sqrt{H/z} \tag{5-51}$$

式中　　A——经验系数；

D_2——叶轮外径（m）；

H——扬程（m）；

z——叶片数。

3. 叶轮轮毂强度校核

轮毂中的应力为装配（过盈）应力、转子温差（叶轮与轴）应力以及轮毂在工作中承受的弯扭合成力。

最大过盈应力 σ_1 计算公式为

$$\sigma_1 = \Delta_{max}E/D_e \qquad (5\text{-}52)$$

式中　D_e——轮毂平均直径（m）；

Δ_{max}——最大过盈量（m）；

E——材料弹性模量（Pa）。

温差应力 σ_2 计算公式为

$$\sigma_2 = \alpha\Delta TE \qquad (5\text{-}53)$$

式中　α——轮毂材料的线膨胀系数（1/℃）；

ΔT——轮毂与轴的温差（℃）；

E——材料弹性模量（Pa）。

4. 键挤压强度校核

计算获得传递的转矩、键参数，选取不均匀系数，计算接触面高度，确定许用挤压应力范围，计算许用应力 $[\sigma_p]$ 和应力 σ_p，确保 $\sigma_p \leqslant [\sigma_p]$。

5.2.2　转轴设计

计算转轴功率和每级叶轮产生的扭矩，轴功率 P 为

$$P = \rho gQH/\eta \qquad (5\text{-}54)$$

式中　η——泵效率（%）。

扭矩 M_n 为

$$M_n = 9552P/n \qquad (5\text{-}55)$$

计算各断面弯曲应力 σ_w、拉（压）应力 σ_b 以及切应力 τ，其中

$$\begin{cases} \sigma_w = M/W \\ \sigma_b = F/S \\ \tau = M_n/W_n \end{cases} \qquad (5\text{-}56)$$

式中　M——弯矩（N·m）；

W——弯曲断面系数（m³）；

F——轴向力（N）；

S——断面面积（m^2）；

M_n——扭矩（N·m）；

W_n——扭转系数（m^3）。

按第四强度理论，计算应力 σ_d：

$$\sigma_d = \sqrt{(\sigma_w + \sigma_b)^2 + 3\tau^2} \qquad (5\text{-}57)$$

计算屈服极限安全系数 ξ：

$$\xi = \sigma_s / \sigma_d \geqslant [\xi] \qquad (5\text{-}58)$$

式中　　σ_s——材料的屈服极限（Pa），可查表获得不同材料的屈服极限；

　　　　$[\xi]$——许用安全系数（无量纲参数），可查表获得不同材料的许用安全系数。

5.3　支承系统设计与校核

大功率单级高速离心泵的支承系统一般由滑动轴承/滚动轴承、推力轴承以及叶轮前后口环形成的等效液膜支承；而大功率多级离心泵的支承系统一般由滑动轴承、推力轴承、叶轮前后口环、平衡鼓/平衡盘以及中间衬套等组成。其中，滑动轴承的等效动力学特性参数（刚度、阻尼等）一般由生产厂家提供；对于前后口环、平衡鼓以及中间衬套等间隙形成的等效液膜支承则需要通过进一步计算获得，具体计算方法已在第 3 章中进行了相关介绍。图 5-6 所示为转子系统各等效支承示意图。

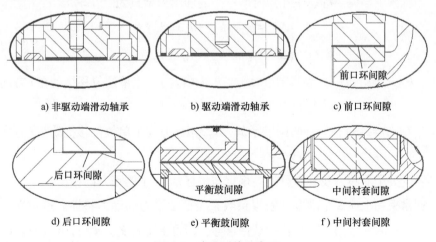

a) 非驱动端滑动轴承　　b) 驱动端滑动轴承　　c) 前口环间隙

d) 后口环间隙　　e) 平衡鼓间隙　　f) 中间衬套间隙

图 5-6　支承系统示意图

5.3.1   固定瓦径向滑动轴承的转子动力学系数

设在静态工作点 $(\varepsilon_0, \theta_0)$ 处，固定瓦轴承的油膜合力为

$$\begin{cases} F_{x0} = F_x(x_0, y_0, 0, 0) \\ F_{y0} = F_y(x_0, y_0, 0, 0) \end{cases}$$

在小扰动情况下，将 F_x、F_y 在静态工作点处展开为泰勒级数且仅保留线性项，得到

$$\begin{cases} F_x \approx F_{x0} + \dfrac{\partial F_x}{\partial x}\bigg|_0 (x-x_0) + \dfrac{\partial F_x}{\partial y}\bigg|_0 (y-y_0) + \dfrac{\partial F_x}{\partial \dot{x}}\bigg|_0 \dot{x} + \dfrac{\partial F_x}{\partial \dot{y}}\bigg|_0 \dot{y} \\ F_y \approx F_{y0} + \dfrac{\partial F_y}{\partial x}\bigg|_0 (x-x_0) + \dfrac{\partial F_y}{\partial y}\bigg|_0 (y-y_0) + \dfrac{\partial F_y}{\partial \dot{x}}\bigg|_0 \dot{x} + \dfrac{\partial F_x}{\partial \dot{y}}\bigg|_0 \dot{y} \end{cases} \tag{5-59}$$

式中，$\dfrac{\partial F_i}{\partial j}\bigg|_0$ $(i = x, y; j = x, y, \dot{x}, \dot{y})$ 表示在静态工作点 (x_0, y_0) [或 $(\varepsilon_0, \theta_0)$] 处各相应偏导数的值，记

$$\begin{cases} k_{ij} = \dfrac{\partial F_i}{\partial j}\bigg|_0 \quad (i=x,y; j=x,y) \\ d_{ij} = \dfrac{\partial F_i}{\partial j}\bigg|_0 \quad (i=x,y; j=\dot{x},\dot{y}) \\ \Delta F_x = F_x - F_{x0}, \Delta F_y = F_y - F_{y0} \end{cases} \tag{5-60}$$

则轴颈中心偏离静态工作点时所产生的油膜力增量为

$$\begin{cases} \Delta F_x = k_{xx}x + k_{xy}y + d_{xx}\dot{x} + d_{xy}\dot{y} \\ \Delta F_y = k_{yx}x + k_{yy}y + d_{yx}\dot{x} + d_{yy}\dot{y} \end{cases} \tag{5-61}$$

式中 $k_{ij}(i,j=x,y)$——油膜刚度系数，k_{ij} 为由 j 方向上单位位移扰动在 i 方向上所产生的力；

$d_{ij}(i,j=x,y)$——油膜刚度系数，d_{ij} 为由 j 方向上单位位移扰动在 i 方向上所产生的力。

以上关于油膜力及其增量方向规定与坐标轴 x、y 的正方向相反。

通常采用上述 8 个刚度和阻尼系数来表征油膜力的动力特性。按定义，对 F_x、F_y 动态油膜合力中所含各扰动量求导，即可求得各 k_{ij}、$d_{ij}(i,j=x,y)$。以单块瓦为例：

$$
\begin{cases}
k_{xx} = \dfrac{\partial F_x}{\partial x} = \dfrac{\partial}{\partial x} \displaystyle\int_{-B/2}^{B/2}\int_{\phi_1}^{\phi_2} -p\sin\phi r\mathrm{d}\phi\mathrm{d}z \\[2mm]
k_{xy} = \dfrac{\partial F_x}{\partial y} = \dfrac{\partial}{\partial y} \displaystyle\int_{-B/2}^{B/2}\int_{\phi_1}^{\phi_2} -p\sin\phi r\mathrm{d}\phi\mathrm{d}z \\[2mm]
k_{yx} = \dfrac{\partial F_y}{\partial x} = \dfrac{\partial}{\partial x} \displaystyle\int_{-B/2}^{B/2}\int_{\phi_1}^{\phi_2} -p\cos\phi r\mathrm{d}\phi\mathrm{d}z \\[2mm]
k_{yy} = \dfrac{\partial F_y}{\partial y} = \dfrac{\partial}{\partial y} \displaystyle\int_{-B/2}^{B/2}\int_{\phi_1}^{\phi_2} -p\cos\phi r\mathrm{d}\phi\mathrm{d}z \\[2mm]
d_{xx} = \dfrac{\partial F_x}{\partial V_x} = \dfrac{\partial}{\partial V_x} \displaystyle\int_{-B/2}^{B/2}\int_{\phi_1}^{\phi_2} -p\sin\phi r\mathrm{d}\phi\mathrm{d}z \\[2mm]
d_{xy} = \dfrac{\partial F_x}{\partial V_y} = \dfrac{\partial}{\partial V_y} \displaystyle\int_{-B/2}^{B/2}\int_{\phi_1}^{\phi_2} -p\sin\phi r\mathrm{d}\phi\mathrm{d}z \\[2mm]
d_{yx} = \dfrac{\partial F_y}{\partial V_x} = \dfrac{\partial}{\partial V_x} \displaystyle\int_{-B/2}^{B/2}\int_{\phi_1}^{\phi_2} -p\cos\phi r\mathrm{d}\phi\mathrm{d}z \\[2mm]
d_{yy} = \dfrac{\partial F_y}{\partial V_y} = \dfrac{\partial}{\partial V_y} \displaystyle\int_{-B/2}^{B/2}\int_{\phi_1}^{\phi_2} -p\cos\phi r\mathrm{d}\phi\mathrm{d}z
\end{cases}
\tag{5-62}
$$

按照 $k_{ij} = K_{ij}\dfrac{\mu\omega B}{\psi^3}$，$d_{ij} = D_{ij}\dfrac{\mu B}{\psi^3}(i,j=x,y)$，$x = C\overline{x}$，$y = C\overline{y}$ 的规则，对式（5-62）进行无量纲化，可得到相应的无量纲刚度、阻尼系数：

$$
\begin{cases}
K_{xx} = \dfrac{\partial}{\partial \overline{x}} \displaystyle\int_{-1}^{1}\int_{\phi_1}^{\phi_2} -P\sin\phi\mathrm{d}\phi\mathrm{d}\lambda \\[2mm]
K_{xy} = \dfrac{\partial}{\partial \overline{y}} \displaystyle\int_{-1}^{1}\int_{\phi_1}^{\phi_2} -P\sin\phi\mathrm{d}\phi\mathrm{d}\lambda \\[2mm]
K_{yx} = \dfrac{\partial}{\partial \overline{x}} \displaystyle\int_{-1}^{1}\int_{\phi_1}^{\phi_2} -P\cos\phi\mathrm{d}\phi\mathrm{d}\lambda \\[2mm]
K_{yy} = \dfrac{\partial}{\partial \overline{y}} \displaystyle\int_{-1}^{1}\int_{\phi_1}^{\phi_2} -P\cos\phi\mathrm{d}\phi\mathrm{d}\lambda \\[2mm]
D_{xx} = \dfrac{\partial}{\partial \overline{V}_x} \displaystyle\int_{-1}^{1}\int_{\phi_1}^{\phi_2} -P\sin\phi\mathrm{d}\phi\mathrm{d}\lambda \\[2mm]
D_{xy} = \dfrac{\partial}{\partial \overline{V}_y} \displaystyle\int_{-1}^{1}\int_{\phi_1}^{\phi_2} -P\sin\phi\mathrm{d}\phi\mathrm{d}\lambda \\[2mm]
D_{yx} = \dfrac{\partial}{\partial \overline{V}_x} \displaystyle\int_{-1}^{1}\int_{\phi_1}^{\phi_2} -P\cos\phi\mathrm{d}\phi\mathrm{d}\lambda \\[2mm]
D_{yy} = \dfrac{\partial}{\partial \overline{V}_y} \displaystyle\int_{-1}^{1}\int_{\phi_1}^{\phi_2} -P\cos\phi\mathrm{d}\phi\mathrm{d}\lambda
\end{cases}
\tag{5-63}
$$

5.3.2 可倾瓦轴承的转子动力学系数

与其他动压滑动轴承相比，可倾瓦轴承具有更优越的稳定性，但这一优点被过分地放大了——长期以来，人们认为在不计瓦块惯性的情况下可倾瓦轴承具有天然的稳定性。实际上这是一个需要加以纠正的认识误区，同时也无法对于实际中屡有发生的工程事故给出合理的解释。以下仍然在线性、小扰动的前提下讨论可倾瓦轴承的稳定性问题。

1. 可倾瓦的动态油膜力表征

可倾瓦轴承所提供的动态油膜力，除了和轴颈扰动 ΔX、ΔY，$\Delta \dot{X}$，$\Delta \dot{Y}$ 有关外，还和瓦块摆角的扰动 $\Delta \varphi$ 有关。

在绝对坐标系中取其中一块瓦讨论，如图 5-7 所示，这时 ΔF_X，ΔF_Y 可以视作 ΔX，ΔY，$\Delta \varphi$，$\Delta \dot{X}$，$\cdots$，$\Delta \dot{\varphi}$ 的函数。

令小扰动 $(\Delta X, \Delta Y, \Delta \varphi) = (X_0, Y_0, \varphi_0) \mathrm{e}^{\mathrm{j} \overline{\omega}_s T}$，亦即假设转子和瓦块均以频率 ω_s 做小扰动，则在平衡位置 $(\varepsilon_0, \theta_0)$ 处做泰勒展开并略去高阶小量后可得

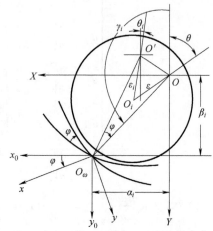

图 5-7 单块可倾瓦的几何参数

$$\begin{cases} \Delta F_X = (\Delta F_{Xx} + \Delta F_{Xy}) + \Delta F_{X\varphi} \\ \Delta F_Y = (\Delta F_{Yx} + \Delta F_{Yy}) + \Delta F_{Y\varphi} \end{cases} \tag{5-64}$$

式中，ΔF_{Xi}、ΔF_{Yi} 为由扰动量 $i(i=x,y,\varphi)$ 所引起的在 X、Y 方向上引起的油膜力增量。

式（5-64）表明，由小扰动所产生的可倾瓦动态油膜力增量不仅包含了因轴颈扰动、与固定瓦类似的动态油膜力增量部分 ΔF_{Xi}、$\Delta F_{Yi}(i=x,y)$，还增加了因瓦块摆动 φ 所引起的动态力增量 $\Delta F_{X\varphi}$、$\Delta F_{Y\varphi}$。

一般而言，作为独立变量，扰动量 ΔX、ΔY 和 $\Delta \varphi$ 之间并不具有必然的约束关系，它们之间的相互关系依赖于倾瓦自身的力矩平衡约束。

在小扰动 $(\Delta X, \Delta Y, \Delta \varphi) = (X_0, Y_0, \varphi_0) \mathrm{e}^{\mathrm{j} \overline{\omega}_s T}$ 作用下，可倾瓦的全部动态油膜力增量可视为以下三部分组成：

（1）瓦块保持在平衡位置，轴颈扰动 $(\Delta X, \Delta Y, \Delta \dot{X}, \Delta \dot{Y})$ 与固定瓦轴承的动态油膜力表达相似，因轴颈扰动而引起的动态油膜力增量 ΔF_x^J、ΔF_y^J 为

$$\begin{cases} \Delta F_x^J = G_{xx}^J X_0 + G_{xy}^J Y_0 \\ \Delta F_y^J = G_{yx}^J X_0 + G_{yy}^J Y_0 \end{cases} \tag{5-65}$$

式中

$$G_{ij}^J = K_{ij} + \mathrm{j}\overline{\omega}_s D_{ij} (i,j=x,y) \tag{5-66}$$

（2）轴颈保持在平衡位置，瓦块中心做平动扰动　当瓦块圆弧中心沿 ω' 方向扰动时，动态油膜力可以表示成

$$\begin{bmatrix} F_{x\varphi}^P \\ F_{y\varphi}^P \end{bmatrix} = \begin{bmatrix} F_{X0} \\ F_{Y0} \end{bmatrix} + \begin{bmatrix} G_{xx}^J & G_{xy}^J \\ G_{yx}^J & G_{yy}^J \end{bmatrix} \begin{bmatrix} \Delta X_\varphi^P \\ \Delta Y_\varphi^P \end{bmatrix} \tag{5-67}$$

式中，F_{X0}、F_{Y0} 为该倾瓦在静态工作点处 x、y 方向上的静态油膜力。

$$\begin{cases} \Delta X_\varphi^P = -\beta_i \varphi_0, \dfrac{\partial X_\varphi^P}{\partial T} = -\mathrm{j}\overline{\omega}_s \beta_i \varphi_0 \\ \Delta Y_\varphi^P = -\alpha_i \varphi_0, \dfrac{\partial Y_\varphi^P}{\partial T} = -\mathrm{j}\overline{\omega}_s \alpha_i \varphi_0 \end{cases}$$

令可倾瓦的支点角为 γ_i、β_i、α_i 被定义为

$$\begin{cases} \beta_i = R\cos(\pi-\gamma_i) = -R\cos\gamma_i \\ \alpha_i = R\sin(\pi-\gamma_i) = R\sin\gamma_i \end{cases} \tag{5-68}$$

记

$$\begin{cases} \Delta F_{x\varphi}^P = F_{x\varphi}^P - \Delta F_{X\Psi} = G_{x\varphi}^P \varphi_0 \\ \Delta F_{y\varphi}^P = F_{y\varphi}^P - \Delta F_{Y\Psi} = G_{y\varphi}^P \varphi_0 \\ G_{i\varphi}^P = K_{i\varphi}^P + -\mathrm{j}\overline{\omega}_s D_{i\varphi}^P (i=x,y) \end{cases} \tag{5-69}$$

则应有

$$\begin{aligned} \begin{bmatrix} \Delta F_{x\varphi}^P \\ \Delta F_{y\varphi}^P \end{bmatrix} &= \begin{bmatrix} -\beta_i G_{xx}^J + \alpha_i G_{xy}^J \\ -\beta_i G_{yx}^J + \alpha_i G_{yy}^J \end{bmatrix} \varphi_0 \\ &= \begin{bmatrix} -\beta_i K_{xx} + \alpha_i K_{xy} \\ -\beta_i K_{yx} + \alpha_i K_{yy} \end{bmatrix} \varphi_0 + \mathrm{j}\overline{\omega}_s \begin{bmatrix} -\beta_i D_{xx} + \alpha_i D_{xy} \\ -\beta_i D_{yx} + \alpha_i D_{yy} \end{bmatrix} \varphi_0 \\ &= \begin{bmatrix} K_{x\varphi}^P \\ K_{y\varphi}^P \end{bmatrix} \varphi_0 + \mathrm{j}\overline{\omega}_s \begin{bmatrix} D_{x\varphi}^P \\ D_{y\varphi}^P \end{bmatrix} \varphi_0 \end{aligned} \tag{5-70}$$

其中

$$\begin{cases} K_{x\varphi}^P = \alpha_i K_{xy} - \beta_i K_{xx}, K_{y\varphi}^P = \alpha_i K_{yy} - \beta_i K_{yx} \\ D_{x\varphi}^P = \alpha_i D_{xy} - \beta_i D_{xx}, D_{y\varphi}^P = \alpha_i D_{yy} - \beta_i D_{yx} \end{cases} \tag{5-71}$$

（3）轴颈位置不变，瓦块围绕自身圆弧中心做 φ_0 旋转扰动　在固接于瓦块上的相对坐标系 $O'xy$ 中所观察到的动态油膜力为

$$
\begin{bmatrix} F_{x\varphi}^r \\ F_{y\varphi}^r \end{bmatrix} = \begin{bmatrix} F_{X0} \\ F_{Y0} \end{bmatrix} + \begin{bmatrix} G_{xx}^J & G_{xy}^J \\ G_{yx}^J & G_{yy}^J \end{bmatrix} \begin{bmatrix} \Delta X_{\varphi}^r \\ \Delta Y_{\varphi}^r \end{bmatrix}
\tag{5-72}
$$

式中，$\Delta X_{\varphi}^r = \varepsilon_0 \cos\theta_0 \varphi_0$，$\Delta Y_{\varphi}^r = -\varepsilon_0 \sin\theta_0 \varphi_0$。

该动态力在绝对坐标系 $O'xy$ 中可近似表示为

$$
\begin{bmatrix} F_{X\varphi}^r \\ F_{Y\varphi}^r \end{bmatrix} = \begin{bmatrix} 1 & -\varphi_0 \\ \varphi_0 & 1 \end{bmatrix} \begin{bmatrix} F_{x\varphi}^r \\ F_{y\varphi}^r \end{bmatrix}
\tag{5-73}
$$

由此得到在绝对坐标系中因瓦块绕瓦心做 φ_0 小扰动而产生的油膜力增量为

$$
\begin{bmatrix} \Delta F_{X\varphi}^r \\ \Delta F_{Y\varphi}^r \end{bmatrix} = \begin{bmatrix} 1 & -\varphi_0 \\ \varphi_0 & 1 \end{bmatrix} \left\{ \begin{bmatrix} F_{X0} \\ F_{Y0} \end{bmatrix} + \begin{bmatrix} G_{xx}^J & G_{xy}^J \\ G_{yx}^J & G_{yy}^J \end{bmatrix} \begin{bmatrix} \cos\theta_0 \\ -\sin\theta_0 \end{bmatrix} \varepsilon_0 \varphi_0 \right\} - \begin{bmatrix} F_{X0} \\ F_{Y0} \end{bmatrix}
$$

$$
\approx \left\{ \begin{bmatrix} G_{xx}^J & G_{xy}^J \\ G_{yx}^J & G_{yy}^J \end{bmatrix} \begin{bmatrix} \varepsilon_0 \cos\theta_0 \\ -\varepsilon_0 \sin\theta_0 \end{bmatrix} + \begin{bmatrix} -F_{Y0} \\ F_{X0} \end{bmatrix} \right\} \varphi_0 = \begin{bmatrix} G_{X\varphi}^r \\ G_{Y\varphi}^r \end{bmatrix} \varphi_0
\tag{5-74}
$$

式中，$G_{I\varphi}^r = K_{I\varphi}^r + \mathrm{j}\overline{\omega}_s D_{I\varphi}^r (I = X, Y)$，且有

$$
\begin{cases}
K_{X\varphi}^r = (K_{xx}\cos\theta_0 - K_{xy}\sin\theta_0)\varepsilon_0 - F_{Y0} \\
K_{Y\varphi}^r = (K_{yx}\cos\theta_0 - K_{yy}\sin\theta_0)\varepsilon_0 - F_{X0} \\
D_{X\varphi}^r = (D_{xx}\cos\theta_0 - D_{xy}\sin\theta_0)\varepsilon_0 \\
D_{Y\varphi}^r = (D_{yx}\cos\theta_0 - D_{yy}\sin\theta_0)\varepsilon_0
\end{cases}
\tag{5-75}
$$

这样，当轴颈扰动 ΔX、ΔY 和瓦块绕支点小角度摆动 φ 同时发生时，该复合运动可以视为由轴颈运动、瓦块中心平动和瓦块绕自身圆弧中心转动的合成。在绝对坐标系 Oxy 中全部油膜力增量为

$$
\begin{bmatrix} \Delta F_X \\ \Delta F_Y \end{bmatrix} = \begin{bmatrix} \Delta F_x^J \\ \Delta F_y^J \end{bmatrix} + \begin{bmatrix} \Delta F_{x\varphi}^P \\ \Delta F_{y\varphi}^P \end{bmatrix} + \begin{bmatrix} \Delta F_{X\varphi}^r \\ \Delta F_{Y\varphi}^r \end{bmatrix} = \begin{bmatrix} G_{xx}^J & G_{xy}^J \\ G_{yx}^J & G_{yy}^J \end{bmatrix} \begin{bmatrix} X_0 \\ Y_0 \end{bmatrix} + \begin{bmatrix} G_{X\varphi}^P \\ G_{Y\varphi}^P \end{bmatrix} \varphi_0 + \begin{bmatrix} G_{X\varphi}^r \\ G_{Y\varphi}^r \end{bmatrix} \varphi_0
\tag{5-76}
$$

结合式（5-71）、式（5-75），对式（5-76）中等号右端第 2 项与第 3 项做数量级比较：由于 α_i、β_i 和 R 为同一数量级，而 ε_0 与 α_i、β_i 相比一般要小 φ 数量级，这意味着 $G_{X\varphi}^r$ 和 $G_{Y\varphi}^r$，亦即瓦块绕自身圆弧中心转动所引起的动态力部分可以略去。

略去 $G_{X\varphi}^r$ 和 $G_{Y\varphi}^r$ 之后的动态力增量可记为

$$
\begin{bmatrix} \Delta F_X \\ \Delta F_Y \end{bmatrix} = \begin{bmatrix} G_{xx}^J & G_{xy}^J \\ G_{yx}^J & G_{yy}^J \end{bmatrix} \begin{bmatrix} X_0 \\ Y_0 \end{bmatrix} + \begin{bmatrix} G_{X\varphi}^P \\ G_{Y\varphi}^P \end{bmatrix} \varphi_0
\tag{5-77}
$$

将式（5-71）代入式（5-77）并在绝对坐标系中对瓦块支点取矩，得到

$$\beta_i \Delta F_X - \alpha_i \Delta F_Y = -J_i \omega_s^2 \varphi_0 \tag{5-78}$$

式中，J_i 为第 i 块瓦的转动惯量。

进而得到在绝对坐标系中的油膜力增量

$$
\begin{bmatrix} \Delta F_X \\ \Delta F_Y \end{bmatrix} = \begin{bmatrix} F_X \\ F_Y \end{bmatrix} - \begin{bmatrix} F_{X0} \\ F_{Y0} \end{bmatrix} = \begin{bmatrix} 1 & -\varphi_0 \\ \varphi_0 & 1 \end{bmatrix} \begin{bmatrix} F_x \\ F_y \end{bmatrix} - \begin{bmatrix} F_{X0} \\ F_{Y0} \end{bmatrix}
$$

$$
= \begin{bmatrix} 1 & -\varphi_0 \\ \varphi_0 & 1 \end{bmatrix} \begin{bmatrix} \Delta F_x \\ \Delta F_y \end{bmatrix} + \begin{bmatrix} -F_{Y0}\varphi_0 \\ F_{X0}\varphi_0 \end{bmatrix}
$$

$$
= \begin{bmatrix} 1 & -\varphi_0 \\ \varphi_0 & 1 \end{bmatrix} \left\{ \begin{bmatrix} G_{xx}^J & G_{xy}^J \\ G_{yx}^J & G_{yy}^J \end{bmatrix} \left(\begin{bmatrix} \Delta X \\ \Delta Y \end{bmatrix} + \begin{bmatrix} -\beta_i \\ \alpha_i \end{bmatrix}\varphi_0 + \begin{bmatrix} \varepsilon_0 \cos\theta_0 \\ -\varepsilon_0 \sin\theta_0 \end{bmatrix}\varphi_0 \right) \right\} + \begin{bmatrix} -F_{Y0} \\ F_{X0} \end{bmatrix}\varphi_0
$$

$$
\approx \begin{bmatrix} G_{xx}^J & G_{xy}^J \\ G_{yx}^J & G_{yy}^J \end{bmatrix} \begin{bmatrix} \Delta X - \beta_i\varphi_0 \\ \Delta Y + \alpha_i\varphi_0 \end{bmatrix} + \begin{bmatrix} G_{xx}^J & G_{xy}^J \\ G_{yx}^J & G_{yy}^J \end{bmatrix} \begin{bmatrix} \varepsilon_0 \cos\theta_0 \\ -\varepsilon_0 \sin\theta_0 \end{bmatrix}\varphi_0 + \begin{bmatrix} -F_{Y0} \\ F_{X0} \end{bmatrix}\varphi_0
$$

而略去高阶小量后的结果则式（5-77）完全相同。

理论分析和实例计算都表明，$G_{X\varphi}'$、$G_{Y\varphi}'$ 均属于高阶小量，因此以后关于可倾瓦动力特性的处理都不再计入瓦块自身圆弧中心的旋转效应。

2. 可倾瓦的折合油膜刚度和阻尼系数

绝对坐标系下的折合油膜刚度系数和阻尼系数为

$$
\begin{cases}
K_{XX} = \alpha_i^2 \dfrac{UA_1 + \overline{\omega}_s^2 VA_2}{\Delta}, K_{XY} = \alpha_i\beta_i \dfrac{UA_1 + \overline{\omega}_s^2 VA_2}{\Delta} \\[3mm]
K_{XY} = K_{YX}, K_{YY} = \beta_i^2 \dfrac{UA_1 + \overline{\omega}_s^2 VA_2}{\Delta} \\[3mm]
D_{XX} = \alpha_i^2 \dfrac{VA_1 - UA_2}{\Delta}, D_{XY} = \alpha_i\beta_i \dfrac{VA_1 - UA_2}{\Delta} \\[3mm]
D_{XY} = D_{YX}, D_{YY} = \beta_i^2 \dfrac{VA_1 - UA_2}{\Delta}
\end{cases} \tag{5-79}
$$

式（5-79）即为单块瓦的折合刚度、阻尼系数公式。

当轴承由 N 块瓦组成时，整个轴承的折合刚度系数、阻尼系数为

$$
\begin{cases}
KK_{IJ} = \displaystyle\sum_{k=1}^{N} K_{IJ}^{(k)} \\[3mm]
DD_{IJ} = \displaystyle\sum_{k=1}^{N} D_{IJ}^{(k)} \ (I, J = X, Y)
\end{cases} \tag{5-80}
$$

参考式（5-79），可倾瓦的折合刚度系数、阻尼系数 K_{IJ}、D_{IJ} 之间存在着以下关系：

1）比例关系。不失一般性，以 K_{IJ}、D_{IJ} 为参考值，有

$$\begin{cases} K_{XX}=\left(\dfrac{\alpha}{\beta}\right)_i^2 K_{YY}, K_{XY}=K_{YX}=\left(\dfrac{\alpha}{\beta}\right)_I K_{YY} \\ D_{XX}=\left(\dfrac{\alpha}{\beta}\right)_i^2 D_{YY}, D_{XY}=D_{YX}=\left(\dfrac{\alpha}{\beta}\right)_I D_{YY} \end{cases}$$

这种比例关系为将来可倾瓦轴承转子系统的稳定性分析带来了很大的方便。

2）交叉项相等。对可倾瓦而言，折合交叉刚度系数 $K_{XY}=K_{YX}$ 以及交叉阻尼系数 $D_{XY}=D_{YX}$。这在所有动压滑动轴承中是绝无仅有的，也是可倾瓦轴承在系统稳定性方面之所以优于一般固定瓦轴承的主要原因。

3）阻尼系数的符号。各阻尼系数 $D_{IJ}(I,J=X,Y)$ 的值的正负除了与 α_i 和 β_i 相关外，还共同取决于 (VA_1-UA_2)。

例如，当 $\alpha_i>0$，$\beta_i<0$（对应于偏支角 $\pi/2<\gamma_i<\pi$）时，若 $VA_1-UA_2=0$，则 $D_{IJ}=0$；当 $VA_1-UA_2>0$ 时，则 $D_{IJ}>0$；类似地，当 $VA_1-UA_2<0$ 时，$D_{IJ}<0(I,J=X,Y)$。

由于在 (VA_1-UA_2) 项中隐含了涡动频率 $\bar{\omega}_s$，因而同样一块瓦随着 $\bar{\omega}_s$ 的不同可能呈现出不同的阻尼状态。当 $D_{IJ}<0$ 时，即出现所谓的"负阻尼"。这时的"阻尼"反倒成了"激励"。

就数学处理而言，采用折合刚度、阻尼系数表征的实质就是将广义坐标 φ_0 "凝聚"掉，因而在这些折合系数中实际上隐含了瓦块摆动 φ_0 的反馈作用，于是产生了令人颇为困惑的现象——尽管每一块瓦的直接阻尼系数 D_{xx}，D_{yy} 也许都大于 0，但最终所得到的折合阻尼系数却可能等于甚至小于 0。其实这种似乎彼此矛盾的现象只不过是在不同参考系中考察得到的结果。由于长期以来人们对于可倾瓦轴承的动态性能分析大都是依照固定瓦分析模式开展的，因而往往忽略了这一基本事实，即可倾瓦轴承本质上相当于一个二阶反馈系统，理想状况下该系统中包含了一个一阶反馈环节。该环节的存在使得可倾瓦轴承的动态油膜力客观上实现了部分解耦，但并不能保证在任何情况下整个系统都是稳定的，因为最终判定整个系统的稳定与否还需要视该反馈环节中所含参数的取值而定。可倾瓦轴承的发明者之所以值得推崇，并不是由于他们发明了一种"本质稳定"的支承结构，而在于发明者自觉、不自觉地在轴承设计中引入了反馈控制，从而使得可倾瓦轴承的动态性能发生了革命性的变化。

5.3.3 流体动压推力轴承

1. 雷诺方程的域外法解

推力盘在空间的运动状态可以由其质心 O 沿轴向的位移 x，y，z，空间角 φ，ψ 和相应的平动速度 $\dot{x}$，$\dot{y}$，$\dot{z}$ 以及三个旋转角速度 $\dot{\varphi}$，$\dot{\psi}$，ω 来描述。

描述推力轴承油膜力的广义雷诺方程为

$$\frac{\partial}{\partial y}\left(\frac{h^3}{12\mu}\frac{\partial p}{\partial x}\right)+\frac{\partial}{\partial x}\left(\frac{h^3}{12\mu}\frac{\partial p}{\partial y}\right)=\frac{\omega}{2}\frac{\partial h}{\partial\theta}+\frac{\partial h}{\partial t} \tag{5-81}$$

式中　h——油膜厚度；

　　　μ——润滑油动力黏度；

　　　p——油膜压力；

　　　ω——轴旋转角速度。

方程（5-81）等号右端项中的 $\left(\dfrac{\omega}{2}\dfrac{\partial h}{\partial\theta}\right)$ 项代表了因推力盘旋转而形成的楔形效应，而 $\dfrac{\partial h}{\partial t}$ 则表示由于推力盘运动造成的对润滑膜的挤压效应。

在一般情况下，油膜厚度 h 不仅是推力瓦几何参数的函数，也是推力盘运动倾斜角 φ 和 ψ 的函数。

在局部坐标系 $Ox_ky_kz_k$ 中，任一点（r,θ）处的油膜厚度

$$h=Z+\alpha_0\sin(\theta_p-\theta)-\psi_k r\cos\theta-\varphi_k r\sin\theta \tag{5-82}$$

式中　Z——节线 Op_3 处的油膜厚度；

　　　θ_p——节线处 Op_3 处的位置角坐标；

　　　α_0——瓦面倾斜参数；

ψ_k，φ_k——第 k 个推力瓦在其局部坐标系 $Ox_ky_kz_k$ 中的折合倾斜角。

此外，与推力瓦相关的几何参数还包括推力瓦张角 θ_0；内、外半径 r_1 和 r_2；推力瓦径向宽度 B，$B=r_1-r_2$。

当推力盘在主坐标系 $Oxyz$ 中具有名义倾斜角 φ 和 ψ 时，φ_k 和 ψ_k 与 φ，ψ 之间的关系为

$$\begin{bmatrix}\varphi_k\\\psi_k\end{bmatrix}=\begin{bmatrix}\cos\alpha_k & -\sin\alpha_k\\\sin\alpha_k & \cos\alpha_k\end{bmatrix}\begin{bmatrix}\varphi\\\psi\end{bmatrix} \tag{5-83}$$

式中，α_k 为坐标旋转角。令

$$r=\bar{r}B,\quad x=\bar{x}B,\quad y=\bar{y}B,\quad z=h_e\bar{Z},\quad h=h_e\bar{h},\quad \mu=\mu_0\bar{\mu},\quad \rho=\rho_0\bar{\rho},\quad p=\frac{\mu_0\omega B}{h_e^2}P,\quad t=\frac{1}{\omega}T,$$

$$\varphi=\frac{h_e}{B}\overline{\varphi}, \quad \psi=\frac{h_e}{B}\overline{\psi}, \quad \varphi_k=\frac{h_e}{B}\overline{\varphi}_k, \quad \psi_k=\frac{h_e}{B}\overline{\psi}_k, \quad \cdots$$

式中，h_e、ρ_0、μ_0分别为无量纲化而引入的参考油膜厚度、润滑油密度和润滑油动力黏度。

对方程（5-81）无量纲化后得到

$$\frac{\partial}{\partial\overline{y}}\left(\frac{\overline{h}^3}{\overline{\mu}}\frac{\partial P}{\partial\overline{y}}\right)+\frac{\partial}{\partial\overline{x}}\left(\frac{\overline{h}^3}{\overline{\mu}}\frac{\partial P}{\partial\overline{x}}\right)=6\frac{\partial\overline{h}}{\partial\theta}+12\frac{\partial\overline{h}}{\partial T}$$

$$\frac{\overline{h}^3}{\overline{\mu}}\frac{\partial^2 P}{\partial\overline{y}^2}+\frac{3\overline{h}^2}{\overline{\mu}}\frac{\partial\overline{h}}{\partial\overline{y}}\frac{\partial P}{\partial\overline{y}}+\frac{\overline{h}^3}{\overline{\mu}}\frac{\partial^2 P}{\partial\overline{x}^2}+\frac{3\overline{h}^2}{\overline{\mu}}\frac{\partial\overline{h}}{\partial\overline{x}}\frac{\partial P}{\partial\overline{x}}=6\frac{\partial\overline{h}}{\partial\theta}+12\frac{\partial\overline{h}}{\partial T}$$

$$\frac{\overline{h}^3}{\overline{\mu}}\left(\frac{\partial^2 P}{\partial\overline{y}^2}+\frac{\partial^2 P}{\partial\overline{x}^2}\right)+\frac{3\overline{h}^2}{\overline{\mu}}\left(\frac{\partial\overline{h}}{\partial\overline{y}}\frac{\partial P}{\partial\overline{y}}+\frac{\partial\overline{h}}{\partial\overline{x}}\frac{\partial P}{\partial\overline{x}}\right)=6\frac{\partial\overline{h}}{\partial\theta}+12\frac{\partial\overline{h}}{\partial T}$$

引入两个新的变量 a、U，a、U 被定义为

$$a=\overline{\mu}^{-1/3}\overline{h}, U=a^{3/2}P$$

当雷诺方程用变量 a、U 来表达时，相应的关于变量 U 的无量纲方程为

$$\begin{cases} \nabla^2 U_s=f_s+g_s U_s \\ f_s=6\overline{\mu}^{-1/3}a^{-3/2}\frac{\partial a}{\partial\theta}+12\overline{\mu}^{-1/3}a^{-3/2}\frac{\partial a}{\partial T} \\ g_s=\left\{\frac{3}{4}a^{-2}\left[\left(\frac{\partial a}{\partial\overline{y}}\right)^2+\left(\frac{\partial a}{\partial\overline{x}}\right)^2\right]+\frac{3}{2}a^{-1}\left[\frac{\partial^2 a}{\partial\overline{y}^2}+\frac{\partial^2 a}{\partial\overline{x}^2}\right]\right\} \end{cases} \tag{5-84}$$

其中算子

$$\nabla^2=\frac{\partial^2}{\partial\overline{x}^2}+\frac{\partial^2}{\partial\overline{y}^2}$$

下标 s 表示在静态平衡工作点附近的推力盘小扰动（$s=\overline{z},\overline{\varphi},\overline{\psi},\overline{z}',\overline{\varphi}',\overline{\psi}'$）。

2. 单块推力瓦的静动特性及表征

（1）单块推力瓦的静态性能　在局部坐标系中，单块瓦的承载力

$$W_0=W_{x0}\boldsymbol{i}+W_{y0}\boldsymbol{j}+W_{z0}\boldsymbol{k} \tag{5-85}$$

式中各分量

$$\begin{bmatrix} W_{x0} \\ W_{y0} \\ W_{z0} \end{bmatrix}=W_0\begin{bmatrix} \sin\varphi_k \\ \cos\varphi_k\sin\psi_k \\ \cos\varphi_k\cos\psi_k \end{bmatrix}\approx W_0\begin{bmatrix} \varphi_k \\ \psi_k \\ 1.0 \end{bmatrix} \tag{5-86}$$

式中，$W_0=\iint\limits_{\Omega_k}p_0 r\mathrm{d}r\mathrm{d}\theta$。

推力瓦在圆周方向上的摩擦力

$$F_0^t = \iint\limits_{\Omega_k} \left(\frac{\mu \omega r}{h} + \frac{h}{2r} \frac{\partial p_0}{\partial \theta} \right) r \mathrm{d}r \mathrm{d}\theta \tag{5-87}$$

推力瓦在进油边处的油流量

$$Q_{\mathrm{in}} = \iint\limits_{\Omega_k} \left(\frac{\omega r h}{2} + \frac{h^3}{12\mu r} \frac{\partial p_0}{\partial \theta} \right)_{\theta = \theta_s} \mathrm{d}r \tag{5-88}$$

由摩擦力所引起的力矩为

$$M_0^f = \iint\limits_{\Omega_k} \left(\frac{\mu \omega r}{h} + \frac{h}{2r} \frac{\partial p_0}{\partial \theta} \right) r^2 \mathrm{d}r \mathrm{d}\theta \tag{5-89}$$

与 M_0^f 相比，人们更关心的是因油膜压力而作用在推力盘上的力矩

$$M_0^p = M_{x0}^p \boldsymbol{i} + M_{y0}^p \boldsymbol{j} + M_{z0}^p \boldsymbol{k} \tag{5-90}$$

式中

$$\begin{bmatrix} M_{x0}^p \\ M_{y0}^p \end{bmatrix} = \begin{bmatrix} \iint\limits_{\Omega_k} p_0 r^2 \cos\theta \mathrm{d}r \mathrm{d}\theta \\ - \iint\limits_{\Omega_k} p_0 r^2 \sin\theta \mathrm{d}r \mathrm{d}\theta \end{bmatrix}$$

以及

$$M_{z0}^p \approx -M_{x0}^p \varphi_k - M_{y0}^p \psi_k \tag{5-91}$$

（2）单块推力瓦的转子动力学系数　推力瓦的力矩刚度系数和力矩阻尼系数为

$$\begin{cases} \overline{K}_{XZ}^m = K_{XZ}^m \left(\dfrac{h_e^3}{\mu_0 \omega B^5} \right) = \iint\limits_{\Omega_k} \dfrac{\partial P}{\partial \overline{Z}} \overline{r}^2 \cos\theta \mathrm{d}\overline{r} \mathrm{d}\theta \\[18pt] \overline{K}_{X\varphi}^m = K_{X\varphi}^m \left(\dfrac{h_e^3}{\mu_0 \omega B^6} \right) = \iint\limits_{\Omega_k} \dfrac{\partial P}{\partial \overline{\varphi}} \overline{r}^2 \cos\theta \mathrm{d}\overline{r} \mathrm{d}\theta \\[18pt] \overline{K}_{X\psi}^m = K_{X\psi}^m \left(\dfrac{h_e^3}{\mu_0 \omega B^6} \right) = \iint\limits_{\Omega_k} \dfrac{\partial P}{\partial \overline{\psi}} \overline{r}^2 \cos\theta \mathrm{d}\overline{r} \mathrm{d}\theta \\[18pt] \overline{d}_{XZ}^m = d_{XZ}^m \left(\dfrac{h_e^3}{\mu_0 B^5} \right) = \iint\limits_{\Omega_k} \dfrac{\partial P}{\partial \overline{Z}'} \overline{r}^2 \cos\theta \mathrm{d}\overline{r} \mathrm{d}\theta \\[18pt] \overline{d}_{X\varphi}^m = d_{X\varphi}^m \left(\dfrac{h_e^3}{\mu_0 B^6} \right) = \iint\limits_{\Omega_k} \dfrac{\partial P}{\partial \overline{\varphi}'} \overline{r}^2 \cos\theta \mathrm{d}\overline{r} \mathrm{d}\theta \\[18pt] \overline{d}_{XZ}^m = d_{XZ}^m \left(\dfrac{h_e^3}{\mu_0 B^6} \right) = \iint\limits_{\Omega_k} \dfrac{\partial P}{\partial \overline{\psi}'} \overline{r}^2 \cos\theta \mathrm{d}\overline{r} \mathrm{d}\theta \end{cases} \tag{5-92}$$

$$\begin{cases}
\overline{K}_{YZ}^m = K_{YZ}^m \left(\dfrac{h_e^3}{\mu_0 \omega B^5} \right) = \iint\limits_{\Omega_k} - \dfrac{\partial P}{\partial \overline{Z}} \overline{r}^2 \cos\theta \mathrm{d}\overline{r} \mathrm{d}\theta \\[4mm]
\overline{K}_{Y\varphi}^m = K_{Y\varphi}^m \left(\dfrac{h_e^3}{\mu_0 \omega B^6} \right) = \iint\limits_{\Omega_k} - \dfrac{\partial P}{\partial \overline{\varphi}} \overline{r}^2 \cos\theta \mathrm{d}\overline{r} \mathrm{d}\theta \\[4mm]
\overline{K}_{Y\psi}^m = K_{Y\psi}^m \left(\dfrac{h_e^3}{\mu_0 \omega B^6} \right) = \iint\limits_{\Omega_k} - \dfrac{\partial P}{\partial \psi} \overline{r}^2 \cos\theta \mathrm{d}\overline{r} \mathrm{d}\theta \\[4mm]
\overline{d}_{YZ}^m = d_{YZ}^m \left(\dfrac{h_e^3}{\mu_0 B^5} \right) = \iint\limits_{\Omega_k} - \dfrac{\partial P}{\partial \overline{Z}'} \overline{r}^2 \cos\theta \mathrm{d}\overline{r} \mathrm{d}\theta \\[4mm]
\overline{d}_{Y\varphi}^m = d_{Y\varphi}^m \left(\dfrac{h_e^3}{\mu_0 B^6} \right) = \iint\limits_{\Omega_k} - \dfrac{\partial P}{\partial \overline{\varphi}'} \overline{r}^2 \cos\theta \mathrm{d}\overline{r} \mathrm{d}\theta \\[4mm]
\overline{d}_{Y\varphi}^m = d_{Y\psi}^m \left(\dfrac{h_e^3}{\mu_0 B^6} \right) = \iint\limits_{\Omega_k} - \dfrac{\partial P}{\partial \psi'} \overline{r}^2 \cos\theta \mathrm{d}\overline{r} \mathrm{d}\theta
\end{cases} \tag{5-93}$$

以及

$$\begin{bmatrix} K_{ZZ}^m \\ K_{Z\varphi}^m \\ K_{Z\psi}^m \end{bmatrix} = \begin{bmatrix} -(\varphi_0 K_{XZ}^m + \psi_0 K_{YZ}^m) \\ -(\varphi_0 K_{X\varphi}^m + \psi_0 K_{Y\varphi}^m + M_{X0}) \\ -(\varphi_0 K_{X\psi}^m + \psi_0 K_{Y\psi}^m + M_{Y0}) \end{bmatrix}, \begin{bmatrix} d_{ZZ}^m \\ d_{Z\varphi}^m \\ d_{Z\psi}^m \end{bmatrix} = \begin{bmatrix} -(\varphi_0 d_{XZ}^m + \psi_0 d_{YZ}^m) \\ -(\varphi_0 d_{X\varphi}^m + \psi_0 d_{Y\varphi}^m) \\ -(\varphi_0 d_{X\psi}^m + \psi_0 d_{Y\psi}^m) \end{bmatrix} \tag{5-94}$$

3. 多块瓦推力轴承的静动特性

对于由多块瓦组成的推力轴承，每块瓦的计算都可以安排在局部坐标系中进行，以求简略。然后再将这些局部坐标系中的性能参数按照下列公式转换到惯性坐标系中：

$$(\boldsymbol{W})_k = (\boldsymbol{A}_1)(\widetilde{\boldsymbol{W}})_k \tag{5-95}$$

$$(\boldsymbol{M}^p)_k = (\boldsymbol{A}_1)(\widetilde{\boldsymbol{M}}^p)_k \tag{5-96}$$

对于力刚度、阻尼系数，有

$$\begin{cases}
(\boldsymbol{K}_z^\omega)_k = (\boldsymbol{A}_2)_k (\overline{\boldsymbol{K}}_z^\omega)_k \\
(\boldsymbol{K}_{xy}^\omega)_k = (\boldsymbol{A}_3)_k (\overline{\boldsymbol{K}}_{xy}^\omega)_k \\
(\boldsymbol{D}_z^\omega)_k = (\boldsymbol{A}_2)_k (\overline{\boldsymbol{D}}_z^\omega)_k \\
(\boldsymbol{D}_{xy}^\omega)_k = (\boldsymbol{A}_3)_k (\overline{\boldsymbol{D}}_{xy}^\omega)_k
\end{cases} \tag{5-97}$$

对于力矩刚度、阻尼系数，有

$$\begin{cases} (\boldsymbol{K}_z^m)_k = (\boldsymbol{A}_2)_k (\overline{\boldsymbol{K}}_z^m)_k \\ (\boldsymbol{K}_{xy}^m)_k = (\boldsymbol{A}_3)_k (\overline{\boldsymbol{K}}_{xy}^m)_k \\ (\boldsymbol{D}_z^m)_k = (\boldsymbol{A}_2)_k (\overline{\boldsymbol{D}}_z^m)_k \\ (\boldsymbol{D}_{xy}^m)_k = (\boldsymbol{A}_3)_k (\overline{\boldsymbol{D}}_{xy}^m)_k \end{cases} \tag{5-98}$$

以上各式中

$$(\boldsymbol{W})_k = (\begin{matrix} W_{x0} & W_{y0} & W_{z0} \end{matrix})_k^T$$

$$(\boldsymbol{M}^p)_k = (\begin{matrix} M_{x0}^p & M_{y0}^p & M_{z0}^p \end{matrix})_k^T$$

$$(\boldsymbol{K}_z^\omega)_k = (\begin{matrix} K_{zz}^\omega & K_{z\varphi}^\omega & K_{z\psi}^\omega \end{matrix})_k^T$$

$$(\boldsymbol{D}_z^\omega)_k = (\begin{matrix} d_{zz}^\omega & d_{z\varphi}^\omega & d_{z\psi}^\omega \end{matrix})_k^T$$

$$(\boldsymbol{K}_{xy}^\omega)_k = (\begin{matrix} K_{xz}^\omega & K_{x\varphi}^\omega & K_{x\psi}^\omega & K_{yz}^\omega & K_{y\varphi}^\omega & K_{y\psi}^\omega \end{matrix})_k^T$$

$$(\boldsymbol{D}_{xy}^\omega)_k = (\begin{matrix} d_{xz}^\omega & d_{x\varphi}^\omega & d_{x\psi}^\omega & d_{yz}^\omega & d_{y\varphi}^\omega & d_{y\psi}^\omega \end{matrix})_k^T$$

$$(\boldsymbol{K}_z^m)_k = (\begin{matrix} K_{zz}^m & K_{z\varphi}^m & K_{z\psi}^m \end{matrix})_k^T$$

$$(\boldsymbol{D}_z^m)_k = (\begin{matrix} d_{zz}^m & d_{z\varphi}^m & d_{z\psi}^m \end{matrix})_k^T$$

$$(\boldsymbol{K}_{xy}^m)_k = (\begin{matrix} K_{xz}^m & K_{x\varphi}^m & K_{x\psi}^m & K_{yz}^m & K_{y\varphi}^m & K_{y\psi}^m \end{matrix})_k^T$$

$$(\boldsymbol{D}_{xy}^m)_k = (\begin{matrix} d_{xz}^m & d_{x\varphi}^m & d_{x\psi}^m & d_{yz}^m & d_{y\varphi}^m & d_{y\psi}^m \end{matrix})_k^T$$

转换矩阵 $\boldsymbol{A}_1$，$\boldsymbol{A}_2$ 和 $\boldsymbol{A}_3$ 依次为

$$(\boldsymbol{A}_1)_k = \begin{bmatrix} \cos\alpha_k & \sin\alpha_k & 0 \\ -\sin\alpha_k & \cos\alpha_k & 0 \\ 0 & 0 & 1 \end{bmatrix}$$

$$(\boldsymbol{A}_2)_k = \begin{bmatrix} 1 & 0 & 0 \\ 0 & \cos\alpha_k & \sin\alpha_k \\ 0 & -\sin\alpha_k & \cos\alpha_k \end{bmatrix}$$

$$(\boldsymbol{A}_3)_k = \begin{bmatrix} \cos\alpha_k & 0 & 0 & \sin\alpha_k & 0 & 0 \\ 0 & \cos^2\alpha_k & \sin\alpha_k\cos\alpha_k & 0 & \sin\alpha_k\cos\alpha_k & \sin^2\alpha_k \\ 0 & -\sin\alpha_k\cos\alpha_k & \cos^2\alpha_k & 0 & \cos^2\alpha_k & \sin\alpha_k\cos\alpha_k \\ -\sin\alpha_k & 0 & 0 & \cos\alpha_k & 0 & 0 \\ 0 & -\sin\alpha_k\cos\alpha_k & -\sin^2\alpha_k & 0 & \cos^2\alpha_k & \sin\alpha_k\cos\alpha_k \\ 0 & \sin^2\alpha_k & -\sin\alpha_k\cos\alpha_k & 0 & \sin\alpha_k\cos\alpha_k & \cos^2\alpha_k \end{bmatrix}$$

$$\tag{5-99}$$

对于多块瓦轴承，要逐块地计算每一块瓦的静、动力学系数非常耗时，而推力轴承所含瓦块数有时甚至多达 8 块以上，因而上述过程实际上提供了一种新方法用以加快计算过程。在固定瓦推力轴承中，一般说来各瓦所含的几何参数、物理参数都完全相同，在动力学参数中，所不同的也只有推力盘的倾斜参数 φ 和 ψ。在这种情况下，只需对其中一块瓦在一个范围内的 φ_0 和 ψ_0 计算其在局部坐标系内的静、动特性就足够了；而对应于每一个 φ_0 和 ψ_0，第 k 块瓦的 φ_k 和 ψ_k 可由转换方程（5-83）得到。这样，其余瓦的静、动特性系数就可以充分利用已经算得的已知瓦的性能参数，通过插值或曲线拟合而直接得到，由此得到所有瓦在各自局部坐标系中的性能参数，进而再将这些参数按方程（5-95）~方程（5-98）转换到主坐标系中逐一叠加起来，最终得到推力轴承的静态性能和转子动力学系数。

5.4　环形密封的设计与校核

离心泵机组设计中，常采用多种结构、多种尺寸的环形密封件减小静止及转动部件间的流动损失，特别是在高压多级离心泵中，由于密封及平衡压力的需要，存在多组如密封口环、级间密封及平衡鼓等液体环形密封件。上述环形密封间隙内间隙流动一方面会造成泄漏、降低离心泵效率，另一方面在"洛马金"效应作用下环形密封的密封形式、结构尺寸结合不同的运行工况将对转子系统动力学特性产生较大影响，进而直接影响轴系及机组整体的水力性能、运行稳定性及机组动力学性能及振动指标。随着离心泵单级扬程、效率设计需求不断提高，具有良好密封性能及稳定动力学特性的光滑或特殊齿形液体环形密封应用不断拓展。本节着重介绍结合离心泵全流场非定常数值计算的光滑环形密封及螺旋形、人字槽形等特殊齿形环形密封内间隙流体激励力及等效动力学特性的数值计算方法，并阐述不同工况及几何参数对等效动力学特性参数的影响。

5.4.1　环形密封间隙激励力及其等效动力学特性

环形密封广泛应用于流体机械叶轮耐磨环、级间密封、中间衬套等位置，如图 5-8 所示。其中，叶轮口环与级间密封属于长径比较小的环形密封（长径比小于 0.75），如平衡鼓、平衡盘密封则属于大长径比环形密封（长径比大于 0.75）。环形密封间隙内流体流动产生的作用力可明显提高轴系刚度及稳定性，为准确计算此流体力对整个转子系统动力学特性及动力学行为的影响，Black 与

Childs 等参考滑动轴承的动特性系数定义，提出了环形密封动特性系数：主刚度系数 K，交叉刚度系数 k，主阻尼系数 C，交叉阻尼系数 c，主附加质量系数 M，交叉附加质量系数 m。此外，他们还借鉴滑动轴承动力学特性与油膜力的关系，利用小扰动模型下的间隙流体力 F 与转子运动状态对 6 个动特性系数，进行了定义：

$$-\begin{bmatrix} F_x \\ F_y \end{bmatrix} = \begin{bmatrix} K & k \\ -k & K \end{bmatrix} \begin{bmatrix} X \\ Y \end{bmatrix} + \begin{bmatrix} C & c \\ -c & C \end{bmatrix} \begin{bmatrix} \dot{X} \\ \dot{Y} \end{bmatrix} + \begin{bmatrix} M & m \\ -m & M \end{bmatrix} \begin{bmatrix} \ddot{X} \\ \ddot{Y} \end{bmatrix} \qquad (5\text{-}100)$$

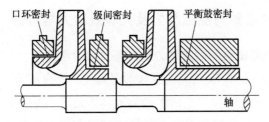

图 5-8　高压多级离心泵典型环形密封结构

　　由于交叉附加质量系数量级较小，在轴系动力学特性及动力学行为运算中，多可省略，所以本书所述计算中，均设交叉附加质量系数 $m=0$。图 5-9 给出了 x、y 方向的流体力 F_x、F_y 与密封转子在 x、y 方向的位移 X、Y 的定义。如图 5-9 所示，环形密封转子几何中心 O' 与定子几何中心 O 在静止状态下重合，但工作状态下密封转子除以 ω 为速度的自转外，还随轴系振动产生小位移扰动。小扰动模型假定此时密封转子几何中心 O' 的运动轨迹为一个以 O 为中心，以 OO' 为半径的正圆，OO' 又称为偏心量。密封转子以密封定子几何中心 O 为中心的圆周运动又称为转子的涡动，涡动转速为 Ω。

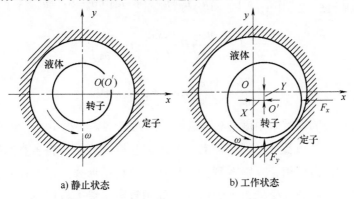

a) 静止状态　　　　　　　b) 工作状态

图 5-9　小扰动模型 x、y 方向流体力与位移

从环形密封外形及扰动模型的应用观察，环形密封与滑动轴承类似，但实际二者内部流体的流动状态及几何结构完全不同，最突出的有两点区别。首先，二者径向间隙与转子径向尺寸的比例完全不同，滑动轴承的半径间隙与转子半径之比量级通常为 0.001，而环形密封的系数量级为 0.01。其次，由于密封间隙的增大，加上密封两端的高压差、内部流体黏度较小等因素的共同作用，使得密封间隙内流体处于高度湍流状态，与滑动轴承内部流体处于层流状态完全不同，因此无法效仿滑动轴承利用雷诺方程求解。

5.4.2 光滑环形密封间隙激励力及其等效动力学特性

1. 小长径比环形密封间隙激励力及其等效动力学特性

目前，长径比小于 0.75 的光滑型环形密封被广泛应用于叶轮前口环、后口环及级间密封中。此类间隙内流体激励力及其等效动力学特性基于间隙环流线性小扰动模型及 Childs 发展的有限长求解理论进行求解，即假设该位置动环除自转外，其中心还围绕轴心连线存在一较小的涡动。选取间隙内液体环为控制体，根据 Bulk-flow 模型建立包括轴向动量方程［如式（5-101）］、周向动量方程［如式（5-102）］及连续性方程［如式（5-103）］的无量纲微元控制方程组。

$$-\frac{H^2}{\mu R^2 \omega}\frac{\partial p}{\partial \theta} = \frac{1}{2}n_0\left(\frac{\rho R \omega H}{\mu}\right)^{1+m_0}\left[u_\theta(u_\theta^2+u_z^2)^{\frac{1+m_0}{2}}+(u_\theta-1)((u_\theta-1)^2+u_z^2)^{\frac{1+m_0}{2}}\right]+$$

$$\frac{\rho R \omega H}{\mu}\left(\frac{H}{R\omega}\frac{\partial u_\theta}{\partial t}+H\frac{u_\theta}{R}\frac{\partial u_\theta}{\partial \theta}+Hu_z\frac{\partial u_\theta}{\partial y}\right) \tag{5-101}$$

$$-\frac{H^2}{\mu R \omega}\frac{\partial p}{\partial z} = \frac{1}{2}n_0\left(\frac{\rho R \omega H}{\mu}\right)^{1+m_0}\left\{u_z(u_\theta^2+u_z^2)^{\frac{1+m_0}{2}}+u_z\left[(u_\theta-1)^2+u_z^2\right]^{\frac{1+m_0}{2}}\right\}+$$

$$\frac{\rho R \omega H}{\mu}\left(\frac{H}{R\omega}\frac{\partial u_z}{\partial t}+H\frac{u_\theta}{R}\frac{\partial u_z}{\partial x}+Hu_z\frac{\partial u_z}{\partial z}\right) \tag{5-102}$$

$$H\frac{\partial u_z}{\partial z}+\frac{1}{R}\frac{\partial}{\partial \theta}(Hu_\theta)+\frac{1}{R\omega}\frac{\partial H}{\partial t}=0 \tag{5-103}$$

对该方程组的求解采用摄动法，选取一个无量纲偏心小量 ε，将轴向速度、周向速度、压力分布及环形间隙径向厚度用偏心量 ε 表示，将各参数的扰动表达式代入原控制方程组，分别得到其一阶及零阶扰动形式。根据环向连续性方程边界条件，将原圆柱坐标系下的运动方程用复数变量进行描述，并分别对轴向、周向方程及连续性方程零阶与一阶方程进行求差运算，可得：

轴向动量方程

$$\frac{\partial u_{z1}}{\partial z}+u_{z0}\frac{\partial p_1}{\partial z}+\left[\frac{\lambda L}{C_{l0}}\frac{1+4u_{z0}^2(m_0+2)}{1+4u_{z0}^2}-j\omega T\left(\frac{1}{2}+v\right)\right]u_{z1}+\frac{\partial u_{z1}}{\partial \tau}+$$

$$u_{z0}\frac{\lambda L}{C_{l0}}\left[\frac{4(m_0+1)(4u_{z0}^2+m_0)}{(1+4u_{z0}^2)^2}\right]vu_{\theta1}=-(1-m_0)u_{z0}\frac{\lambda L}{C_{l0}}\frac{h_1}{\varepsilon} \qquad (5\text{-}104)$$

周向动量方程

$$\frac{\partial u_{\theta1}}{\partial z}+\left[\frac{\lambda L}{C_{l0}}\frac{4u_{z0}^2+m_0+2}{1+4u_{z0}^2}-j\omega T\left(\frac{1}{2}+v\right)\right]u_{\theta1}+\frac{\partial u_{\theta1}}{\partial \tau}-u_{z0}\frac{\lambda L}{C_{l0}}B_1vu_{z1}-$$

$$ju_{z0}\frac{L}{R}p_1=-v\frac{\lambda L}{C_{l0}}\frac{h_1}{\varepsilon}\left[(1-m_0)\frac{4u_{z0}^2+m_0+2}{1+4u_{z0}^2}\right] \qquad (5\text{-}105)$$

连续性方程

$$\frac{\partial u_{z1}}{\partial z}-j\frac{L}{R}u_{\theta1}=-j\frac{L}{R}\left(\frac{1}{2}+v\right)\frac{h_1}{\varepsilon}+u_{z0}\frac{\partial}{\partial \tau}\left(\frac{h_1}{\varepsilon}\right) \qquad (5\text{-}106)$$

在小扰动模型下，将周向及径向位移、速度以周期性涡动运动方程进行描述，以上控制方程组可整合为一阶微分方程组：

$$\frac{d}{dz}\begin{bmatrix}u_{z1}\\u_{\theta1}\\p_1\end{bmatrix}+\begin{bmatrix}0 & -j\dfrac{L}{R} & 0\\[2mm]-u_{z0}\dfrac{\lambda L}{C_{l0}}B_1v & \dfrac{\lambda L}{C_{l0}}B_2+j\Gamma T & -ju_{z0}\dfrac{L}{R}\\[2mm]\left(\dfrac{\lambda L}{C_{l0}}B_3+j\Gamma T\right)/u_{z0} & v\dfrac{\lambda L}{C_{l0}}B_4+j\omega T & 0\end{bmatrix}\begin{bmatrix}u_{z1}\\u_{\theta1}\\p_1\end{bmatrix}$$

$$=\frac{r_0}{\varepsilon}\begin{bmatrix}ju_{z0}\left[\Omega T-\omega T\left(\dfrac{1}{2}+v\right)\right]\\[2mm]-\dfrac{\lambda L}{C_{l0}}[(1-m_0)B_2]v\\[2mm]-(1-m_0)\dfrac{\lambda L}{C_{l0}}-j\left[\Omega T-\omega T\left(\dfrac{1}{2}+v\right)\right]\end{bmatrix} \qquad (5\text{-}107)$$

式中，$B_1=\dfrac{1}{u_{z0}^2}+\dfrac{4(1-m_0^2)}{(1+4u_{z0}^2)^2}+\dfrac{1}{u_{z0}^2}\dfrac{(1-4u_{z0}^2)(1+m_0)}{1+4u_{z0}^2}$，$B_2=\dfrac{4u_{z0}^2+m_0+2}{1+4u_{z0}^2}$，$B_3=$

$\dfrac{1+4u_{z0}^2(m_0+2)}{1+4u_{z0}^2}$，$B_4=\dfrac{4(m_0+1)(4u_{z0}^2+m_0)}{(1+4u_{z0}^2)^2}$；$\lambda$、$m_0$ 为 Blasius-Hirs 摩擦模型中的相关摩擦因数。

考虑环形间隙进口处由于存在压力损失，其压力关系可定义为

$$F_{p\text{-in}}(Q,n) - P(0,\theta,\tau) = \frac{\rho}{2} U_Z^2(0,\theta,\tau)(1+\xi_{\mathrm{i}}) \tag{5-108}$$

考虑环形间隙出口处存在压力的恢复效应，其压力关系可定义为

$$P(1,\theta,t) + \frac{\rho(1-\xi_{\mathrm{e}})}{2} U_Z^2(1,\theta,t) = F_{p\text{-out}}(Q,n) \tag{5-109}$$

对其进行无量纲化处理，$p = P/(\rho U_{Z0}^2)$，$u_z = U_Z/U_{Z0}$可得

$$f_{p\text{-in}}(Q,n) - p_0(0) = \frac{1}{2}(1+\xi_{\mathrm{i}}) u_{z0}^2(0) \tag{5-110}$$

$$P_0(1) - f_{p\text{-out}}(Q,n) = -\frac{(1-\xi_{\mathrm{e}})}{2} u_{z0}^2(1) \tag{5-111}$$

因此，u_{z0}由式（5-112）结合全流场数值计算结果中环形间隙进口、出口压力边界条件［见式（5-110）及式（5-111）］迭代求解；v由式（5-113）结合全流场数值结果中计算环形间隙进口、出口周向速度边界条件［如式（5-114）］迭代求解。

$$-\frac{\rho \lambda L R^2 \omega^2}{C_{l0}} u_{z0}^2 = \frac{\mathrm{d}p}{\mathrm{d}z} \tag{5-112}$$

$$\frac{\mathrm{d}v}{\mathrm{d}z} + \frac{\lambda L}{C_{l0}}\left(1 + \frac{1+m_0}{1+4u_{z0}^2}\right)z = 0 \tag{5-113}$$

$$v_{z=0} = f_{u_\theta\text{-in}}(Q,n) ; v_{z=L} = f_{u_\theta\text{-out}}(Q,n) \tag{5-114}$$

采用打靶法对以上控制方程进行求解，介于收敛条件中进口与出口位置压力分布均与轴向速度有关，故在求解中假设轴向速度为基础变量，将进口与出口位置压力值用基础变量表示，并采用压力出口大小为收敛边界条件，设定收敛准则为相邻两时间步内三组未知数求解残差小于 10^{-8}。介于收敛进口与出口位置压力分布均与轴向速度有关，故取 $u_{z10} = \gamma_k$，$u_{\theta10} = u_\theta(Q,n)$，$p_{10} = k\gamma_k$，$k = -\dfrac{1+\xi_{\mathrm{i}}}{u_{z0}}$。

设 $\dfrac{\mathrm{d}}{\mathrm{d}\gamma_k}\begin{bmatrix} u_{z1} \\ u_{\theta1} \\ p_1 \end{bmatrix} = \begin{bmatrix} M_1 \\ M_2 \\ M_3 \end{bmatrix}$，则 $\dfrac{\partial}{\partial\gamma_k}\left[\dfrac{\mathrm{d}}{\mathrm{d}z}\begin{bmatrix} u_{z1} \\ u_{\theta1} \\ p_1 \end{bmatrix}\right] = \dfrac{\mathrm{d}}{\mathrm{d}z}\begin{bmatrix} M_1 \\ M_2 \\ M_3 \end{bmatrix}$。

原方程组各式对 γ_k 求偏导数，可得

$$\frac{\mathrm{d}}{\mathrm{d}z}\begin{bmatrix} M_1 \\ M_2 \\ M_3 \end{bmatrix} + \begin{bmatrix} 0 & -\mathrm{j}\dfrac{L}{R} & 0 \\ -u_{z0}\dfrac{\lambda L}{C_{l0}}B_1 v & \dfrac{\lambda L}{C_{l0}}B_2 + \mathrm{j}\varGamma T & -\mathrm{j}u_{z0}\dfrac{L}{R} \\ \left(\dfrac{\lambda L}{C_{l0}}B_3 + \mathrm{j}\varGamma T\right)\Big/u_{z0} & v\dfrac{\lambda L}{C_{l0}}B_4 + \mathrm{j}\omega T & 0 \end{bmatrix}\begin{bmatrix} M_1 \\ M_2 \\ M_3 \end{bmatrix} = 0 \qquad (5\text{-}115)$$

将压力分布及轴向速度一阶摄动量代入，将式（5-115）代入式（5-110）与式（5-111）中，可得环形间隙进口、出口无量纲压力边界条件：

$$p_1(0) = -(1+\xi_i)u_{z1}(0)u_{z0}(0) \qquad (5\text{-}116)$$

$$p_1(1) = -(1-\xi_e)u_{z1}(1)u_{z0}(1) \qquad (5\text{-}117)$$

忽略环形间隙进口处周向速度扰动，即 $u_{\theta1}(0)=0$。

换算后控制方程（5-116）的边界条件可化为：$M_1(0)=1$，$M_2(0)=0$，$M_3(0)=k$。

设定 $p_1(L)+(1-\xi_e)u_{z1}(1)u_{z0}(1)=F$，采用牛顿法对 γ_k 的初值进行修正以加速收敛，修正方法：$\gamma_{k+1}=\gamma_k+\dfrac{F(\gamma_k)}{F'(\gamma_k)}$。由此，原方程组的求解可化为对初值 γ_k 的不断改进过程，并验证原边界条件是否满足迭代求解过程。最终迭代结束，将得到环形间隙内流体压力沿 Z 轴所在位置的分布情况 $p_1(z)=\left(\dfrac{r_0}{\varepsilon}\right)(f_{3c}(z)+if_{3s}(z))$。根据液体环内压力分布情况，对反作用力进行径向与周向的分解分析，并进行无量纲化处理，如下：

$$\begin{cases} \dfrac{\lambda F_r(\varOmega T)}{\pi R\Delta p R_0} = -\dfrac{2\sigma}{(1+\xi_i+2\sigma)}\displaystyle\int_0^1 f_{3c}(z)\,\mathrm{d}z \\[4mm] \dfrac{\lambda F_\theta(\varOmega T)}{\pi R\Delta p R_0} = -\dfrac{2\sigma}{(1+\xi_i+2\sigma)}\displaystyle\int_0^1 f_{3s}(z)\,\mathrm{d}z \end{cases} \qquad (5\text{-}118)$$

因此，在任意涡动频率下，均可通过所求得的轴向与周向无量纲压力分布函数 $f_{3c}(z)$、$f_{3s}(z)$ 沿 Z 轴的积分求得。在求解过程中，六个动力特性系数组成唯一的一组由两个方程组成的六元一次方程组。对于某一固定工作转速 N，可取涡动频率为 0、0.5、1.0、1.5、2.0 倍的工作转速，组成 5 组六元一次方程组，每 3 组方程可求解出一组动特性系数，5 组方程排列组合共求解 10 组动特性系数，求其平均值并输出其计算结果，其求解流程如图 5-10 所示。该求解方法可实现叶轮口环、级间密封等长径比小于 0.75 的环形间隙在不同几何尺寸、操作工况下的非定常流体激励力及其动力学特性系数（主刚度系数、附加刚度系数、主阻尼系数、附加阻尼系数及主附加质量系数）的求解，进而完成考虑非定常流体间隙流体激励力的转子系统动力学特性与动力学行为计算。

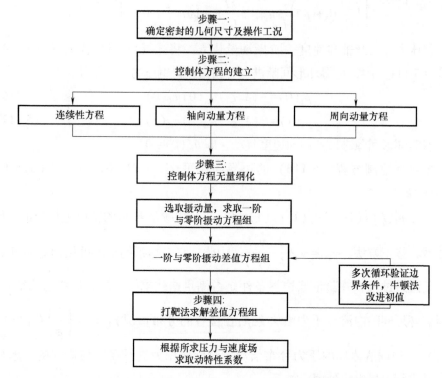

图 5-10 口环环形间隙（长径比小于 0.75）动力学特性求解流程

2. 大长径比环形密封间隙激励力及其等效动力学特性

高压多级离心泵设计中，除"背靠背"排布叶轮外，常设有中间衬套、平衡鼓、平衡盘等用于平衡轴向残余应力，此类液体环形密封环长径比大于0.75，与口环密封等长径比较小的环形密封相比，此类密封环流在压差及高转速的作用下，不仅要考虑动环（一般为轴或热套在轴上的轴套）的平动，同时需要考虑由于动环轴向两端面不同步运动造成的转动。因此，在小扰动模型下结合 Childs 提出的考虑转矩因素的有限长解法进行此类间隙流体激励力及其等效动力学特性参数的求解。该模型选取间隙内液体微元为控制体，将两端面的不同步运动简化为以动环中心轴面为转动中心的转动，xOz 平面内的简化物理模型对比如图 5-11 所示。如图 5-11a 所示，长径比较小的动环涡动以平动为主，即两端面同步运行，端面内对应相同相位点的连线（图中 aa'、bb'）与 z 轴始终保持平行；如图 5-11b 所示，长径比较大的动环涡动以平动与转动共同组成的复合运动为主，即两端面异步运行，端面内相位相同点的连线（图中 dd''）绕 y 轴产生一较小锐角 α_y 的摆动，绕 x 轴产生一较小锐角 α_x 的摆动；考虑转矩的线性小扰动模型下，对间隙流体力、转子运动状态及动特性系数进行了补充定义，如下：

$$-\begin{bmatrix} F_x \\ F_y \\ M_y \\ M_x \end{bmatrix} = \begin{bmatrix} K & k & K_{\varepsilon\alpha} & k_{\varepsilon\alpha} \\ -k & K & -k_{\varepsilon\alpha} & -K_{\varepsilon\alpha} \\ K_{\alpha\varepsilon} & k_{\alpha\varepsilon} & K_\alpha & -k_\alpha \\ k_{\alpha\varepsilon} & -K_{\alpha\varepsilon} & k_\alpha & K_\alpha \end{bmatrix} \begin{bmatrix} X \\ Y \\ \alpha_x \\ \alpha_y \end{bmatrix} + \begin{bmatrix} C & c & C_{\varepsilon\alpha} & c_{\varepsilon\alpha} \\ -c & C & -c_{\varepsilon\alpha} & -C_{\varepsilon\alpha} \\ C_{\alpha\varepsilon} & c_{\alpha\varepsilon} & C_\alpha & -c_\alpha \\ c_{\alpha\varepsilon} & -C_{\alpha\varepsilon} & c_\alpha & C_\alpha \end{bmatrix} \begin{bmatrix} \dot{X} \\ \dot{Y} \\ \dot{\alpha}_x \\ \dot{\alpha}_y \end{bmatrix} +$$

$$\begin{bmatrix} M & 0 & M_{\varepsilon\alpha} & 0 \\ 0 & M & 0 & -M_{\varepsilon\alpha} \\ M_{\alpha\varepsilon} & 0 & M_\alpha & 0 \\ 0 & -M_{\alpha\varepsilon} & 0 & M_\alpha \end{bmatrix} \begin{bmatrix} \ddot{X} \\ \ddot{Y} \\ \ddot{\alpha}_x \\ \ddot{\alpha}_y \end{bmatrix} \tag{5-119}$$

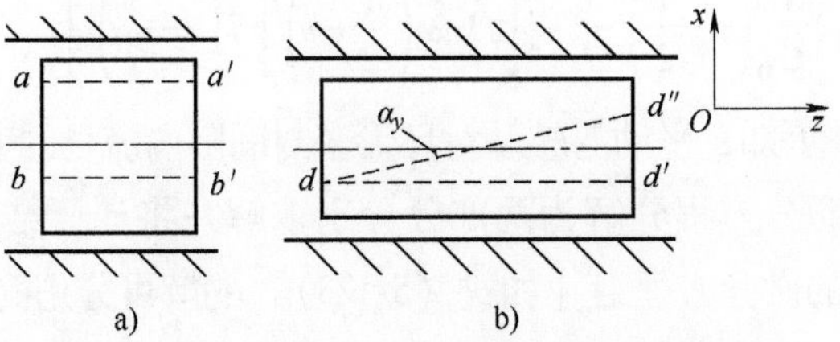

图 5-11 大长径比环形密封运动简化模型

考虑到动环转动是围绕 x、y 轴转动的复合运动，考虑轴绕 x、y 轴转动的转角 α_x、α_y 的作用，则该环形密封的半径间隙可表示为

$$h = h_0 - \left[x + \alpha_y \left(\frac{L}{C_{l0}} \right) \left(z - \frac{L}{2} \right) \right] \cos\theta - \left[y - \alpha_x \left(\frac{L}{C_{l0}} \right) \left(z - \frac{L}{2} \right) \right] \sin\theta \tag{5-120}$$

其一阶摄动形式为

$$\varepsilon h_1 = -\left[x + \alpha_y \left(\frac{L}{C_{l0}} \right) \left(z - \frac{L}{2} \right) \right] \cos\theta - \left[y - \alpha_x \left(\frac{L}{C_{l0}} \right) \left(z - \frac{L}{2} \right) \right] \sin\theta \tag{5-121}$$

即 $-\varepsilon h_1 = \vec{r} + \vec{\alpha}$，$\vec{r} = x + jy$，$\vec{\alpha} = \alpha_y - j\alpha_x$，引入运动的复数形式可得：

$$\vec{r} = r_0 e^{jf\tau}, \quad \vec{\alpha} = \alpha_0 e^{jf\tau}, \quad \vec{h}_1 = h_{10} e^{jf\tau} \tag{5-122}$$

将以上各式代入式（5-101）~式（5-103）组成的运动方程组中，可得：

$$\frac{\mathrm{d}}{\mathrm{d}z}\begin{bmatrix} u_{z1} \\ u_{\theta1} \\ p_1 \end{bmatrix} + \begin{bmatrix} 0 & -\mathrm{j}\dfrac{L}{R} & 0 \\ -u_{z0}\dfrac{\lambda L}{C_{l0}}B_1 v & \dfrac{\lambda L}{C_{l0}}B_2+\mathrm{j}\varGamma T & -\mathrm{j}u_{z0}\dfrac{L}{R} \\ \left(\dfrac{\lambda L}{C_{l0}}B_3+\mathrm{j}\varGamma T\right)\Big/u_{z0} & v\dfrac{\lambda L}{C_{l0}}B_4+\mathrm{j}\omega T & 0 \end{bmatrix}\begin{bmatrix} u_{z1} \\ u_{\theta1} \\ p_1 \end{bmatrix}$$

$$= \frac{r_0}{\varepsilon}\begin{bmatrix} \mathrm{j}u_{z0}\left[\varOmega T-\omega T\left(\dfrac{1}{2}+v\right)\right] \\ -\dfrac{\lambda L}{C_{l0}}(1-m_0)B_2 v \\ -(1-m_0)\dfrac{\lambda L}{C_{l0}}-\mathrm{j}\left[\varOmega T-\omega T\left(\dfrac{1}{2}+v\right)\right] \end{bmatrix} +$$

$$\frac{\alpha_0}{\varepsilon}\frac{L}{C}\begin{bmatrix} u_{z0}+\mathrm{j}u_{z0}T\left(z-\dfrac{1}{2}\right)\left[\varOmega-\omega\left(\dfrac{1}{2}-v\right)\right] \\ -\dfrac{\lambda L}{C_{l0}}(1-m_0)B_2 v\left(z-\dfrac{1}{2}\right) \\ -(1-m_0)\dfrac{\lambda L}{C_{l0}}\left(z-\dfrac{1}{2}\right)-1-\mathrm{j}\left[\varOmega-\omega\left(\dfrac{1}{2}-v\right)\right]T\left(z-\dfrac{1}{2}\right) \end{bmatrix} \tag{5-123}$$

由式 (5-123) 可知，平动与转动对环形密封间隙内流场的变化呈线性叠加作用，故可以将以上微分方程分解为两部分分别求解并将计算结果进行线性叠加。由平动及转动引起的微分方程组 [如式 (5-123)] 的解可分别简化表示为：

平动：
$$\begin{bmatrix} u_{z1} \\ u_{\theta1} \\ p_1 \end{bmatrix} = \frac{r_0}{\varepsilon}\begin{bmatrix} f_{1c}(z)+\mathrm{j}f_{1s}(z) \\ f_{2c}(z)+\mathrm{j}f_{2s}(z) \\ f_{3c}(z)+\mathrm{j}f_{3s}(z) \end{bmatrix} \tag{5-124}$$

转动：
$$\begin{bmatrix} u_{z1} \\ u_{\theta1} \\ p_1 \end{bmatrix} = \frac{\alpha_0}{\varepsilon}\begin{bmatrix} f_{4c}(z)+\mathrm{j}f_{4s}(z) \\ f_{5c}(z)+\mathrm{j}f_{5s}(z) \\ f_{6c}(z)+\mathrm{j}f_{6s}(z) \end{bmatrix} \tag{5-125}$$

对原作用于转子上的反作用力进行无量纲化处理，得到其无量纲定义表达式：

$$-\frac{\lambda}{\pi R\Delta p}\begin{bmatrix} F_x \\ F_y \\ M_y \\ M_x \end{bmatrix} = \begin{bmatrix} \tilde{K} \end{bmatrix}\begin{bmatrix} X \\ Y \\ \alpha_x \\ \alpha_y \end{bmatrix} + T\begin{bmatrix} \tilde{C} \end{bmatrix}\begin{bmatrix} \dot{X} \\ \dot{Y} \\ \dot{\alpha}_x \\ \dot{\alpha}_y \end{bmatrix} + T^2\begin{bmatrix} \tilde{M} \end{bmatrix}\begin{bmatrix} \ddot{X} \\ \ddot{Y} \\ \ddot{\alpha}_x \\ \ddot{\alpha}_y \end{bmatrix} \tag{5-126}$$

将周向与轴向压力分量表达式进行面积分可得环形间隙内非定常流体激励力与力矩，结合动力学特性参数的线性定义，可得：

$$
\begin{cases}
-\dfrac{\lambda F_x(\Omega T)}{\pi R \Delta p R_0} = \dfrac{2\sigma}{(1+\xi_i+2\sigma)}\int_0^1 f_{3c}(z)\,\mathrm{d}z = \overline{K} + \overline{c}(\Omega T) - \overline{M}(\Omega T)^2 \\[2mm]
-\dfrac{\lambda F_y(\Omega T)}{\pi R \Delta p R_0} = \dfrac{2\sigma}{(1+\xi_i+2\sigma)}\int_0^1 f_{3s}(z)\,\mathrm{d}z = \overline{k} - \overline{C}(\Omega T) \\[2mm]
-\dfrac{\lambda M_x(\Omega T)}{\pi R \Delta p R_0} = \dfrac{2\sigma L}{(1+\xi_i+2\sigma)}\int_0^1 (z-1/2)f_{3c}(z)\,\mathrm{d}z = \overline{K}_{\alpha\varepsilon} + \overline{c}_{\alpha\varepsilon}(\Omega T) - \overline{M}_{\alpha\varepsilon}(\Omega T)^2 \\[2mm]
\dfrac{\lambda M_y(\Omega T)}{\pi R \Delta p R_0} = \dfrac{2\sigma L}{(1+\xi_i+2\sigma)}\int_0^1 (z-1/2)f_{3s}(z)\,\mathrm{d}z = -\overline{k}_{\alpha\varepsilon} + \overline{C}_{\alpha\varepsilon}(\Omega T) \\[2mm]
-\dfrac{\lambda F_x(\Omega T)}{\pi R \Delta p \alpha_0} = \dfrac{2\sigma L}{(1+\xi_i+2\sigma)}\int_0^1 f_{6c}(z)\,\mathrm{d}z = \overline{K}_{\varepsilon\alpha} + \overline{c}_{\varepsilon\alpha}(\Omega T) - \overline{M}_{\varepsilon\alpha}(\Omega T)^2 \\[2mm]
-\dfrac{\lambda F_y(\Omega T)}{\pi R \Delta p \alpha_0} = \dfrac{2\sigma}{(1+\xi_i+2\sigma)}\int_0^1 f_{6s}(z)\,\mathrm{d}z = -\overline{k}_{\varepsilon\alpha} + \overline{C}_{\varepsilon\alpha}(\Omega T)
\end{cases}
$$

$$(5\text{-}127)$$

$$
\begin{cases}
-\dfrac{\lambda M_y(\Omega T)}{\pi R \Delta p \alpha_0} = \dfrac{2\sigma L^2}{(1+\xi_i+2\sigma)}\int_0^1 (z-1/2)f_{6c}(z)\,\mathrm{d}z = \overline{K}_{\alpha} + \overline{c}_{\alpha}(\Omega T) - \overline{M}_{\alpha}(\Omega T)^2 \\[2mm]
\dfrac{\lambda M_x(\Omega T)}{\pi R \Delta p \alpha_0} = \dfrac{2\sigma L^2}{(1+\xi_i+2\sigma)}\int_0^1 (z-1/2)f_{6s}(z)\,\mathrm{d}z = -\overline{k}_{\alpha} + \overline{C}_{\alpha}(\Omega T)
\end{cases}
$$

$$(5\text{-}128)$$

由以上周向与轴向力的分析可知，在任意涡动频率下，均可通过所求得的轴向与周向无量纲压力分布函数 $f_{3c}(z)$、$f_{3s}(z)$、$f_{6c}(z)$、$f_{6s}(z)$ 沿 Z 轴的积分求得。在求解过程中，六个动力特性系数组成唯一的一组由两个方程组成的六元一次方程组。对于某一固定工作转速 N，可取涡动频率为 0、0.5、1.0、1.5、2.0 倍的工作转速，组成 5 组六元一次方程组，每 3 组方程可求解出一组动特性系数，5 组方程排列组合共求解 10 组动特性系数并求其平均值。该求解方法可实现叶轮口环、级间密封等长径比小于 0.75 的环形间隙在不同几何尺寸、操作工况下的非定常流体激励力及其动力学特性系数（主刚度系数、附加刚度系数、主阻尼系数、附加阻尼系数及主附加质量系数）的求解，进而完成考虑非定常流体间隙流体激励力的转子系统动力学特性与动力学行为计算。

5.5 严苛工况离心泵转子振动分析算例

5.5.1 复杂增速离心泵转子耦合振动特性计算

1. 模态分析设置

选择 Modal 模块，在 Engineering Data 中输入材料属性，选择材料为 316 不锈钢，密度为 7850kg/m³，弹性模量为 $2×10^{11}$Pa，泊松比为 0.3。

由于已经在前期 SolidWorks 中进行了装配，所以在 Workbench 中会默认将各部分以 Bonded 形式连接在一起，然后就是对模型进行网格划分并在图 5-12 所示位置加上轴承和口环，对于端面上的轴承刚度为 $1×10^{10}$N/m，口环上的轴承刚度则为 $1×10^{8}$N/m。

图 5-12　轴承添加位置示意图

设置齿轮啮合（单轴不需要此步骤）：如图 5-13 所示，删除原有的齿面接触连接，选中一个齿轮面，以尺寸方式命名快速整理出各个齿轮的齿面；新建连接方式为摩擦接触，设置摩擦因数为 0.15，刚度系数为 1，迭代方式为每次迭代，界面处理为接触调整，其余设置为默认设置或者程序自动控制，然后对齿轮接触面的网格进行加密处理，通过设置与网格控制一起来达到齿轮啮合的效果；求解设置如图 5-14 所示。

插入转速：右击插入转速，对于单轴系统分开求解模态时对所求模型的齿轮位置加入转速，由于轴系较短且支承较多，为了能使其出现临界转速，插入转速应该偏大一些。对于模型泵转子系统的转速只需要在主动轴上插入转速即可。

2. 模态结果分析

图 5-15~图 5-17 分别反映了单轴情况下各个轴的坎贝尔图，各个轴的临界

转速汇见表 5-1。

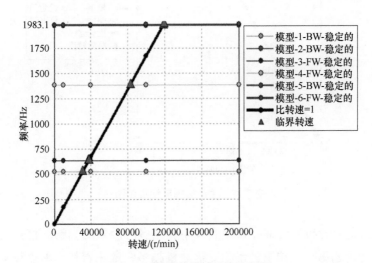

<table>
<tr><td colspan="2">Details of "Frictional - No Selection To No Selection"</td><td>ᄆ</td></tr>
</table>

Details of "Frictional - No Selection To No Selection"

Scope	
Scoping Method	Named Selection
Contact	dachilun
Target	xiaochilun01
Contact Bodies	GB - Spur gear 4M 80T 14.5PA 57.4FW ---S...
Target Bodies	GB - Spur gear 4M 17T 20PA 69FW ---517A
Definition	
Type	Frictional
☐ Friction Coefficient	0.15
Scope Mode	Manual
Behavior	Program Controlled
Trim Contact	Program Controlled
Suppressed	No
Advanced	
Formulation	Program Controlled
Detection Method	Program Controlled
Penetration Tolerance	Program Controlled
Elastic Slip Tolerance	Program Controlled
Normal Stiffness	Manual
Normal Stiffness Factor	1.
Update Stiffness	Each Iteration
Stabilization Damping Factor	0.
Pinball Region	Program Controlled
Time Step Controls	None
Geometric Modification	
Interface Treatment	Adjust to Touch
Contact Geometry Correction	None
Target Geometry Correction	None

Details of "Analysis Settings"

Options	
Max Modes to Find	6
Limit Search to Range	No
Solver Controls	
Damped	Yes
Solver Type	Program Controlled
Rotordynamics Controls	
Coriolis Effect	On
Campbell Diagram	On
Number of Points	6
⊞ **Output Controls**	
⊞ **Damping Controls**	
⊞ **Analysis Data Management**	

图 5-13　接触设置　　　　　　　　　　图 5-14　求解设置

图 5-15　首级叶轮轴系坎贝尔图

表 5-1　不同轴系与阶数所对应的临界转速

临界转速	首级叶轮轴	次级叶轮轴	主动轴
一阶	31304r/min	32260r/min	41600r/min
二阶	37640r/min	51668r/min	57497r/min

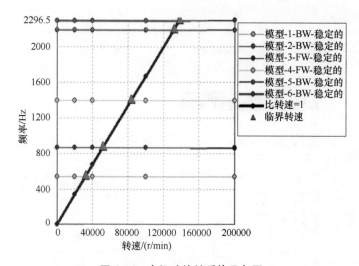

图 5-16　次级叶轮轴系坎贝尔图

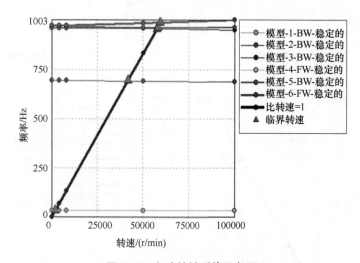

图 5-17　主动轴轴系坎贝尔图

对结果进行分析发现临界转速的大小受到多种因素的影响。首先是支承数量对临界转速的影响，转子轴系的支承数量越多，意味着其支承点越多，相应地就会使其所受的约束越多，则支承数量越多的轴系其临界转速值也越大；其次是轴系长度的影响，长轴系的临界转速一般小于短轴系的临界转速；最后是轴上所带部件的直径与轴系长度的比值对临界转速也有所影响，由结果分析可知长径比越小的轴系其临界转速越小。

图 5-18~图 5-23 所示的模态振型图分别表示了单轴情况下各根轴系在达到

前两阶临界转速时各轴的位移状态，在各阶临界转速下转子发生共振时产生的最大位移随阶数的增加而增大；首级叶轮轴系的最大位移量分别为 44.25μm 和 56.94μm，次级叶轮轴系的最大位移量分别为 44.58μm 和 47.59μm，主动轴系的最大位移量分别为 7.49μm 和 5.23μm；对于这些位移来说相对于整体轴系的尺寸而言形变较小，一般认为是处在合理范围之类，并且在运行时避免这些运转情况，就可以避免转子发生共振。

图 5-18　首级叶轮轴系一阶振型图

图 5-19　首级叶轮轴系二阶振型图

图 5-20　次级叶轮轴系一阶振型图

图 5-21　次级叶轮轴系二阶振型图

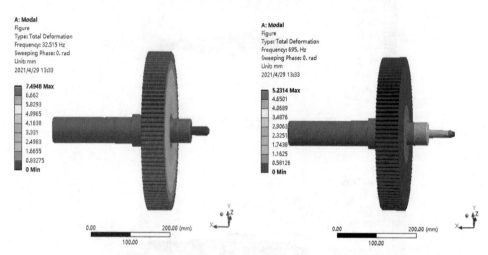

图 5-22　主动轴一阶振型图　　　　　图 5-23　主动轴二阶振型图

3. 模型泵转子系统模态结果分析

对于该两级泵组合转子而言，只需按上述设置当中将齿轮啮合部分加入进去就可以得到模型泵转子系统的坎贝尔图（图5-24）、临界转速（表5-2）、模态振型图等结果。

表 5-2　模型泵转子系统临界转速汇总

阶数	临界转速/（r/min）
一阶	9375.8
二阶	52913
三阶	54263
四阶	54476

对结果进行分析可知，由于是主动轴带动其余两根从动轴进行回转运动的，所以每根轴之间产生了相互作用力，从而使整个系统的临界转速发生了变化，最后的临界转速都在每根轴转速的范围之间。

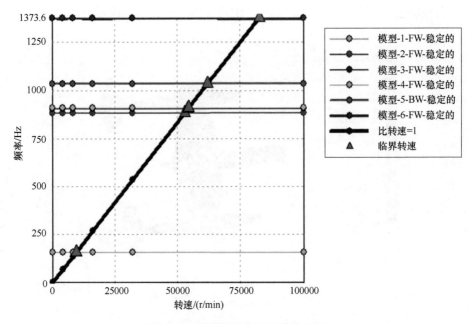

图 5-24　模型泵转子系统坎贝尔图

　　图 5-25 ~ 图 5-28 所示的模态振型图表示了组合转子模型在达到前四阶临界转速时各个部分的位移状态，和单轴系模拟时一样都是随着阶数的增加而增大，在一阶到四阶的最大位移量分别为 13.22μm、32.43μm、67.05μm、67.23μm，对于整个系统的尺寸来说也是比较小的形变量，皆可认为是处在合理范围内；且

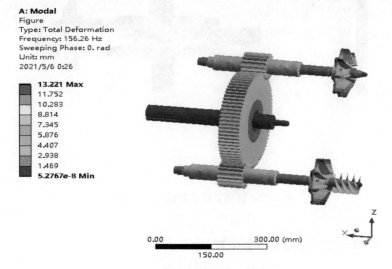

图 5-25　模型泵转子系统一阶振型图

由于各根轴之间存在相互影响的作用，位移变形量要比单轴位移量大。

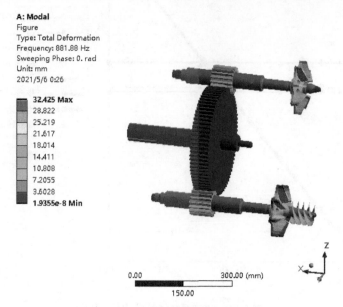

图 5-26　模型泵转子系统二阶振型图

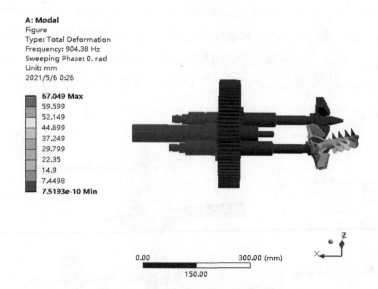

图 5-27　模型泵转子系统三阶振型图

5.5.2　高速泵耦合振动特性计算

图 5-29 所示为高速离心泵转子系统的三维结构简图。该转子系统由主动齿

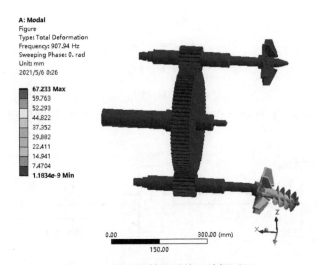

图 5-28　模型泵转子系统四阶振型图

轮、从动齿轮、滚动轴承、转子、环形密封以及弹性轴组成。

图 5-29　齿轮-转子-密封-轴承（GRSB）系统三维结构简图

在忽略流体激振力的作用下，图 5-30 描述了高速离心泵转子在运转时的受力状况，包括了输入、输出扭矩，非线性动态啮合力，非线性轴承力以及非线性密封力。如图 5-30 所示，通过集中质量法，将滚动轴承、齿轮副和转子分别简化成 8 个质量节点 $O_j(j=\mathrm{b1,b2,b3,b4,p,g,r,d})$，并且它们的质量大小分别为 $m_{\mathrm{b1}},m_{\mathrm{b2}},m_{\mathrm{b3}},m_{\mathrm{b4}},m_{\mathrm{p}},m_{\mathrm{g}},m_{\mathrm{r}},m_{\mathrm{d}}$；$x_j$ 和 $y_j(j=\mathrm{b1,b2,b3,b4,p,g,r,d})$ 表示各个质量节点位置处在 x 和 y 方向上的振动位移；$k_{\mathrm{m}}(t)$ 和 $c_{\mathrm{m}}(t)$ 表示轮齿啮合过程中的时变啮合刚度和阻尼；由于加工精度误差等原因造成的齿轮啮合的内部误差激励用 $\delta(t)$ 来表示，该误差主要来源于齿轮的加工精度和误差；ω_1 和 ω_1 分别为主动轴和从动轴的角速度；$\varphi_j(j=\mathrm{d,p,g,r})$ 是输入负载、齿轮和转子上的角位移，并且可以表示为

$$\begin{cases} \varphi_d = \omega_1 t + \theta_d \\ \varphi_p = \omega_1 t + \theta_p \\ \varphi_g = \omega_2 t + \theta_g \\ \varphi_r = \omega_2 t + \theta_r \end{cases} \qquad (5\text{-}129)$$

其中，$\theta_j(j=\mathrm{d,p,g,r})$ 为输入负载、齿轮和转子上的扭转振动位移。

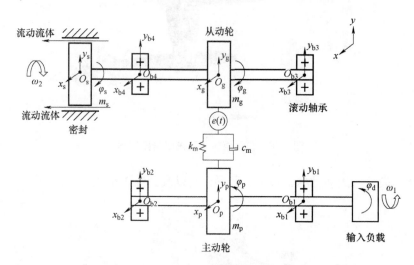

图 5-30　GRSB 系统的结构与受力简图

为了降低转子系统动力学模型的构建难度，采用动态子结构方法将系统分解成"齿轮副子结构""滚动轴承子结构"以及"环形密封子结构"，并建立其相应的动力学模型，利用集中质量法和位移平衡原理将各个子结构综合到一起，从而得到转子系统的动力学模型。

1. 非线性齿轮动态啮合激励力

激励是系统的输入，是进行系统动力学分析的必要条件。齿轮系统的激励力主要分为内部激励和外部激励，其中外部激励是外部对系统的激励，主要包括原动机的驱动力矩和负载的阻力与阻尼矩。内部激励主要包括了刚度激励、误差激励、啮合冲击激励以及齿面摩擦。

图 5-31 描述了齿轮副在转子系统中的受力和位移。e_p/e_g、G_p/G_g、和 r_p/r_g 分别是主动轮/从动轮上的质量偏心、质心位置以及齿轮分度圆半径；α_1 为齿轮中心线与垂直线之间的夹角；α_t 为齿轮副的压力角；F_m 和 F_f 分别是齿轮啮合过程中产生的非线性动态啮合激励力与齿面摩擦力，根据弹性理论，F_m 可以表示为

$$F_m = k_m(t)f(S) + c_m(t)\,\mathrm{d}S \tag{5-130}$$

式中，$k_m(t)$ 与 $c_m(t)$ 分别表示啮合过程中的时变啮合刚度和阻尼；$f(S)$ 是齿轮系统的非线性间隙函数。$k_m(t)$ 描述了齿轮系统内部的刚度激励，它来源于直齿轮的啮合过程中，啮合轮齿对数会出现单、双齿对啮合交替出现导致啮合刚度和轮齿载荷出现周期性变化所以起的轮齿系统的动态激励。并且可以通过傅里叶级数展开式得到 $k_m(t)$ 的表达式为

$$k_m(t) = k_{av} + k_{am}\sin(\omega_1 z_p t) \tag{5-131}$$

式中，k_{av} 和 k_{am} 分别表示平均啮合刚度幅值和交变啮合刚度幅值。

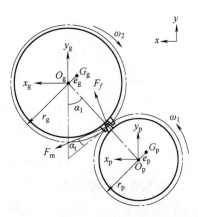

图 5-31　齿轮系统的结构与受力简图

轮齿的啮合阻尼表达式为

$$c_m(t) = 2\xi_m\sqrt{\frac{k_m(t)r_p^2 r_g^2 I_p I_g}{r_p^2 I_p + r_g^2 I_g}} \tag{5-132}$$

式中，ξ_m 为轮齿啮合的阻尼比，按照 Kasuba 和 Wang 的分析计算，ξ_m 的取值范围一般为 $0.03 \sim 0.17$。

非线性间隙函数 $f(S)$ 可以描述成式（5-133），其中 backlash 表示轮齿之间的齿侧间隙；S 表示主动轮与从动轮之间的相对位移，由于主动齿轮和从动齿轮之间的相互耦合，得到其表达式为

$$f(S) = \begin{cases} S - backlash/2, & S > backlash/2 \\ 0, & -backlash/2 \leqslant S \leqslant backlash/2 \\ S + backlash/2, & S > backlash/2 \end{cases} \tag{5-133}$$

$$S = \big[(x_p + e_p\cos\phi_p) - (x_g + e_g\cos\phi_g)\big]\cos(\alpha_1 - \alpha_t) +$$
$$\big[(y_p + e_p\sin\phi_p) - (y_g + e_g\sin\phi_g)\big]\sin(\alpha_1 - \alpha_t) + r_p\theta_p - r_g\theta_g - \delta(t) \tag{5-134}$$

式中，$\delta(t)$ 表示轮齿之间的啮合误差，考虑到啮合过程中每对轮齿之间啮合误差存在差别，本书通过傅里叶级数展开可将其描述为

$$\delta(t) = \delta_{av} + \delta_{am}\sin(\omega_1 z_p t) \tag{5-135}$$

式中，δ_{av} 和 δ_{am} 分别表示平均啮合误差幅值和交变啮合误差幅值。

由于考虑了啮合线以外的自由度，所以必须考虑齿面摩擦的影响，并且齿面摩擦力可以近似表示为

$$\begin{cases} F_f = \lambda f_\lambda F_m \\ F_{fx} = F_f \sin(\alpha_1 - \alpha_t) \\ F_{fy} = F_f \cos(\alpha_1 - \alpha_t) \end{cases} \qquad (5\text{-}136)$$

式中，F_{fx} 和 F_{fy} 分别为 F_f 在 x 和 y 方向上的投影；f_λ 为等效摩擦因数，λ 为轮齿摩擦力方向系数；F_f 沿 x 正方向时取值为 1，反之取 -1。并通过如下公式表示：

$$\begin{cases} \lambda_p = (r_p + r_g)\tan\alpha_t - \sqrt{r_p^2 - r_g^2} + r_p \omega_1 t \\ \lambda_g = (r_p + r_g)\tan\alpha_t - \lambda_p \\ \lambda = \mathrm{sgn}\left[\dot\theta_p \lambda_p - \dot\theta_g \lambda_g\right] \end{cases} \qquad (5\text{-}137)$$

2. 非线性滚动轴承力激励力

在高速泵的转子系统中，轴承是传动轴的支承部件，同时也是将齿轮的动态啮合激励力以及流体激励力传递到泵壳体，使壳体产生振动和噪声的主要元件。所以，轴承的动态特性对整个系统的振动特性都具有重要影响。因此，了解滚动轴承的动力学特性与构建其对应的动力学模型是构建整体转子系统动力学模型的必要前提。

图 5-32 所示为滚动轴承的结构与受力简图，其中 N_b 为滚动轴承中的滚动体的数量；β_j 为滚子 j 与轴承内圈终点连线与 x 轴正方向所形成的夹角大小；F_j 为滚子 j 在轴承内圈与外圈作用下受到的作用力。滚动轴承在受到径向或者轴向载荷时，滚动体 j 和滚道之间会发生形变，本书主要研究高速离心泵转子系统的横向弯扭耦合振动，从而忽略了轴向力对滚动轴承的影响。由图 5-32 可知，滚子 j 与 x 轴正向的夹角

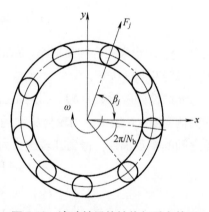

图 5-32　滚动轴承的结构与受力简图

$$\varphi_j = \omega t + 2\pi(j-1)/N_b \qquad (5\text{-}138)$$

假设滚动轴承的轴颈中心位置处的横向振动位移为 x，y，则滚子 j 在径向载荷的作用下的形变 Δ 为

$$\Delta = x\cos\varphi_j + y\sin\varphi_j - \xi \qquad (5\text{-}139)$$

式中，ξ 为滚动轴承游隙。

根据赫兹接触理论，滚子 j 所受的径向载荷力在水平和竖直方向上的大小可以描述成

$$\begin{cases} F_j = K_b \Delta_+^{3/2} \\ F_{bx} = K_b \sum_i^{N_b} \Delta_+^{3/2} \cos\varphi_j \\ F_{by} = K_b \sum_i^{N_b} \Delta_+^{3/2} \sin\varphi_j \end{cases} \tag{5-140}$$

式中，K_b 表示滚动体与内外圈之间总的负荷-变形常数，并且可以描述为

$$\begin{cases} K_b = \dfrac{1}{\left[\,(1/K_{in})^{1/n} + (1/K_{out})^{1/n}\,\right]^n} \\ K_i = 2.15 \times 10^5 (\sum \rho)^{-1/2} (n_\delta)^{-3/2}, (i = in, out) \end{cases} \tag{5-141}$$

式中，n 为常数，若滚子与滚道之间为点接触，则 $n = 3/2$；若滚子与滚道为线接触，则 $n = 10/9$；$K_i (i = in, out)$ 表示滚动体与内圈（外圈）的负荷-变形系数；$\sum\rho$ 表示接触点的总曲率；n_δ 为两弹性体的接触变形系数。深沟球轴承主曲率计算公式见表 5-3。

表 5-3 深沟球轴承主曲率计算公式

主曲率		求解公式	主曲率		求解公式
滚动体与内圈	ρ_{11}	$2/D_w$	滚动体与外圈	ρ_{11}	$2/D_w$
	ρ_{12}	$2/D_w$		ρ_{12}	$2/D_w$
	ρ_{21}	$-1/(f_{in} D_w)$		ρ_{21}	$-1/(f_{out} D_w)$
	ρ_{22}	$2\gamma/[D_w(1-\gamma)]$		ρ_{22}	$-2\gamma/[D_w(1+\gamma)]$

表 5-3 中，D_w 为滚动体直径；f_{in}，f_{out} 分别为内、外圈的曲率半径系数，一般取 0.515~0.530；γ 为无量纲系数，且 $\gamma = D_w\cos\alpha/d_m$；$d_m$ 为滚动体中心圆直径。

内、外圈的总曲率可以定义为

$$\sum \rho = \rho_{11+} \rho_{12+} \rho_{21+} \rho_{22} \tag{5-142}$$

求出滚动体的内外圈总曲率后，即可查表得到 n_δ 的数值大小。

3. 非线性环形间隙流动激励力

在高速离心泵的外部激励中，根据洛马金效应，由于环形密封的间隙流动，会产生一个非接触式的支承力（非线性密封力）F_s。1987 年，Muszynska 在大量试验的基础上提出了 Muszynska 模型用来表征环形密封内部的非线性密封力，密封口环处的间隙流体力 F_{sealx}，F_{sealy} 的表达式为

$$\begin{bmatrix} F_{sealx} \\ F_{sealy} \end{bmatrix} = - \begin{bmatrix} K_{seal} - m_s\gamma^2\omega^2 & \gamma\omega C_{seal} \\ -\gamma\omega C_{seal} & K_{seal} - m_{seal}\gamma^2\omega^2 \end{bmatrix} \begin{bmatrix} x_r \\ y_r \end{bmatrix} -$$

$$\begin{bmatrix} C_{seal} & 2m_{seal}\gamma\omega \\ -2m_{seal}\gamma\omega & C_{seal} \end{bmatrix}\begin{bmatrix} \dot{x}_r \\ \dot{y}_r \end{bmatrix} - \begin{bmatrix} m_{seal} & 0 \\ 0 & m_{seal} \end{bmatrix}\begin{bmatrix} \ddot{x}_r \\ \ddot{y}_r \end{bmatrix} \qquad (5\text{-}143)$$

式中，K_{seal} 为密封刚度；C_{seal} 为密封阻尼；γ 为流体圆周的平均速度和转子角速度 ω 的比，并且可以描述成如下函数表达式：

$$K_{seal} = K_0(1-\varepsilon^2)^{-n_1}, C_{seal} = C_0(1-\varepsilon^2)^{-n_1}, \gamma = \gamma_0(1-\varepsilon)^{n_2}, \varepsilon = (x^2+y^2)^{1/2}/c$$

式中，ε 用来描述转子的相对涡动大小；c 为密封间隙。一般情况下 $0.5 < n_1 < 3$，$0 < n_2 < 1$，$\gamma_0 < 0.5$。从表达式中发现，K_{seal}，C_{seal} 和 γ 都是关于 x，y 的非线性函数。m_{seal} 是密封惯性。与传统的线性转子运动方程相比，转子动特性方程中的 8 个动特性参数，都为与转心位置 x，y 有关的非线性函数。除此以外，在不考虑进口预旋的前提下，K_0，C_0 以及 m_f 可以表示为

$$K_0 = \mu_3\mu_0, C_0 = \mu_1\mu_3 T, m_f = \mu_2\mu_3 T^2 \qquad (5\text{-}144)$$

并且

$$\begin{cases} \mu_0 = \dfrac{2\sigma^2}{1+\zeta+2\sigma}E(1-m_0), \mu_1 = \dfrac{2\sigma^2}{1+\zeta+2\sigma}\left[\dfrac{E}{\sigma}+\dfrac{B}{2}\left(\dfrac{1}{6}+E\right)\right] \\[3mm] \mu_2 = \dfrac{2\sigma^2}{1+\zeta+2\sigma}\left(\dfrac{1}{6}+E\right), \mu_3 = \dfrac{\pi R\Delta P}{\lambda}, \sigma = \dfrac{\lambda L}{c}, T = \dfrac{L}{v} \\[3mm] B = 2 - \dfrac{\left(\dfrac{R_v}{R_a}\right)^2 - m_0}{\left(\dfrac{R_v}{R_a}\right)^2 + 1}, E = \dfrac{1+\zeta}{2(1+\zeta+B\sigma)}, \lambda = n_0 R_a^{m_0}\left[1+\left(\dfrac{R_v}{R_a}\right)^2\right]^{\frac{1+m_0}{2}} \\[3mm] R_v = \dfrac{R\omega c}{v}, R_a = \dfrac{2vc}{v} \end{cases} \qquad (5\text{-}145)$$

式中　ζ——密封进口损失系数；

　m_0/n_0——密封经验系数；

　　R——密封半径；

　ΔP——密封进出口两端的压降；

　　L——密封长度；

　　v——密封间隙流轴向平均流速；

R_v/R_a——密封间隙流动周向/轴向雷诺数；

　　v——流体的动力黏度系数。

4. 动态扭矩激励

高速离心泵转子除了受到各个子结构在运转过程中产生的自激激励外，还

会受到来自外部结构（例如电动机）带来的输入动态扭矩激励 T_d 的作用。电动机的扭矩会对转子上的质量元件造成一定的扭转作用，并且产生相应的扭转位移，齿轮副的扭转位移对系统的动态啮合激励力有影响。为了准备描述转子系统的受力情况，确定齿轮副的外载荷力矩是有必要的。1981 年，Benton 等给出了确定这种载荷力矩的方法，并且输入扭矩 T_d 可以表示为

$$T_d = T_{av} + T_{am} = 9550P/n_1 + \zeta_d T_{av} \sin(\omega_1 z_1 t) \tag{5-146}$$

式中　T_{av}——静力矩幅值；

　　　T_{am}——动力矩幅值；

　　　P——电动机输出功率；

　　　ζ_d——动力矩幅值常数。

根据机械传动的效率 η，主动轮、从动轮和转子上的扭矩激励大小可表示为

$$\begin{cases} T_p = T_d \eta \\ T_g = -T_p \eta / i \\ T_r = T_g \eta \end{cases} \tag{5-147}$$

5. 系统动力学微分方程的建立

考虑齿轮-转子-轴承-密封系统的横向振动与扭转振动，建立 18 自由度的动力学微分方程，系统的自由度为

$$\boldsymbol{Z} = [\theta_d, x_{b1}, y_{b1}, \theta_p, x_p, y_p, x_{b2}, y_{b2}, x_{b3}, y_{b3}, \theta_g, x_g, y_g, x_{b4}, y_{b4}, \theta_r, x_r, y_r]^T$$

$$\tag{5-148}$$

$\theta_i (i = d, p, g, r)$ 为各质量元件上的扭转振动位移，$x_i, y_i (i = b1, p, b2, b3, g, b4, r)$ 为 x 和 y 方向上的横向振动位移。考虑系统的不平衡力、输入/输出扭矩等，通过位移平衡原理和拉格朗日方程得到四个滚动轴承的运动微分方程：

$$\begin{cases} m_{b1}\ddot{x}_{b1} + c_{s1}(\dot{x}_{b1} - \dot{x}_p) + k_{s1}(x_{b1} - x_p) = F_{bx1} \\ m_{b1}\ddot{y}_{b1} + c_{s1}(\dot{y}_{b1} - \dot{y}_p) + k_{s1}(y_{b1} - y_p) = F_{by1} - m_{b1}g \\ m_{b1}\ddot{x}_{b2} + c_{s2}(\dot{x}_{b2} - \dot{x}_p) + k_{s2}(x_{b2} - x_p) = F_{bx2} \\ m_{b1}\ddot{y}_{b2} + c_{s2}(\dot{y}_{b2} - \dot{y}_p) + k_{s2}(y_{b2} - y_p) = F_{by2} - m_{b2}g \\ m_{b1}\ddot{x}_{b3} + c_{s3}(\dot{x}_{b3} - \dot{x}_g) + k_{s3}(x_{b3} - x_g) = F_{bx3} \\ m_{b1}\ddot{y}_{b3} + c_{s3}(\dot{y}_{b3} - \dot{y}_g) + k_{s3}(y_{b3} - y_g) = F_{by3} - m_{b3}g \\ m_{b1}\ddot{x}_{b4} + c_{s4}(\dot{x}_{b4} - \dot{x}_g) + k_{s4}(x_{b4} - x_g) + c_{s5}(\dot{x}_{b4} - \dot{x}_r) + k_{s5}(x_{b4} - x_r) = F_{bx4} \\ m_{b4}\ddot{y}_{b4} + c_{s4}(\dot{y}_{b4} - \dot{y}_g) + k_{s4}(y_{b4} - y_g) + c_{s5}(\dot{y}_{b4} - \dot{y}_r) + k_{s5}(y_{b4} - y_r) = F_{by4} - m_{b4}g \end{cases}$$

$$\tag{5-149}$$

类似地，可以得到输入负载和主动轮的运动微分方程：

$$
\begin{cases}
I_d\ddot{\theta}_d+c_{t1}(\dot{\theta}_d-\dot{\theta}_p)+k_{t1}(\theta_d-\theta_p)=T_d \\
I_p\ddot{\theta}_p+c_{t1}(\dot{\theta}_p-\dot{\theta}_d)+k_{t1}(\theta_p-\theta_d)=F_m r_p+T_p \\
m_p\ddot{x}_p+c_{s1}(\dot{x}_p-\dot{x}_{b1})+k_{s1}(x_p-x_{b1})+c_{s2}(\dot{x}_p-\dot{x}_{b2})+k_{s2}(x_p-x_{b2}) \\
=F_{mx}+F_{fx}+m_p e_p\omega_1^2\cos\varphi_p \\
m_p\ddot{y}_p+c_{s1}(\dot{y}_p-\dot{y}_{b1})+k_{s1}(y_p-y_{b1})+c_{s2}(\dot{y}_p-\dot{y}_{b2})+k_{s2}(y_p-y_{b2}) \\
=F_{my}+F_{fy}-m_p g+m_p e_p\omega_1^2\sin\varphi_p
\end{cases}
\tag{5-150}
$$

从动轮的运动微分方程：

$$
\begin{cases}
I_g\ddot{\theta}_g+c_{t2}(\dot{\theta}_g-\dot{\theta}_s)+k_{t2}(\theta_g-\theta_s)=-F_m r_g+T_g \\
m_g\ddot{x}_g+c_{s3}(\dot{x}_g-\dot{x}_{b3})+k_{s3}(x_g-x_{b3})+c_{s4}(\dot{x}_g-\dot{x}_{b4})+k_{s4}(x_g-x_{b4}) \\
=-F_{mx}-F_{fx}+m_g e_g\omega_2^2\cos\varphi_g \\
m_g\ddot{y}_g+c_{s3}(\dot{y}_g-\dot{y}_{b3})+k_{s3}(y_g-y_{b3})+c_{s4}(\dot{y}_g-\dot{y}_{b4})+k_{s4}(y_g-y_{b4}) \\
=-F_{my}-m_g g-F_{fy}+m_g e_g\omega_2^2\sin\varphi_g
\end{cases}
\tag{5-151}
$$

转子的运动微分方程：

$$
\begin{cases}
I_r\ddot{\theta}_r+c_{t2}(\theta_r-\theta_g)+k_{t2}(\theta_r-\theta_g)=T_r \\
m_r\ddot{x}_r+c_{s5}(\dot{x}_r-\dot{x}_{b4})+k_{s5}(x_r-x_{b4})=F_{sealx}+m_r e_r\omega_2^2\cos\varphi_r \\
m_r\ddot{y}_r+c_{s5}(\dot{y}_r-\dot{y}_{b4})+k_{s5}(y_r-y_{b4})=F_{sealy}-m_r g+m_r e_r\omega_2^2\sin\varphi_r
\end{cases}
\tag{5-152}
$$

通过集中质量法和位移平衡原理，建立了简化后的高速离心泵的转子系统的 18 自由度的弯-扭耦合振动微分方程（5-149）~方程（5-152）。其中，$I_j(j=$ d,p,g,r) 分别是集中质量节点 O_d，O_p，O_g 和 O_r 位置处的转动惯量；k_{t1} 和 c_{t1} 分别为 O_d 和 O_p 之间轴段的扭转刚度和阻尼；k_{t2} 和 c_{t2} 分别为 O_g 和 O_r 之间轴段的扭转刚度和阻尼；$k_{s1}(k_{s2},k_{s3},k_{s4},k_{s5})$ 和 $c_{s1}(c_{s2},c_{s3},c_{s4},c_{s5})$ 分别为 $O_d(O_p,O_{b3}$, $O_g,O_{b4})$ 和 $O_{b1}(O_{b2},O_g,O_{b4},O_r)$ 之间轴段的弯曲刚度和阻尼。GRSB 系统的主要参数见表 5-4。

表 5-4 GRSB 系统的主要参数

参数	数值	参数	数值	参数	数值
M	3	α_1，$\alpha_t/(°)$	120, 20	k_{s1}，$k_{s2}/(N/m)$	4×10^5
z_g	17	ζ_m	0.1	k_{s3}，$k_{s4}/(N/m)$	4×10^5
m_g/kg	1.115	C_{seal}/m	0.1×10^{-3}	$k_{s5}/(N/m)$	2.6×10^5
$I_g/kg\cdot m^2$	3.6×10^{-4}	R_{seal}/m	50×10^{-3}	ζ_t，ζ_s	0.07

（续）

参数	数值	参数	数值	参数	数值
$k_a/(\text{N/m})$	4×10^8	L_{seal}/m	50×10^{-3}	m_r/kg	2.7
$k_0/(\text{N/m})$	2×10^8	m_{b1}，m_{b2}/kg	2.329	$I_r/\text{kg}\cdot\text{m}^2$	3.72×10^{-3}
e_g，e_p/m	1×10^{-5}	m_{b3}，m_{b4}/kg	1.348		
δ_m，δ_r/m	1×10^{-5}	k_{t1}，$k_{t2}/(\text{N/m})$	1.54×10^5		

6. 分析模型求解方法与步骤

一般来说，GRSB 系统可以用多参数有限维度的常微分方程组来描述。由于运动微分方程的复杂性，要获得系统控制微分方程的显示表达式解析解是十分困难的。数值方法克服了上述微分方程求解的难题，现已经广泛应用于非线性振动特性求解分析，例如 Runge-Kutta（龙格-库塔）方法、Newmark-β 方法以及精细积分法现在都已经成为求解多自由度非线性微分方程的有效方法。本书着重介绍 Runge-Kutta 方法。

Runge-Kutta 方法的推导是基于 Taylor 展开的原理完成的，因其精度较高且容易收敛和计算稳定的优点而常用于定量的求解微分方程组。在该数值求解方法中，任意高阶常微分方程都可以降阶成为一般形式的一阶微分方程组。

$$\begin{cases} \dfrac{\mathrm{d}Y}{\mathrm{d}t}=F(t,Y)，t>t_0 \\ Y(t_0)=\left[y_{10},y_{20},\cdots,y_{n0}\right]^{\mathrm{T}} \end{cases} \tag{5-153}$$

在计算函数值 Y 时，首先分别求出 $Y(t_0)$ 点。当 $t_n=t_0+nh(n=1,2,3,\cdots,n)$ 时的 Y_n 值，其中 h 为计算步长。将结果代入四阶龙格-库塔的计算公式中可得

$$\begin{cases} Y_{n+1}=Y_n+\dfrac{h}{6}(k_1+k_2+2k_2+k_2) \\ k_1=F(t_n,Y_n) \\ k_2=F\left(t_n+\dfrac{h}{2},Y_n+\dfrac{h}{2}k_1\right) \\ k_3=F\left(t_n+\dfrac{h}{2},Y_n+\dfrac{h}{2}k_2\right) \\ k_4=F(t_n+h,Y_n+hk_3) \end{cases} \tag{5-154}$$

式（5-154）为经典的四阶龙格-库塔方法，在上述方法中，每步计算的误差为 5 阶误差，而总的误差为 4 阶误差。为了进一步在满足计算精度的前提之下提高计算效率，得到了变步长的四阶龙格-库塔法，在该方法中采用一个过程

来判断求解过程中是否选择了合适的计算步长，也就是在每一步求解中，使用了两种求解方法同时进行求解，比较结果，若两者结果接近，则接受该近似解。若两个结果的差值超过预设误差精度，则减小计算时间步长，反之增大计算步长。

式（5-155）和式（5-156）为变步长的四阶龙格-库塔方法的计算步骤。该方法的计算系数见表5-5。

$$
\begin{cases}
Y_{n+1} = Y_n + \sum_{i=1}^{6} \alpha_i k_i \\
k_1 = hF(t_n, Y_n) \\
k_i = hF\left(t_n + \xi_i h, Y_n + \sum_{j=1}^{i-1} \eta_{i,j} k_j\right), (i = 2, \cdots, 6)
\end{cases}
\tag{5-155}
$$

$$
\begin{cases}
Z_{n+1} = Z_n + \sum_{i=1}^{6} \beta_i k_i \\
k_1 = hF(t_n, Z_n) \\
k_i = hF\left(t_n + \xi_i h, Z_n + \sum_{j=1}^{i-1} \eta_{i,j} k_j\right), (i = 2, \cdots, 6)
\end{cases}
\tag{5-156}
$$

表 5-5 变步长四阶龙格-库塔方法计算系数

ζ_i	η_{i1}	η_{i2}	η_{i3}	η_{i4}	η_{i5}	α_i	β_i
0	0					25/216	16/135
1/4	1/4					0	0
3/8	3/32	9/32				1408/2565	6656/12825
12/13	1932/2179	17200/2179	7296/2179			2197/4104	28561/56430
1	439/216	−8	3680/513	−845/4104		−1/5	−9/50
1/2	−8/27	2	−3544/2565	1859/4104	−11/40	0	2/55

图 5-33 描述了 GRSB 系统的非线性振动响应的求解流程，输入主要参数后，通过前文的相关计算公式求得系统上各个质量节点上的非线性激励，利用位移平衡原理推导出整个转子系统的非线性振动微分方程，并借助 Matlab 商业软件和四阶龙格-库塔法求解方程组，得到 GRSB 系统上各个质量节点位置的振动响应。

时间步长对数值计算的结果与效率有重要的影响，一个合适的计算时间步长不仅能保证结果的精确性，而且可以降低计算时间，提高计算效率。通过计算时间步长（$\Delta t = 10^{-5} \sim 10^{-3}$s）的五组转子节点 O_r 位置在 x 方向上振动响应，得到了如图 5-34 所示的时域响应图。图 5-35 所示为不同时间步长下图 5-34 中三个

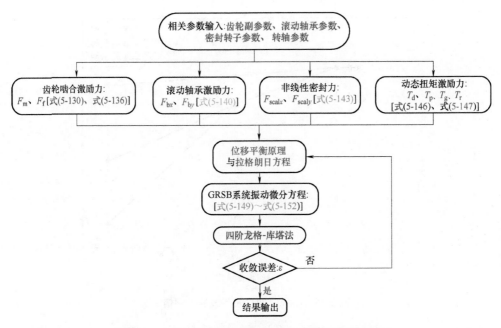

图 5-33　GRSB 系统非线性振动响应全局计算程序框图

波峰处的振动位移幅值, 通过对比可以明显地看出, 当 Δt 小于 10^{-4}s 时质量节点 O_r 处的振动响应幅值大小基本上没有变化, 因此, 为缩短计算时间, 保证计算精度, 时间步长设置为 10^{-4}s, 并且积分时间步长为 $\pi/200$, 收敛误差 ε 设为 10^{-6}。

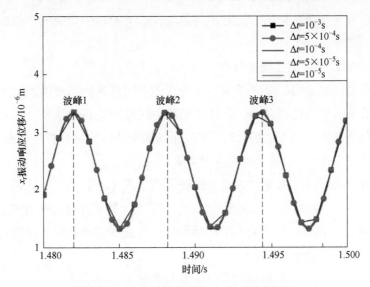

图 5-34　不同时间步长下 x_r 的时域响应图

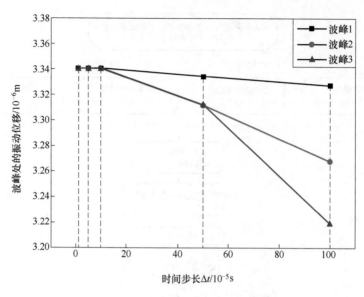

图 5-35　不同时间步长下波峰的幅值

5.5.3　齿轮传动比对转子振动特性的影响

齿轮传动比对转子系统的结构、空间布置和整体设计都有着重要的影响。除此之外，传动比的变化也会导致转子系统的振动响应特性发生改变，为了探究传动比对 GRSB 系统的振动响应的影响规律，本书采用频域分析、分岔理论、时域响应以及庞加莱映射的方法对不同运动状态下的转子系统的非线性振动响应进行了计算分析。

1. 非线性激励力变化规律分析

在简化后的高速离心泵转子中存在着许多不同形式的非线性激励力，包括了轮齿啮合力、非线性密封力、非线性轴承力以及动态扭矩激励。因此了解转子中各非线性激励力的变化规律对 GRSB 系统的振动特性的分析是很有必要的，尤其是轮齿啮合力 F_m 以及非线性密封力 F_s。

图 5-36 所示为 GRSB 系统在位于跳跃运动状态（$i = 1.25$）下的轮齿啮合力的时域响应图。由图可知，轮齿啮合力 F_m 与其在 x 和 y 方向的分力 F_{mx}，F_{my} 在 $-300 \sim 350N$ 之间波动，且具有明显的周期性，但是在波峰和波谷位置处存在着明显的不规则动荡现象。

图 5-37 所示为简化后的高速泵转子系统在分岔运动状态下（$i = 4$）的轮齿啮合力变化规律曲线，与图 5-36 相比较，GRSB 系统位于分岔周期时的轮齿啮

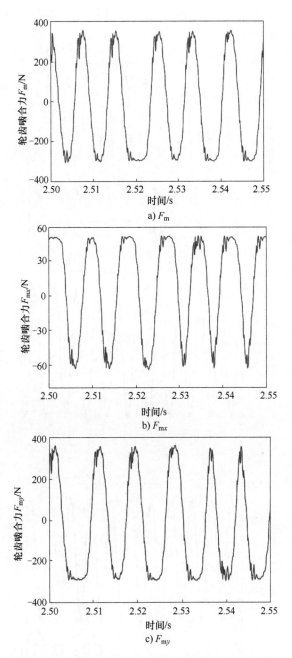

a) F_{m}

b) F_{mx}

c) F_{my}

图 5-36　跳跃运动状态下的轮齿啮合力的变化规律

合力的主周期较短，此外，分岔后的轮齿啮合力曲线的波峰和波谷位置也存在
些许波动，但是震荡程度明显优于跳跃运动状态下的轮齿啮合力。除此以外，

随着传动比由 1.25 增大到 4 时，轮齿啮合力增大得十分明显，最大轮齿啮合力从 350N 增大到了 4100N。

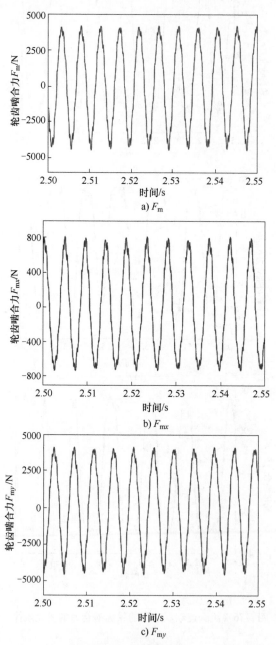

图 5-37　分岔运动状态下的轮齿啮合力的变化规律

根据图 5-36a 和图 5-37a 可知，当传动比 i 变化时，简化后的高速离心泵转子系统上的轮齿啮合力变化程度十分显著。因此，为了探究传动比对最大轮齿啮合力的影响，得到了图 5-38 所示的 GRSB 系统在不同传动比下的最大轮齿啮合力 F_{mmax}。从图 5-38 中可以很明显地看出，随着传动比的增大，F_{mmax} 先增大后减小，并且在传动比 $i = 3$ 时达到最大。

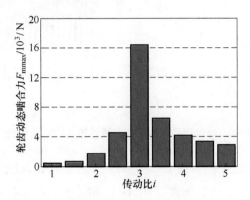

图 5-38　不同传动比下的最大轮齿啮合力

图 5-39 和图 5-40 分别描述了 GRSB 系统处于跳跃运动和分岔运动下的非线性密封力在 x 和 y 方向上 F_{sx} 与 F_{sy} 随时间的响应。从图中可以看出，非线性密封力的时域曲线主要决定于两个周期 T_1、T_2。对比环形密封力在两个方向上的周期性，可以看出在 y 方向上，小周期下力的振幅加剧，这意味着周期 T_2 对力的分布规律更加明显。此外，非线性密封力在 x 方向上的力约为 y 方向上的力的 3 倍大小。

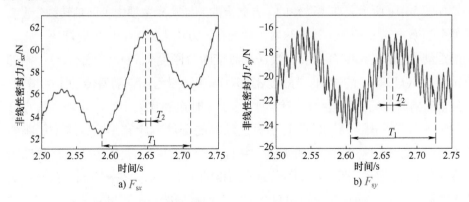

图 5-39　跳跃运动状态下的非线性密封力的变化规律

2. GRSB 系统的频域响应分析

为了分析齿轮传动比对高速离心泵转子系统的振动特性的影响，结合实际

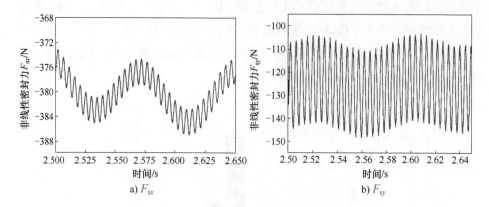

a) F_{sx} b) F_{sy}

图 5-40 分岔运动状态下的非线性密封力的变化规律

情况，将系统的传动比 i 控制在 $1 \sim 5$ 之间，并对不同传动比下的 GRSB 系统在转速 $n_2 = 9685\mathrm{r/min}$ 下的齿轮节点（O_p，O_g）和转子节点（O_r）在 x 和 y 方向上的频域响应进行了计算。

图 5-41 ~ 图 5-43 所示为传动比 i 在 $1 \sim 5$ 之间变化时齿轮和转子在 x 和 y 方向上的频域响应瀑布图。由于转子系统的耦合运动，齿轮和转子在横向的振动响应频率基本上都包括了主动轴转频分量 $f_p(60/n_1)$、从动轴转频分量 $f_g(60/n_2)$、轮齿啮合频率分量 $f_m(z_1 \times 60/n_1)$ 以及倍频分量 $2f_m$ 这四个频率分量，但是倍频分量 $2f_m$ 的幅值明显小于其他三个频率分量的幅值大小，所以本书对倍频分量 $2f_m$ 不做过多分析。

如图 5-41a 所示，在主动轮的 x 方向上的频域响应主要由主动轴转频分量 f_p 和啮合频率 f_m 分量组成，这意味着主动轮在 x 方向上振动响应主要取决于主动轴的运动状态和轮齿啮合相关参数（如时变啮合刚度 $k_m(t)$/阻尼 $c_m(t)$、内部激励误差 $\delta(t)$ 等）的影响。并且从图 5-41a 中可以看出，随着传动比的增大，f_p 分量的幅值先减小后增大，在传动比等于 2 时达到其最小值。此外，从 f_g 分量的幅值可以看出，从动轮的转动对主动轮的振动响应有影响，这个影响的程度在传动比较小的时候更加明显。并且 f_g 分量的幅值大小的变化与传动比的变化规律成反比。图 5-41b 所示为不同传动比下主动轮在 y 方向上的频域响应瀑布图。比较主动轮在横向的两个方向上的频域响应，可以看出在相同的传动比下，轮齿的啮合频率分量 f_m 在 y 方向上的幅值远远高于其在 x 方向上的幅值，这意味着齿轮的啮合作用对系统的振动特性的影响在 y 方向上体现得更加明显。

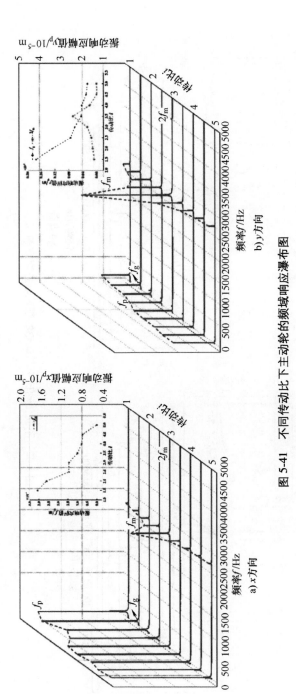

图 5-41　不同传动比下主动轮的频域响应瀑布图

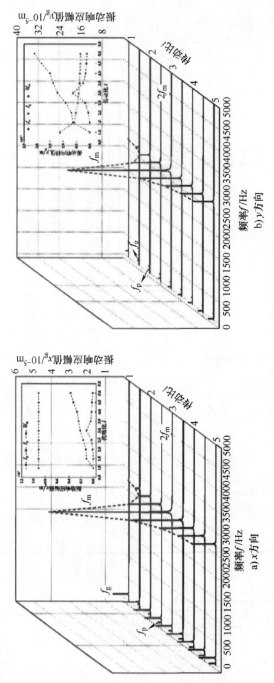

图 5-42 不同传动比下从动轮的频域响应瀑布图

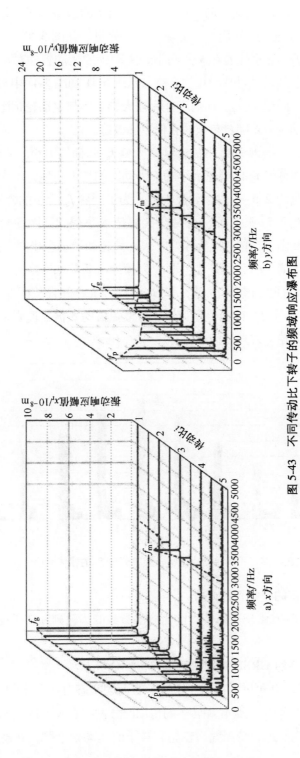

图 5-43　不同传动比下转子的频域响应瀑布图

图 5-42a、b 所示分别为从动轮在 x 和 y 方向上的频域响应。如图所示，频域响应中存在 f_p 分量、f_g 分量、f_m 分量和 $2f_m$ 分量。从图 5-42b 中可以看出 f_p 分量的幅值高于 f_g，这意味着在 y 方向上，主动轴的运动特性对从动轮的振动特性影响程度高于从动轴对从动轮的影响。从图 5-41 和图 5-42 中可以看出，啮合频率分量 f_m 对两个齿轮的振动响应都有较大影响。与主动轮相比，从动轮在两个方向上的振动响应对啮合参数的变化更加敏感。

图 5-43 描述了不同传动比下啮合频率分量 f_m 的幅值大小。从图 5-43 中可以看出，啮合频率分量 f_m 的幅值大小随着传动比的增大呈现先增大后减小的变化，并且在传动比为 2.5~3 内达到最大值。为了得到 f_m 分量的幅值变化拐点，通过计算传动比在 2.5~3 之间的 f_m 分量的幅值大小得到了图 5-44。从图 5-44 中可以很明显地看出，在传动比为 3 的时候，齿轮和转子在横向上的 f_m 分量的幅值均达到了最大值，f_m 分量是最主要的高频冲击载荷和噪声源，并且在从动轮中，齿轮位置处的啮合频率分量 f_m 远大于 f_p 和 f_g。并且从图 5-44 中可以看出，从动轮 y 方向 f_m 分量的幅值是其他各分量幅值的 5 倍，说明系统的冲击和噪声主要来自从动轮 y 方向的运动。

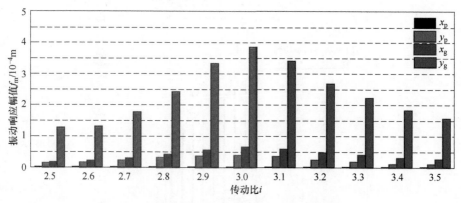

图 5-44　不同传动比下啮合频率分量 f_m 的幅值大小

3. GRSB 系统的分岔特性分析

图 5-45 和图 5-46 给出了以传动比为分岔参数的齿轮副和转子在 x 和 y 方向上的分岔情况。

4. 跳跃状态下的 GRSB 系统振动响应特性分析

由图 5-45-图 5-50 可以看出齿轮和转子的运动状态对传动比的变化很敏感，并且在传动比为 1.25 时，齿轮和转子的传动比分岔图在 x 方向上出现了一个明显的跳跃现象，为了进一步探究齿轮副和转子的运动处于跳跃状态下的振动响

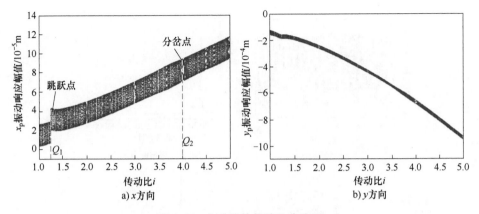

图 5-45　主动轮的传动比分岔图

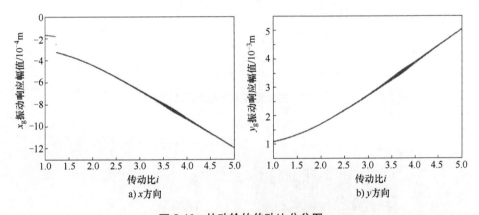

图 5-46　从动轮的传动比分岔图

应特性，以及直观地了解系统的振动响应特性，本小节借助了时域和频域响应
分析以及庞加莱映射的方法对 GRSB 系统的动力学特性进行描述。

图 5-51～图 5-53 描述了系统处于跳跃状态下的齿轮副在 x 和 y 方向上的动
态振动响应。由图 5-51a 可知，主动轮在 x 方向上的时域响应没有呈现出明显的
周期性；图 5-51b 展示了主动轮在 x 方向的振动响应的频率组成，并且主动轴
转动频率分量 f_p 和啮合频率分量 f_m 在频域响应中占据着主导地位。除此之外，
在低于从动轴旋转频率分量 f_g 的频带内存在多个组合频率，这对系统的稳定性
是一个挑战。从图 5-53 中可以看出，庞加莱散射集中在五个小的独立区域。综
上所述，主动齿轮在 x 方向处于混沌运转状态。

由图 5-52 所示振动响应曲线可以明显看出，主动轮在 y 方向的振动形式明
显比在 x 方向的振动更复杂。由图 5-52b 可以看出，主动齿轮在 y 方向的频域响

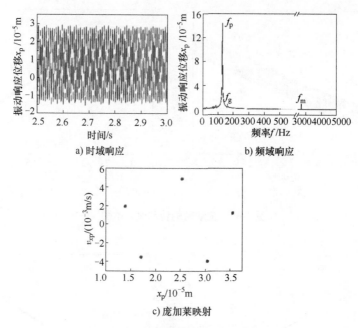

c) 庞加莱映射

图 5-47　主动轮在 x 方向的振动响应

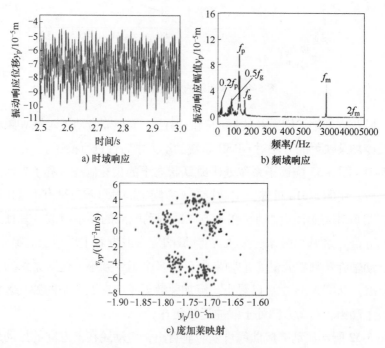

c) 庞加莱映射

图 5-48　主动轮在 y 方向的振动响应

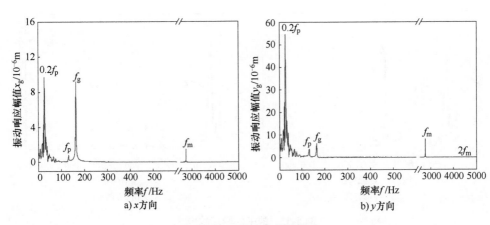

图 5-49　从动轮的频域响应

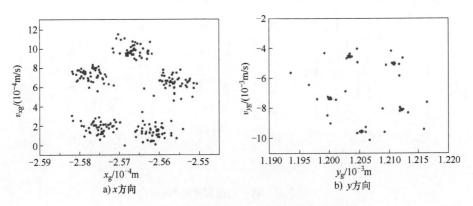

图 5-50　从动轮在横向方向的庞加莱映射

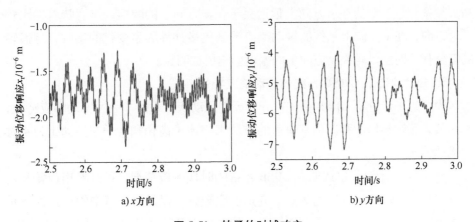

图 5-51　转子的时域响应

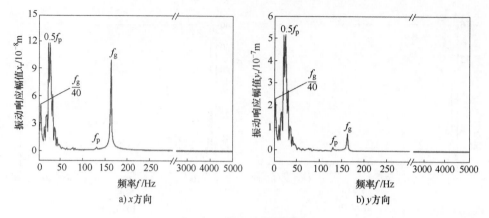

图 5-52 转子的频域响应

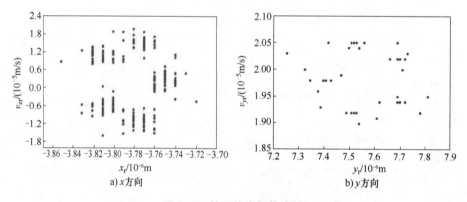

图 5-53 转子的庞加莱映射

应具有明显的分量，出现了明显的低频组合分量 $0.2f_p$ 和 $0.5f_g$。此外，齿轮的啮合频率分量的幅值在 y 方向上远远大于在 x 方向上的幅值，这意味着相比较于 x 方向，在 y 方向上系统的振动响应受到更多外界因素变化的影响，且齿轮的啮合作用对主动轮在 y 方向上的振动影响更加明显。

5. 分岔状态下 GRSB 系统的振动响应特性

为了进一步分析 GRSB 系统在分岔周期运动状态下的非线性振动响应特性，本小节采用时频域法和庞加莱映射的方法来描述了齿轮和转子在传动比为 4 时的运动情况。

图 5-54 所示为分岔周期内 GRSB 系统的时域响应情况，可以看出齿轮和转子位置处的时域响应都较为规则，周期性比较好，但是这三者中的周期性还是有所不同，转子位置处的周期性最好，其次是主动轮，从动轮位置处的时域响

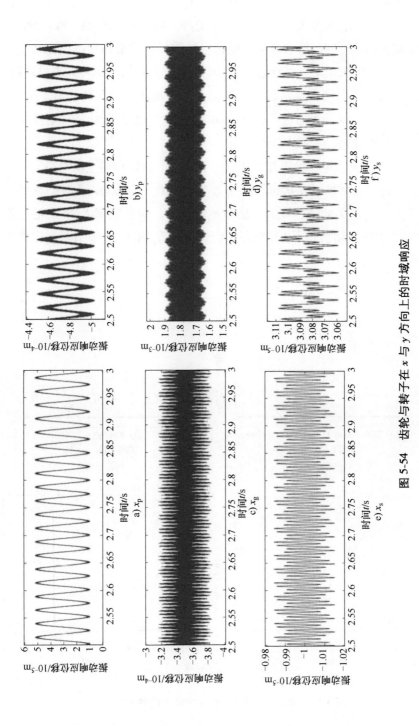

图 5-54 齿轮与转子在 x 与 y 方向上的时域响应

应的周期性最差。在齿轮位置上的 y 方向比 x 方向的时域曲线更加密集,这说明了与 x 方向相比,齿轮的 y 方向上的振动冲击的频率比较高,噪声比较大,尤其是从动轮的 y 方向,这意味着齿轮位置处的振动冲击和噪声主要来源于从动轮的 y 方向。比较跳跃运动状态下的 GRSB 系统的时域响应可以明显地看出,系统运动的周期性得到了非常显著的改善,尤其是从动轮和转子节点位置处。这说明了当系统从跳跃状态进入分岔运动状态时,系统的振动响应明显变得更加规则,周期性也得到了巨大的改善。

图 5-55 所示为 GRSB 系统处于分岔运动状态下齿轮和转子位置在 x 和 y 方向上频域响应。与跳跃运动状态下的振动响应相比,传动比为 4 时的频谱成分组成简单,只存在主动轴转频 f_p、从动轴转频 f_g、啮合频率 f_m 以及组合频率 $2f_m$,存在于跳跃运动状态下的低频段组合频率 $0.2f_p$ 和 $0.5f_g$ 却并没有出现在分岔周期内。

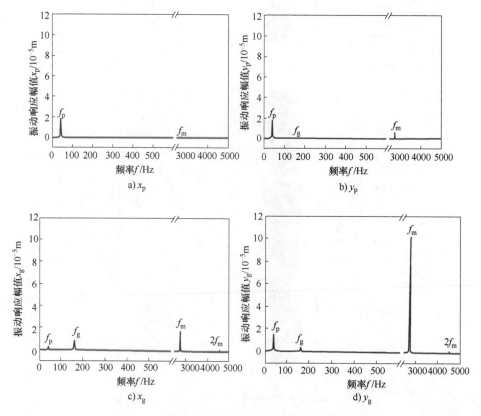

图 5-55 齿轮与转子在 x 与 y 方向上的频域响应

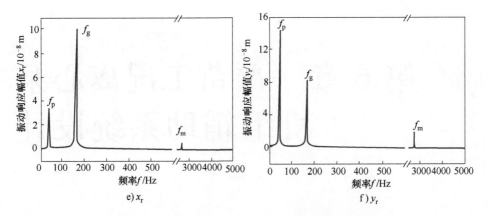

图 5-55　齿轮与转子在 x 与 y 方向上的频域响应（续）

Chapter 6

第6章 严苛工况离心泵机组辅助系统设计

6.1 密封系统

严苛工况离心泵机组通常具备功率大、转速高、工况复杂、维修和维护难度大的特点。泵机组需在高温、低温（或超低温）、高压、易燃、易爆、有毒强腐蚀等复杂介质下工作；同时，泵机组还会在高入口压力、高扬程、高黏度、小流量、超大流量以及高汽蚀等严苛条件下工作，对泵机组的性能提出了相当苛刻的要求，特别是对耐蚀性、不允许泄漏（对有毒腐蚀介质）和耐磨损性要求极高。因此，不同严苛工况环境下的泵机组需要特定形式和满足特别要求的密封系统。

1. 高温热油泵机组

高温热油泵机组通常工作在温度高、介质黏度大且存在颗粒的环境中。其温度可以达到 $340 \sim 400\,℃$。黏度通常保持在 $12 \sim 180\,\mathrm{mm}^2/\mathrm{s}$，并且其中会夹杂包括焦炭、沙砾等杂质。针对此种情况，在选择密封的时候，首先应当着重考虑选用带有金属波纹管旋转结构的密封。因为此种密封在旋转的时候会在离心力的作用下实现自清理，并且能够防止因急冷造成的波纹管变形。其次，对摩擦副组的材料而言，可以考虑选用硬对硬结构，通常考虑采用碳化钨对碳化钨或碳化硅。但应当注意确保冷却系统正常运行，并且在安装过程中需要给密封端面额外涂一层润滑油，防止造成干摩擦。最后，在密封结构形式方面，应当考虑采用开槽斜面挤紧轴套方式实现，此种定位传动方式安装方便且不易伤轴，并配置有限位板，便于泵外调整密封的压缩量。如果辅助密封采用柔性石墨材料，会在耐高温方面有更好表现。高温热油泵用机械密封应优选 API 标准中的第 53 种冲洗方案，并且应该充分考虑到系统中蓄能器的皮囊能否耐高温。

2. 高温热水泵机组

高温热水泵机组主要指锅炉给水泵、凝结水泵与循环水泵，与高温热油泵相比，高温热水泵的介质温度要稍低一些，但普遍也在 100℃以上，若是密封失效，将会泄漏出大量的蒸汽，引发烫伤。串联密封会增加成本，且无法保证高温热水泵的安全运行，因此高温热水泵建议选择单端面的机械密封，冲洗方案则为第 23 种方案加第 62 种方案结合，将第 62 种方案系统所通的急冷液经第 23 种方案的冷却器，引旁路连接到密封急冷口。这种布置方式可以在密封失效时有效降低介质的温度，保护工作人员安全与系统，同时不必如使用第 62 种方案那样额外使用配管将循环水导入密封急冷口。

3. 低温液态烃泵机组

对于低温液态烃泵机组用机械密封而言，主要是考虑到液态烃作为一种低温液化气体，具有沸点低、黏度低以及高蒸汽压的特征，因此在进行机械密封选用的时候，应当特别注意密封材料的冷脆性等相关问题。此种介质稍有泄漏，就会在常温常压环境中汽化，从而导致密封环境温度下降，威胁到密封材料的自身性能，造成密封失效泄漏增加的问题。面对此种环境，通常考虑采用金属波纹管和柔性石墨来代替辅助密封圈，避免发生冷脆问题。对干摩擦副材料，需要关注两种特殊情况，其一对于连续运行的设备，介质中如果含有较多颗粒物质，应当采用硬对硬结构，而对于间歇性运行设备，摩擦副考虑选用碳化钨或者碳化硅对特种石墨。另外还可采用双端面机械密封，介质与外界环境间设有隔离室，利用密封油填补缝隙，缓和低温的影响。

4. 强酸强碱泵机组

强酸强碱介质一般腐蚀性较强且易形成结晶，常常会造成密封面受到一定程度的损坏，对于这种情况一般都是选择特殊材料对密封面进行抗腐蚀处理。抗腐蚀处理会导致机械密封的制造成本和难度显著提高。在实际工作中，通常会选择一种不具腐蚀作用的液体作为密封介质，而不是选用泵送介质，即人为制造出一个密封环境，进而避免磨损密封面的情况发生。该工况下，机械密封的形式多选用双端面机械密封，其原理就是在机械密封处形成一个相对独立的腔体，确保腔体内的水压力高于泵送介质压力，使腐蚀性泵送介质不与机械密封接触，确保机械密封的使用安全。所以双端面机械面与泵运送的介质没有关系，适合输送有腐蚀性介质泵的密封。冲洗方案建议选择第 54 种方案。由于炼油装置中大部分酸碱泵具有较低的、基本为常压的入口压力，因此选择这种冲洗方案可以直接使用循环水，这有助于节约投资成本。在实际使用中，仍需根据实际工况进行方案优化。例如中国石油兰州石化公司高速酸水泵内有两套机械密封，一套油侧机械密封，一套介质侧机械密封。油侧机械密封主要用于对增速箱内部齿轮油进行密封，为单端面密封。介质侧为双端面机械密封，两个静环面对面共用一个动环，如图 6-1 所示。机械密封辅助密封系统的管路方案为 API-53B，系统由蓄能器、冷却器、密封液压力和温度监控系统、手动补液泵构成，如图 6-2 所示。运行时作为密封液的白油利用热虹吸动力进行循环，通过蓄能器可以维持白油压力，补充轻微泄漏造成的压力降低，延长密封系统维护周期，即使密封失效，介质也不会泄漏到外部环境，理论上可以实现零泄漏。

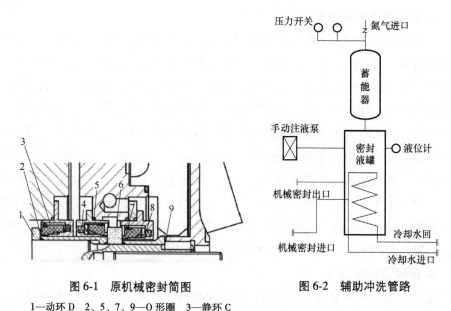

图 6-1　原机械密封简图　　　　图 6-2　辅助冲洗管路

1—动环 D　2、5、7、9—O 形圈　3—静环 C

4—静环 B　6—动环 C　8—静环 A

5. 含固体颗粒泵机组

海水泵、化工泵、渣油泵、泥浆泵等机组输送的介质通常含有颗粒杂质。根据含杂质泵的使用要求，其密封结构可以分为内冲洗集装式机械密封、外冷却集装式机械密封、无水型集装式机械密封和双端面机械密封。

内冲洗集装式机械密封如图 6-3 所示。其结构采用轴套夹紧固定在轴上的一种单端面平衡型集装式机械密封。弹簧采用不与介质接触的保护式静止型结构；密封面材料采用硬质合金对硬质合金或 SiC 对 SiC；密封端盖上设有一个能输送清洁阻封液的冲洗孔，并在密封端盖的周向上加工出多个均匀分布的浅槽

与冲洗孔相通，使阻封液能均匀分布在密封面周围；密封腔体靠近叶轮端设置节流环，使机械密封在较好的工况条件下运行，并降低阻封液流量。基体材质采用耐腐蚀的 316L 不锈钢材质，此结构特点是：机械密封使用寿命长，但需有一套带压阻封液系统，并且阻封液会进入输送介质中，会增加处理成本。在介质中含固体颗粒很小时，也可采用泵出口高压介质作为阻封液，取消内部节流环。

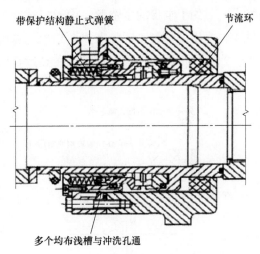

图 6-3　内冲洗集装式机械密封

外冷却集装式机械密封如图 6-4 所示。其结构简单，浮动性好，弹簧采用抗堵塞、静止型的大弹簧结构；密封面材料采用硬质合金对硬质合金或 SiC 对 SiC；冷却水不进入泵内介质中，不对工艺介质产生影响，并且冷却水压力低，一般在 0.08MPa 以下，流量小，用普通自来水即可；密封面附近的密封腔体制作成喇叭口形状，便于介质的流动和散热；动组件采用轴向挡圈，防止动环轴向移动脱落引起泄漏；采用结构简单的分半卡环式集装式结构；与输送介质接触的基体材质采用耐腐蚀很强的 316L，其余采用较耐腐蚀的不锈钢。此机械密封的结构特点是不需带压阻封系统，冷却水资源丰富，管路连接简单方便；但机械密封的使用环境较内冲洗集装式机械密封差，骨架油封与轴套之间易磨损。

无水型集装式机械密封如图 6-5 所示。其结构与外冷却集装式机械密封相似，取消了冷却冲洗水和骨架油封，可大量节约水资源和运行成本。此机械密封的结构特点是完全靠输送介质（悬浮液）润滑密封面，介质含固体颗粒的浓度取决于密封面的散热和磨损。随着密封系统压力增加，为了减轻轴向载荷，除了保证必要的弹簧预加载荷外，采用平衡型机械密封结构以减少流体作用面积，也就是减少轴向载荷，即平衡比（指流体作用面积与密封面积之比）。因此，机械密封采用平衡型结构，减小密封面的端面比压和 pv 值，密

封面尽可能靠近叶轮，避免介质淤积在密封面周围导致机械密封失效；密封面附近的密封腔体制作成喇叭口形状，便于介质的流动和散热。此机械密封的结构特点：节约了宝贵的水资源。由于机械密封的使用环境很差，因此，通过对机械密封采用低弹簧比压和密封面结构的特殊设计，以此满足机械密封的使用要求。此结构机械密封的密封腔体在泵运行中绝不允许有抽空和没有介质情况下空运转。

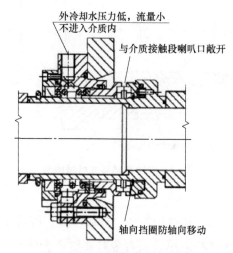

图 6-4　外冷却集装式机械密封

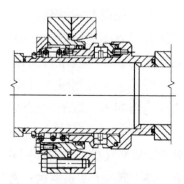

图 6-5　无水型集装式机械密封

6. "无轴封"泵机组

"无轴封"泵机组主要分为磁力泵和屏蔽泵，分别如图 6-6 和图 6-7 所示。磁力传动泵通常用于输送腐蚀性的、有毒的、对环境有害的和易爆的液体。密封原理如下：一个外部的永磁体通过一个非磁性材料制成的隔离套驱动内部的永磁体，带动泵轴旋转工作。隔离套将介质与大气隔离，起到密封的作用。磁力传动泵能输送各种液体：清洁的、含杂质的以及热的液体。但是磁力传动泵的规格受到功率的限制，也就是受到目前市场上供应的永久磁性材料的限制。屏蔽泵主要用来输送类似磁力传动泵输送的液体，但具有不同的水力转子无泄漏保证措施，屏蔽泵把泵和电动机连在一起，泵和驱动电动机都被密封在一个被泵送介质充满的压力容器内，因此只有静密封。电动机的转子和泵的叶轮固定在同一根轴上，利用屏蔽套将电动机的转子和定子隔开，转子在输送介质中运转。这种结构取消了传统离心泵具有的机械密封，因此能做到完全无泄漏。这种泵的固有结构使其造价和维修难度均较高。

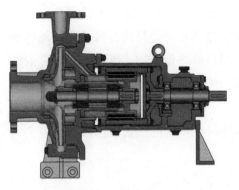

图 6-6　磁力泵

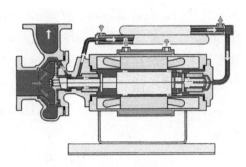

图 6-7　屏蔽泵

6.2　润滑系统

精心设计的润滑系统是离心泵长期可靠平稳运行的保证。离心泵的润滑方式有油脂润滑、飞溅润滑和压力油强迫润滑三种。润滑系统设计的关键是要保证齿轮啮合、高速轴承和低速轴承润滑所需要的润滑油量，同时要及时排出润滑部件所产生的热量。

1. 齿轮润滑

对于大功率高速离心泵，由于齿轮转速很高，其圆周线速度很大，因此必须采用循环压力油喷油润滑。润滑的作用：一是为齿间建立动力油膜，二是为齿间进行冷却。齿轮啮合所需的喷油量 $Q_g(\mathrm{m^3/s})$ 可根据经验公式给定：

$$Q_g = 0.1(0.6 + 2 \times 10^{-3} m_n U) b \qquad (6\text{-}1)$$

式中　U——齿轮的圆周速度（m/s）；

m_n——齿轮的模数；

b——齿轮的齿宽（mm）。

润滑油孔采用圆形，由参考文献 [188] 可算出喷嘴的面积

$$A_g = \frac{Q_g}{88.5\varphi\sqrt{p_g}} \qquad (6\text{-}2)$$

式中　p_g——润滑油的表压（Pa）；

φ——流量系数。

2. 轴承润滑

离心泵的转轴可采取滚珠轴承或滑动轴承的支撑方式。滚动轴承和滑动轴

承都要采用循环压力油强迫润滑，滑动轴承的动力特性及计算方法可参阅参考文献［188］。供给滚珠轴承的润滑油起两个作用：一是形成并维持弹性流体动压油膜；二是起冷却作用，将滚珠轴承的摩擦发热量带出。维持一个适宜的油膜所需要的润滑油量是比较少的，但必须供给大量的润滑油起冷却作用。下面计算滚珠轴承所需要的润滑油量。

在一定润滑油量下，一个滚珠轴承运转时所产生的热量可由以下经验公式获得：

$$Q_H = B(DN)^{1.5} W_z^{0.07} Q_L^{0.42} \mu^{0.25} \tag{6-3}$$

式中　Q_H——产生的热量（Btu/min，1Btu = 1055.06J）；

　　　D——轴承内孔的直径（m）；

　　　N——轴承转速（r/min）；

　　　μ——润滑油的动力黏度（Pa·s）；

　　　W_z——轴承载荷（N）；

　　　Q_L——润滑油量（m³/h）；

　　　B——系数，可取 1.01×10^{-6}。

根据轴承发热量和润滑油量，可计算轴承润滑的温升 $\Delta T_升$[188]：

$$\Delta T_升 = \frac{Q_H}{60 Q_L c_p} \tag{6-4}$$

式中　c_p——润滑油的比定压热容［J/(kg·℃)］。

为了确保齿轮和轴承的安全可靠运行，润滑系统必须满足以下要求：

1）要保证连续不断地向啮合齿轮和轴承供应充足的润滑油量，且润滑油温度和压力均应在规定范围内。为了提高轴承的使用寿命，应合理控制润滑油量，因此润滑油系统必须设置能够起调节油量和恒压作用的溢流阀。同时，为了确保离心泵能够获得规定温度范围内的润滑油，润滑系统必须设置冷却器，冷却器的冷却作用面积要大，以保证冷却介质能最大限度地吸走润滑油的热量。

2）必须保持润滑油的清洁，防止各种颗粒夹入损坏齿轮或者轴承，因此润滑系统必须设置精细的过滤器。对金属过滤网过滤器，其滤网孔径应小于0.15mm，这样可过滤直径为 0.15mm 以上的固体颗粒。

3）润滑油路要畅通，要合理布置油管，弯头不要急弯以减少油路的管路损失，并注意压力油管的密封，同时要确保回油顺利。

6.3 轴向力平衡机构

离心泵轴向力产生的主要原因有两个：一是由于高速旋转叶轮两侧工作介质产生不对称的压力而引起的；二是由于进口压力过高、介质密度过小等泵的工况条件变化而引起的瞬态轴向力。根据产生轴向力原因的不同，在设计时应当考虑采用不同的轴向力平衡方法。目前，用于大功率离心泵轴向力平衡的方法有平衡孔、背叶片、平衡鼓以及平衡盘等。在叶轮轮盘背面设置背叶片的轴向力平衡方法是通过有效地降低叶轮轮盘侧流体介质的压力，从而减小叶轮轮盘侧指向进口的轴向力，但是设置背叶片会增加离心泵的轴功率，导致离心泵的效率降低，因此，一般在大功率离心泵中较少采用背叶片的方式来平衡轴向力。

目前，大功率离心泵中较为实用的轴向力平衡方法有：一是采用平衡孔形式，这种方法常用于悬臂式单级高速离心泵，虽然不能完全平衡轴向力，但是余下的轴向力则可分别由斜齿轮传动和推力轴承来平衡；二是平衡鼓和平衡盘的联合结构形式，这类结构是针对大功率多级离心泵或非悬臂式大功率高速离心泵，由于这类泵在运行时随着工况条件的变化轴向力大小和方向也发生相应的变化，此时则需要通过设置平衡鼓和平衡盘的联合结构来实现轴向力的平衡。

1. 平衡孔

在离心泵进口压头 H_i 为常数的情况下，离心泵所产生的轴向力主要是由于高速旋转的叶轮两侧工作介质不对称的压力和进口动反力而形成的。利用平衡孔平衡轴向力的方法简单、可靠，并且可以减少机械密封腔的压力，但是由于增加了泄漏量，所以会使离心泵的容积效率降低。同时，从平衡孔流入的流体介质与叶轮吸入口流体介质的流动方向相反，彼此撞击产生旋涡，破坏了叶轮进口流场的均匀性，从而降低了离心泵的流动效率。如果机械密封冲洗方式采用的是外冲洗形式，可以在离心泵叶轮叶片上直接钻孔形成平衡孔结构，这样就可以有效地避免高速机械密封冲洗流体对叶轮进口流场造成的不良影响，同时可通过精确计算叶轮前后密封凸边来减小轴向力。

2. 平衡鼓

在石化工业领域，大功率离心泵的运行工况通常不是固定的，而是在一定范围内浮动，同时离心泵输送的介质工况也会受到环境因素的影响。这些均会导致离心泵在运行时或者开停机时，轴向力出现很大的变化。为了解决这个问题，通常采用平衡鼓和平衡盘组合结构来实现轴向力的平衡，这样就能够保证大功率离心泵在试验、调试、开机、运行和停机时均能很好地平衡轴向力。图 6-8 所示为平衡鼓结构示意图。

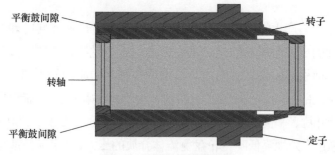

图 6-8　平衡鼓结构示意图

3. 平衡鼓和平衡盘组合结构

在石化工业中，高速离心泵和多级离心泵的运行工况受外部环境影响较大，离心泵的入口压力通常很大而且随环境温度变化很大，这些工况会导致离心泵在运行时和起动/停机时的轴向力出现剧烈的变化。同时，离心泵在出厂时的试验一般均以常压状态下的清水为介质，而在应用现场的实际介质差异很大，有些介质存在密度低、易汽化等特点，这就导致了泵在出厂试验和现场实际运行时产生不同的轴向力。为了解决上述问题，通常会采用平衡鼓和平衡盘组合结构来实现轴向力自平衡。图 6-9 所示为平衡鼓和平衡盘组合结构示意图，经叶轮后腔径向间隙下降后的压力 p_4，大于与泵入口相连的平衡腔内的压力 p_6，p_4 与 p_6 的压差作用在平衡盘上产生的平衡力 F_a 与叶轮两侧产生的轴向力 F 方向相反，通过轴向间隙的变化自动调节，直至 F_a 与 F 达到平衡为止。

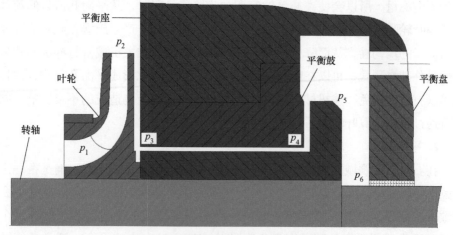

图 6-9　平衡鼓和平衡盘组合结构示意图

4. 斜齿轮传动

对于高速离心泵，要保证其长期连续平稳运行，通常采用斜齿轮传动，斜齿轮传动所产生的轴向力 F_a 可表示为

$$F_a = 1.91 \times 10^7 \left[P / (d_c n) \right] \tan\beta_L \tag{6-5}$$

式中　P——传动的功率（kW）；

　　　d_c——小齿轮的直径（mm）；

　　　β_L——小齿轮螺旋角（°）；

　　　n——转速（r/min）。

另外，目前还有较先进的轴向力平衡技术，如受载推力盘的小齿轮轴结构等。

6.4　监控系统

本节针对离心泵的宏观性能参数与运行状态参数进行监测；并基于转子动力特性计算、辅以试验数据、在线监测数据和历史数据构建样本数据，建立转子系统故障监控模型；开发在线监测系统云平台，实现泵运行状态的判断、预估和安全预警。

6.4.1　整体方案设计

1. 监测参数设计

参数和信号采集：针对离心泵宏观性能参数与运行状态参数进行采集，宏观性能参数包括流量、进出口压力、电动机的参数（电流）、效率、扬程和功率等；运行状态参数包括高速轴轴承温升、润滑油温升、密封腔的压力、轴承振动、轴端位移和泵出口压力脉动（喉部等关键部位）等。

主要针对大功率高速离心泵和多级离心泵安装压力、流量、位移、温度等传感器进行在线监测。大功率单级高速离心泵（高速泵）测点布置如图 6-10a所示，大功率多级离心泵（多级泵）测点布置如图 6-10b 所示。高速泵和多级泵采集参数包含两端轴承温度、油压、两端泵轴振动位移、泵体振动加速度、泵出口压力脉动、泵出口振动加速度、泵出口压力脉动、级间通道压力和密封腔压力等状态参数和性能参数信息。同时还对驱动电动机的电流、电压和温升等状态参数进行采集和监测。

2. 现场通信方案

现场低频信号采集仪表提供有 RS485 信号与 4~20mA 信号，两种信号都是

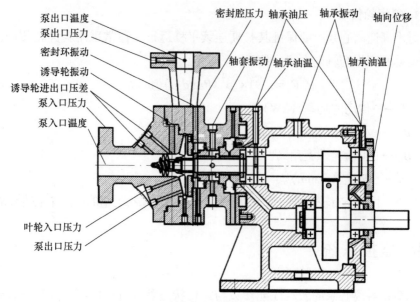

泵出口温度
泵出口压力
密封环振动
诱导轮振动
诱导轮进出口压差
泵入口压力
泵入口温度

密封腔压力　轴承油压　轴承振动　轴向位移
轴套振动　轴承油温　轴承油温

叶轮入口压力
泵出口压力

a) 高速泵测点布置示意图

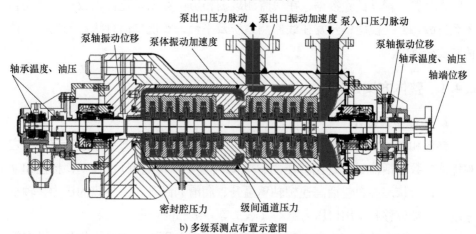

泵出口压力脉动　泵出口振动加速度　泵入口压力脉动
泵轴振动位移　泵体振动加速度　泵轴振动位移
轴承温度、油压　轴承温度、油压
轴端位移

密封腔压力　级间通道压力

b) 多级泵测点布置示意图

图 6-10　大功率离心泵测点布置示意图

工业上常见的现场信号。RS485 在智能仪表中使用较广，是一种常见的现场总线标准，它采用平衡发送和差分接收的传输方式，一般采用两线制，将两线间电压+(2~6) V 作为逻辑"1"，-(2~6) V 作为逻辑"0"，输出数字信号。RS485 具有工作电平环境要求低、抗干扰能力强、传输距离远等优势。4~20mA 信号是工业上的标准模拟量信号。4mA 的起点作为变送器的静态工作电流，同时又区别于机械零点，20mA 的终点有效地防止了电流通断引起的意外，而电流信号又保证了在远传过程中的稳定性与准确性。

大功率离心泵低频状态信号数量大，类目繁多，其中压力信号与振动的低频信号均为 4~20mA 信号。为了提高系统采集过程的安全性和通用性，针对这些 4~20mA 信号，在仪表输出端加入信号隔离器与一次采集模块，将其转换成 RS485 信号，最后将获得的二次信号输入微控制器控制的低频状态采集模块。而对于高频振动信号，由于其特殊性，为了保证振动信号的各频域成分不受破坏，选择直接将原始高频振动电压信号接入集中处理层，进行统一处理。高频信号先通过信号处理电路，转换成满足 AD 转换条件的电压信号。

在目前离心泵领域，传感器一般采用 4~20mA 输出接口，4~20mA 接口格式是目前离心泵行业的标准接口。本书设计的采集器将把 4~20mA 的电流信号转换为电压信号，再经过 AD 转换为数字信号。对振动信号则需要进行高频采样和傅里叶转换，得到其时域信号和频域信号。

3. 数据传输方案

目前，国内无线通信模组一般分为蜂窝类与非蜂窝类。其中非蜂窝类包括 WiFi、蓝牙、ZigBee、LPWAN 等，这些网络往往很容易受到外界干扰，保密性与稳定性不能得到保证，不利于进行数据的传输。同时非蜂窝网络的搭建的泛用性较差，一旦网络确定后，很难进行接口的扩展，不利于系统的升级改造。

蜂窝类通信一般指的是 2/3/4/5G 网络，网络容量大，覆盖范围广，由于其确定的通信协议使得网络内的数据的安全性与稳定性得到保障。针对高频振动信号，信号数据量较大，采用一般的 2/3G 网络，传输速率达不到要求，严重影响了监测效率与准确性。5G 网络当前处于测试阶段，其网络的覆盖率与稳定性还较差。综合考虑上述原因，最后选择了 4G 网络作为无线通信手段。4G 网络模块技术当前已比较成熟，能满足系统传输数据的要求。

由于离心泵工作场所不方便大范围布线，所以采集器采集到的信号将通过无线网络的方式传输到远程服务器上。考虑到采集数据后期的通用性，无线网络采用全网通制式，即可以使用三大运营商的网络。采集器实时采集数据通过无线网络传输到云服务器上，随着时间的推移，数据累积量巨大，对数据库会造成巨大压力。因此本书将把数据存储在云端。该数据库采用分布式系统，后期可根据数据量做弹性伸缩。同时针对数据库采用分库分表策略，以缓解数据库压力。数据呈现方式采用多终端方式：通过个人计算机浏览器、手机浏览器或 APP（应用）等设备均可访问系统；通过本地构建一套专用显示设备查看信息。

4. 故障监测模型建立

样本数据库建立：针对离心泵的设计数据、计算数据、试验数据、现场运行数据和故障数据构建离心泵样本数据库。设计数据由用户、设计院（工程公司）或制造商提供，计算数据通过内部流场计算、性能预测与转子动力学求解得到。试验数据包括实验室开展在线监测和故障试验得到的数据和离心泵产品出厂前水力性能试验得到的数据；现场数据主要是制造商或制造商通过用户提供的离心泵现场运行数据；故障数据包括出厂前水力性能试验时故障、实验室人为故障和现场运行故障的数据。采用特征提取、异常数据剔除、离散化、降维等方法对这些数据进行预处理，进而建立离心泵故障样本数据库、非故障数据库和临界状态数据库。

数据分析：在故障监测模型建立之前需要对数据进行预处理。针对振动数据剔除重复和异常的数据，再对该数据进行降维特征提取，进而形成特征参数数据，以此数据作为标准化样本数据以供监测模型进行训练和测试。针对设计数据、计算数据和试验数据进行重新关联分析和比对，构建适合运行状态故障分析的数据关联处理方法和适合越界判断的边界模式匹配分析方法。

故障监测模型建立：针对离心泵故障模式，以不同状态类型的关联历史运行数据为基础构建离心泵状态监测和故障监测模型，采集实时数据、在线分析数据、状态参数数据与故障运行数据。挖掘关联融合数据的特征，建立基于深度学习的神经网络分类器，实现离心泵特征参数变化规律的预测，结合离心泵临界特性数据库进行离心泵参数点的自动边界匹配，修正离心泵故障监测模型。

5. 监测系统云平台

构建一套数据处理、集中监控、故障报警、信息查询、风险预测、预防与维护的一体化云平台。该平台分为 3 层结构（底层、中间层和顶层），如图 6-11 所示。底层包含负载均衡、连接管理、消息队列和云数据库。底层主要是通过负载均衡把设备的 TCP（传输控制协议）连接分散到多个连接管理服务器上，每个连接管理服务器处理设备数据并将数据传输到消息队列，由消息队列进行数据分发到云数据库和中间层。中间层含有数据管理、故障监测和临界报警等中间件。中间层把系统的业务逻辑划分为各个小模块，每个模块处理单独任务，模块间以远程调用的形式访问。顶层包含平台系统、管理系统、用户界面（手机接口和大屏系统）；平台系统包含实时查询、历史查询和故障分析等泵功能模块。顶层负责平台对用户访问接口，不同模块针对不同的用户。系统对每一个泵实时数据包进行状态评估，对有问题的安全评估结果发出安全预警，预警通过个人计算机平台、手机推送和邮件等方式发送到指定的人员。

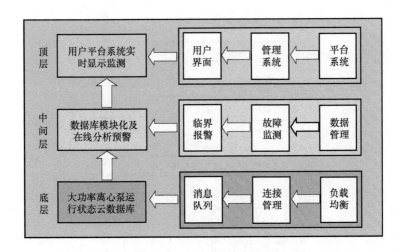

图 6-11　监控系统平台框图

6. 状态判断、预估与安全预警

对实时在线监测数据帧结合临界状态数据库进行状态判断，对越界数据发出故障报警，预估离心泵运行状态，对轴承处油温、振动和泵出口压力脉动等参数越界以及电动机过载（电流过高）等故障隐患发出安全预警。预警信号发送至用户单位和制造厂家，方便制造厂家提前准备好离心泵配件，用户单位提前安排生产检修，保证离心泵安全可靠长时间运行。

根据离心泵远程监测系统的功能要求和各模块方案的设计，本书采用分布式采集、集中监测的系统结构，将离心泵远程监测系统分为 3 个部分，包括现场直接采集层、中间信号处理层和远程服务器层。

（1）现场直接采集层　由各类现场仪表构成，对离心泵运行状态参数进行采集。针对低频状态信号与高频振动信号采用两种采集模式。

（2）中间信号处理层　包括低频状态采集模块和高频振动信号采集模块，由微控制器作为核心处理器，用于处理信号，并将其打包发送至本地显示屏和服务器。

（3）远程服务器层　顾名思义，就是服务器端，将所采集到的离心泵运行状态信号进行远程实时显示，并进行保存记录用于下次查询。服务器可以通过网页直接访问，实现了远程监测的目的。

监测系统整体方案如图 6-12 所示。

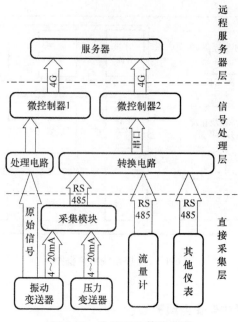

图 6-12　监测系统整体方案

6.4.2　离心泵信号采集模块设计

1. 低频状态信号采集

低频状态采集模块主要负责对流量、转速、进出口压力、电动机功率等性能参数与其他位置的压力状态参数进行远程监测。采集模块可分为数据采集部分与远程传输部分两大块，模块功能实现流程如图 6-13 所示。

数据采集部分的作用是将现场仪表信号传至微处理器进行处理。根据现场通信方案，采集模块上的现场通信接口为 RS485 通信接口。在 RS485 电路设计时，为了防止接线问题导致的模块损坏，在外部接口端放置了 3 个瞬态抑制二极管。

整个通信过程软件实现包括串口初始化、发送请求包、接收并处理应答包三部分。串口初始化由库函数完成，在 cube 的图形化编程下对串口的通信参数（串口波特率、数据长度、停止位等）、传输方式（DMA）、中断优先级进行设置。进行原始的配置后，可以向下位机发送请求包，开始通信。

通信协议采用了标准的 Modbus 协议。Modbus 协议下规定了消息、数据的结构、命令以及应答的方式。数据通信采用主从站方式，通过规定确认两方的

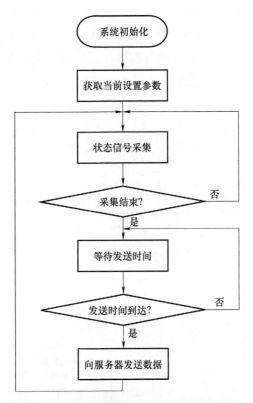

图 6-13　低频状态采集主程序流程

主站和从站身份，主站发送请求数据，从站接收请求后，响应请求并返回数据给主站，完成两者的数据交互。数据的准确性由 CRC（循环冗余码）校验机制保证。

　　以流量计为例，假如要读取寄存器地址为 0x0000H 内的流量数据，则其发送帧与回应帧的格式见表 6-1 和表 6-2。其中寄存器内的值 0x007BH 即为瞬时流量的数据，通过计算转换后可以得到真实的流量值。

表 6-1　主站发送帧

地址	功能码	起始地址 Hi	起始地址 Lo	数据个数 Hi	数据个数 Lo	CRC 校验 Lo	CRC 校验 Hi
01	03	00	00	00	01	84	0A

表 6-2　从站回应帧

地址	功能码	字节数	寄存器值 Hi	寄存器值 Lo	[……]	CRC 校验 Lo	CRC 校验 Hi
01	03	02	00	7B		F8	67

在读取不同的仪表内数据时，由于读取的数据个数存在差异，返回的回应帧长度并不相同，所以在数据接收时选择 IDLE 中断进行数据接收，该接收方式的优势在于可以进行不定长字节的数据接收。完整的通信流程如图 6-14 所示，其中为了提高数据采集的准确性，采用多次查询的方式。

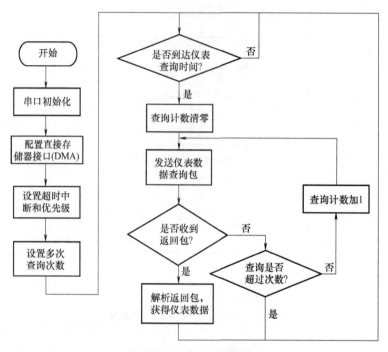

图 6-14　RS485 通信流程

根据远程通信方案的设计要求，采取 4G 通信作为远程传输的基础网络。考虑到系统的通用性，最后选择了外插式的 4G-DTU 模块。DTU 是专门用于将串口数据和 IP 数据进行相互转换并通过无线通信网络进行传输的无线终端设备。该模块具有网络透传模式和 HTTPD 模式两种工作模式，都通过 AT 指令集进行无线收发工作。

在使用 DTU 模块前，需要对模块进行参数设置。配置分为两大部分，包括终端串口参数格式设置和远程服务器设置。串口端设置包括串口波特率、数据类型、数据格式的设置；远程服务器设置包括工作模式、地址端口、协议的设置。DTU 配置如图 6-15 所示。

服务器与 DTU 模块间长时间未发送通信，服务器会终止与 DTU 的连接。为了确保 DTU 在空闲状态下稳定工作，DTU 需要进行心跳包的配置。DTU 在空闲

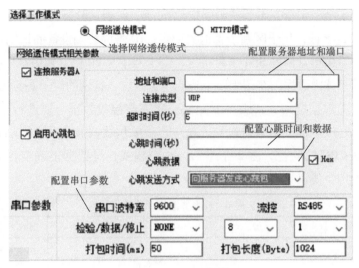

图 6-15　DTU 配置

状态下会定时（几十秒到几百秒不等）向服务器发送一个心跳包，来通知服务器模块仍处于"心跳"的状态。

　　与服务器的通信是以 TCP 连接为基础的。TCP 连接的建立通过"三次握手"完成，连接可靠，并且提供数据校验机制、超时重发机制。在连接建立之前，要先确认服务器的地址以及端口号并完成正确地设置，然后建立 TCP 连接。DTU 模块与 CPU 上的数据交互直接通过串口数据收发完成，同样要确认微控制器上串口通信的串口波特率、数据位与设定的是否一致。

　　在微控制器与服务器通过 DTU 成功建立连接后，就可以开始双方的数据传输。通信协议为自定义的通信协议，通信协议可以分为上传数据协议和服务器指令协议。具体的上传数据的数据包协议格式见表 6-3。

表 6-3　服务器上传数据包协议格式

第 0 字节	1	2	3	4	5	6
包头标示符	包长度低位	包长度高位	包命令字	设备类型	预留	Token0
7	8	9	[10~29]	…	LEN-2	LEN-1
Token1	Token2	预留	ID	消息体	CRC_L	CRC_H

　　其中为了区别于心跳包的 0xFE，包头标示符为固定的 0xFF，使服务器能判断接收到的数据是否为有效数据；包长度就是一帧数据的数据量，占 2 个字节；包命令字确定了这一包数据的作用及用途，本系统中有 0x15 和 0x19 两个命令字，前者表明该包传输试验泵的低频状态数据，后者指该包传输试验泵高频振

动信号；设备类型字符在本系统中固定位 0x1E，代表试验泵；Token0，Token1，Token2 位固定字符，用于区别于其他的协议；ID 号为终端设备的识别号，占 20 个字符，一般由运营商的 SIM 卡号决定，若卡号不足 20 位，则由空白字符补齐不足位；消息体中数据内容即为所上传的消息内容，特别的对于高频振动信号，由于单次传递数据量太大，服务器无法一次完整接收数据，要进行分包发送，在消息体中对应位置设定当前包号、总包数、单包数据量、采样间隔和探头编号；最后是 CRC 检验位，占 2 个字节，小端模式，是数据正确与否的最后保证。服务器指令协议见表 6-4。

表 6-4　服务器指令协议

序号	00	01	02	03	04	05	…	LEN-2	LEN-1
说明	包头标示符		包长度		服务码	设备类型	服务内容	CRC 校验低位	CRC 校验高位

服务器指令主要针对高频振动数据。协议中包头标示符占 2 字节，为 0xFC 和 0x54，用于判断该包是否为服务器指令协议包；包长度为一帧数据量，占 2 字节；服务码为服务器指令用途，本系统为 0x19，是对高频振动信号的处理；设备类型固定为 0x1E，代表试验泵；服务内容在本系统中具体为需要传输的包号和探头编号；最后同样是保证数据准确性的 CRC 检验位。

2. 高频振动信号采集

高频振动信号采集模块主要负责对振动信号进行远程监测。采集模块可分为信号调理部分、数据采集部分与远程传输部分三块，模块功能实现流程如图 6-16 所示，远程通信部分仍采用 4G 通信，不再赘述，主要对信号调理部分与数据采集部分进行介绍。

根据现场通信方案对于高频信号的特殊设计，选择直接采用原始高频电压信号接入模块，选用的电涡流振动传感器，其振动信号成分包括直流部分与交流部分，直流成分为 5V，交流成分一般在 ±400mV 左右，必须经过信号调理才能接入微控制器的 AD 模块。

信号调理部分主要分为三大部分，包括隔直电路、放大电路和电压抬升电路。原始信号经过高频信号隔离线传至信号处理模块，分别经过隔直电路过滤直流部分信号；基于仪表运放 AD620 的高频信号放大电路，对较微弱信号进行放大至可处理大小；同相加法器电路，将负电压部分抬升，变成正电压，最后变成 AD 模块可处理的电压信号。信号调理部分原理图如图 6-17 所示。

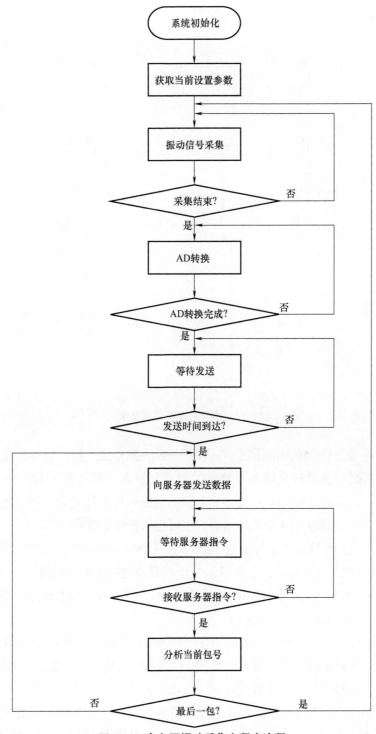

图 6-16　离心泵振动采集主程序流程

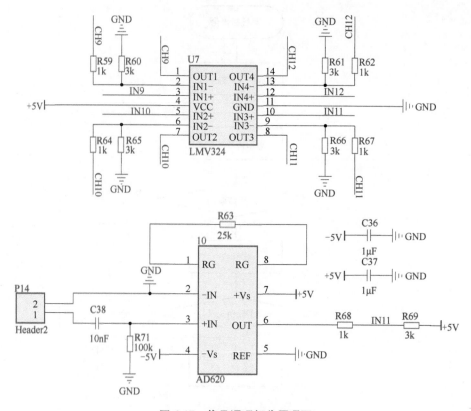

图 6-17　信号调理部分原理图

由于高频信号的输入电压过小，采用一般的差分放大器，信号在放大过程中会发生失真，基于对高频信号精度的要求，放大电路选择了 LM324 芯片和 AD620 芯片。通过 AD620 芯片和一个运放的组合可以设计完成一个精密电压放大电路。其中 LM324 由 4 个运放组成，主要提供普通运放的作用。

为了满足处理速度的要求，选用了基于 ARM Cortex-M7 内核的 ST 公司的 STM32F746I 作为主控芯片。芯片有 3 个 12 位精度控制 ADC 控制器，共有 24 通道 AD、18 个定时器、4 路 USART 和 4 路 UART。原始振动信号经过信号调理电路，在数据采集部分进行 AD 采样。

在 AD 转换前，先确定采样频率，为了消除频率的混叠现象，根据香农（Shannon）采样定理，采样频率应高于分析频率的两倍以上。该部分由 ADC 模块初始化、ADC 采样、采样数据计算三大部分组成。同样地，为了减少资源占用，ADC 模块也采用了 DMA 通道。ADC 模块初始化由一系列库函数完成，主要包括配置 ADC 时钟模块使能，GPIO 口的 ADC 功能复用，ADC 模块校准，

ADC 工作参数设置，ADC 模块使能。本系统配置的工作参数的工作模式为独立模式，使能扫描转换模式，使能连续转换模式，使能 DMA 通道连续请求，数据长度为字。

完成 ADC 模块初始化后，就可以通过 HAL_ADC_Start_DMA（）函数打开 ADC 采集通道。由于 DMA 中采用了连续传输的模式，ADC 采集获得的数据会不断地传输到存储器中（采集存储数组值为 ADC_Value "8"），数据会从 ADC_Value "0" 一直到 ADC_Value "7"，然后再覆盖 ADC_Value "0" 中的值，即 ADC_Value "8" 数组内的值会被不断刷新。这个过程没有 CPU 参与，全程由 DMA 控制完成。其中振动采集通道一共 8 个，即 ADC_Value "0" 对应的为采集通道 1 的振动数据，ADC_Value "1" 对应的为采集通道 2 的振动数据，以此类推。然后每采集到一次 ADC 值，将其保存至设定的全局变量中，用于后续的处理。

获得采集到的 ADC 转换值后，需要通过对应的转换关系将其还原成实际的振动位移值。STM32 采用的 ADC 为 12 位，参考电压为 3.3V，同时根据信号处理电路中对原始信号的增益关系，可以获得振动位移表达式为

$$s_a = \frac{AD \cdot 3300}{4095 \cdot G \cdot 8} - \frac{625}{3G} \tag{6-6}$$

式中　G——放大电路增益。

6.4.3　远程监测系统服务器端设计

服务器端是在阿里云的基础上，基于 GO 语言进行开发设计的。GO 语言是一款开源编程语言，其优点在于其语言的高效性、规范性和并发性，同时拥有强大的标准库，其中 net/http 包能实现直接监听 socket 端口，大大地规范和简化了设计过程。服务器端功能包括接收来自 4G 模块的数据，进行文字形式和曲线图形式的直接显示，同时将数据存储至后台数据库；用户要求进行历史记录查询时，访问后台数据库，进行数据读取并显示；对于高频振动时域信号，进行在线时频域转换，并显示曲线图以及瀑布图。服务器主要由登录界面、主界面、设备信息界面、低频状态信号监测界面、高频振动信号监测界面、历史数据界面组成，其中低频状态信号与高频振动信号的监测界面具体实现如下。

1. 运行状态信号监测界面

运行状态信号监测界面是对采集获得离心泵运行状态信号进行曲线图呈现。对于种类繁多的状态信号，分为五个模块进行展示，分别为性能曲线、振动曲线、

温度曲线、压力曲线和差压曲线。同时，该界面还提供历史数据查询的功能，通过输入对应的时间节点和查询内容，可以采集到过去的任一时间点的状态数据进行历史查询，以此做一些数据的分析比较。查询的数据可以通过表格和曲线图两种形式展现，用以满足用户的不同需求。具体内容如图 6-18 和图 6-19 所示。

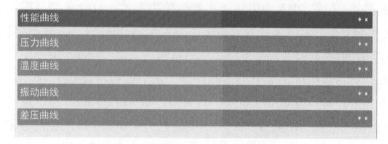

图 6-18　离心泵运行状态信号监测界面

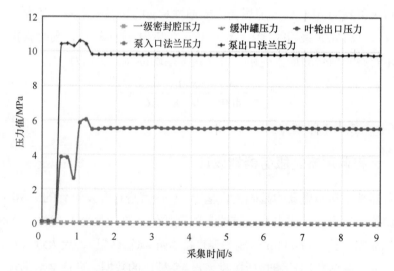

图 6-19　离心泵压力信号曲线图

2. 振动信号监测界面

离心泵振动信号监测界面主要是对单个位置的振动情况进行监测，并通过曲线图的形式进行展示。该界面主要可分为振动时域图、频域图以及相位图。同样地，该界面也提供振动信号历史查询，不同的是为了比较不同时间段振动频谱的变化，将频谱图的历史数据专门作成了三维瀑布图进行展示。针对不同的需求，瀑布图由柱面图和曲面图可供选择，由此反映一段时间内的振动情况。具体内容如图 6-20~图 6-24 所示。

图 6-20 离心泵振动信号监测界面

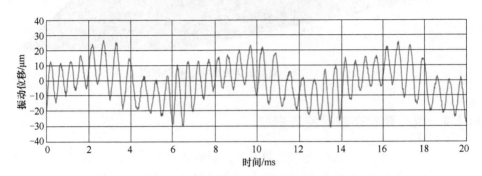

图 6-21 离心泵振动信号时域图

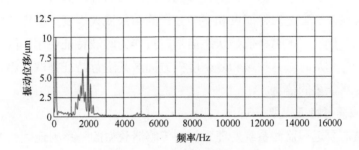

图 6-22 离心泵振动信号频域图

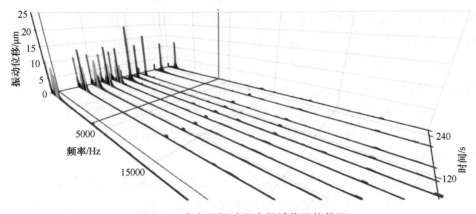

图 6-23 离心泵振动历史频域信号柱状图

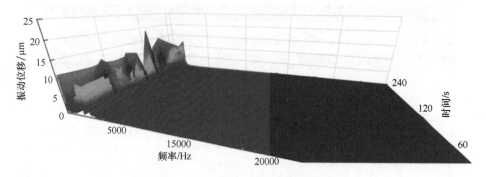

图 6-24 离心泵振动历史频域信号瀑布图

6.4.4 离心泵状态信号特征提取

在合适的传感器与远程技术的帮助下,研究人员获得了运行状态下一些代表性的参数。但这些参数所包含的信息还比较模糊,需要通过特征提取方法对这些信号进行特征提取,达到去伪存真的目的。然后去选择对工况最为敏感的特征量来反映工况变化。特征量和特征分析的结果很大程度上决定了对于状态识别认识的正确性。本书将低频状态信号直接作为时域特征使用,同时对于高频振动信号分别从时域、频域和复杂度三方面对其进行特征提取,希望得到振动信号的尽可能多的信息。

1. 时域简易特征提取

通过离心泵远程监测系统处理后,由传感器获得的一系列连续信号变成了离散信号,一部分是低频状态信号,这些信号的意义本身就是单位时间节点上的运行参数信号,直接可以作为该次试验的特征使用。低频状态信号以性能参数为主,以低频段的各位置的压力、振动有效值作为辅助手段,通过观察运行过程中曲线图的变化,可以对离心泵的运行情况做最为简单且直观的判断。

另一部分则是高频振动参数,高频振动参数一般的时域特征可以根据有无量纲分为两大类。有量纲的参数,包括峰值、峰峰值、均方根值和标准值等。无量纲参数包括方差、标准差、偏度系数等。假设 $x(t)$ 为采集到的连续时域上的振动信号,那么经过 AD 转换后得到的离散信号为 $x(i),i=1,2,3,4,\cdots,N_s$,$N_s$ 为总的采样点。

根据大功率离心泵运行状态的特点,从试验结果所采集到的信号数据中选取了流量、扬程、转速、有效功率、泵体进口压力、叶轮进出口压力、辅助油泵油压等信号有效值作为低频状态时域信号的特征量。其中由于试验泵采取工频起动，则在其稳定运行后转速变化很小，也就是说整体的轴功率基本保持不变，所以采用有效功率代替总效率进行分析。振动信号则通过统计计算采用峰峰值、有效值、峭度作为振动时域上的简易特征量。

2. 频域精密特征提取

大功率离心泵作为典型的旋转机械，其振动信号大多为由多种激励信号合成的复杂信号，将复杂的时域波形通过傅里叶变换成若干单一谐波分量来研究，可以清晰地知道各个谐波分量的幅值分布和能量分布，具有传统时域分析无法比拟的优势。

最为常见的精密特征量提取方法为频谱分析方法，其核心是傅里叶变换，可以归结为从复杂的频率成分中寻找特征频率。振动信号原始信号为时域信号，要通过傅里叶变换来获得频谱。时域的简易特征一般是时域信号的简单统计量，只能反映离心泵的运行是否正常，要分析更为复杂的运行情况，需要对提取的高频振动信号进行进一步的分析。

在工况监视中，傅里叶变换的结果是占有核心位置的特征信息之一，它通过将观测信号在频域之中逐步分解，再根据线性系统的频率保持信号的特征，在每一个振动信号的频率分量上必定对应有相同的频率输入情况，并通过其判断运行工况。

6.4.5 离心泵运行状态分析

获得离心泵运行特征值后，通过这些特征量包含的信息来对泵运行情况进行预测与分析，本章针对第 2 章提到的特性曲线以及振动相关运行工况，分别通过最小二乘法拟合特性曲线，以及通过神经网络联合利用时域特征量和振动特征量对运行工况进行分析预测。

本书基于获得的特征量，结合最小二乘和神经网络，对离心泵运行状态做了简要的预测和评估。首先通过最小二乘对特性曲线进行了拟合，拟合结果符合预期效果。然后基于神经网络做出的离心泵运行状态评估分为对于短时间内泵法兰出口压力和前轴振动情况的预测和长期的泵运行工况评估，预测效果都达到了预期希望。

1. 基于最小二乘的特性曲线拟合

根据性能测试试验获得离心泵性能参数，通过最小二乘原理对泵进行特性曲线的绘制。性能测试试验在确保泵正常运转的情况下，进行间隔流量值的性能参数获取，参数可由监测系统服务器端获取。

首先对于扬程-流量的性能曲线进行线性、二次多项式、三次多项式、四次（四次以上严重偏离理论要求）多项式的曲线拟合，如图 6-25 所示，可以看到二次多项式、三次多项式拟合效果较好，但三次多项式拟合在小流量阶段存在一小段扬程-流量成反比的情况，所以最后选择了二次多项式拟合函数作为拟合结果。同样地，对效率-流量进行多项式拟合比较，最后获得了试验特性曲线拟合图，如图 6-26 所示。

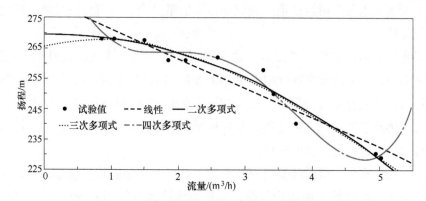

图 6-25　扬程-流量不同阶多项式拟合情况对比

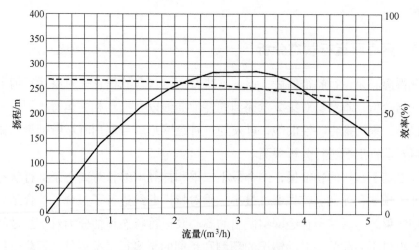

图 6-26　试验特性曲线拟合图

2. 基于神经网络的运行状态分析

（1）神经网络　针对离心泵运行状态识别的神经网络算法框架如图 6-27 所示。本书基于神经网络的运行状态诊断主要分成了两大部分，分别为基于状态特征信号的压力和振动预测与基于状态和振动特征信号的运行状态识别。前者主要是基于低频状态信号对离心泵运行的其他信号的变化情况进行预测，后者则是针对泵在不同运行工况进行评估识别。

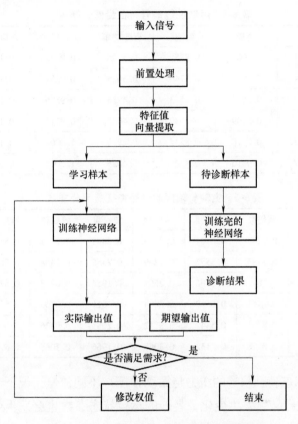

图 6-27　离心泵运行状态识别神经网络流程图

（2）归一化处理　归一化是一种简化计算的方式，即将有量纲的表达式，经过变换，化为无量纲的表达式，成为标量。常见的归一化处理方法有最大-最小标准化和 z-score 标准化。其中最大-最小标准化因为其步骤更为简单，被广泛应用。

最大-最小标准化是对原始数据进行线性变化，假设 min 和 max 为数列中的最小值和最大值，那么将数列中原始值 x 投影到最大-最小标准化后形成的映射区间 $[0,1]$ 的值 x'，其计算公式如下：

$$x' = \frac{x - \min}{\max - \min} \tag{6-7}$$

在进行神经网络训练算法前，要对输入量进行归一化处理，即将所有的输入量转换成为［0,1］之间的数字量。表 6-5 和表 6-6 为时域特征信号输入量和频域特征信号输入量经过归一化处理后的数据的部分数据样本示例。

表 6-5　时域性能信号特征量部分样本

样本	扬程	流量	转速	有效功率	出口压力	入口压力	油压
1	0.2291	0.5008	0.8755	0.5125	0.9225	0.1209	0.6956
2	0.2284	0.5017	0.8746	0.5025	0.9231	0.1213	0.6925
3	0.2482	0.3512	0.8543	0.4925	0.9506	0.1338	0.6481
4	0.2482	0.3509	0.8539	0.4925	0.9513	0.1347	0.6425
5	0.2683	0.0810	0.8334	0.4825	1.0000	0.1650	0.6263
6	0.2677	0.0816	0.8329	0.4825	1.0000	0.1644	0.6250

表 6-6　主轴前轴振动信号特征量部分样本

样本	工频	两倍频	三倍频	四倍频	复杂度	峰峰值	有效值	峭度
1	0.0979	0.7289	0.6404	0.2179	0.2348	0.0902	0.5537	0.0295
2	0.0963	0.7483	0.6557	0.2209	0.2355	0.0408	0.5637	0.0198
3	0.1041	0.7846	0.6196	0.2501	0.1954	0.0933	0.5737	0.0487
4	0.1047	0.7968	0.6349	0.2804	0.1811	0.0906	0.5937	0.0291
5	0.1056	0.8431	0.5342	0.3112	0.2085	0.0826	0.6037	0.0335
6	0.1056	0.8978	0.6132	0.3068	0.1966	0.1065	0.5737	0.0420

（3）基于状态特征信号的压力与振动预测　不同流量工况下，根据特性曲线，其性能参数会随之发生变化，其他的运行状态参数也会发生变化，为了研究其他参数的变化规律和性能参数之间的联系，通过神经网络模型对两者的联系进行研究。不同部位的压力与振动参数能够作为离心泵运行情况判断的依据之一，其数值的变动反映了离心泵运行过程中内部机械与流体的变化，可以判断出离心泵的运行状态变化。通过性能参数及其相关参数来预测压力与振动变化，对于把握离心泵的运行状态起到良好的帮助，同时能及时发现其数值不正常的情况，防止运行故障的进一步扩大。

此次所建立的神经网络均为 3 层 BP 神经网络，即包含输入层、输出层以及一层隐藏层。在建立神经网络时，先确定特征矢量的维度来确定神经网络输入层的节点数，由离心泵运行状态的类别来确定输出层的节点数。若输入层的节点数为 n，则一般设定隐藏层的节点数为 $2n+1$，由此就确定了神经网络的基本结构。

在利用时域特征信号进行出口压力预测时，基于扬程、流量、转速、有效功率、叶轮入口压力、叶轮出口压力、油泵出口油压 7 个参数作为输入量，即神经网络输入层节点为 7，则对应的隐藏层节点数为 15，输出为泵体出口法兰压力。在初始化设置中，设定网络训练步长为 1000，学习率为 0.5，训练误差为 10^{-7}，样本参数个数为 100。MATLAB 中 3 层网络的基本结构如图 6-28 所示。

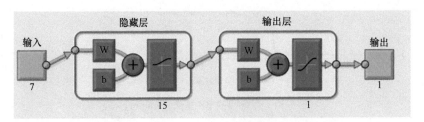

图 6-28　MATLAB 中 3 层网络的基本结构

　　根据神经网络训练过程，要先进行前向传播，其中隐藏层的传递函数一般选用 S 函数，输出层则采用 purelin 线型函数。之后将训练样本输入神经网络，利用反向传播算法，不断迭代调整网络的权值和参数，也就是不断对带正则项的代价函数计算其极小值，最后直到函数收敛。在这个过程中，为了提高收敛速度并且改善网络的性能，对于训练函数的选择则比较多样。一般来说可以分为普通算法和快速算法。在 MATLAB 工具箱中，对于快速算法，可分为 5 种，分别为自适应修改学习率算法、有弹回的 BP 算法、共轭梯度算法、Quasi-Newton 算法以及 Levenberg-Marquardt 算法。在本次预测中，对于 5 种快速算法进行分别预测，图 6-29~图 6-33 所示为预测结果和真实结果的对比情况示例。

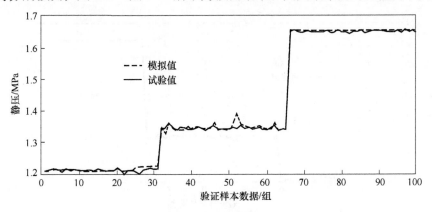

图 6-29　自适应修改学习率算法（traingda）

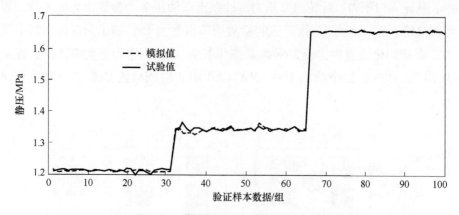

图 6-30　有弹回的 BP 算法（trainrp）

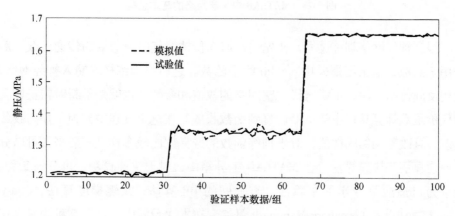

图 6-31　共轭梯度算法（trainscg）

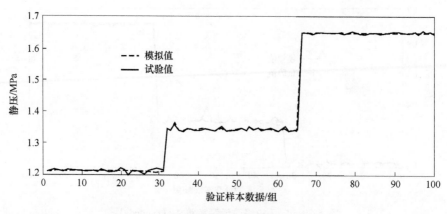

图 6-32　Levenberg-Marquardt 算法（trainlm）

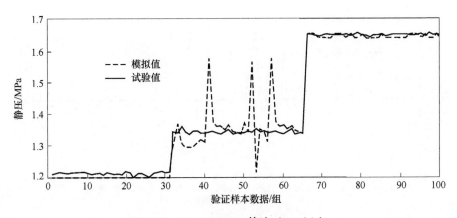

图 6-33 Quasi-Newton 算法（trainbfg）

完成网络训练后，误差对比结果示例如图 6-34 ~ 图 6-38 所示。

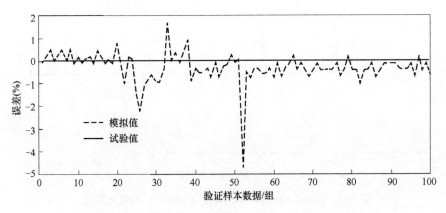

图 6-34 自适应修改学习率算法（traingda）的误差对比

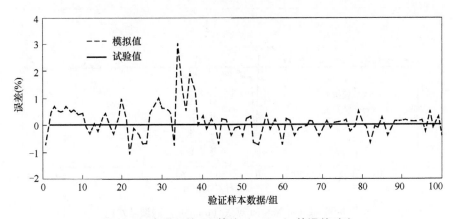

图 6-35 有弹回的 BP 算法（trainrp）的误差对比

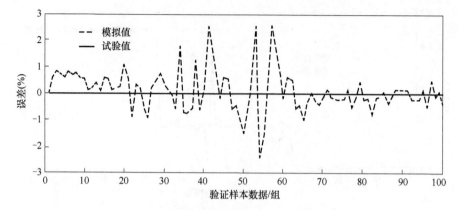

图 6-36　共轭梯度算法（trainscg）的误差对比

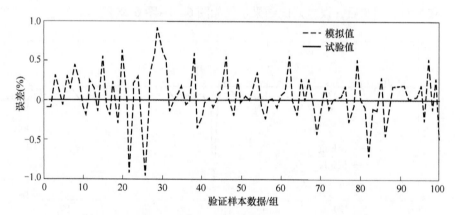

图 6-37　Levenberg-Marquardt 算法（trainlm）的误差对比

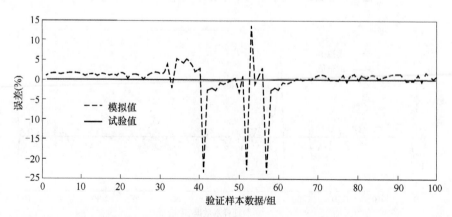

图 6-38　Quasi-Newton 算法（trainbfg）的误差对比

对比 5 种训练方法，可以看到除了 Quasi-Newton 算法在个别点的预测上有较大偏移，其他 4 种训练算法基本能保持真实压力和模拟压力的一致性。再对比 5 种算法的误差，发现 trainlm 训练函数下的 Levenberg-Marquardt 算法的误差最小，在 [-0.01,0.01] 区间内，其他方法的误差值都要大于这个区间。综合上述结果，最后选择了以 trainlm 训练函数作为本次神经网络的训练函数。

取另一次试验中的 45 组数据作为验证样本，将验证样本作为输入，输出结果如图 6-39 所示，通过真实压力和拟合压力对比，可以明显地看到有较好的预测结果。

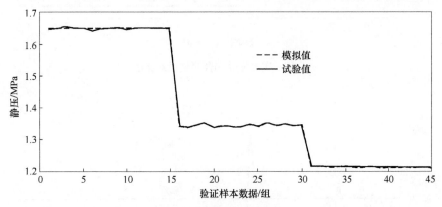

图 6-39　静压验证结果图

在利用时域特征信号进行前轴振动预测时，基于扬程、流量、转速、有效功率、叶轮入口压力、叶轮出口压力、油泵出口油压 7 个参数作为输入量，即神经网络输入层节点为 7，则对应的隐藏层节点数为 15，输出为主轴前轴振动有效值。在初始化设置中，设定网络训练步长为 1000，学习率为 0.5，训练误差为 10^{-7}，样本参数个数为 100。隐藏层的传递函数选用 S 函数，输出层采用 purelin 线型函数，训练函数采用 trainlm 函数。预测结果和真实结果的对比图与误差对比图如图 6-40 和图 6-41 所示。

取另一次试验中的 45 组数据作为验证样本，将验证样本作为输入，输出结果如图 6-42 所示，通过真实振动和模拟振动对比，预测结果较弱于压力预测结果。泵体内的振动分为机械引起的振动和流体引起的振动，由于主轴前轴远离叶轮，则基本以机械振动为主，而每次试验中由于内部流场情况的差异，每次流体所引起的振动不一致，同时由于运行状态稳定后，流体情况会保持在较稳定的状态，所以真实振动情况在相同状态下比较稳定，数值基本不变，而预测情况则波动值较大。

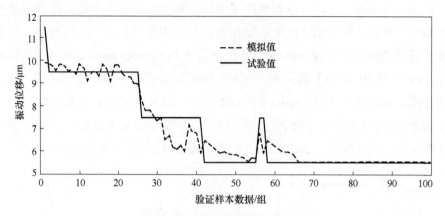

图 6-40　实测振动和预测结果对比图

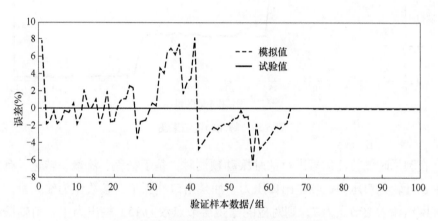

图 6-41　实测振动和预测结果误差对比图

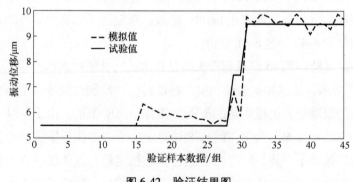

图 6-42　验证结果图

（4）基于状态和振动特征信号的运行状态识别　为了研究不同流量工况下

参数的变化，分别以除流量外的 8 个性能参数为主体的特征量，振动特征量以及两种信号联合，来逆推不同流量离心泵运行工况，研究不同工况下这些参数的差异与规律，对研究离心泵设计工况和偏工况下的运行差异有很大帮助。

此次所建立的神经网络为 3 层 BP 神经网络，即包含输入层、输出层以及一层隐藏层。利用时域特征信号进行识别时，把扬程、进出口压力等 8 个时域性能特征参数作为输入量，即神经网络输入层节点为 8，则对应的隐藏层节点数为 17。在利用振动特征信号进行识别时，总共神经网络输入层节点为 8，则对应的隐藏层节点数为 17。再结合两种特点进行预测时，结合两部分的输入信号，将两者合并成为 16 个输入信号，则输入层节点为 16，相对应的隐藏层节点数为 33。同样地，在初始化设置中，设定网络训练步长为 1000，学习率为 0.5，训练误差为 10^{-7}。与振动和压力预测不同的是，这次结果有 3 种不同情况，将这 3 类标签设为 [0 0 1]，[0 1 0]，[1 0 0]，分别对应过载、标况和低载 3 个不同的运行状态。对于 3 类离心泵运行状态的样本数，其中基于时域特征信号的样本数分别为 100 个、100 个和 100 个；基于振动特征信号的样本数为 50 个、50 个和 50 个；对于联合两种信号的样本数为 50 个、50 个和 50 个。MATLAB 中 3 层网络的基本结构如图 6-43 和图 6-44 所示。

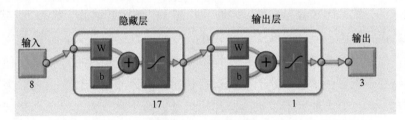

图 6-43　基于时域性能信号和振动信号网络的基本结构图

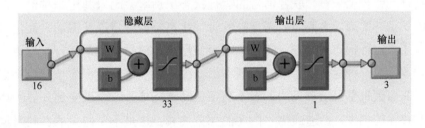

图 6-44　基于联合信号网络的基本结构图

进行本次神经网络训练时，从每类运行状态所对应的各个样本中随机抽取 70% 的样本作为训练样本，15% 的样本作为验证样本，剩余 15% 的样本则作为测试样本。

神经网络的识别过程从本质上来讲是对各输入量给定权值的一个过程，相比于人工识别，它的一点优势在于不用关心各输入量的相关性程度，在经过代价函数最小化的过程中，也就是神经网络的学习后，会给各个输入量一个权值来说明其与结果的相关程度，同时给出识别结果。利用时域状态特征信号、振动特征信号和联合信号三种情况的识别结果见表6-7。

表6-7　基于神经网络的三类运行状态识别率

信号	时域状态特征信号	振动特征信号	联合信号
状态1识别率（%）	90	88	92
状态2识别率（%）	100	98	100
状态3识别率（%）	95	92	96

从对比分析中可以看出，无论是只利用时域状态特征信号、振动特征信号，还是联合信号作为输入量时，识别效果都比较理想。

在纵向比较上来看，状态1和状态3的识别率都明显地低于状态2；对于状态2，也就是在标况运行状态下的识别率都接近100%，主要是在标况状态下的运行比较稳定，各个信号参数维系在一个比较平稳的值，没有太大的波动，整体数据保持一致，比较容易判断。同时，状态1又要明显地低于状态3，状态1处于低载运行状态，流体的冲击量比较小，受到汽蚀影响较大，导致其空化程度加深，信号比较不稳定，在运行过程中振动的不确定程度提高，从而使得运行状态特征不明显；状态3处于过载运行状态，流体冲击量较大，相对来讲稳定程度高一些，但大流量下带来的冷却热量会显著下降，也会对离心泵运行性能带来一定的影响。

在横向比较上来看，联合信号的运行状态识别率会比只利用一种信号进行识别的识别率要高。主要原因是单独的时域状态特征信号以及振动特征信号都只捕获了泵运行状态中的部分特征，联合使用两种信号就能对运行状态更为全面地描述。在三种运行状态中，识别率最低的是基于振动特征信号的状态识别网络。其原因也是可以预见的，对于高频振动特征信号，由于受到外界噪声的干扰和传输的损失，会造成信号内容的部分失真，这是不可避免的，同时振动的不稳定程度也要高于性能参数。但从最后的识别率来看，仍然保持着较理想的识别率，证明在采集过程中防干扰措施起到了一定的作用。

Chapter 7

◑ 第7章 严苛工况离心泵机组
设计实例及应用

7.1 超高压锅炉给水泵设计

7.1.1 应用背景

高压给水泵一般用高压柱塞式往复泵和高压离心泵。在油田注水场合，曾经广泛使用高压柱塞泵注水，但是高压柱塞泵有可靠性差以及出口压力脉动的缺点，同时随着石油工业的发展，油田注水量日趋增加，所以，油田采用比较多的还是高压离心水泵。加氢裂化装置以往大多采用柱塞式往复泵，但同样往复泵在长周期可靠性方面出的问题比较多，往复泵的长周期运行方面存在固有的短板，同时，有些场合高压给水泵介质含有一定的 H_2S，并需要长周期运行的要求，往复泵的进出口阀在介质含 H_2S 时比较容易损坏，同时往复泵压力的脉动对往复泵缸体含 H_2S 环境应力破坏的风险更大。通过市场调查，很多用户均有更换泵的意愿，只是目前没有理想的产品替代。

中高速泵离心泵通过提高泵的转速的方法改善泵比转速，从而提高泵效率，常常应用于小流量高扬程工况场合。但中高速泵离心泵的机组系统相对复杂，需配套相应的油站、增速器等，制造技术要求较高，日常维护与使用成本相对较高。本项目中，经初步测算，中速泵比常规转速泵效率高 15%（35kW），但机组功耗（齿轮箱、油站）增加，实际预计功耗节省不大于 30kW。

经综合考虑，推荐的方案是采用 BB5 结构的常规转速的多级离心泵，泵按 API 610（第 11 版）标准执行。泵的主要特点是采用抽芯结构，内壳体水平剖分，叶轮背对背布置的轴向力平衡型的结构。轴承自带油环自润滑，电动机直联驱动，泵出口压力脉动小，无故障运行时间长，维护方便。

目前，国内在小流量高扬程场合采用多级离心式的高压注水泵比较少，特别是在加氢裂化装置中使用鲜有报道。在中等流量以上的高扬程场合采用多级离心式的高压注水泵取代往复泵的比较多，如油田注水用离心式的高压泵已普遍应用推广，有取代往复泵的趋势。

7.1.2 整体结构设计

1. 设计要求

流量	$Q = 350\text{m}^3/\text{h}$
总扬程	$H = 1660\text{m}$
转速	$n = 2975\text{r}/\min$
效率	不小于 77%

1）特性曲线要求从关死点到额定流量点无驼峰，单调下降。曲线从基本型最高效率点（BEP）到最小流量点扬程上升率为 1.2 左右。

2）按照 API 610《石油、重化学工业、天然气工业用离心泵》标准进行设计，结构形式为 API 610/BB5。

3）水力部位设计，首级要提高汽蚀性能，利用模型进行设计换算和优化，用 CFD 分析进行设计对比验证；次级主要考虑效率。设计泵的基本型最高效率点（BEP）的流量扬程可稍高，以保证设计富余量。用户参数可通过切割叶轮来达到。叶轮的叶片数和包角等应保证能符合精密铸造清砂的要求。按照 API 610 标准要求，水力设计须具有工作范围稳定下降的扬程流量特性，保证在各工况点运行的稳定可靠性。

4）叶轮上都加可更换的密封环，泵体密封环采用防咬合设计。密封环间隙符合 API 610 标准规定。

5）设计基础轴系并对轴、联轴器等进行强度校核。

6）性能试验按 GB/T 3216—2016《回转动力泵　水力性能验收试验　1 级、2 级和 3 级》中的 1 级，允差参照 API 610 标准。

2. 设计说明

1）从性能参数来说，流量大、功率大、扬程高，水力设计是难点之一，应利用新的设计分析技术与制造技术，对水力设计应进行充分的仿真分析计算，寻找最优设计。

2）应对强度和刚度有充分的考虑与复核，必须满足 API 标准对振动噪声的要求。

3）本设计参数要求：满足汽蚀性能要求，提高效率，基本符合国外产品同类装置曲线形状，特别是锅炉给水的特点。

4）首级叶轮采用叶轮前伸到泵入口，同时增加吸入面积，有效提高泵组汽蚀性能。

5）次级叶轮采用 7 叶片非等厚叶片，以效率和低压力脉动为设计目标，采用三维扭曲叶片设计思路。

6）蜗壳为全新设计，采用 4 流道蜗壳，主要设计目标是消涡以及提高水力效率，同时考虑先进性与经济性。

泵设计成双壳体型、多级离心泵。泵主要由外壳体、内壳体、吐出壳体、转子部件、轴承部件、密封部件等组成。泵外壳体为承高压性能的圆筒形结构，径向剖分，采用锻件组焊。内壳体设计采用中分结构，叶轮采用闭式叶轮，带可更换的密封环。叶轮分两组背对背布置，轴向力平衡好，各级压水室之间由正反流道（导叶）连接。转子残余轴向不平衡力由可倾瓦轴承承受。泵材料按 S-6 等级设计选用，机械密封腔采用 API 标准密封腔。泵结构如图 7-1 所示。

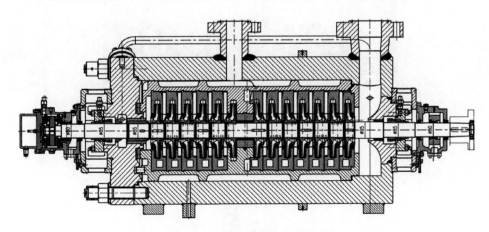

图 7-1　超高压锅炉给水泵结构

7.1.3　过流部件设计

1. 叶轮主要水力参数

叶轮进口直径 D_1：190mm；　　　　　叶轮出口直径 D_2：370mm；

叶片进口宽度 b_1：22mm；　　　　　　叶片出口宽度 b_2：15mm；

叶片进口安放角 β_1：15°；　　　　　　叶片出口安放角 β_2：27°；

叶片包角：90°；　　　　　　　　　　叶片数：7 叶片。

图 7-2 和图 7-3 所示为超高压锅炉给水泵全流场结构示意图。由于该给水泵的水力技术难点在于新型 4 流道导叶的水力设计，因此，本书在最优叶轮的基础上，设计了 3 组不同水力结构的导叶（图 7-4），并分别对不同导叶的模型进行数值仿真计算，通过对比分析从而得出最佳设计方案。

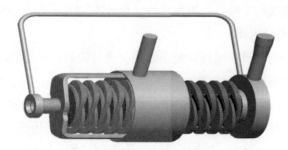

图 7-2　超高压锅炉给水泵全流场

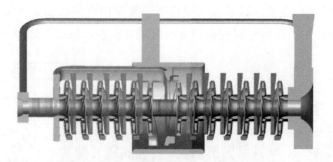

图 7-3　超高压锅炉给水泵全流场剖面图

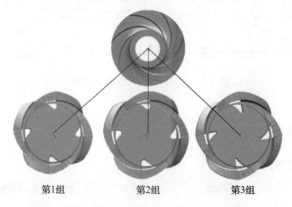

第1组　　　　第2组　　　　第3组

图 7-4　超高压锅炉给水泵导叶结构三维图

2. 导叶水力设计

超高压锅炉给水泵导叶水力参数为：

正导叶基圆直径 $D_3 = 380$mm；　　　　正导叶进口宽度 $b_3 = 20$mm；

正导叶喉部宽度 $a_3 = 14$mm；　　　　　正导叶出口角 $\alpha_3 = 3°$；

导叶数 $Z_3 = 4$；　　　　　　　　　　吸入口喉部面积 $A_3 = 252$mm^2；

扩散角取 $8°$；　　　　　　　　　　　扩散段长度 $l = 172$mm；

入口喉部过流面积 $S_4 = 2408$mm^2；　　过渡段入口直径 $D_5 = 65$mm；

过渡段截面面积 $S_{截} = 1659$mm^2；　　过渡段弧长 $l_{弧1} = 128$mm。

3. 内壳体水力设计

在进行超高压锅炉给水泵内壳体水力设计时，采用分体隔板式导叶设计方案，该设计方案虽然流道结构相对复杂，但是分体隔板具有易于拆装、便于加工制造等优点，能够有效保证内壳体流道的加工制造精度。图 7-5 和图 7-6 所示分别为内壳体三维模型及剖面图。

　　　　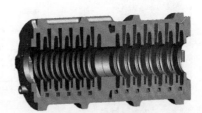

图 7-5　内壳体三维模型　　　　　　　图 7-6　内壳体剖面图

4. 外壳体水力设计

超高压锅炉给水泵外壳体虽然也是过流部件，但在泵结构中主要起承压的作用，过流流道主要有吸入口、吸水室以及吐出管。吸入口、吸水室以及吐出管为常规设计，模型简单，流动状态相对稳定。在设计外壳体时主要分析实际使用中外壳体与内壳体之间有间隙流动的情况，即内、外壳体侧壁存在一个间隙流动的主要区域，分析流体在外壳体内壁圆环流向吐出管时的流态，以检查流体对壳体壁面的冲刷情况及流动的稳定性。图 7-7 所示为外壳体三维模型。

7.1.4　转子系统设计

超高压锅炉给水泵转子系统结构示意图如图 7-8 所示，图 7-9 所示为转子系统三维结构图。整个转子系统主要由叶轮、转轴、支承系统等组成。叶轮结构三维造型如图 7-10 所示。

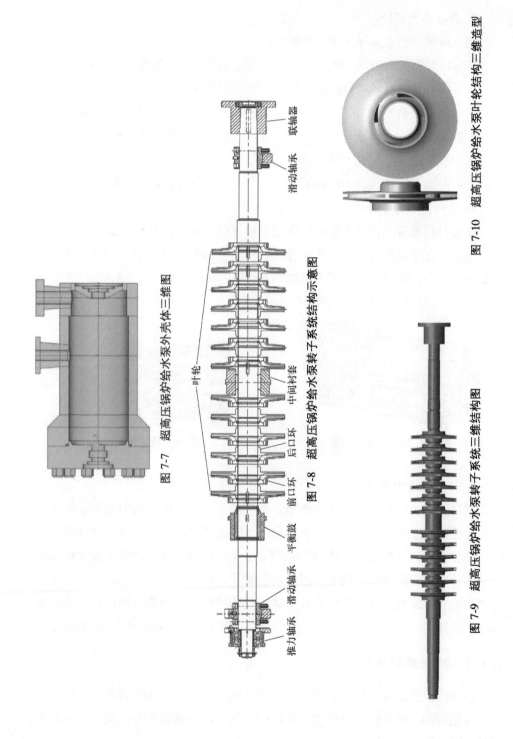

图 7-7 超高压锅炉给水泵外壳体三维图

图 7-8 超高压锅炉给水泵转子系统结构示意图

图 7-9 超高压锅炉给水泵转子系统三维结构图

图 7-10 超高压锅炉给水泵叶轮结构三维造型

超高压锅炉给水泵转轴示意图如图 7-11 所示，轴承处轴径为 75mm，叶轮挡轴径为 85mm，按台阶设计，轴承跨距 1980mm。计算获得轴功率 $P = 740$kW，扭矩 $M_n = 2376$N·m，每级叶轮产生扭矩 $M_{ny} = 183$N·m。

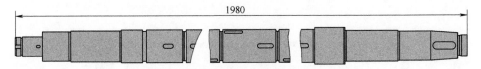

图 7-11　超高压锅炉给水泵转轴结构示意图

驱动端和非驱动端滑动轴承的等效刚度和阻尼由轴承生产厂家提供，两个滑动轴承的等效刚度为 $K_{xx} = K_{yy} = 10^8$N/m，$k_{xy} = k_{yx} = 10^6$N/m，等效阻尼 $C_{xx} = C_{yy} = 5 \times 10^4$N·s/m，$c_{xy} = c_{yx} = 100$N·s/m。

前口环间隙 0.3mm，根据全流场数值计算结果，前口环间隙前后压差为 1.5MPa；后口环间隙 0.35mm，后口环间隙前后压差为 0.4MPa；平衡鼓间隙 0.2mm，平衡鼓间隙前后压差为 9.2MPa；中间衬套间隙 0.2mm，中间衬套间隙前后压差为 9.0MPa。

前口环间隙：$K_{xx} = 2.5 \times 10^6$N/m，$K_{yy} = 4.2 \times 10^6$N/m，$k_{xy} = 2.3 \times 10^5$N/m，$k_{yx} = 2.7 \times 10^5$N/m；阻尼 $C_{xx} = 3.3 \times 10^4$N·s/m，$C_{yy} = 2.7 \times 10^4$N·s/m，$c_{xy} = 76$N·s/m，$c_{yx} = 60$N·s/m。

后口环间隙：$K_{xx} = 3.5 \times 10^5$N/m，$K_{yy} = 6.1 \times 10^5$N/m，$k_{xy} = 3.6 \times 10^4$N/m，$k_{yx} = 3.2 \times 10^4$N/m；阻尼 $C_{xx} = 2.3 \times 10^4$N·s/m，$C_{yy} = 2 \times 10^4$N·s/m，$c_{xy} = 73$N·s/m，$c_{yx} = 55$N·s/m。

平衡鼓间隙：$K_{xx} = 2.8 \times 10^7$N/m，$K_{yy} = 3.7 \times 10^7$N/m，$k_{xy} = 3.9 \times 10^6$N/m，$k_{yx} = 6.1 \times 10^6$N/m；阻尼 $C_{xx} = 3.1 \times 10^4$N·s/m，$C_{yy} = 4 \times 10^4$N·s/m，$c_{xy} = 91$N·s/m，$c_{yx} = 101$N·s/m。

中间衬套间隙：$K_{xx} = 2.6 \times 10^7$N/m，$K_{yy} = 3.4 \times 10^7$N/m，$k_{xy} = 3.6 \times 10^6$N/m，$k_{yx} = 5.7 \times 10^6$N/m；阻尼 $C_{xx} = 2.7 \times 10^4$N·s/m，$C_{yy} = 3.8 \times 10^4$N·s/m，$c_{xy} = 87$N·s/m，$c_{yx} = 95$N·s/m。

7.1.5　计算与校核

1. 内部流动计算

图 7-12 所示为超高压锅炉给水泵全流场网格示意图，总网格数 8800

万。采用 CFD 分析软件 Fluent 对超高压锅炉给水泵全流场进行内部流动分析。在对超高压锅炉给水泵进行数值计算时，采用基于螺旋度修正的 LES 动态亚格子模式进行求解，对比分析超高压锅炉给水泵内部压力、速度分布。

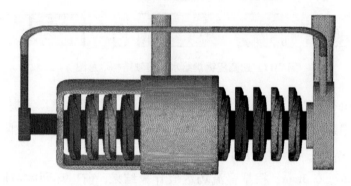

图 7-12　超高压锅炉给水泵全流场网格示意图

图 7-13 所示为本模型的外特性曲线，其中第 2 组扬程变化不稳定，第 3 组效率最优（三组的定义为配备不同的导叶，如图 7-4 所示）。

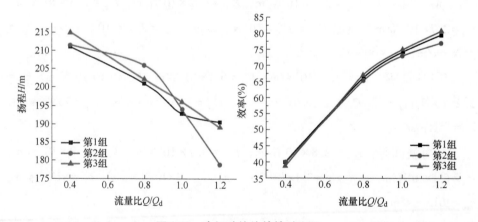

图 7-13　次级叶轮外特性对比图

图 7-14 所示为不同流量下各导叶形式的叶轮内部总压分布。由图 7-14 可见，在小流量工况下（0.4Q、0.8Q），叶轮与导叶的交接面处有低压区，其中第 3 组最大，第 1 组其次，第 2 组最小。其中在常规流量（1.0Q、1.2Q）工况下，低压区面积逐渐缩小，其中，第 3 组的低压区面积最小，第 1 组其次，第 2 组最小。第 3 组的流场内总压较为均匀，从轮毂至轮缘压力逐渐升高。

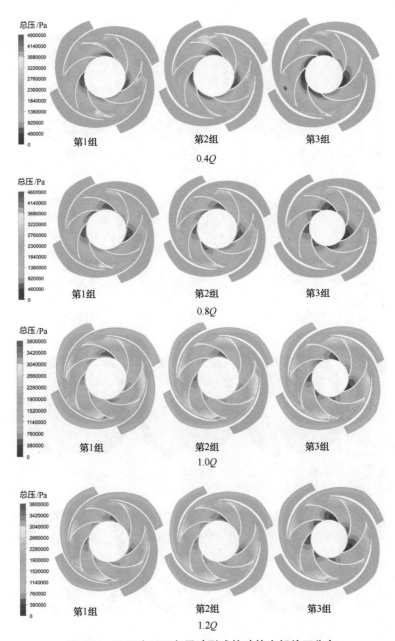

图 7-14　不同流量下各导叶形式的叶轮内部总压分布

　　图 7-15 所示为不同流量下各导叶形式的叶轮内部静压分布。由图 7-15 可见，在小流量工况下，第 1 组与第 2 组的叶片存在局部高压，第 3 组叶片局部高压减弱，且叶轮出口有低压区。在常规工况下，静压云图分布均匀，第 3 组的叶轮出口压力较高，叶片吸入口的压力低于其他两组。

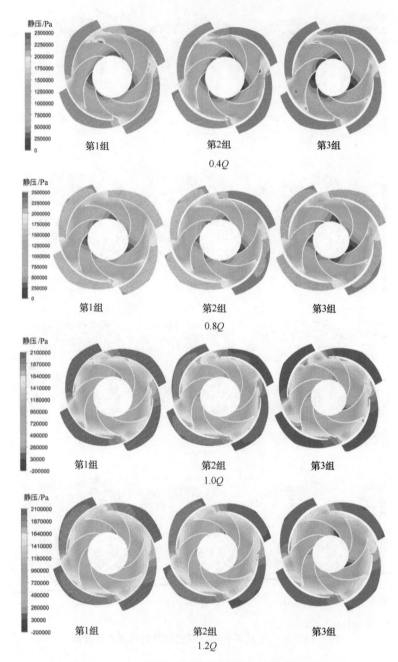

图 7-15　不同流量下各导叶形式的叶轮内部静压分布

图 7-16 所示为不同流量下各导叶形式的叶轮内部速度分布。由图 7-16 可见，在 0.4Q 与 0.8Q 工况下，第 3 组的速度流场分布不均匀，但叶片出口处流

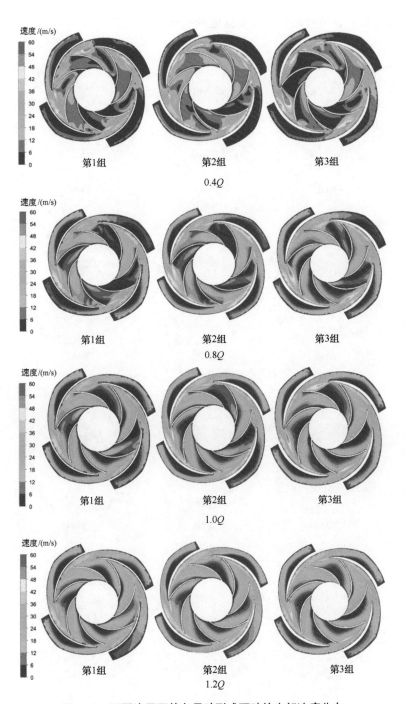

图 7-16　不同流量下的各导叶形式下叶轮内部速度分布

速较高，叶轮做功能力强；在 $1.0Q$ 与 $1.2Q$ 工况下流场分布均匀，且第 3 组叶片出口流速较快，导叶内流速高于其他两组。

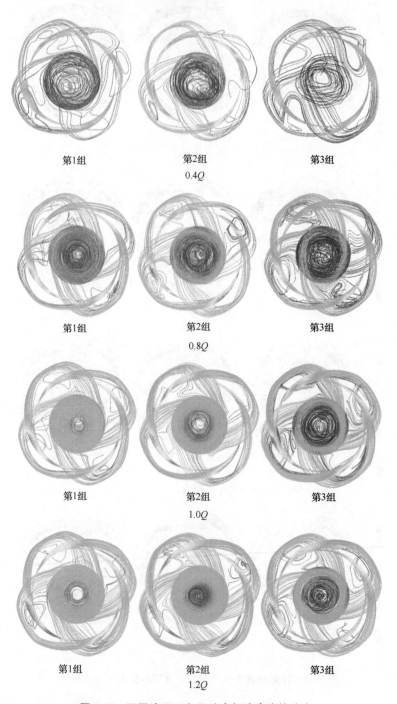

第1组　　　　　　第2组　　　　　　第3组
0.4Q

第1组　　　　　　第2组　　　　　　第3组
0.8Q

第1组　　　　　　第2组　　　　　　第3组
1.0Q

第1组　　　　　　第2组　　　　　　第3组
1.2Q

图 7-17　不同流量下各导叶内部速度流线分布

图 7-17 所示为不同流量下各导叶内部速度流线分布。由图 7-17 可见，0.4Q 工况下，流线分布不均匀，有明显的涡结构，第 3 组的流线最为紊乱；0.8Q 工况下，第 2 组导叶内流速较高，第 1 组其次，且涡量不明显，第 3 组流速低，且流道内较为紊乱；1.0Q 与 1.2Q 相类似，流态较为良好，仅导叶出口的流线分布紊乱。

从全流场的分析结果看，次级叶轮与 4 导叶的组合，采用第 3 组方案，该方案泵的效率高，高效区宽；从全流场流线看，叶轮入处口流动合理，无涡出现；第 3 组导叶内部流动比较平坦，相比于其他两组导叶效率更高。

2. 转子系统动力特性计算分析

表 7-1 为超高压锅炉给水泵转子系统"干态"和"湿态"下前三阶临界转速计算结果，其中，计算"干态"下转子系统固有特性时采用空气介质，计算"湿态"下转子系统固有特性时采用清水介质。图 7-18 所示为超高压锅炉给水泵前三阶"干态"模态振型。图 7-19 所示为超高压锅炉给水泵前三阶"湿态"模态振型。图 7-20 所示为表示"干态"下随着转速变化转子涡动频率的变化坎贝尔图。图 7-21 所示为表示"湿态"下随着转速变化转子涡动频率的变化坎贝尔图。

表 7-1　超高压锅炉给水泵转子系统临界转速

阶数	干态（介质：空气）	湿态（介质：清水）
1	1390r/min	5973r/min
2	5965r/min	7070r/min
3	8934r/min	8200r/min

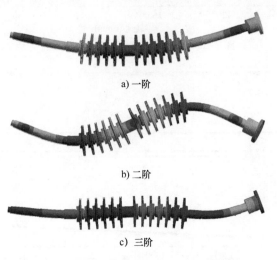

a) 一阶

b) 二阶

c) 三阶

图 7-18　转子系统前三阶"干态"模态振型

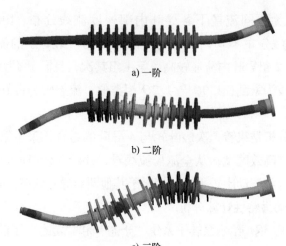

a) 一阶

b) 二阶

c) 三阶

图 7-19　转子系统前三阶"湿态"模态振型

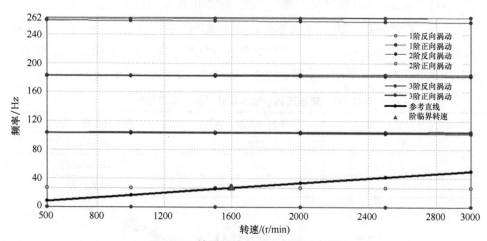

图 7-20　转子系统"干态"坎贝尔图

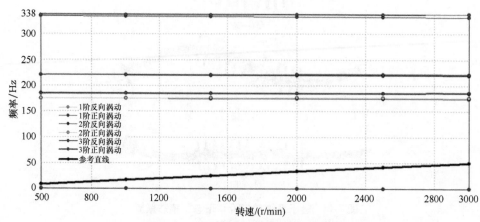

图 7-21　转子系统"湿态"坎贝尔图

超高压锅炉给水泵转子一阶"干态"转子临界转速为 1390r/min，二阶"干态"转子临界转速为 5965r/min；一阶"湿态"转子临界转速为 5973r/min。工作转速（2975r/min）远低于一阶临界转速。由此可见，"湿态"下转子系统的临界转速得到了有效地提高，这也保证了泵机组在实际运行时，其转子系统的临界转速将远远高于其实际运行转速，转子系统不会发生共振现象，因此该超高压锅炉给水泵机组的转子系统设计安全可靠。

3. 泵体结构强度计算分析

超高压锅炉给水泵机组的泵体采用 Q355 锻件，其主要材料属性为：抗拉强度 $R_m = 470MPa$，屈服强度 $R_{eL} = 295MPa$，设计温度 $T_d = 80℃$，在设计温度下设计应力强度 $S_m^t = 150MPa$，弹性模量 $E_t = 191000MPa$。超高压锅炉给水泵泵体设计条件见表 7-2。

表 7-2 高压注水泵泵体设计条件

操作载荷	压力	出口 18.866MPa，进口 0.073MPa	设计压力	26.0MPa
操作温度	54~60℃		设计温度	80℃
操作介质	工业用水		设计寿命	20 年

（1）外壳体结构分析 超高压锅炉给水泵外壳体三维模型和网格划分如图 7-22 所示。在强度计算时，模型加载和约束为：泵体底边限制筒体轴向位移；泵体底边限制筒体周向位移；对称面上加对称边界条件；限制结构的整体位移。

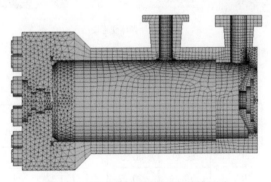

图 7-22 外壳体三维模型和网格划分

超高压锅炉给水泵外壳体应力云图如图 7-23 所示，从图 7-23a 中可以发现，外壳体连通出口段处存在局部应力集中，且应力最大，该处的应力对外壳体结构整体强度和安全性影响较大,因此需要对该区域的局部应力进行分析。该区域的应力分析强度评定路径设定:在应力最大处取沿壁厚方向的路径。在应力最大处取沿壁厚方向的路径如图 7-23 所示的 *A—A* 路径。表 7-3 为外壳体模型沿路径 *A—A* 的应力数据。

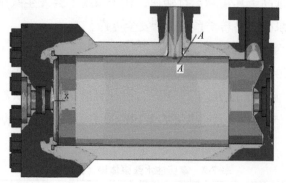

a) 外壳体应力云图

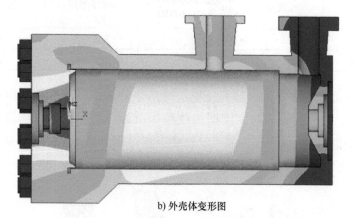

b) 外壳体变形图

图 7-23　超高压锅炉给水泵外壳体应力与变形分布

表 7-3　外壳体模型沿路径 *A—A* 的应力数据

应力分类	主应力/MPa			应力强度/MPa	许用应力强度
	σ_1	σ_2	σ_3		
薄膜应力	143.11	23.49	-1.55	144.71	$1.5KS_m^t = 183\text{MPa}$
弯曲应力	100.04	-19.36	-20.32	120.32	—
薄膜加弯曲应力	243.23	3.68	-21.41	264.63	$3KS_m^t = 366\text{MPa}$
峰值应力	62.78	25.43	-27.21	90.02	—
总应力	305.91	4.02	-23.54	329.52	—

由于应力评定路径是沿接管壁厚方向上的，所以 S_m^t 取锻件 80℃ 许用应力强度 150MPa。一次局部薄膜应力强度 $S_{II}=144.7\mathrm{MPa}<1.5KS_m^t=183\mathrm{MPa}$，式中，$K$ 为安全系数，对外壳体，$K=0.813$。薄膜加弯曲应力取二次应力，故：$S_{IV}=264.6\mathrm{MPa}<366\mathrm{MPa}$。由此可见，外壳体强度满足要求。

（2）内壳体结构分析　超高压锅炉给水泵内壳体采用 ZG15Cr12，其力学性能参数如下：抗拉强度 $R_m=620\mathrm{MPa}$，屈服强度 $R_{eL}=450\mathrm{MPa}$，在设计温度下设计应力强度 $S_m^t=180\mathrm{MPa}$，弹性模量 $E_t=191000\mathrm{MPa}$。泵内壳体三维建模和网格划分如图 7-24 所示。在强度计算时，模型加载和约束为：泵体底边限制筒体轴向位移；泵体底边限制筒体周向位移；对称面上加对称边界条件；限制结构的整体位移。

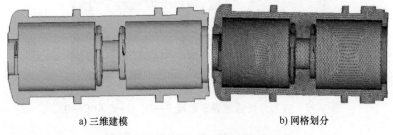

a) 三维建模　　　　　　　　　　b) 网格划分

图 7-24　内壳体三维建模和网格划分

超高压锅炉给水泵内壳体应力和变形如图 7-25 所示。从图 7-25 中可以发现，内壳体整体应力分布较为均匀，但是在泵体底边存在局部应力集中，应力最大值发生在封头过渡处的流道边界，需要对该区域进行应力强度分析。应力分析强度评定路径设定：在应力最大处和过渡区危险截面处取沿壁厚方向的路径。评定路径如图 7-26 和图 7-27 所示。

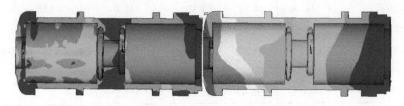

a) 内壳体应力云图　　　　　　　b) 内壳体变形图

图 7-25　内壳体应力与变形分布

1）路径 A—A。表 7-4 为内壳体模型沿着路径 A—A 方向的应力数据，应力评定路径沿壁厚方向上，S_m^t 取 80℃ 许用应力强度 180MPa。一次局部薄膜应力

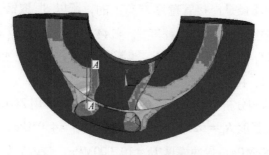

图 7-26　应力分析强度评定路径 A—A

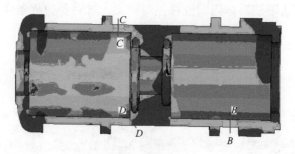

图 7-27　应力分析强度评定路径 B—B、C—C 和 D—D

强度 $S_{II}=231.8\text{MPa}<1.5KS_{m}^{t}=270\text{MPa}$，式中，$K$ 为安全系数，对内壳体，$K=1$。薄膜加弯曲应力 $S_{IV}=270.4\text{MPa}<3KS_{m}^{t}=540\text{MPa}$。由此可见，$A$—$A$ 路径上，内壳体强度满足要求。

表 7-4　内壳体模型路径 A—A 的应力数据

应力分类	主应力/MPa			应力强度/MPa	许用应力强度
	σ_1	σ_2	σ_3		
薄膜应力	242.0	24.91	10.22	231.8	$1.5KS_{m}^{t}=270\text{MPa}$
弯曲应力	49.42	40.58	-31.70	81.12	—
薄膜加弯曲应力	247.2	-5.193	-23.18	270.4	$3KS_{m}^{t}=540\text{MPa}$
峰值应力	21.11	-3.593	-17.48	38.58	—
总应力	316.2	122.47	34.76	353.5	—

2）路径 B—B。表 7-5 为内壳体模型沿着路径 B—B 方向的应力数据，应力评定路径沿壁厚方向上，S_{m}^{t} 取 80℃ 许用应力强度 180MPa。一次局部薄膜应力强度 $S_{II}=98.65\text{MPa}<KS_{m}^{t}=180\text{MPa}$，薄膜加弯曲应力 $S_{IV}=106.6\text{MPa}<1.5KS_{m}^{t}=270\text{MPa}$。由此可见，$B$—$B$ 路径上，内壳体强度满足要求。

表 7-5　内壳体模型路径 *B—B* 的应力数据

应力分类	主应力/MPa			应力强度/MPa	许用应力强度
	σ_1	σ_2	σ_3		
薄膜应力	94.89	61.57	-3.76	98.65	$KS_m^t = 180\text{MPa}$
弯曲应力	15.38	4.909	2.202	13.17	—
薄膜加弯曲应力	109.0	63.77	2.393	106.6	$1.5KS_m^t = 270\text{MPa}$
峰值应力	5.561	0.042	-5.61	11.17	—
总应力	97.68	79.05	-1.80	99.48	—

3）路径 *C—C*。表 7-6 为内壳体模型沿着路径 *C—C* 方向的应力数据，应力评定路径沿壁厚方向上，S_m^t 取 80℃许用应力强度 180MPa。一次局部薄膜应力强度 $S_{\text{II}} = 92.24\text{MPa} < KS_m^t = 180\text{MPa}$，薄膜加弯曲应力 $S_{\text{IV}} = 94.55\text{MPa} < 1.5KS_m^t = 270\text{MPa}$。由此可见，*C—C* 路径上，内壳体强度满足要求。

表 7-6　内壳体模型路径 *C—C* 的应力数据

应力分类	主应力/MPa			应力强度/MPa	许用应力强度
	σ_1	σ_2	σ_3		
薄膜应力	79.95	36.33	-12.29	92.24	$KS_m^t = 180\text{MPa}$
弯曲应力	43.78	5.173	4.864	38.92	—
薄膜加弯曲应力	74.82	-2.625	-19.73	94.55	$1.5KS_m^t = 270\text{MPa}$
峰值应力	0.833	-0.6159	-2.620	3.454	—
总应力	85.04	78.94	-6.616	91.66	—

4）路径 *D—D*。表 7-7 为内壳体模型沿着路径 *D—D* 方向的应力数据，应力评定路径沿壁厚方向上，S_m^t 取 80℃许用应力强度 180MPa。一次局部薄膜应力强度 $S_{\text{II}} = 73.57\text{MPa} < 1.5KS_m^t = 270\text{MPa}$，薄膜加弯曲应力 $S_{\text{IV}} = 77.67\text{MPa} < 1.5KS_m^t = 270\text{MPa}$。由此可见，*D—D* 路径上，内壳体强度满足要求。

表 7-7　内壳体模型路径 *D—D* 的应力数据

应力分类	主应力/MPa			应力强度/MPa	许用应力强度
	σ_1	σ_2	σ_3		
薄膜应力	73.42	0.7205	-0.1482	73.57	$1.5KS_m^t = 270\text{MPa}$
弯曲应力	0.786	-1.506	-25.79	26.58	—
薄膜加弯曲应力	77.60	3.922	-0.0679	77.67	$1.5KS_m^t = 270\text{MPa}$
峰值应力	16.48	-0.9351	-40.48	56.96	—
总应力	43.72	-21.21	-24.92	68.65	—

7.2　大功率急冷油循环泵设计

7.2.1　应用背景

在煤炭间接液化流程工艺中，离心泵是间接液化流程的关键装备，粉煤汽化单元和净化单元等上游工艺流程中，由于输送介质存在大量的煤粉、催化剂、矿物质等固体颗粒物，涉及高低温、高压差和固-液-气多相介质流动，制约着煤制油装置的连续正常生产以及离心泵的安全高效运行。整个工艺流程需要配置各类循环水泵和浆料泵。由于输送介质存在大量固体颗粒物，泵的磨损失效及其引起的机组振动问题一直是制约煤制油流程系统连续正常生产的瓶颈。目前用于煤汽化炉的激冷水泵/锁斗循环泵、黑/灰处理装置的黑/灰水循环泵仍以美国苏尔寿的产品为主，产品使用过程也经常出现故障，通常运行3个月左右就需要更换过流部件，在一些极端工况下，离心泵的运行寿命甚至被缩短至两周以内。

宁煤煤制油公司汽化厂共计28条汽化生产线，每条线有3台激冷水泵。油品合成工序需要离心泵337台，而油品加工（包括尾气制氢）需要离心泵155台，表7-8为油品合成工序所需设备。

表7-8　宁煤煤制油公司汽化厂油品合成工序所需设备

设备类型	油品合成	油品加工
	台（套）数	台（套）数
压缩机	17	13
机泵	337	155
超限设备（反应器、塔器、容器等）	62	24
换热器	121	79
空冷器	314	140
塔器	4	32
容器	338	109
合计	1193	552

可见煤制油工艺设备中对泵的需求量大，设计要求高。

7.2.2　整体结构设计

表7-9为急冷油循环泵设计参数。

表 7-9 急冷油循环泵设计参数

额定流量/(m³/h)	额定扬程/m	效率（%）	转速/(r/min)	NPSHr/m
3000	100	≥87.5	1500	8.0

整体设计思路：

1）本方案的效率保证值为 87.5%，效率目标值为 89%。

2）特性曲线要求从关死点到额定流量点无驼峰，单调下降。曲线从最高效率点到最小流量点扬程上升率为 1.12 左右。

3）设计应考虑急冷油温度黏度变化对流量和扬程的影响。

4）流体设计应结合耐磨性。介质含颗粒磨损，应避免、减少流动旋涡，适当考虑降低流速，减少磨损。

5）结构为单级双吸离心泵。

6）提高效率与降低汽蚀余量同步考虑。

7）曲线形状要考虑与国外产品并联运行的情况。

7.2.3 过流部件设计

表 7-10 为叶轮设计特征参数。

表 7-10 叶轮设计特征参数

名称	数值
轮毂直径	150mm
吸入口径	340mm
叶轮外径	630mm
$H=105\%$叶轮外径	650mm
出口宽度	60mm
叶片数	6
叶片入口角	26°/17°
叶片出口角	32°/27°

全流场水体模型由叶轮、吸水室、压水室、叶轮前后泵腔及口环密封组成，其中，叶轮叶片数为 7 片。图 7-28 所示为急冷油循环泵全流场三维模型。图 7-29 所示为叶轮水力三维模型。

7.2.4 计算与校核

1. 性能计算

全流场计算域网格图如图 7-30 所示，网格单元数为 10413191，节点数为

2094645。图 7-31 所示为急冷油循环泵叶轮流道网格图,其中网格单元数为
4301819,节点数为 791594。在进行急冷油循环泵全流场数值计算分析时,增加
通流部分的粗糙度设置,及泵腔叶轮前后盖板的摩擦力矩耗功设置。

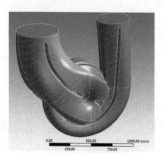

图 7-28　急冷油循环泵全流场三维模型

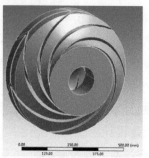

图 7-29　叶轮水力三维模型

图 7-30　全流场计算域网格图

图 7-31　叶轮流道网格图

图 7-32 所示为急冷油循环泵水力性能曲线,其中在设计工况点 3000m³/h

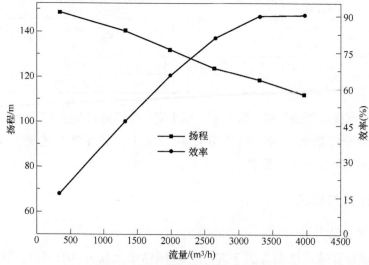

图 7-32　急冷油循环泵水力性能曲线

时，泵的扬程为 118.5m，效率为 90.2%。从图 7-32 中可以看出特性曲线要求从关死点到额定流量点无驼峰，单调下降，性能曲线从最高效率点到最小流量点扬程上升率为 1.12 左右。因此性能完全能够满足设计要求。

图 7-33~图 7-36 所示为不同工况下急冷油循环泵内部流动分布。从图中可以发现，在小流量工况泵内存在局部低压区和局部高压区，尤其在叶片尾缘靠近压力面附件处；随着流量的增加，泵内流动状况得到明显的改善，在设计流量工况时，泵内部局部低压区和高压区面积明显减小，但是还存在部分局部高速区，尤其是与蜗壳交界面附近。

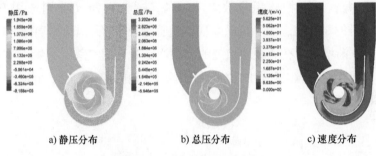

a) 静压分布　　　　　　b) 总压分布　　　　　　c) 速度分布

图 7-33　0.4Q 时内部流动分布

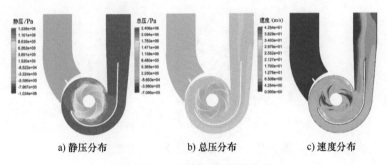

a) 静压分布　　　　　　b) 总压分布　　　　　　c) 速度分布

图 7-34　0.8Q 时内部流动分布

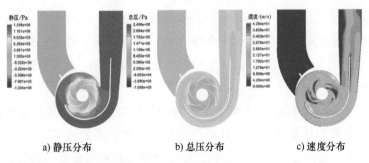

a) 静压分布　　　　　　b) 总压分布　　　　　　c) 速度分布

图 7-35　1.0Q 时内部流动分布

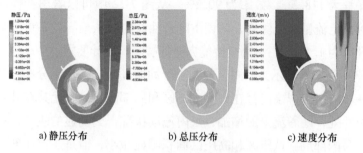

a) 静压分布　　　　b) 总压分布　　　　c) 速度分布

图 7-36　1.2Q 时内部流动分布

图 7-37 所示为固相体积分数 $C_V = 10\%$，颗粒直径 d 分别选用 0.5mm、1mm、2mm 时的粒子轨迹图。可以发现，随着颗粒直径的增加，颗粒与泵叶轮碰撞的次数逐渐增多，在靠近出口处的碰撞次数也明显变多。当颗粒直径增大时，可以发现，颗粒撞击叶轮的位置从尾部向叶轮的前端靠近，同时撞击的入射角度也有所增加。

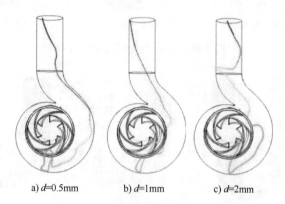

a) d=0.5mm　　　　b) d=1mm　　　　c) d=2mm

图 7-37　不同颗粒直径下粒子轨迹图

图 7-38 所示为不同颗粒直径下泵内压力分布图，压力总体分布规律基本相同，但是随着颗粒直径的增加，颗粒的体积效应变大，对液相产生影响，使流道内部的压力值呈减少趋势。从图 7-38 中可以看到，从叶轮进口到蜗壳出口处压力分布逐渐增大，在叶轮进口部位出现了明显的负压区，主要是由于固相颗粒的磨损引起的。

图 7-39 所示为不同浓度下蜗壳上颗粒浓度分布图，随着颗粒浓度的增加，蜗壳表面的浓度也逐渐地加大，且蜗壳表面的浓度较高的位置均匀分布于整个蜗壳表面，并未集中出现于某一部位，在隔舌部位颗粒浓度相对较高。

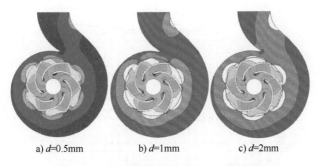

a) d=0.5mm   b) d=1mm   c) d=2mm

图 7-38   不同颗粒直径下泵内压力分布图

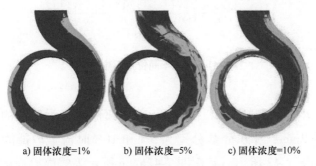

a) 固体浓度=1%   b) 固体浓度=5%   c) 固体浓度=10%

图 7-39   不同浓度下蜗壳上颗粒浓度分布图

同时，绘出不同颗粒密度对颗粒分布的影响，如图 7-40 所示，当 ρ = 1100kg/m³ 时，叶轮进口浓度为 10%，然后沿着叶槽依次递减，出口时颗粒浓度值减为 1%；当 ρ = 1500kg/m³ 时，叶轮进口浓度为 10%，颗粒浓度沿着叶槽依次递减，出口时颗粒浓度值减为 1%；当 ρ = 1900kg/m³ 时，颗粒浓度值为 1% 的范围比 ρ = 1500kg/m³ 时更小。从图 7-41 中可看出，随着颗粒密度的递增，固相浓度增大。叶轮的不同位置颗粒分布不一样，主要分布在叶轮后盖板，然后是叶片吸力面、前盖板和叶片压力面。

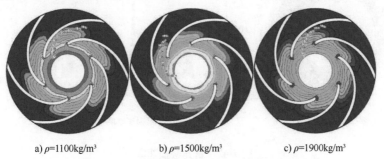

a) ρ=1100kg/m³   b) ρ=1500kg/m³   c) ρ=1900kg/m³

图 7-40   叶轮中截面密度 ρ 对颗粒分布的影响

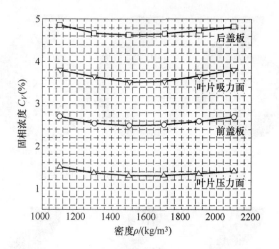

图 7-41　叶轮不同位置颗粒分布

　　为更进一步了解颗粒对离心泵内各过流部件的磨损情况的影响，对颗粒直径分别为 2mm，体积分数分别为 5% 和 10% 时流道内部的磨损情况进行了研究，如图 7-42 所示，其中图 7-42a、c 所示为蜗壳壁面磨损速率的分布云图。

　　图 7-43 所示为急冷油循环泵设计工况时汽蚀余量计算结果，从图中可以发现，扬程下降 3% 的汽蚀余量为 6.8m。图 7-44 所示为设计工况不同空化程度下叶轮中间截面的气泡体积分布云图，可以发现，在汽蚀临界点即 NPSHa = 6.8m 时，叶轮前缘靠近吸力面附近部位最先开始发生空化。

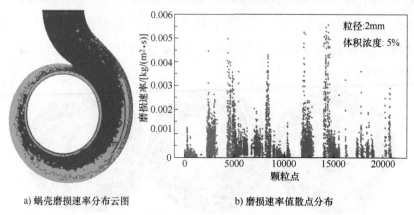

a) 蜗壳磨损速率分布云图　　　　　　b) 磨损速率值散点分布

图 7-42　蜗壳磨损速率

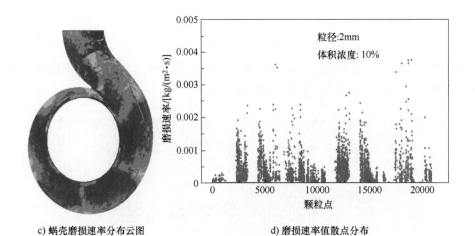

c) 蜗壳磨损速率分布云图

d) 磨损速率值散点分布

图 7-42　蜗壳磨损速率（续）

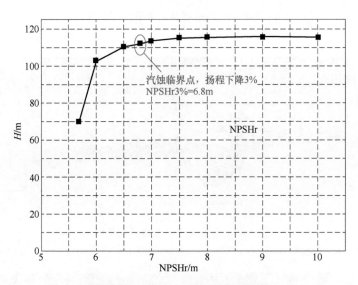

图 7-43　设计工况下汽蚀性能曲线

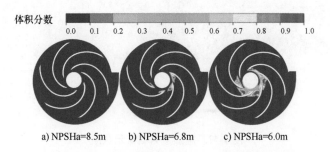

a) NPSHa=8.5m　　　b) NPSHa=6.8m　　　c) NPSHa=6.0m

图 7-44　设计工况不同空化程度下叶轮中间截面的气泡体积分布云图

2. 转子系统计算

图 7-45 所示为急冷油循环泵转子几何模型。图 7-46 所示为急冷油循环泵转子网格图。图 7-47 所示为施加重力载荷示意图。图 7-48 所示为转子静挠度计算结果分布图,转子最大静挠度为 0.0213mm。

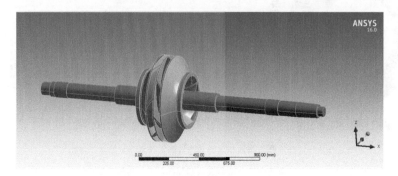

图 7-45　急冷油循环泵转子几何模型

图 7-46　急冷油循环泵转子网格图

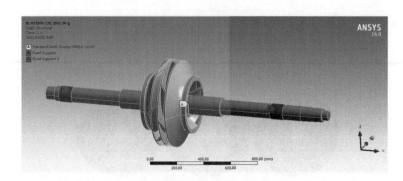

图 7-47　施加重力载荷示意图

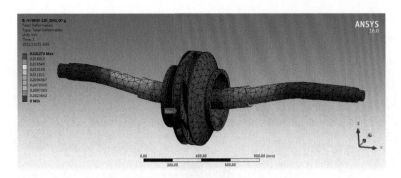

图 7-48　转子静挠度计算结果分布图

在转子系统中，轴承起到支承固定作用，在对转子系统进行数值模拟时可通过不同的轴承形式设置刚度系数和阻尼系数。当轴承类型为滑动轴承时，其主要承受着径向载荷，根据经验及轴承型号，本书对选取的滑动轴承主刚度系数设置为 $1.5 \times 10^7 N/m$、交叉刚度和交叉阻尼都为 0。该转子系统中，起到支承作用的除了滑动轴承以外，还存在水润滑轴承，主要为叶轮前口环间隙、叶轮后口环间隙等。图 7-49 和图 7-50 所示为各间隙示意图。

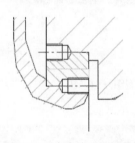

图 7-49　叶轮前口环间隙

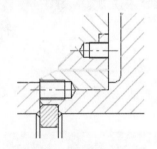

图 7-50　叶轮后口环间隙

本书对急冷油循环泵口环及水润滑轴承的支承等效成轴承支承，根据涡动速度，以及各级口环，以及轴承间的压力差值，并运用 MATLAB 软件进行方程的求解，计算出主刚度系数、主阻尼系数、交叉刚度系数、交叉阻尼系数和附加质量系数。计算获得各个间隙的等效动力学特性见表 7-11。

表 7-11　叶轮口环间隙等效刚度系数和阻尼系数

动力学特性	主刚度系数 $K/(N/m)$	交叉刚度系数 $k/(N/m)$	主阻尼系数 $C/(N \cdot s/m)$	交叉阻尼系数 $c/(N \cdot s/m)$
叶轮前口环间隙	0.91×10^6	4.1×10^5	201	22
叶轮后口环间隙	0.87×10^5	3.9×10^5	197	21

图 7-51~图 7-54 所示为急冷油循环泵前两阶干态和湿态模态振型分布。图 7-55所示为坎贝尔分布图。从上述转子计算结果中可以看出：

图 7-51　一阶"干态"模态振型图（80.5Hz）

图 7-52　二阶"干态"模态振型图（91.5Hz）

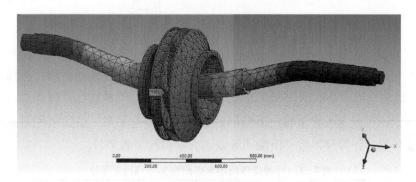

图 7-53　一阶"湿态"模态振型图（111.86Hz）

1）转子干态横向一阶固有频率为 80.5Hz，对应的临界转速为 4830r/min。转速大于工作转速（1500r/min）且安全间隔大于 30%，为刚性转子，满足标准与设计要求；二阶固有频率为 91.5Hz，对应的临界转速为 5490r/min。

图 7-54　二阶"湿态"模态振型图（328.03Hz）

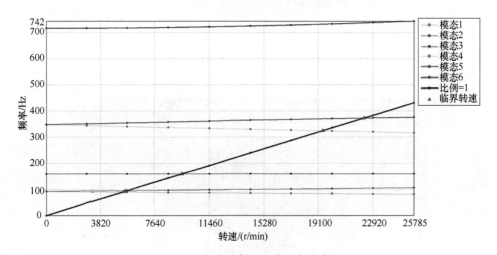

图 7-55　急冷油循环泵坎贝尔分布图

2）转子湿态横向一阶固有频率为 90.1Hz，对应的临界转速为 5406r/min。转速大于工作转速（1500r/min）且安全间隔大于 30%，满足标准与设计要求；二阶固有频率为 159.2Hz，对应的临界转速为 9552r/min。

3）转子工作转速为 1475r/min，由坎贝尔图可知，转子横向一阶临界转速与二阶临界转速均大于工作转速，且与工作转速间的安全间隔远大于 30%。

4）转子横向临界转速满足 API 610 标准：一级和二级泵的转子应该设计成的干性弯曲临界转速至少是在泵的最大连续运行速度的 20% 以上的标准要求。

3. 结构强度校核

图 7-56 所示为急冷油循环泵泵头几何模型。图 7-57 所示为网格分布图，网格单元数为 635005，节点数为 1199407。对急冷油循环泵泵头施加不同组合的三倍管口力矩，如图 7-58～图 7-63 所示。管口力矩施加最坏的组合为三倍管口力矩同时作用于泵时，等效作用于泵中心的合力 F_{rca} 与合力矩 M_{rca} 最大。

图 7-56　急冷油循环泵泵头几何模型

图 7-57　急冷油循环泵泵头网格分布图

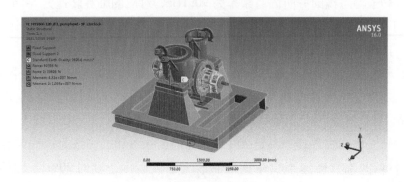

图 7-58　三倍管口力矩施加组合 1

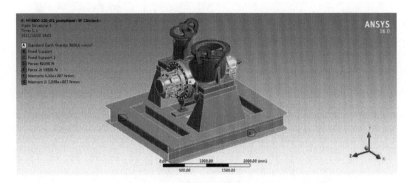

图 7-59　三倍管口力矩施加组合 2

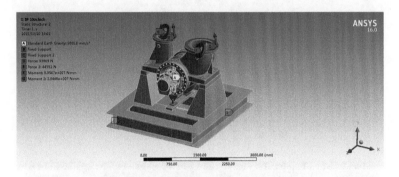

图 7-60　三倍管口力矩施加组合 3

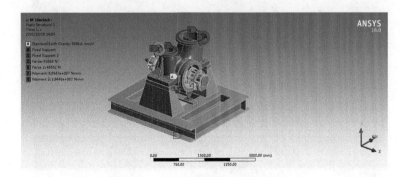

图 7-61　三倍管口力矩施加组合 4

　　图 7-64 所示为三倍管口施加组合 1 情况下急冷油循环泵泵头的总体变形分布。图 7-65 所示为泵头的应力分布。表 7-12 为不同管口力矩施加下泵轴头位移分布。从结果分布可以看出，三倍管口力矩最坏组合 1 的轴头变形最大，其作用的效果是将轴头正压向底座。

图 7-62　三倍管口力矩施加组合 5

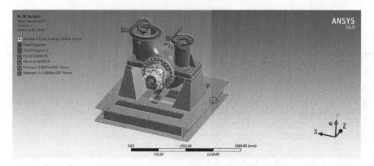

图 7-63　三倍管口力矩施加组合 6

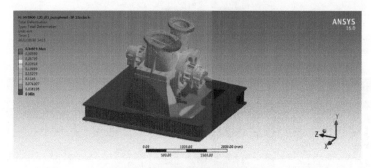

图 7-64　泵头的总体变形分布

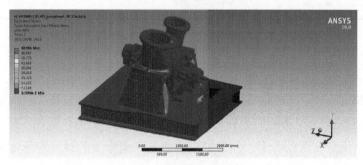

图 7-65　泵头的应力分布

表 7-12　不同管口力矩施加下泵轴头位移分布

组合情况	轴头变形/mm
组合 1	0. 30711~0. 3034
组合 2	0. 20979~0. 21495
组合 3	0. 28066~0. 28578
组合 4	0. 23587~0. 2416
组合 5	0. 29116~0. 29637
组合 6	0. 24045~0. 24628

图 7-66 所示为口环动静之间的接触压力分布，在上述 6 种不同三倍管口力矩施加组合情况下，口环动静之间的接触压力均为 0，说明口环动静之间无碰擦。图 7-67 所示为口环动静之间变形后的间隙情况。表 7-13 为动静间隙数据汇总，其中原始间隙为 0. 35mm。

表 7-13　动静间隙数据汇总

组合情况	轴头变形/mm	备注
最坏组合 1	0. 32745~0. 37255	间隙 Δ = 0. 0451mm<0. 05mm
最坏组合 2	0. 32744~0. 37256	间隙 Δ = 0. 04512mm<0. 05mm
最坏组合 3	0. 32699~0. 37247	间隙 Δ = 0. 04548mm<0. 05mm
最坏组合 4	0. 32809~0. 37547	间隙 Δ = 0. 04738mm<0. 05mm
最坏组合 5	0. 3281~0. 37546	间隙 Δ = 0. 04736mm<0. 05mm
最坏组合 6	0. 32697~0. 37248	间隙 Δ = 0. 04551mm<0. 05mm

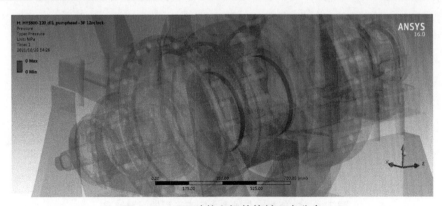

图 7-66　口环动静之间的接触压力分布

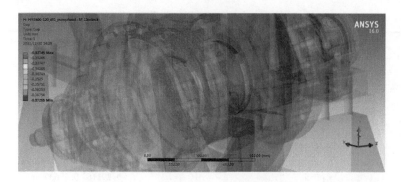

图 7-67　口环动静之间变形后的间隙情况

　　图 7-68 所示为喉部衬套与轴套之间的接触压力，6 组不同三倍管口力矩组合施加情况下喉部衬套与轴套之间的接触压力均为 0，说明喉部衬套与轴套之间无碰擦。图 7-69 所示为喉部衬套与轴套之间变形后的间隙情况。表 7-14 为喉部衬套与轴套之间动静间隙数据汇总，其中原始间隙为 0.5mm。

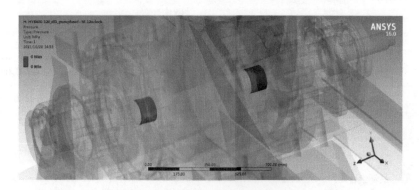

图 7-68　喉部衬套与轴套之间的接触压力

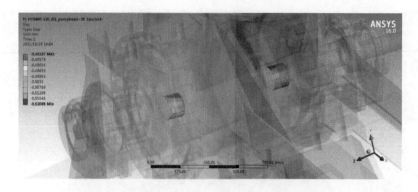

图 7-69　喉部衬套与轴套之间变形后的间隙情况

表 7-14　喉部衬套与轴套之间动静间隙数据汇总

组合情况	轴头变形/mm	备注
最坏组合 1	0.48137 ~ 0.52085	间隙 $\Delta = 0.03948$mm<0.05mm
最坏组合 2	0.48133 ~ 0.52028	间隙 $\Delta = 0.03895$mm<0.05mm
最坏组合 3	0.4805 ~ 0.52139	间隙 $\Delta = 0.04089$mm<0.05mm
最坏组合 4	0.48124 ~ 0.52061	间隙 $\Delta = 0.03937$mm<0.05mm
最坏组合 5	0.48126 ~ 0.52142	间隙 $\Delta = 0.04016$mm<0.05mm
最坏组合 6	0.48043 ~ 0.52083	间隙 $\Delta = 0.0404$mm<0.05mm

　　图 7-70 所示为机封密封副的接触压力，初始接触压力为 0，无弹簧预紧。表 7-15 密封副接触压力数据汇总，其中原始压力为 0MPa。图 7-71 所示为机封密封副变形后的间隙情况。表 7-16 为密封副变形后的间隙数据汇总，其中原始间隙为 0mm。无轴套预紧的情况下，三倍管口力矩最坏组合作用下，机封密封副出现微小的变形，此变形可以通过机封预紧弹簧补偿。

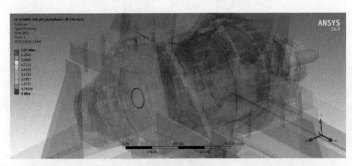

a) 非驱动端机封

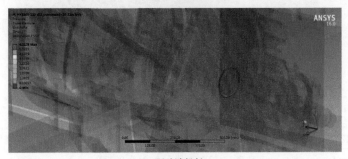

b) 驱动端机封

图 7-70　机封密封副的接触压力

表 7-15 密封副接触压力数据汇总

组合情况	非驱动端压力/MPa	驱动端压力/MPa
最坏组合 1	0~7.07	0~6.2125
最坏组合 2	0~6.2314	0~7.0835
最坏组合 3	0~7.5514	0~6.3431
最坏组合 4	0~6.029	0~7.2452
最坏组合 5	0~7.2352	0~6.006
最坏组合 6	0~6.3582	0~7.5762

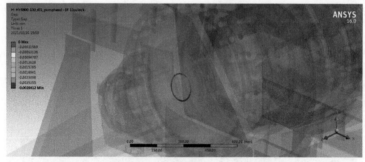

a) 非驱动端机封

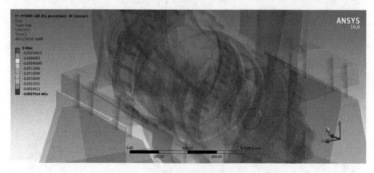

b) 驱动端机封

图 7-71 机封密封副变形后的间隙情况

表 7-16 密封副变形后的间隙数据汇总

组合情况	非驱动端压力/MPa	驱动端压力/MPa	备注
最坏组合 1	0~0.0028412	0~0.0027014	间隙 $\Delta < 0.05\text{mm}$
最坏组合 2	0~0.0027189	0~0.0028157	间隙 $\Delta < 0.05\text{mm}$
最坏组合 3	0~0.0029209	0~0.0024797	间隙 $\Delta < 0.05\text{mm}$

（续）

组合情况	非驱动端压力/MPa	驱动端压力/MPa	备注
最坏组合 4	0 ~ 0.0024678	0 ~ 0.0028677	间隙 $\Delta < 0.05mm$
最坏组合 5	0 ~ 0.0028908	0 ~ 0.0024503	间隙 $\Delta < 0.05mm$
最坏组合 6	0 ~ 0.0024991	0 ~ 0.0028997	间隙 $\Delta < 0.05mm$

7.3 化工耐腐蚀、含固体颗粒屏蔽泵设计

7.3.1 应用背景

耐腐蚀耐磨蚀化工泵总体来看国内化工泵设计及生产加工技术同国外相比，还有一定差距。特别是国内目前的化工装置向大型化发展，如果产能继续扩大，能耗指标考核要求逐步提高，设备还将进一步向大型化发展，国内的化工泵已完全无法满足化工、冶金大型装置要求，因此，生产高效、节能、环保、高可靠性化工泵及大型化工泵改进设计已成为一个亟须解决的技术问题。

7.3.2 整体结构设计

在确定耐腐蚀耐磨蚀离心泵机组的整体方案设计时，主要考虑以下几方面因素：优越的性能参数、过流部件寿命、工作可靠性和安全性、低廉的制造和使用成本。

耐腐蚀耐磨蚀离心泵符合 API 610 标准 OH1 泵型，为卧式、单级、单吸、径向剖分、底脚支承、悬臂式离心泵。在两相流理论与工况实践经验相结合的基础上，充分考虑了固体物良好的通过能力、可靠性、过流件的使用寿命、效率因素设计的新产品，可输送介质含固量达 65%。该类泵适用于磷复肥、烟气脱硫、有色冶金、石油化工、食品、医药、造纸、矿山、氧化铝、污水处理等行业。

叶轮有涡流叶轮、叶片叶轮等多种叶轮形式，可满足矿浆、料浆、颗粒悬浮液、带状纤维、易结晶和少量含气工况介质的要求。叶轮流道宽敞，水力性能优越。叶轮均设有背叶片，可防止大颗粒进入叶轮与耐磨板间的间隙，减少磨损及浆液回流泄漏，提高泵的效率。同时，平衡轴向力，降低介质在机封腔体内的压力，防止大颗粒进入机械密封的腔体，提高密封的可靠性和使用寿命。

　　轴承箱体为整体设计，轴承采用油浴润滑，恒位油杯自动调整油位，在油位变化时甩油环保证充分润滑。输送高温介质或高温环境，轴承箱可采用水冷或风冷。轴承体密封，能有效地防止润滑介质外泄，同时也防止外界水蒸气和其他介质进入轴承箱，保证了稀油润滑的密封性。

　　联轴器带有加长段，不需拆卸进出口管路和电动机，即可对泵进行拆卸和维修。

　　首先根据设计要求（包括流量、扬程、效率、过流介质等）完成整体结构设计，选择合适的离心泵转速、结构形式和进出口直径；然后基于前述离心泵流体动力和转子动力的设计方法，完成过流部件水力设计和转子系统设计。若达到总体性能要求，则进行样机试制及试运行，通过在线监测测试试车性能若符合预期，则完成设计；否则需要进行优化设计，再通过过流部件流程及转子系统设计流程校核，判断性能是否符合标准，若没有达到标准，再循环上面的流程直到符合要求为止，最终完成过流部件和转子系统的设计。在此基础上针对实际介质进行针对性的机械结构设计，并进行结构强度计算和校核，形成高效高可靠性的离心泵设计方法。

　　耐腐蚀耐磨蚀离心泵机组，主要由离心泵总成、联轴器及罩壳、电动机、底座以及监测用仪表组成。泵总成主要由泵体、叶轮组成的水动力零部件；泵盖、叶轮螺母、机封短套及相互之间的密封垫（圈）等组成的承压密封零部件；泵轴组成的传动零部件；滚动轴承组成的内部转子支承部件，轴承箱、轴承座和压盖组成的外支承部件。图7-72所示为耐腐蚀耐磨蚀离心泵总成结构示意图。

图7-72　离心泵总成结构示意图

7.3.3 过流部件设计

1. 叶轮的设计

根据需求的流量、扬程和介质工况，选择叶轮转速。针对两相流介质，存在腐蚀、磨蚀情况，一般转速不宜选取太高，根据实际生产情况，一般转速在 1480r/min 以下。

现列举计算耐腐蚀耐磨蚀离心泵叶轮设计的例子。

已知：泵流量 $Q = 80 m^3/h$，扬程 $H = 30m$，转速 $n = 1450 r/min$。

（1）计算单位直径 D_q

$$D_q \approx \sqrt[3]{\frac{Q}{n}} \approx 0.025m \tag{7-1}$$

（2）根据叶片入口边的磨损计算叶轮入口直径 D_0 保证叶轮吸入条件最佳指标的相对值，入口相对直径 $D_0/D_q = 3.8 \sim 4.2$。

叶轮入口直径：$D_0 = 0.095 \sim 0.105m$。在提高效率的情况下，可取 $D_0 = 0.095m$。

（3）计算叶轮出口宽度 b_2 叶轮出口宽度修正系数：

$$k_{b_2} = (1.0 \sim 1.4)\left(\frac{n_s}{100}\right)^{5/6} \tag{7-2}$$

得到 $k_{b_2} = 0.667 \sim 0.934$。

叶轮出口宽度：

$$b_2 = k_{b_2}\sqrt[3]{\frac{Q}{n}} = 0.0166 \sim 0.0232m \tag{7-3}$$

根据耐腐蚀耐磨蚀离心泵的应用工况，保证介质有很好的通过能力，取 $b_2 = 0.025m$。

（4）计算过流断面相对尺寸系数 $K_{b_2'}$，选择叶片数 z

$$K_{b_2'} = b_2/n_s \approx 1，可取 z = 4$$

（5）根据叶片数计算叶轮直径 D_2

$$D_2 = \frac{(161.6 + 0.365 n_s)}{n_s^{2/3}} \approx 0.293m \tag{7-4}$$

可取 $D_2 = 0.295m$。

（6）根据计算尺寸，进行叶片绘型 叶片绘型如图 7-73 所示。

（7）利用三维建模软件进行叶轮建模 叶轮建模如图 7-74 所示。

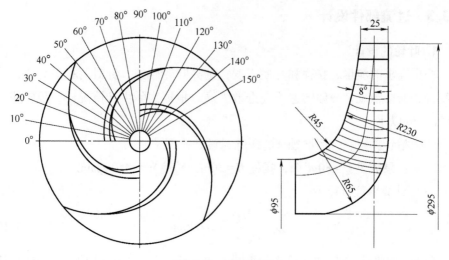

图 7-73 叶片绘型

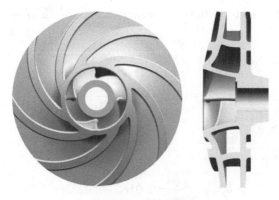

图 7-74 叶轮建模

2. 压水室的设计

在保证介质通过率的情况下,螺旋式压水室效率更高,可将涡室设计成近似螺旋式压水室。

(1)压水室进口、出口口径计算 根据统计分析,进口管路流速一般取:$v = 2 \sim 5\text{m/s}$。

进口口径:

$$D_{\text{inlet}} = \sqrt{\frac{4Q}{\pi v}} \approx 0.075 \sim 0.119\text{m} \tag{7-5}$$

取进口口径 $D_{\text{inlet}} = 0.08\text{m}$。

出口口径：

$$D_{\text{outlet}} = (0.65 \sim 1)D_{\text{inlet}} = 0.052 \sim 0.08\text{m} \tag{7-6}$$

取出口口径 $D_{\text{outlet}} = 0.065\text{m}$。

压水室进口、出口口径选取满足 API 标准的管口口径。

（2）基圆直径 D_3

$$D_3 = (1.03 \sim 1.05)D_2 = 0.304 \sim 0.310\text{m} \tag{7-7}$$

取 $D_3 = 0.310\text{m}$。

（3）涡室进口宽度 b_3　根据叶轮出口宽度值取 $b_3 = 0.063\text{m}$。

（4）压水室各断面面积计算　根据泵流量满足：（0.6～0.7）<工作流量/最佳流量<1，计算各断面面积时的流量 $Q_1 = 0.0132 \sim 0.022\text{m}^3/\text{s}$。

按压水室各断面面积的平均速度 v_3 相等，式（7-8）中速度系数 k_3 根据比转速选取。

$$v_3 = k_3\sqrt{2gH} \tag{7-8}$$

第 8 断面面积：

$$F_8 = Q_1/v_3 \tag{7-9}$$

其他断面面积按涡室各断面速度相等确定：

$$F_{\varphi} = \frac{\varphi}{360°}F_8 \tag{7-10}$$

（5）绘制涡室断面图

根据确定的 b_3、D_3，参考相同 n_s 性能良好的涡室形状，并参考关系 $\frac{h}{H} = 0.35 \sim 0.5$，$\gamma = 15° \sim 25°$ 进行涡室断面图的绘制。

根据所画的各断面图中的高度 H，在平面图上相应的射线点处光滑连接各点，得涡室平面上的螺旋线。

扩散管出口是圆形断面，进口是不规则断面，从进口到出口，其间的断面应该逐渐变化，以保证整个壁面光滑，如图 7-75 所示。

7.3.4　转子系统设计

耐腐蚀耐磨蚀泵转子部件主要由泵轴、叶轮、轴承支承部分组成，轴的强度与刚度直接影响整个泵组系统的使用寿命。

1. 轴结构确定

根据参考文献［188］，初步设计时，可只考虑传递的最大扭矩，计算轴的

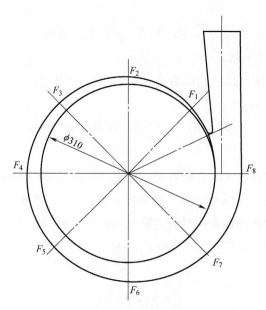

图 7-75　涡室断面图

最小直径：

$$d = \sqrt[3]{\frac{M_n}{0.2[\tau]}} \qquad (7\text{-}11)$$

$$M_n = 9550P_c/n \qquad (7\text{-}12)$$

式中　P_c——计算功率（kW），可取 $P_c = 1.2P$。

$$P = \rho gQH/(1000\eta) \qquad (7\text{-}13)$$

耐腐蚀耐磨蚀泵一般应用介质密度 $\rho = 1000 \sim 1300 \text{m}^3/\text{kg}$。

根据流量 Q 和比转速 n_s 查 GB/T 13007—2011《离心泵　效率》，给定泵的设计效率以满足节能减排政策。

已知：泵流量 $Q = 0.022\text{m}^3/\text{s}$，扬程 $H = 30\text{m}$，转速 $n = 1450\text{r/min}$，比转速 $n_s \approx 62$。可取 $\eta = 0.7$。

计算泵轴功率 $p = 12\text{kW}$，则电动机功率取 $P = 15\text{kW}$，则 $P_c = 1.2P = 18\text{kW}$。

耐腐蚀耐磨蚀工况，轴的材质可取 3Cr13，则 $[\tau] = (539 \sim 687) \times 10^5 \text{Pa}$

可计算轴的最小轴径 $d_{min} = 0.021 \sim 0.022\text{m}$。

耐腐蚀耐磨蚀设计为滚动轴承支承，按载荷条件初步选取轴承系列，结构确定后，再进行轴承寿命校核。机封处轴径按 API 610 标准初选取 50mm。

2. 轴承寿命校核

根据参考文献［188］进行轴承寿命校核，轴承寿命满足 API 610 标准规定。

（1）轴向力 T 近似计算

$$T = k\rho g H_1 \pi (R_{2m} - R_{2h}) i \tag{7-14}$$

（2）径向力 F_r 计算

$$F_r = \rho g \, K_r H D_2 B_2 K_r = 0.36 \left[1 - \left(\frac{Q}{Q_N} \right)^2 \right] \tag{7-15}$$

（3）转子部件重力产生向下的径向力 G

$$G = mg \tag{7-16}$$

计算轴承支反力和当量动载荷。

按使用轴承基本额定动载荷 C_r 计算轴承基本额定寿命和泵轴承系统组合的寿命。

按 $L_{10h, system} > 25000h$ 标准，核定泵轴承系统组合寿命。

（4）轴开键槽部位的强度校核　轴在叶轮和联轴器安装处开设有键槽，由于叶轮处轴径小于联轴器处，以叶轮处轴径为依据，按联轴器轴径处传递的全部扭矩为条件进行强度校核，可初步判断轴的安全性。

$$\sigma_j = \frac{4M_n}{dhl} \tag{7-17}$$

$$\tau_j = \frac{2M_n}{dbl} \tag{7-18}$$

键材质取 45 钢，其 $[\sigma_j]$、$[\tau_j]$ 值分别为：$[\sigma_j] = 147.1 \sim 196.1$MPa，$[\tau_j] = 58.9 \sim 88.3$MPa。

根据键槽尺寸和轴径计算许用应力和切应力与经验值进行比较确认轴的强度。

3. 密封系统设计

泵内流体和泵外大气存在着一定的压差，流体沿着轴和壳体间的间隙向外泄漏，因此需要设置密封系统。离心泵常用的轴封有机械密封和填料密封。针对耐腐蚀耐磨蚀离心泵的生产实地调查，用户在考虑安全性的前提下，更倾向使用机械密封。机械密封泄漏少，寿命长，可靠性更高。密封腔的设计符合 ISO 21049/API 682 标准，集装式机封是标准设计，也可采用各式单端面机械密封、双端面机械密封、填料密封、副叶轮填料密封。

4. 润滑系统设计

润滑系统是设备运行过程中不可或缺的重要组成部分，它极大程度地影响着设备的使用效率、使用精度、使用寿命等诸多方面。离心泵一般采用滚动轴承。对于中、轻载荷离心泵，可采用油润滑和脂润滑；对于重载荷离心泵，应采用油润滑。此耐腐蚀耐磨蚀离心泵设计为油润滑。

5. 轴向力平衡机构设计

由于叶轮前后盖板因液体压力分布不均引起很大的轴向力，叶轮后盖板所受压强大于前盖板所受压强，形成的压力差，方向自叶轮背面指向叶轮入口，这个力是泵轴向力的主要组成部分。由于离心泵轴向力很大，因此，除了个别的单级小型泵用球轴承承受轴向力外，一般都需要采用平衡轴向力的措施。单级离心泵的平衡措施一般有以下几种：采用双吸叶轮、开平衡孔或装平衡管、采用背叶片。此耐腐蚀耐磨蚀离心泵采用背叶片和球轴承来平衡轴向力。

7.3.5　计算与校核

根据初步设计方案，进一步细化结构，进行总体结构的设计确定。对所列出的关键技术及解决方案进行深入分析研究，以满足产品性能功能指标要求。

1. 水力设计及校核

根据设计水力性能指标要求，设计人员开展了与水力性能相关的水力模型设计，采用常规设计方法改变不同参数，设计多个水力模型。采用 CFD 计算分析方法验证性能参数，比较计算结果，通过输出的可视化模拟图形查找问题点，进行迭代改进，最终选定所采用的综合性能最优的水力模型参数，作为冶金与化工离心泵的水力模型。

通过使用三维软件 SolidWorks 对冶金与化工离心泵全流场流域进行三维建模，全流场域模型及计算网格如图 7-76 所示，分别由进口、前后腔、叶轮和蜗壳组成。利用 ANSYS ICEM 软件对模型泵全流场域进行网格划分。采用结构网格与非结构网格相结合的混合网格，对几何形状基本规则的流场域进行结构化六面体网格划分，其中蜗壳、叶轮和进口采用非结构化网格来划分，前后腔和口环采用结构网格。

2. 计算结果分析

图 7-77 所示为冶金与化工离心泵设计工况的计算结果，可以看出，在设计流量下扬程为 34m 左右，效率为 70%，比设计扬程和效率高 3% 左右。这是由于数值模拟产生的流动损失要小于实际的流动损失，相应的模拟性能会略高于设计性能，在合理范围内。随着流量的增加，扬程逐渐下降，功率逐渐增加，

a) 全流场域模型　　　　　　　　b) 计算网格

图 7-76　全流场域模型及计算网格

效率先增后降,在设计流量处达到最大,符合离心泵的性能曲线,所以该泵符合设计要求。从压力云图中可以看出叶轮中心压力最小,泵出口压力最大。从图 7-78~图 7-82 所示的压力云图、速度云图和流线图中可以看出该泵流动稳定且最大速度在叶轮出口处。

　　通过水力分析计算验证和多次水力方案迭代优化设计,流量和扬程满足设计指标要求,泵通流部位水力效率达到冶金与化工离心泵的基准效率 70%,性能能够满足设计要求。

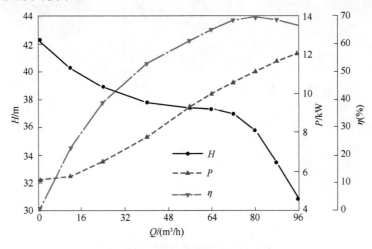

图 7-77　外特性曲线

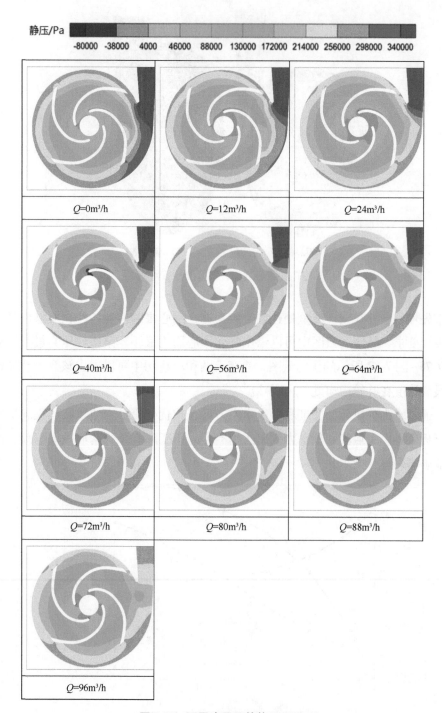

图 7-78　不同流量下的静压云图

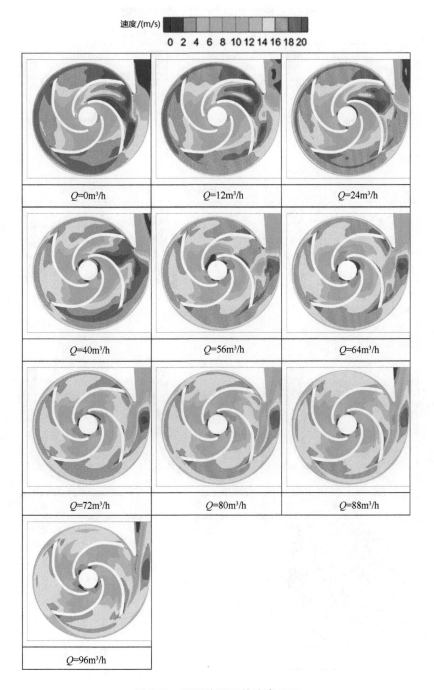

图 7-79　不同流量下的速度云图

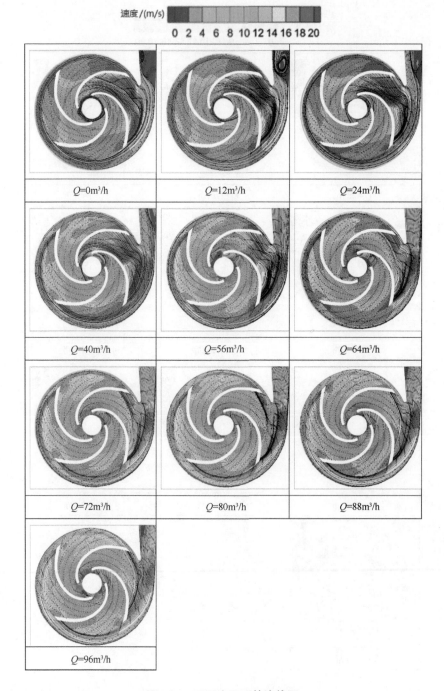

图 7-80 不同流量下的流线图

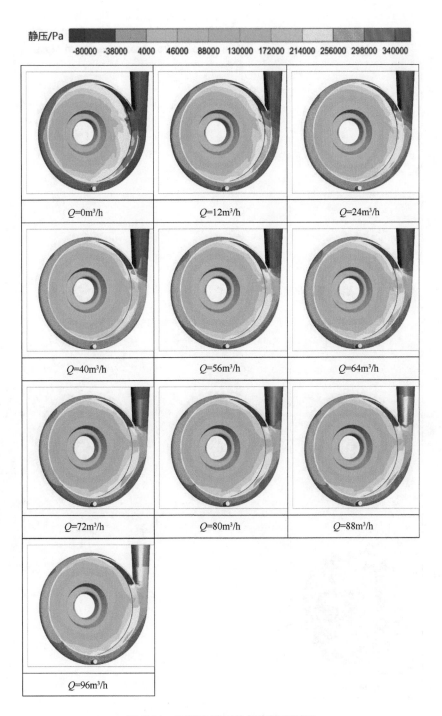

图 7-81　不同流量下的蜗壳静压云图

静压/Pa

-80000 -38000 4000 46000 88000 130000 172000 214000 256000 298000 340000

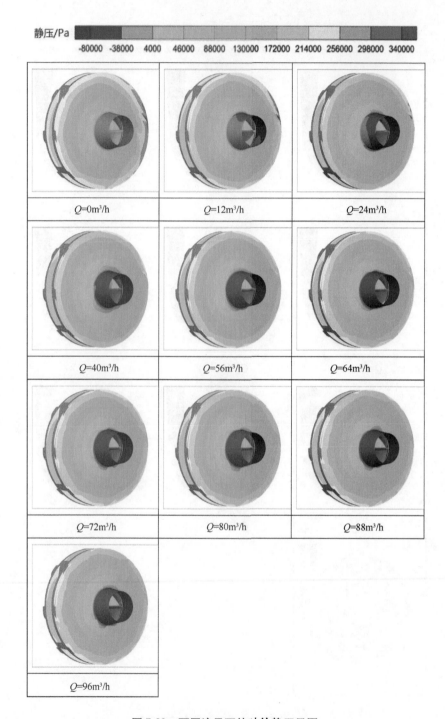

图 7-82　不同流量下的叶轮静压云图

7.4　潜液式大功率一体化同轴低温 LNG 泵的设计

7.4.1　应用背景

LNG 通过 LNG 船运输到沿海 LNG 接收站后存储于 LNG 储罐,通过 LNG 低压输送泵将其输送出储罐,罐内汽化天然气经压缩后与其共同进入再冷凝器,经 LNG 高压输送泵加压后进入汽化器进行汽化,然后通过管网进行输送,如图 7-83 所示。LNG 高压输送泵是 LNG 接收站中最关键的流体输送设备,它为 LNG 接收站汽化单元提供输送动力,保证气体顺利通过管网到达全国各地使用单位。随着接收站规模的扩大,为满足长距离输送的要求,对高端大功率 LNG 泵的需求越来越多,特别是超高扬程大功率 LNG 泵(扬程为 1500~3000m,功率≥1000kW)。在中石化青岛 LNG 接收站 700 万 t/a 项目中,LNG 泵扬程为 1900m,功率为 1120kW;中石化广西北海 LNG 接收站 600 万 t/a 项目,LNG 泵扬程为 2600m,功率为 2170kW;中石油江苏如东接收站 650 万 t/a 项目,LNG 泵扬程为 1900m,功率为 1005kW;中海宁波 LNG 接收站 600 万 t/a 项目,LNG 泵扬程为 1800m,功率 1400kW。综上,超高扬程和大功率是 LNG 接收站核心装置 LNG 高压输送泵的重要发展方向。

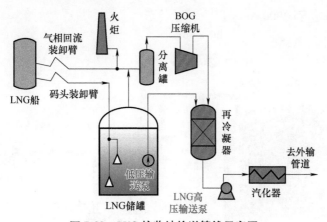

图 7-83　LNG 接收站输送管线示意图

当前我国大力发展 LNG 产业,成为调整能源构成、缓解对石油供应的依赖和压力、保障我国能源安全的重大举措。超高扬程大功率 LNG 泵是大型天然气液化工厂、LNG 接收站、浮式平台等关键输送设备,但目前该类泵的技术被美国和日本等公司垄断。我国 LNG 接收站、大型汽化站等都采购国外产品,对进口产品和技术的依赖非常大，这将对相关企业安全、稳定、长期、满负荷运行带来一定影响。因此，开展超高扬程大功率 LNG 泵国产化研发势在必行。

针对中石化青岛接收站、中石化天津接收站等装置的输送需求，开发的超高扬程大功率 LNG 泵的设计参数如下：

额定流量：529m³/h；

额定扬程：2470m；

设计转速：2982r/min；

额定效率：75%；

设计温度：-163℃；

配套驱动功率：2200kW；

振动：<7.5mm/s。

设计参数覆盖用户工况要求。

7.4.2 整体结构设计和监控系统

如图 7-84 所示，潜液式大功率 LNG 泵是 LNG 接收站中 LNG 外输的核心设备。它的主要作用是对进入汽化器前 LNG 进行增压，满足管网对天然气压力的要求，实现天然气的长距离输送。例如管网要求天然气压力范围为 6.1 ~ 8.85MPa，潜液式大功率 LNG 泵出口压力则要达到 8MPa 及以上，部分泵配备的电动机功率达到 2000kW 及以上。

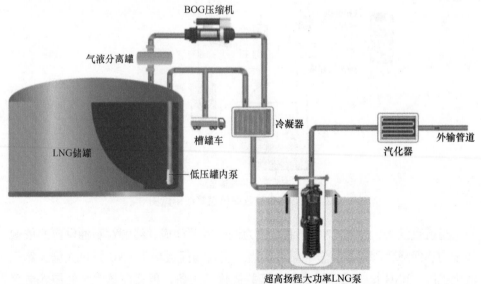

图 7-84　LNG 输出工艺简图

潜液式大功率 LNG 泵机组整体结构示意图如图 7-85 所示，采用立式潜液式布置方式，其过流部件（诱导轮、叶轮、导叶）与电动机同轴。其结构设计主要包括过流部件结构、转子系统结构、平衡机构、低温轴承、低温电动机及监控系统等。针对所输送介质液化天然气的具体特点，为了提高泵的汽蚀性能，采用潜液式布置及叶轮前置诱导轮形式；为了实现超高扬程，采用叶轮串联形式。图 7-86 和图 7-87 所示分别为 2200kW 潜液式大功率 LNG 泵的二维剖视图和三维剖视图。

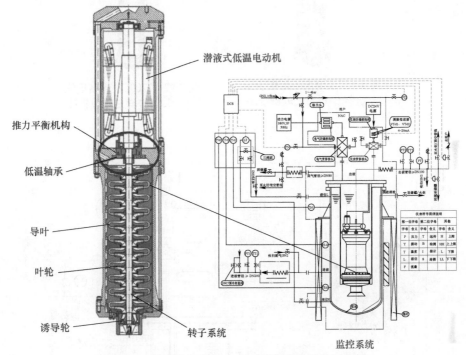

图 7-85　潜液式大功率 LNG 泵机组整体结构示意图

潜液式大功率 LNG 泵电动机转子、叶轮、导叶和诱导轮等部件被布置在同一根主轴上，由于质量的不对称性，在运转过程中会发生振动。为监测泵的振动情况，在泵的顶板上部安装一个压电式加速度传感器用来监测系统的振动。采用分布式控制系统（DCS）（图 7-88），对泵的电流、流量和压力进行监测以了解泵的实际运行情况，电气系统中的继电器应具有低电流和过电流保护装置。通常电流强度减小表明泵的入口压力降低，电流增大说明存在机械故障或电缆异常，此时需要对泵进行检查维护。此外，DCS 还应具备低入口压力和低流量保护功能，当泵的入口压力低于设定值时或工作流量小于泵的最小流量时装置应能报警。

图 7-86 2200kW 超高扬程
大功率 LNG 泵二维剖视图

图 7-87 2200kW 超高扬程
大功率 LNG 泵三维剖视图

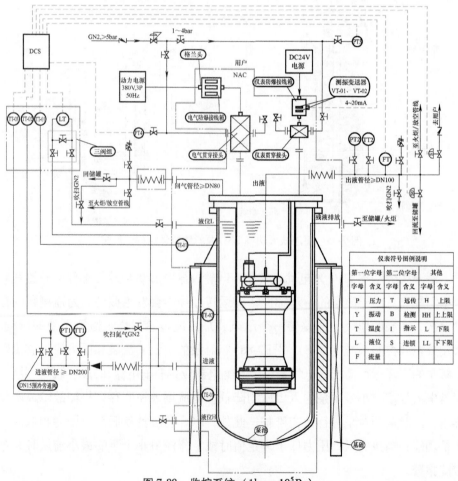

图 7-88 监控系统（1bar＝10⁵Pa）

7.4.3 过流部件设计

过流部件主要包括诱导轮、叶轮和导叶。考虑到 LNG 易汽化容易发生空化，在叶轮前采用了带分流叶片的锥形诱导轮（图 7-89a），提高泵的抗汽蚀性能；采用闭式扭曲叶轮（图 7-89b）串联形式，实现泵的高扬程。从叶轮出口

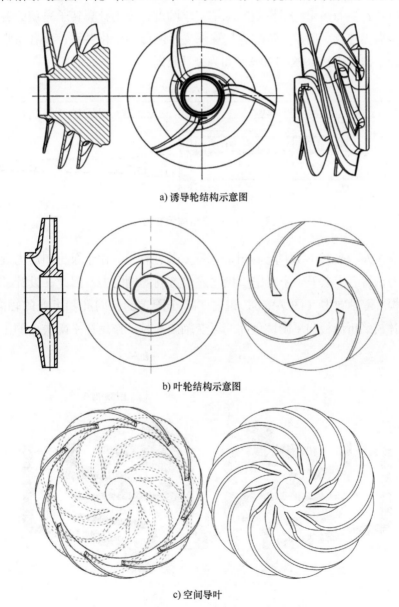

a) 诱导轮结构示意图

b) 叶轮结构示意图

c) 空间导叶

图 7-89 过流部件结构示意图

流出的流体经导叶进入下一级叶轮进口，采用空间导叶（图 7-89c），减少流体从径向到轴向方向改变引起的流动损失，提高泵的效率。

7.4.4 转子系统结构设计及平衡机构设计

潜液式大功率 LNG 泵轴采用电动机叶轮同轴一体化设计方式，结构如图 7-90所示。参考多组相似机组的轴承支承刚度，分别计算转子系统的各阶无阻尼横振临界转速，确定各阶临界转速随支承刚度的变化关系；以各阶临界转速须避开工作转速的 80%～120%区间为设计原则。

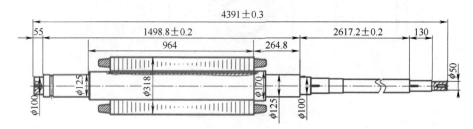

图 7-90 转子结构示意图

潜液式大功率 LNG 泵的多级叶轮串联安装在轴上，由于泵出口压力远大于进口压力，将产生上千牛由泵出口指向进口方向的轴向力。因此，设计了推力平衡机构平衡轴向力（图 7-91），设置了一个固定的径向孔和可变的轴向孔，LNG 流体流经折流板与平衡块之间的可变轴向孔时，作用在平衡块上的压力会

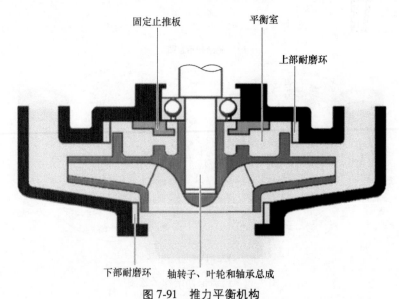

图 7-91 推力平衡机构

发生变化，当平衡块下方的反作用力与平衡块上端出口的压力相等时，即可实现轴向力的平衡。

7.4.5　计算与校核

根据初步设计方案，进一步细化结构，进行总体结构的设计确定。对所列出的关键技术及解决方案进行深入分析研究，以满足产品性能功能指标要求。

1. 水力设计及校核

采用 ANSYS CFX 软件对设计泵的水力性能进行校核。首先针对设计的 LNG 多级泵进行 3D 建模，分析其额定转速下不同流量工况泵内全流场流动特性，得到真实运行工况下全尺寸 LNG 泵的外特性曲线。通过多方案的迭代改进，获得性能优秀的过流部件参数，确定其水力模型。

（1）校核计算求解设置　采用三维软件 NX 对潜液式大功率 LNG 泵的流域进行三维建模，泵的总体三维流体域模型如图 7-92a 所示。其 A 处局部放大图如图 7-92b 所示。

a) 全流域三维模型

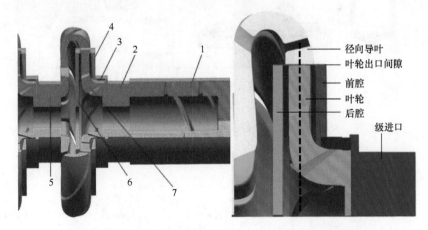

b)A处局部放大图　　　　　　　　c) 各个级的流体域划分

图 7-92　潜液式大功率 LNG 泵流体域三维模型及局部放大图

1—诱导轮域　2—第一级进口流域　3—口环间隙　4—前泵腔域

5—第二级进口流域　6—后泵腔域　7—叶轮域

利用 ANSYS ICEM 软件对潜液式大功率 LNG 泵全流场域进行网格划分。采用结构网格与非结构网格相结合的混合网格，对几何形状基本规则的流场域进行结构化六面体网格划分，分别是进口流域、叶轮流域、前后腔流域。因为导叶和叶轮转子的结构较为复杂，其中导叶、叶轮和进口采用非结构化网格来划分，前后腔和口环采用结构网格。潜液式大功率 LNG 泵网格示意图如图 7-93 所示。

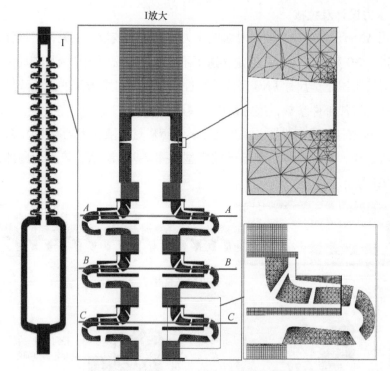

图 7-93　潜液式大功率 LNG 泵网格示意图

1）湍流模型。SST k-ω 模型既能较好地捕捉近壁面的黏性流动和湍流特征，又可以较好地预测远场的流动特征，具有较好的精度。因为拥有许多优点，所以本文选择 SST k-ω 模型。其表达式为

$$\frac{\partial(\rho k)}{\partial t}+\frac{\partial(\rho k u_i)}{\partial x_i}=\frac{\partial}{\partial x_j}\left[\left(\mu+\frac{\mu_t}{\sigma_k}\right)\frac{\partial k}{\partial x_j}\right]+G_k+\rho k\omega\beta^* \tag{7-19}$$

$$\frac{\partial(\rho\omega)}{\partial t}+\frac{\partial(\rho\omega\,\overline{u}_i)}{\partial x_i}=\frac{\partial}{\partial x_j}\left[\left(\mu+\frac{\mu_t}{\sigma_\omega}\right)\frac{\partial\omega}{\partial x_j}\right]+\frac{\sigma_\omega}{k}G_k-\rho\omega^2\beta+2(1-F_1)\rho\frac{1}{\omega\sigma_\omega}\frac{\partial k}{\partial x_j}\frac{\partial\omega}{\partial x_j} \tag{7-20}$$

$$\mu_t = \frac{\rho k}{\omega} \tag{7-21}$$

式中，$\sigma_k = 0.5$；$\sigma_w = 0.5$；$\beta = 0.075$；$\beta^* = 0.09$。

2）空化模型。目前在计算离心泵内部空化流动时，需要选择合理的空化模型。常用空化模型有完全空化模型、ZGB 空化模型和 Kunz 空化模型。因为 ZGB 空化模型修正了质量空化率方程中的蒸汽体积分数项，能够更好地预测空化，所以本文选用 ZGB 空化模型。基于空泡动力学，ZGB 模型的简化 Rayleigh-Plesset 公式如下：

当 $p \le p_v$ 时，方程为

$$\dot{m} = F_e \frac{3 r_{nuc}(1-\alpha)\rho_v}{R_B} \sqrt{\frac{2}{3} \frac{p - p_v}{\rho_L}} \tag{7-22}$$

当 $p > p_v$ 时，方程为

$$\dot{m} = F_c \frac{3\alpha\rho_v}{R_B} \sqrt{\frac{2}{3} \frac{p_v - p}{\rho_L}} \tag{7-23}$$

式中　α——气相体积分数；

r_{nuc}——成核位置气相体积分数；

p_v——常温下饱和蒸气压；

R_B——成核位置气泡半径；

F_e、F_c——汽化、压缩过程中的经验参数。

参数设置分别为：$r_{nuc} = 5 \times 10^{-4}$，$p_v = 3574 Pa$，$R_B = 1 \times 10^{-6} m$，$F_e = 50$，$F_c = 0.01$。

3）进出口边界条件。进口边界条件为压力进口（total pressure），出口条件为质量流量出口（mass flow），在进行空化计算时需要通过调节压力进口的值来控制离心泵内部的空化发展，同时需要将参考压力值设置为 0，进口的水的体积分数设置为 1，气相的体积分数设置为 0。

4）壁面和交界面条件。将叶轮域设置为旋转，其他流域设置为静止。在稳态计算时叶轮转子域和其他静止域的交界面上需要设置为冻结转子（frozen rotor），在瞬态计算时需要将交界面设置为瞬态转子和定子（transient rotor stator）。这里忽略壁面的摩擦，将所有的壁面设为光滑表面（smooth surface）。

（2）计算结果分析　图 7-94 所示为潜液式大功率 LNG 泵的水力性能曲线。在设计流量下，计算的扬程为 2386.16m，计算的效率为 77.3%。图 7-95 和图 7-96 所示为各流量工况下叶轮和导叶内部的压力分布，从图中可以看出压力从叶片进口到出口逐渐增加，符合泵内流体流动的规律。

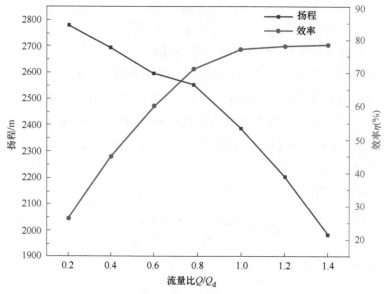

图 7-94　LNG 泵外特性曲线

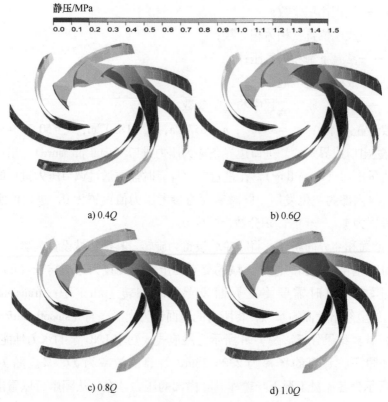

图 7-95　各工况下首级叶轮压力分布云图

e) 1.2Q   f) 1.4Q

图 7-95　各工况下首级叶轮压力分布云图（续）

静压/MPa

0.80　0.89　0.98　1.08　1.17　1.26　1.35　1.45　1.54　1.63　1.72　1.82　1.91　2.00

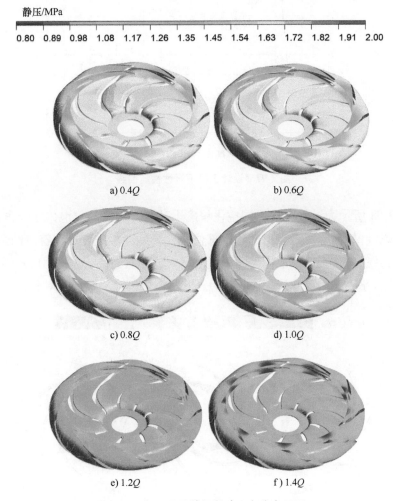

a) 0.4Q   b) 0.6Q

c) 0.8Q   d) 1.0Q

e) 1.2Q   f) 1.4Q

图 7-96　各工况下首级导叶压力分布云图

图 7-97 所示为潜液式大功率 LNG 泵设计工况时汽蚀余量计算结果。当汽蚀余量逐渐减小时，泵的扬程出现下降。一般认为，当泵的扬程下降 3% 时的汽蚀余量为临界汽蚀余量。本次模拟得到的汽蚀余量为 2.8m。当汽蚀余量继续减小时，扬程急剧下降，说明泵内已经发生了严重的空化。

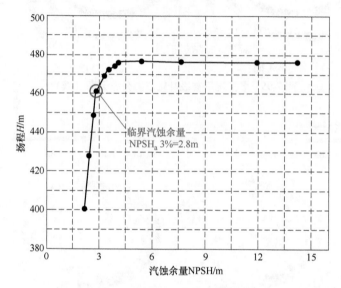

图 7-97　设计工况下汽蚀性能曲线

图 7-98 所示为设计工况不同空化程度下叶轮叶片处的气泡体积分布云图。可以发现，叶轮前缘靠近吸力面附近部位最先开始发生空化，随着汽蚀余量的降低，叶片进口吸力面气泡覆盖面积逐渐增大，在汽蚀临界点即 NPSHa = 2.8m 时，空泡几乎完全覆盖叶片进口吸力面，此时空化严重，扬程急剧下降。

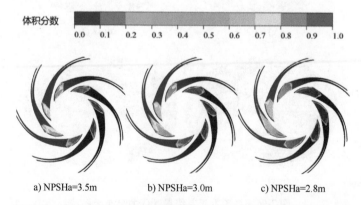

a) NPSHa=3.5m　　　b) NPSHa=3.0m　　　c) NPSHa=2.8m

图 7-98　设计工况不同空化程度下叶轮叶片处的气泡体积分布云图

2. 转子动力特性计算校核

多级离心泵作为旋转机械,在转子系统中,轴承起到支承固定作用,在对转子系统进行数值模拟时可通过不同的轴承形式设置刚度系数和阻尼系数。当轴承类型为滚动轴承时,其主要承受着径向载荷,根据经验,选取主刚度系数 $K_{xx} = 3.15 \times 10^7 \mathrm{N/m}$、$K_{yy} = 3.15 \times 10^7 \mathrm{N/m}$,主阻尼系数 $C_{xx} = 3.66 \times 10^6 \mathrm{N \cdot s/m}$、$C_{yy} = 3.66 \times 10^6 \mathrm{N \cdot s/m}$,交叉刚度和交叉阻尼都为 0。转子的网格示意图如图 7-99 所示。在"干态"下模态分析时,认为轴承固定,对轴承处转子表面进行径向和轴向的位移约束,同时,约束转子驱动端端面为固定面后进行模态分析。图 7-100 所示为仅考虑轴承支承的泵转子系统计算模型示意图。

图 7-99　转子的网格示意图

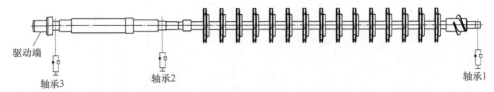

图 7-100　泵轴在空气中运转的计算模型示意图

"干态"转子系统坎贝尔图如图 7-101 所示,其中,向前涡动频率与等速度线的交点为转子的共振频率,需要在工程中避免。表 7-17 为"干态"条件下前四阶转子系统临界转速。可以看出,该潜液式大功率 LNG 泵的"干态"下前四阶临界转速为 215r/min、1378.3r/min、3924r/min、7802.5r/min,本离心泵的设计转速为 2982r/min。图 7-102 所示为潜液式大功率 LNG 泵干态工况下的振型。

表 7-17　多级离心泵转子系统"干态"前四阶临界转速

一阶临界转速	二阶临界转速	三阶临界转速	四阶临界转速
215r/min	1378.3r/min	3924r/min	7802.5r/min

湿态下运行时,叶轮完全浸没在流体中,泵内叶轮前后口环处间隙内流体对泵轴起到支承作用,增加了转子的阻尼和刚度,故在进行模态分析时,需考虑对口环处间隙密封力。密封口环对转子的作用效果与轴承相似,但支承作用机理不同,在对潜液式大功率 LNG 泵转子系统做模态分析时,分别将叶轮前后

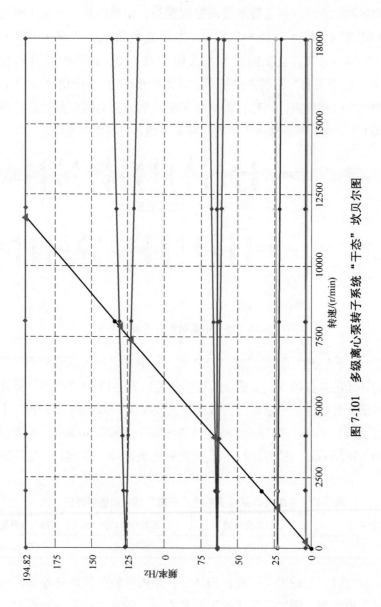

图 7-101 多级离心泵转子系统 "干态" 坎贝尔图

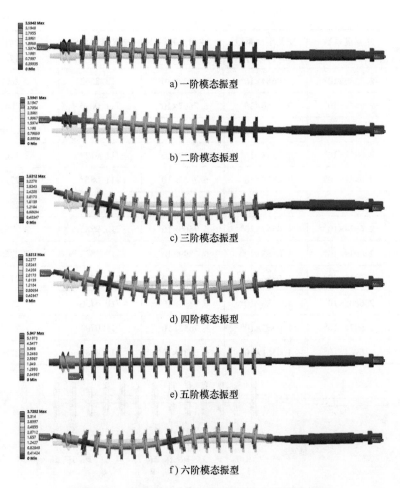

a) 一阶模态振型

b) 二阶模态振型

c) 三阶模态振型

d) 四阶模态振型

e) 五阶模态振型

f) 六阶模态振型

图 7-102　潜液式大功率 LNG 泵干态工况下的振型

迷宫密封口环简化为弹簧阻尼系统，其动力特性可以简化为 8 个动力系数，分别为主刚度系数 K、交差刚度系数 k、主阻尼系数 C、交差阻尼系数 c。综合考虑口环间隙流体激励力的转子系统计算模型如图 7-103 所示。设计流量工况下各级叶轮口环在 2982r/min 转速下的刚度系数和阻尼系数见表 7-18。

表 7-18　叶轮口环间隙等效刚度和阻尼

叶轮级数	主刚度系数 $K/(N/m)$	交叉刚度系数 $k/(N/m)$	主阻尼系数 $C/(N \cdot s/m)$	交叉阻尼系数 $c/(N \cdot s/m)$	附加质量系数
1	2.3937×10^6	9.8201×10^5	6.2894×10^3	703.3861	2.2525
2	2.7419×10^6	1.0669×10^6	6.8329×10^3	712.1040	2.2804
3	2.7469×10^6	1.0681×10^6	6.8405×10^3	712.2191	2.2808

（续）

叶轮级数	主刚度系数 $K/(N/m)$	交叉刚度系数 $k/(N/m)$	主阻尼系数 $C/(N \cdot s/m)$	交叉阻尼系数 $c/(N \cdot s/m)$	附加质量系数
4	2.7486×10^6	1.0684×10^6	6.8429×10^3	712.2562	2.2809
5	2.6944×10^6	1.0556×10^6	6.7607×10^3	711.0010	2.2868
6	2.6943×10^6	1.0556×10^6	6.7605×10^3	710.9980	2.2768
7	2.6952×10^6	1.0558×10^6	6.7619×10^3	711.0189	2.2769
8	2.6981×10^6	1.0565×10^6	6.7663×10^3	711.0868	2.2771
9	2.7000×10^6	1.0569×10^6	6.7692×10^3	711.1315	2.2773
10	2.6914×10^6	1.0549×10^6	6.7560×10^3	710.9285	2.2766
11	2.6939×10^6	1.0555×10^6	6.7599×10^3	710.9883	2.2768
12	2.6945×10^6	1.0556×10^6	6.7608×10^3	711.0032	2.2769
13	2.6805×10^6	1.0523×10^6	6.7395×10^3	710.6736	2.2758
14	2.6974×10^6	1.0563×10^6	6.7652×10^3	711.0704	2.2771
15	2.6964×10^6	1.0561×10^6	6.6737×10^3	711.0480	2.2770

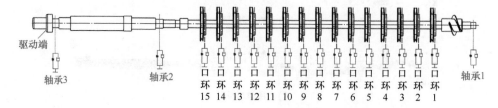

图 7-103 泵轴在"湿态"状态下的计算模型示意图

　　表 7-19 为泵"湿态"转子固有频率与临界转速。图 7-104 所示为潜液式大功率 LNG 泵转子系统湿态下的坎贝尔图。图 7-105 所示为 LNG 多级泵转子系统前六阶"湿态"转子振型。计算结果表明，潜液式大功率 LNG 泵的一阶"湿态"转子临界转速为 3795.5r/min，远高于泵的运行转速 2982r/min，无共振可能性，运转性能良好。

表 7-19　潜液式大功率 LNG 泵转子系统"湿态"前四阶临界转速计算结果（1.0Q）

一阶临界转速	二阶临界转速	三阶临界转速	四阶临界转速
3795.5r/min	4851.3r/min	7646.6r/min	11691r/min

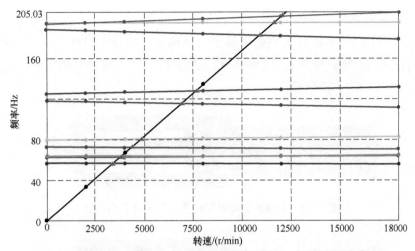

图 7-104 潜液式大功率 LNG 泵转子系统 "湿态" 坎贝尔图（1.0Q）

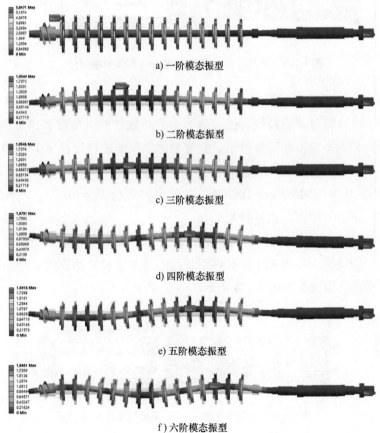

a) 一阶模态振型

b) 二阶模态振型

c) 三阶模态振型

d) 四阶模态振型

e) 五阶模态振型

f) 六阶模态振型

图 7-105 潜液式大功率 LNG 泵转子系统 "湿态" 模态振型图（1.0Q）

3. 泵体结构设计校核

泵体处于内部承压并支承整个转子的结构件，并且受到管口载荷的外力，需要进行应力分析。潜液式大功率 LNG 泵的外部壳体几何模型和网格划分分别如图 7-106 和图 7-107 所示。

图 7-106　潜液式大功率 LNG 泵外部壳体几何模型

图 7-107　潜液式大功率 LNG 泵外部筒体网格划分

潜液式大功率 LNG 泵管口允许的作用力和力矩值按照 API 685 标准对管口载荷的要求进行管口荷载校核。通过静力学分析软件对进出口管口分别施加 3 倍的许用力和力矩来校核其是否满足强度要求。泵的进口管径为 DN250，出口管径为 DN200，DN250 管口的允许载荷 $F_x = 5340N$，$F_y = 4450N$，$F_z = 6670N$，$F_R = 9630N$，$M_R = 6750N \cdot m$。DN200 管口的允许载荷 $F_x = 3780N$，$F_y = 3110N$，$F_z = 4890N$，$F_R = 6920N$，$M_R = 4700N \cdot m$。

将底座底部设置为固定，在管口的外表面和内表面都设置 X、Y、Z 三个方向的力和力矩载荷，并在 API 标准许用载荷的基础上设置两倍的安全系数。出口管口载荷和约束施加如图 7-108 所示。

图 7-108　潜液式大功率 LNG 泵外部筒体加载

图 7-109 和图 7-110 所示为潜液式大功率 LNG 泵外部筒体变形和应力分布，

从图中可以看出,应力的最大值为 111.94MPa,位置在出口法兰管出口位置的转角处,加上腔内压所致的应力,在材料的许用应力范围内;位移的最大值为 4.0515mm,在紧固力作用下不影响密封面,轴端位移也很小,在标准允许范围内。

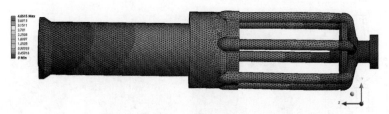

图 7-109 潜液式大功率 LNG 泵外部筒体变形

图 7-110 潜液式大功率 LNG 泵外部筒体应力分布

上述关键技术解决方案确定后,经过结构的进一步优化,通过详细设计计算,确定各功能部位零部件的具体尺寸,输出结构简图,以供施工设计分解。

7.4.6 开发与应用

1. 加工工艺

潜液式大功率 LNG 泵主要的零部件包括叶轮、诱导轮、导叶、转子和出液法兰等。低温轴承和低温电动机联合洛阳轴承研究所、江苏锡安达电机完成研制开发。

扭曲叶片叶轮加工工艺:选用铝合金圆棒毛坯对叶轮进行制作,前盖板、后盖板和叶片(图 7-111)上下分体加工,即其中后盖板和叶片一起加工,然后将其与前盖板钎接在一起。在加工过程中,首先利用光谱仪、超声波对原材料复验化学成分及超声检测,使用车床按照加工图样对原材料进行粗车;然后采用五轴加工中心对后盖板与叶片、前盖板分别进行铣削加工;接下来进行 4h 以上液氮深冷处理;使用车床进一步对其精车,再进行 4h 以上液氮深冷处理;接着将前盖板与叶片进行真空钎焊,进行 T6 热处理,再次进行 4h 以上液氮深

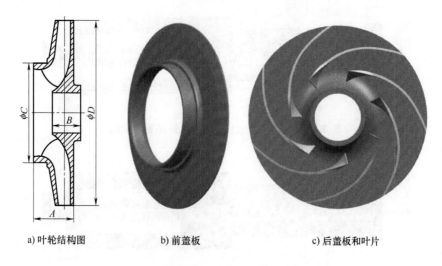

冷处理。采用芯轴对叶轮进行动平衡测试，完成测试后对表面做本色硬质氧化及渗透检测，最后配楔形键，按照 G1.0 级精度要求做动平衡，允许不平衡重量 63mg，刮削深度不大于 0.5mm。通过以上加工工艺，完成扭曲叶片叶轮的加工。

a) 叶轮结构图　　　　b) 前盖板　　　　c) 后盖板和叶片

图 7-111　潜液式大功率 LNG 泵的叶轮加工

　　分流叶片诱导轮加工工艺：选用铝合金的圆棒对诱导轮进行加工，采用车床按照图样进行车削，接下来进行不少于 4h 的低温液氮处理，然后利用五轴加工中心用芯轴套住内孔，铣诱导轮的叶片，达到图样设计要求；利用电火花放电加工对称键槽；接下来对其进行表面本色硬质氧化，最后利用动平衡机按照 G1.0 级精度要求对其进行动平衡，完成带分流叶片诱导轮的加工。

　　空间导叶加工工艺：选用铝合金材料对导叶进行加工，采用龙门立车对原材料进行铣加工，用软爪夹住原材料外圆找正另一端外圆进行精车，达到图样要求厚度后留 0.1mm 余量；掉头用四个等高块顶在外圆处，按照图样精铣上面的孔，完成空间导叶的加工。

　　转子加工工艺：采用不锈钢材料进行加工，利用光谱仪、超声波对原材料复验化学成分及超声检测，然后进行 4h 以上液氮深冷处理，利用大型卧式车铣复合加工设备对其按照图样进行加工（图 7-112），保证中心架基准和中心孔的同轴度要求，用动力刀座铣键槽，最后对转子按照精度 G1.0 级标准做动平衡，完成转子的加工。

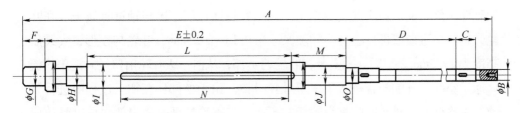

图 7-112　主轴加工

　　大型锻件出液法兰加工工艺：采用光谱仪、超声波对原材料复验化学成分及超声检测，然后利用摇臂钻床加工起吊螺纹孔，采用钻头车刀车工艺孔；利用镗床和卧式加工中心钻工艺孔，钻铣平行工装板的流道，外形铣到图样要求，然后进行 4h 以上液氮深冷处理；接下来使用立式车铣复合设备对其进行精车，利用镗床钻铣平行工作台对其加工到图样要求。最后分别进行水压试验及气密性试验，对其流道进行 21.8MPa 水压试验，历时 30min 不得有泄漏现象；而且对其进行 14.6MPa 气密性试验，历时 10min 不得有泄漏现象；完成出液法兰加工（图 7-113）。

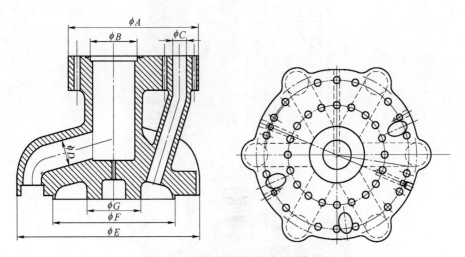

图 7-113　大型锻件出液法兰的加工

　　潜液式大功率 LNG 泵零部件加工完成后，对其进行装配。安装前检查加工件是否全部加工完成，零件（加工件、标准件）是否齐全，准备好后开始进行装配。电动机和叶轮、诱导轮等同轴安装。由于电动机浸没在 LNG 中处于无氧环境，消除了机械密封和其潜在的泄漏危险，电动机能够被 LNG 直接冷却，无需其他冷却方式。装配时端部法兰为底基础，叶轮在最上端，与泵工作状态时的朝向正好相反，依次安装到轴上。其中叶轮通过楔形键与轴进行装配。在叶轮装配时，进口口环单边径向间隙保证为 0.15~0.25mm；叶轮与楔形键安装后高度为 19.5mm。空间导叶安装在叶轮的上部，从前一级叶轮出口径向流出的流体通过空间导叶的流道进入下一级叶轮进口。由于各部件在加工过程中进行了液氮深冷处理，材料的收缩系数相差不大，在深冷处理过程中部件可以释放应力，使尺寸稳定，因此常温装配后的尺寸在低温 LNG 介质中使用时装配尺寸能够保证。

2. 出厂测试

潜液式大功率 LNG 泵在出厂前需要对产品进行外特性测试试验（图 7-114），验证泵装配的正确性，同时考察系统附件的常温或低温运转情况，测试泵的流量、扬程、功率是否满足要求。

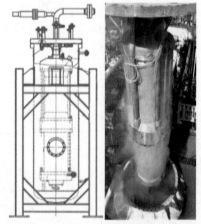

a) 低温试验泵池布置和现场图

b) 低温液氮性能试验现场图

图 7-114　出厂性能试验

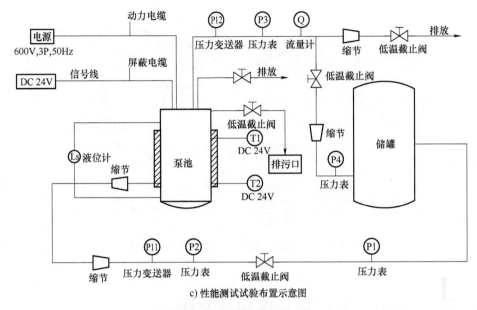

c) 性能测试试验布置示意图

图 7-114　出厂性能试验（续）

对于联合研制设计的电动机，其与叶轮同轴沉浸在 LNG 中工作，需要确保电动机的绝缘性能；另通过真空浸渍处理，消除定子硅钢叠片固化过程中产生的空气间隙，防止发生局部放电和电晕对绕组造成破坏。同时电缆也将沉浸在低温 LNG 中，在出厂前需要做−200℃的低温试验，使其在 LNG 介质下保持足够的弹性、韧性和良好的绝缘性，确保其各项指标符合要求。

在进行低温性能试验前，需要对泵进行预冷，缓慢开启主进口管路进液阀预冷（阀门开度尽量小），初期预冷速度为 5～12mm/min，后期预冷速度可适当增加，但应控制预冷速度始终不超过 25mm/min，总预冷时间不少于 4h。在开始进行试验时，运用变频驱动技术起动电动机降低起动电流。然后调到测试转速下，记录流量、压力、电压、电流、电动机功率等数据，并按照标准要求转化到规定转速；绘制流量与扬程、功率性能曲线图；为了确保产品使用的可靠性，每台泵在出厂前均须做不小于 10h 的低温液氮性能试验。根据液氮试验的数据，判断泵的性能是否满足设计、国家标准、合同要求，为产品出厂提供基础依据。

针对设计开发的 2200kW 潜液式 LNG 泵在 1500r/min 工况下进行了液氮介质的性能试验，获得的性能曲线如图 7-115 所示。从试验结果中可以看出，若在 2982r/min 工况下工程现场运行，能够达到设计要求。

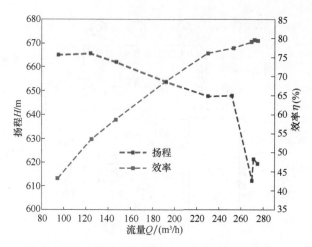

图 7-115　潜液式大功率 LNG 泵降速性能试验

7.5　大流量低扬程熔盐循环泵设计

7.5.1　应用背景

循环水泵设置于热力站（热力中心）、热源或冷源等处。在供暖系统或空调水系统的闭合环路内，循环水泵不是将水提升到高处，而是使水在系统内周而复始地循环，克服环路的阻力损失，用于装置中吸收液的反应、吸收、分离和再生。循环水泵是指用于输送循环液的泵，它的扬程低，只用于克服循环系统的压降。循环泵是一种在封闭系统中强制循环的离心泵。

循环水泵具有以下特点：

1）在循环水系统中，循环水泵的作用是使水在系统内周而复始地循环，克服环路的阻力损失，而不是将水提升到高处，因此，其扬程与装置的安装高度无直接关系。

2）循环水泵的流量-扬程特性曲线，在水泵工作点附近应比较平缓，以便在整个循环水系统运行工况发生变化时，循环水泵的扬程变化较小。

3）循环水泵的承压、耐温能力应与整个循环水系统的设计参数相适应。

4）循环水泵的工作点应在水泵高效工作范围内。

5）多热源联网运行或采用中央质量-流量调节的单热源循环水系统，循环水泵应采用变频调速泵。

6）当多台循环水泵并联运行时，应绘制水泵和热网水力特性曲线，确定其工作点，进行水泵选择。

熔盐泵是一种用于输送高温金属盐的泵，用作高温硝酸盐、亚硝酸盐、离子膜烧碱等的输送，也广泛使用在三聚氰胺、制盐、制碱及尿素等化工流程中。输送介质的温度通常在 400～460℃ 之间，黏度低于 0.3Pa·s。

熔盐循环泵具有大流量、低扬程等特点，其叶轮是轴流式叶轮或斜流式叶轮，特别适用于化工行业大流量熔盐换热场合。熔盐循环泵主要应用于输送高温熔盐（硝酸盐），适用于三聚氰胺项目、氧化铝项目以及片碱项目等精细化工行业中。

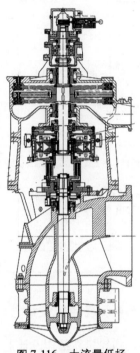

图 7-116　大流量低扬程熔盐循环泵

7.5.2　整体结构设计

大流量低扬程熔盐循环泵机组主要由汽轮机、磁力传动系统以及循环水泵等几个基本部分组成。布置结构中，汽轮机与外磁转子构成上转动部件；泵轴、叶轮与内磁转子构成下转动部件，正常运行时，上转动部件形成旋转磁场，拖动下转动部件转动，从而带动叶轮旋转，实现汽轮机到泵的非接触驱动。大流量低扬程熔盐循环泵如图 7-116 所示。

7.5.3　过流部件设计

大流量低扬程熔盐循环泵可分为轴流式熔盐循环泵（图 7-117）和斜流式熔盐循环泵（图 7-118），其主要设计参数见表 7-20。

图 7-117　轴流式熔盐循环泵

图 7-118　斜流式熔盐循环泵

表 7-20　大流量低扬程熔盐循环泵的主要设计参数

泵类型	性能参数		几何参数			
			叶轮		导叶	
斜流式熔盐循环泵	流量/(m³/h)	7000	轮毂直径/mm	129	入口轮毂直径/mm	532
	扬程/m	7	吸入直径/mm	662	入口泵壳直径/mm	800
	转速/(r/min)	600	叶轮直径/mm	660	出口轮毂直径/mm	180
	比转速	710	出口宽度/mm	175	出口轮缘直径/mm	630
	功率/kW	330	叶片数	6	导叶数	11
	效率	90%	叶片包角/(°)	80	导叶长度/mm	523
轴流式熔盐循环泵	流量/(m³/h)	7000	泵壳外径/mm	800	导叶长度/mm	300
	扬程/m	7	轮毂直径/mm	480	间距/mm	100
	转速/(r/min)	600	叶轮直径/mm	800	导叶数	9
	比转速	710	叶顶间隙/mm	0.4		
	功率/kW	340	轮毂比	0.6		
	效率	87.5%	叶片数	7		

7.5.4　汽轮机设计

汽轮机在结构设计上主要采取了以下措施：

1）采用整锻转子结构，转子系统为一个双列复数级+一个双列压力级，整个通流道喷嘴采用部分进气，隔板也采用部分进气结构模式。

2）为提高汽轮机效率，减少鼓风损失，将调节级在非进气范围内采用防护罩隔离结构。

3）为保证汽轮机能够在冷态快速安全起动，汽轮机中各个轴封和级间气封采用迷宫气封，适当增加气封间隙，满足起动要求。

4）为方便开缸维护，气缸采用中分面螺栓连接结构设计。

5）将速关组合阀门与排气缸放在一个方向，这样布置有利于侧面气缸拆卸。

6）为提高汽轮机的控制精度，选用电液执行器调速模块及速关模块，可实现汽轮机的转速远程控制。采用液压调节方案，可实现机组多工况运行调节平稳过渡，保障机组的安全稳定性。

7）为了完善汽轮机的安全保护模组，一般配套有电子三取二保护模块和机械飞锤保护模块，由于电子产品受系统干扰等因素，可能会存在一定的误动作因素。本次设计增加了此功能，并采用低压润滑油作为速关用油，配套有机械飞锤、速关控制装置、危机折断油门、速关液压缸及速关模块等。

根据以上信息及泵的主要参数，汽轮机设计正常运行工况为：要求额定转速为 600r/min，功率不小于 350kW。汽轮机主要参数指标见表 7-21。

表 7-21　汽轮机主要参数指标

条件及内容	范围	
速关阀前蒸气压力/MPa	2.7~3.0	
速关阀前蒸气温度/℃	281	
排气压力/MPa	0.21	
额定工况下蒸气流量/(t/h)	≤5.5	
各个工况下满足下列要求		
参数	额定工况	最大工况	备注
泵轴功率/kW	123	300	
蒸气耗量/(t/h)	≤5.5	≤9	

根据安装环境及安装高度限制，进行通流部分设计。采用专业汽轮机计算程序进行了通流部分总体参数计算，确定了功率、平均半径、各列叶栅的进出口等。图 7-119 所示为背压式汽轮机结构剖视图。图 7-120 所示为背压式汽轮机三维图。

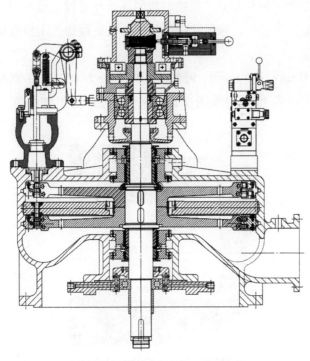

图 7-119　背压式汽轮机结构剖视图

图 7-120　背压式汽轮机三维图

7.5.5　计算与校核

1. 全流场数值计算分析

（1）三维模型及网格划分　根据熔盐循环泵计算段三维模型绘制其用于数值模拟的计算域。为提高计算的准确度，进口延长段约为 1 倍直径，出口延长段约为 2 倍直径。

泵组进口为 1m×1m 的方管，叶轮及导叶外径为 800mm 的圆管，故需要从方管至圆管变径，三维造型如图 7-121 所示，进口为下部方管，出口为上部方管。

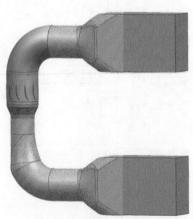

图 7-121　熔盐泵全流场三维造型

采用 TurboGRID 划分结构化网格。网格划分如图 7-122 和图 7-123 所示。网格节点数及网格数见表 7-22。

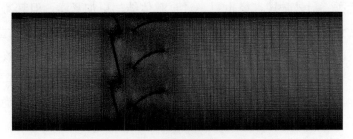

图 7-122   轴流式熔盐循环泵网格划分

图 7-123   斜流式熔盐循环泵网格划分

表 7-22   熔盐循环泵网格节点数及网格数

流道区域	轴流式熔盐循环泵		斜流式熔盐循环泵	
	网格节点数	网格数	网格节点数	网格数
叶轮（单流道）	39.5 万	36.9 万	46.4 万	43.3 万
导叶（单流道）	35.6 万	33.4 万	37.1 万	34.4 万
合计（单流道）	75.1 万	70.3 万	83.5 万	77.7 万
合计（全流道）	596.9 万	558.9 万	686.5 万	638.2 万

（2）内部流动分析　由于该熔盐循环泵仅有设计工况的性能要求，故其设计的关注点在于提高叶片对流体的控制能力，提升其设计效率。所以叶片的设计原则一般是多叶片数、大包角。

对于轴流转子，叶轮转速较低，且泵的设计扬程较高，叶轮从轮毂到轮缘扭曲程度较大，而且直径大的剖面做功能力强而直径小的较弱。一方面，轮毂处的损失较大，泵的性能较差；另一方面，不易于加工制造。所以，为减小轮毂处的损失，提高泵的性能，需要对叶轮各个剖面的环量分布进行优化，降低轮毂处的设计环量，并增加叶轮中部的平均环量。由于轮缘部分存在叶顶泄漏现象，所以叶顶处的环量也需要适当减小。最终优化后的轴流式熔盐循环泵在设计点工况下，扬程为 7.63m，效率为 87.5%（直管段纯水计算），满足设计要求。

对于斜流转子，由于利用了叶片的离心力和升力，故其做功能力要比轴流转子更为优秀，另外叶轮直径也更小，泵整体结构更加紧凑。但其难点在于叶片和导叶几何形状的设计。通过优化叶片和导叶的子午面，调整叶片型线形状，最终优化后的斜流式熔盐循环泵在设计点工况下，扬程为 7.72m，效率为 90%（直管段纯水计算），满足设计要求，并且效率要略大于轴流式熔盐循环泵。

在设计工况下，两种熔盐循环泵的中间展向切面的压力云图和绝对速度流线图如图 7-124 和图 7-125 所示。

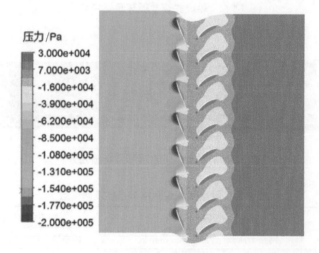

a) 轴流式熔盐循环泵

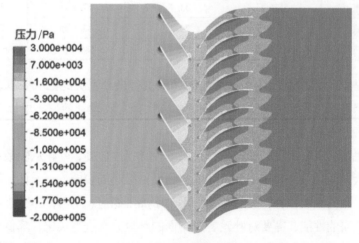

b) 斜流式熔盐循环泵

图 7-124　熔盐循环泵的中间展向切面的压力云图

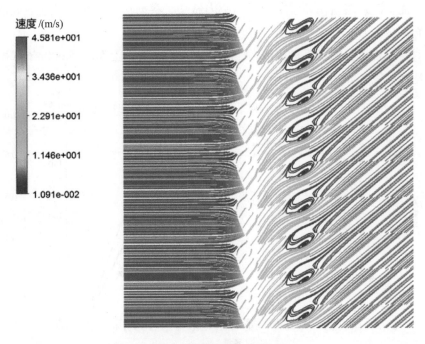

a) 轴流式熔盐循环泵速度流线图

b) 斜流式熔盐循环泵速度流线图

图 7-125　熔盐循环泵的中间展向切面的绝对速度流线图

由绝对速度流线图可知，轴流式熔盐循环泵在导叶处有较大旋涡，由于轴流叶片的扭速较大，在导叶处需要消除较大的圆周速度分量，故导叶优化较为

困难。而斜流式熔盐循环泵主要靠离心力做功，容易达到较优的性能。故建议
采用斜流水力方案。

对斜流式熔盐循环泵进行水力性能预测，绘制其在工作转速 600r/min 条件
下的性能曲线，如图 7-126 所示。

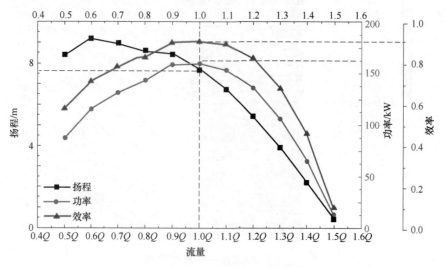

图 7-126　斜流式熔盐循环泵性能曲线

由水力性能曲线可知，斜流式熔盐循环泵可以达到设计要求，且在较大的
流量范围内（0.7Q ~ 1.2Q），泵的效率均高于 85%，即高效工作区范围较宽。
在设计流量附近（0.9Q ~ 1.1Q），泵的效率在 90% 左右。故采用斜流泵形式更
符合熔盐循环泵的使用要求。

为了进一步提高泵的性能，施工设计阶段将进一步对水力模型进行优化，
主要包括：首先，综合考虑水力性能和熵产，对叶型进行优化设计，保证其性
能最优；其次，分析该泵的低频激振和压力脉动，进一步通过叶型的优化，对
其低频流体激振进行抑制，减少振动激励，提高该泵的运行可靠性。

熔盐循环泵速度流线图和剖面压力分布云图如图 7-127 ~ 图 7-130 所示。变
径及弯管损失统计见表 7-23。

表 7-23　变径及弯管损失统计

项目	出口变径损失	出口弯管损失	进口弯管损失	进口变径损失
压降/Pa	1321.5	336.6	548.5	160
水头损失/m	0.12	0.03	0.05	0.014
效率损失（%）	1.6	0.4	0.67	0.19

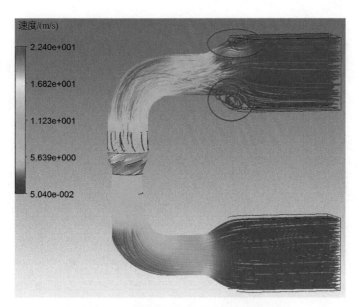

图 7-127　熔盐循环泵全流场速度流线图

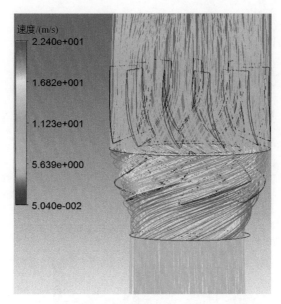

图 7-128　熔盐循环泵水力部件速度流线图

由表 7-23 可看出，外部损失主要集中于出口变径损失处，对比图 7-127 中红圈标注处，流动中存在较为明显的涡流，这是造成该处损失较大的主要因素，

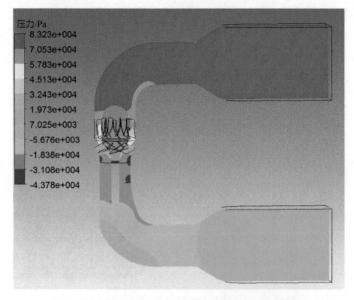

图 7-129　熔盐循环泵全流场中剖面压力分布云图

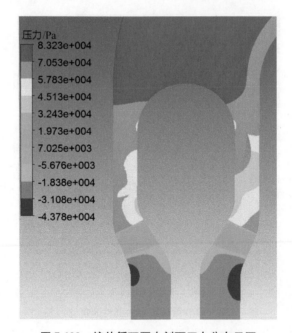

图 7-130　熔盐循环泵中剖面压力分布云图

　　该涡流产生的原因为：导叶虽已回收速度环量且优化了流动状态，但还无法实现均匀流动状态（次要原因）；由小至大变径时，面积变化率较大，流动扩散容易形成涡流（主要原因）。综上，优化出口变径管，控制其面积变化率，可以有效减小该处损失，以实现最佳效率。

（3）汽蚀特性分析　采用 CFX 进行分析，饱和蒸气压取 6000Pa（35℃介质），空化模型选取 Rayleigh-Plesset，计算得到其入口负压为 6000Pa 时（绝对压力）扬程并未下降超过 3%，此时应汽蚀余量约为 6m。叶轮入口压力分布如图 7-131 所示。发生空化的区域如图 7-132 所示。

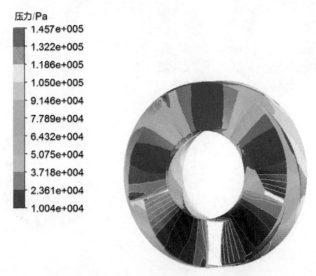

图 7-131　叶轮入口压力分布（绝对压力）

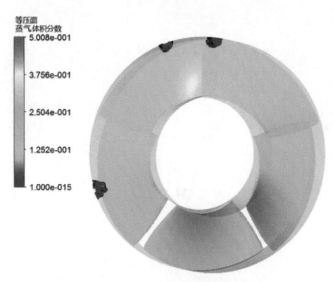

图 7-132　发生空化的区域

（4）压力脉动特性分析　仅分析额定工况时的压力脉动，测点布置如图 7-133 所示，分别为叶轮入口及叶轮与导叶之间，沿圆周方向各布置 4 个测点，叶轮入口测点为 P1~P4，叶轮与导叶之间的测点为 P5~P8。各测点时域图如图 7-134 所示。各测点频域图如图 7-135 所示。

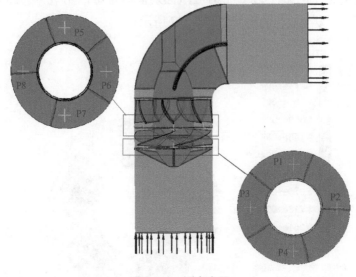

图 7-133　测点布置

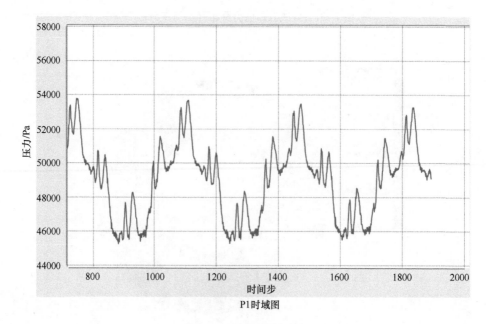

P1时域图

图 7-134　各测点时域图

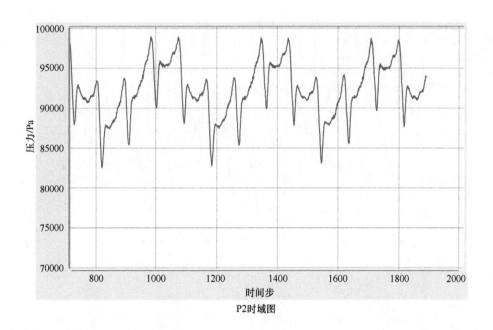

P2时域图

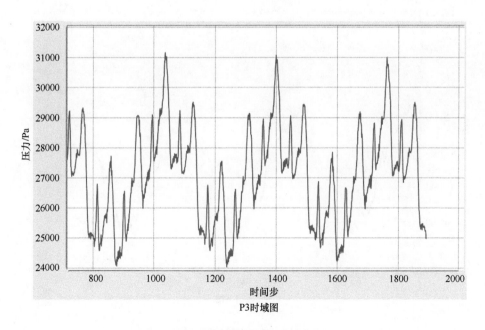

P3时域图

图 7-134　各测点时域图（续）

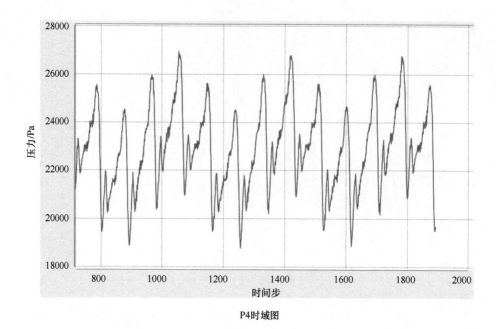

P4时域图

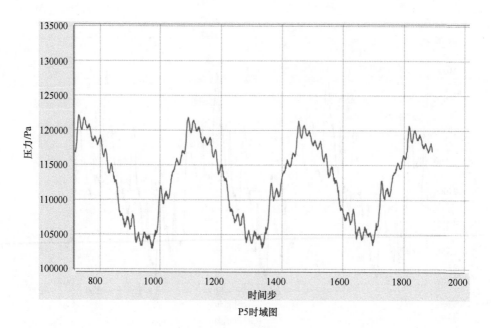

P5时域图

图 7-134　各测点时域图（续）

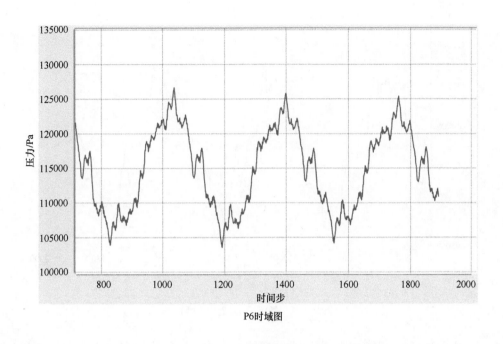

P6时域图

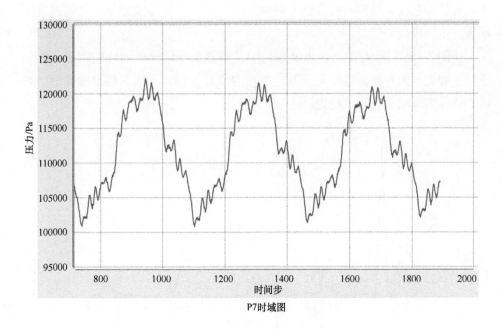

P7时域图

图 7-134　各测点时域图（续）

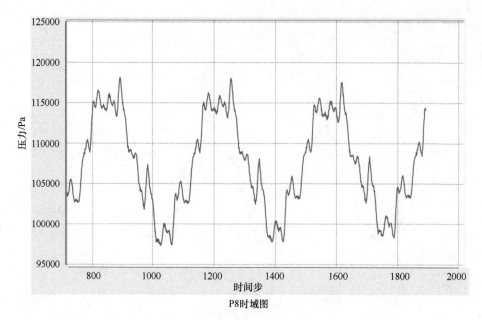

P8时域图

图 7-134　各测点时域图（续）

　　由图 7-134 可以看出，由于进口弯管的影响，叶轮进口各测点压力脉动及压力幅值存在较大差别，但经过叶轮做功后，其压力脉动波形及压力幅值基本接近，也比较均匀稳定。

　　由图 7-135 可以看出，各点处在轴频及倍频、叶频峰值处比较明显，叶轮进口主要表现为叶频，叶轮与导叶之间主要表现为轴频，表明经过叶轮后，各压力点压力波动较为均匀稳定。

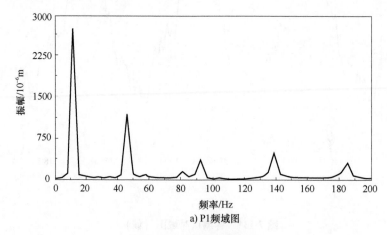

a) P1频域图

图 7-135　各测点频域图

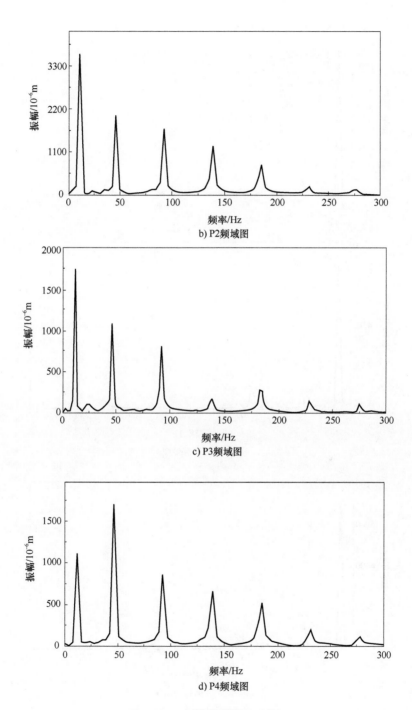

b) P2频域图

c) P3频域图

d) P4频域图

图 7-135　各测点频域图（续）

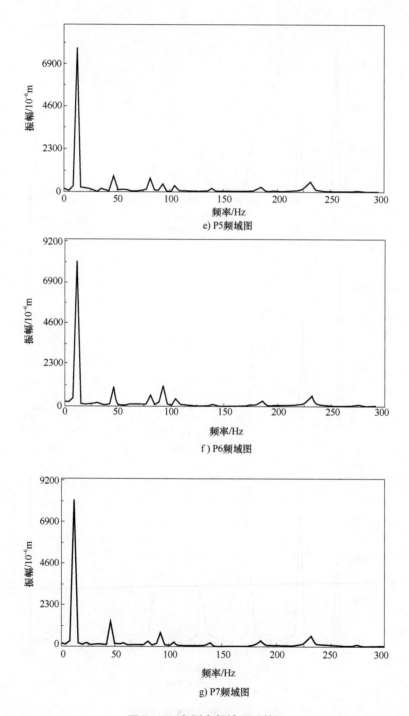

e) P5频域图

f) P6频域图

g) P7频域图

图 7-135　各测点频域图（续）

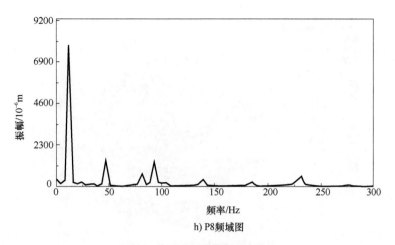

h) P8频域图

图 7-135　各测点频域图（续）

2. 泵强度计算分析

（1）叶轮强度分析　叶轮强度分析如图 7-136 所示。

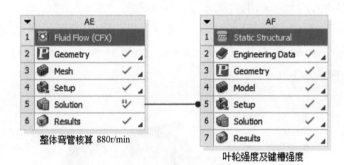

整体弯管核算 880r/min

叶轮强度及键槽强度

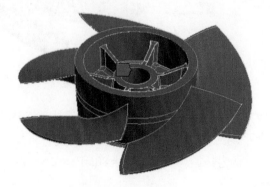

图 7-136　叶轮强度分析

图 7-136　叶轮强度分析（续）

采用单向流固耦合的方法对最大运行工况时的叶轮强度及疲劳进行校核，叶轮材料为钛合金，其温度按照技术要求上最高温度 50℃ 考虑，将最大运行工况时叶片表面压力通过流固耦合的方法加载到叶片上。

最大运行工况（7000m³/h，15m），叶轮应力与叶轮变形云图如图 7-137 和图 7-138 所示，叶轮最大应力为 80MPa，位于叶根处；叶轮最大变形为 1.24mm，位于叶尖处。

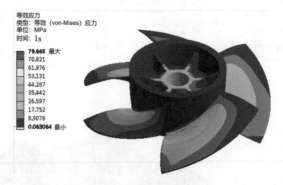

图 7-137　叶轮应力云图

根据应力分析的计算结果，叶轮最大应力为 80MPa，该应力可认为是叶轮受到的最大平均应力。按照该泵的波动幅度，可保守认为其应力波动幅度达 50%。因此可认为其循环应力幅 $S_a = 80MPa×0.5 = 40MPa$，同时其平均应力幅值 $S_m = 80MPa$。

利用基本 S-N 曲线估计疲劳寿命，将实际工作循环应力水平等寿命地转换

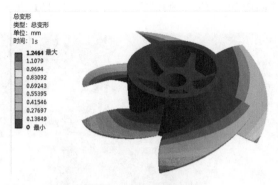

图 7-138 叶轮变形云图

为对称循环下的应力水平 $S_a(R=-1)$。转换公式为

$$S_a(R=-1)=S_a/[1-(S_m/S_u)]=46.3\text{MPa} \tag{7-24}$$

根据金属材料的试验结果,表明金属材料的旋转疲劳极限

$$S_f=0.3S_u=0.3\times590\text{MPa}=177\text{MPa} \tag{7-25}$$

式中 S_u——泵体材料 ZTI60 的屈服强度。

$S_a(R=-1)$ 远小于 S_f,即该叶轮的工作循环应力达不到 ZTI60 的疲劳强度水平。因此可认为该叶轮不存在强度疲劳问题,即可以按照无限疲劳寿命考虑。

(2)泵体强度分析 该泵扬程为 7.1m,按最大水压计算,承压为 7.2MPa。

整机及泵体模型示意图如图 7-139 所示。对泵体进行网格离散化处理,其网格划分示意图如图 7-140 所示,网格总数约为 173 万。

图 7-139 整机及泵体模型示意图　　　　图 7-140 泵体网格划分示意图

将泵体内过流面施加 7.2MPa 的过水压力，如图 7-141 所示。

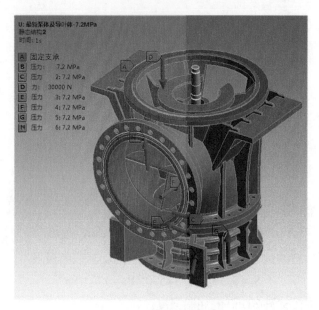

图 7-141　最高水压加载

由于泵进口法兰面都是挠性接管，故按照最极端情况考虑，即固定支承仅加载于水平机脚底部，同时考虑汽轮机重量，按 3t（约 3000N）加载，如图 7-142所示。

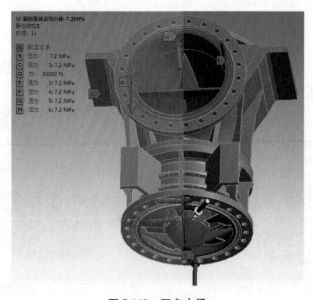

图 7-142　固定支承

1）7.2MPa 时刚强度分析结果。由泵体变形云图（图 7-143）和应力云图（图 7-144）可以看出，其最大径向膨胀量（圆柱坐标系，且不考虑法兰处约束）约 6mm，位于进口法兰附近，最大应力约 207.9MPa（忽略应力集中），位于泵体支承板附近，泵体（ZTI60）屈服强度≥590MPa，安全系数约 3，完全满足要求。

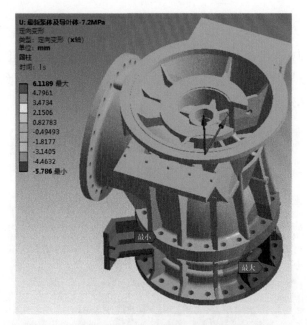

图 7-143 泵体变形云图（圆柱坐标系下径向变形）

图 7-144 泵体应力云图

由分析结果可以看出，该泵体厚度可以满足 7.2MPa 水压力的刚强度要求。

2）4.8MPa 水压时结构设计分析。由于该泵过流部件为钛合金，其弹性模量仅有双相钢的一半，在 4.8MPa 时泵体变形较大，导叶体受拉呈现出椭圆形的变形，旋转的叶轮可能会与摩擦环擦碰（单边间隙 0.3~0.45mm），需要对 4.8MPa 时的水润滑轴承处轴心与摩擦环处轴心的相对变化进行判断，其值应小于 0.3mm。

由图 7-145 和图 7-146 可知，水润滑轴承相对于原始坐标偏移 0.0025mm，摩擦环相对于原始坐标偏移 0.12635mm，其相对偏移量满足叶轮和导叶体的单边间隙，且由于导叶体布置有环形肋板，其受压后变形接近圆形，可以保证叶轮与摩擦环的单边间隙均匀。

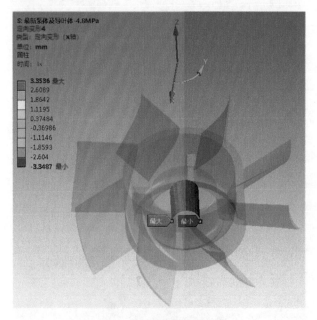

图 7-145　水润滑轴承处

3. 泵体疲劳分析

根据技术要求：考虑到介质压力的交变循环变化，设备应按照设计使用寿命期内从最小压力 0MPa 到最大压力 4.8MPa，再到最小压力 0MPa，500 次进行设计。因承受该交变循环应力的设备仅为泵体部分，故对泵体进行基于有限元的疲劳分析。整机三维模型如图 7-147 所示。泵体有限元模型如图 7-148 所示。对于钛合金，它 50℃时的材料物性如弹性模量、泊松比、线膨胀系数、热导率等与常温时几乎相同，故按照常温时的物性进行疲劳校核。

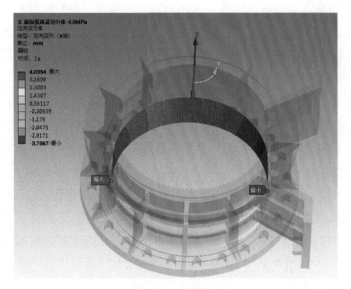

图 7-146　摩擦环处

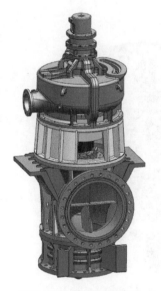

图 7-147　整机三维模型

图 7-148　泵体有限元模型

　　工件结构的疲劳损伤包含不同的阶段,缺陷可以在没有损伤的部位形成,然后以稳定的形式扩展,直到发生断裂。疲劳的不同设计原理之间的区别在于如何定量处理裂纹萌生阶段和裂纹扩展阶段。目前的方法为总寿命法和损伤容限法。

本书采用总寿命法进行校核：采用循环应力范围（S-N 曲线）或塑性总应变范围来描述疲劳破坏的总寿命。通过控制应力幅获得初始无裂纹的实验室样件产生疲劳破坏所需的应力循环数或应变循环数；而且在低应力高周疲劳条件下，材料主要发生弹性变形，采用应力范围描述疲劳破坏的循环数，而低周疲劳中应力很大，足以在破坏前产生塑性变形，可用应变范围描述疲劳寿命。

根据技术条件，对该泵体的总体设计采用低应力高周疲劳条件，但不排除局部区域由于应力集中导致的塑性变形的低周疲劳，但产生疲劳破坏的循环数应大于规定值。

（1）4.8MPa 时的泵体强度及交变循环变化时的泵体寿命

1）按照实际安装方法，对泵体的水平和背部机脚安装面施加位移耦合约束，对过流部件施加 4.8MPa 的过水压力（泵进出口法兰面密封圈内也施加该水压力），并将汽轮机重量（按 3t 加载，约 3000N）施加于法兰安装面上，边界条件如图 7-149 所示。

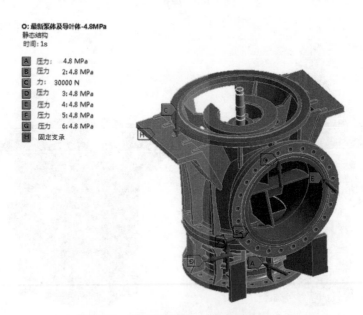

图 7-149　法兰安装面上的边界条件（一）

强度校核如图 7-150 所示，由图可知，除应力集中外，最大应力位于导叶体处，这与加压后泵体膨胀，导叶体起到拉筋作用有关，最大应力约 203MPa，导叶体和泵体上最大应力约 146.7MPa，位于水平机脚处；最大变形位于导叶体背部机脚 180°处，大约 0.95mm。

2）疲劳寿命。S-N 曲线中，由于实际产品与试验样件存在区别，故疲劳强度因子选取 0.9，负载循环类型选取脉动循环——Zero-Based（图 7-151），以等效应力计算其疲劳寿命，分析类型为应力-寿命法。

根据分析结果，泵组最小寿命为 21440 次，远大于技术要求的 500 次；且最小寿命位于导叶最大应力处，而该点应力为应力集中，故其实际寿命远大于预测寿命。

图 7-150　强度校核（一）

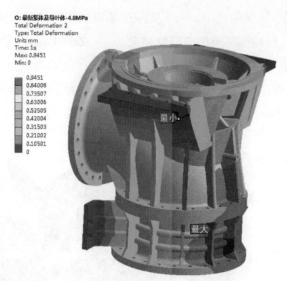

图 7-150　强度校核（一）（续）

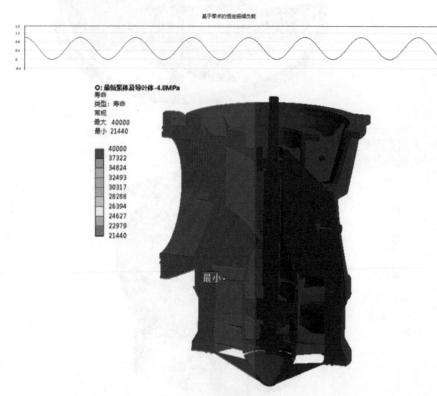

图 7-151　泵组疲劳寿命（一）

（2）4.1MPa 时的泵体强度及交变循环变化时的泵体寿命

1）按照实际安装方法，对泵体的水平和背部机脚安装面施加位移耦合约束，对过流部件施加 4.1MPa 的过水压力（泵进出口法兰面密封圈内也施加该水压力），并将汽轮机重量（按 3t 加载，约 3000N）施加于法兰安装面上，边界条件如图 7-152 所示。

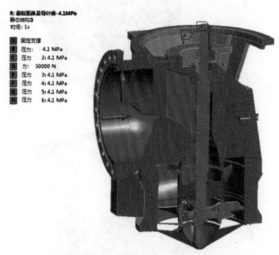

图 7-152 法兰安装面上的边界条件（二）

强度校核如图 7-153 所示，由图可知，除应力集中外，最大应力位于导叶

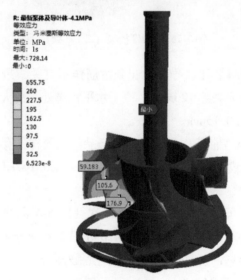

图 7-153 强度校核（二）

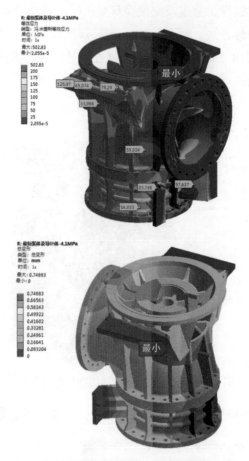

图 7-153　强度校核（二）（续）

体处，这与加压后泵体膨胀，导叶体起到拉筋作用有关，最大应力约 177MPa，导叶体和泵体上最大应力约 126MPa，位于水平机脚处；最大变形位于导叶体背部机脚 180°处，大约 0.75mm。

2）疲劳寿命。S-N 曲线中，由于实际产品与试验样件存在区别，故疲劳强度因子选取 0.9，负载循环类型选取脉动循环——Zero-Based（图 7-154），以等效应力计算其疲劳寿命，分析类型为应力-寿命法。

根据分析结果，泵组最小寿命为 40000 次（因 S-N 曲线中，预设最大寿命为 40000 次，该寿命对应的最大应力约 420MPa），远大于技术要求的 500 次；且忽略应力集中的影响，其实际寿命远大于预测寿命。

4. 轴系强度及疲劳校核

1）最大运行工况时的轴功率 P：按照叶轮效率 70%考虑，其轴功率约

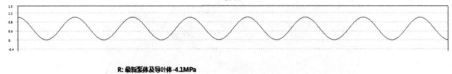

图 7-154　泵组疲劳寿命（二）

为 300kW。

2）扭矩 M_n：此时转速按照 880r/min 考虑，其扭矩按照式（7-26）校核，扭矩约为 3300N·m。

$$M_n = 9550 \frac{P}{n} \qquad (7\text{-}26)$$

3）泵轴最小直径 d：

$$d = \sqrt[3]{\frac{M_n}{0.2[\tau]}} \qquad (7\text{-}27)$$

泵轴采用钛合金（TC4）材料，取 $[\tau] = 550 \times 10^5 \text{Pa}$。

最小轴径约 66mm，该泵泵轴最小直径约 78mm，大于泵轴理论最小直径。

（1）汽轮机侧轴径校核　泵轴三维模型如图 7-155 所示。

根据扭矩 3300N·m 进行加载，选取泵轴材料为 TC4，其结果如图 7-156 所示。

按第四强度理论计算，在轴肩处产生较大的应力集中，除该点外，最大应

图 7-155　泵轴三维模型

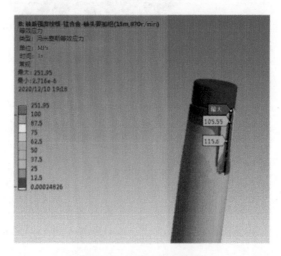

图 7-156　泵轴应力分布

力约 115.6MPa。该泵轴采用 TI80 锻钛合金材料，其屈服极限 $S_u \geqslant 740$MPa，则安全系数达 6.4，在强度上完全能够满足要求。

轴最大应力约 115.6MPa，该应力可认为是泵轴受到的最大平均应力。按照该泵的波动幅度，可保守地认为其应力波动幅度达 50%。因此可认为其循环应力幅 $S_a = 115.6$MPa×0.5 = 57.8MPa，同时其平均应力幅值 $S_m = 115.6$MPa。

利用基本 S-N 曲线估计疲劳寿命，将实际工作循环应力水平等寿命地转换为对称循环下的应力水平 $S_a(R=-1)$，转换公式为

$$S_a(R=-1) = S_a / [1-(S_m/S_u)] = 68.5\text{MPa} \qquad (7\text{-}28)$$

根据金属材料的试验结果，表明金属材料的旋转疲劳极限

$$S_f = 0.3S_u = 0.3 \times 740\text{MPa} = 222\text{MPa} \qquad (7\text{-}29)$$

$S_a(R=-1)$ 远小于 S_f，即该轴的工作循环应力达不到 TI80 锻件的疲劳强度水平。因此可认为该轴不存在强度疲劳问题，即可以按照无限疲劳寿命考虑。

（2）泵侧轴径校核　对泵侧轴径进行校核，其应力分布如图 7-157 所示。

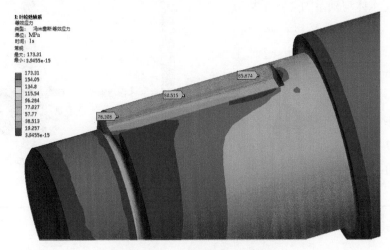

图 7-157　泵侧轴径应力分布

按第四强度理论计算，除应力集中外，最大应力约 86MPa。该泵轴采用 TI80 锻钛合金材料，其屈服极限 $S_u \geqslant 740MPa$，则安全系数达 8.6，在强度上完全能够满足要求。

根据上述计算，轴最大应力约 86MPa，该应力可认为是泵轴受到的最大平均应力。按照该泵的波动幅度，可保守地认为其应力波动幅度达 50%。因此可认为其循环应力幅 $S_a = 86MPa \times 0.5 = 43MPa$，同时其平均应力幅值 $S_m = 86MPa$。

利用基本 S-N 曲线估计疲劳寿命，将实际工作循环应力水平等寿命地转换为对称循环下的应力水平 $S_a(R=-1)$，转换公式为

$$S_a(R=-1) = S_a / [1 - (S_m/S_u)] = 49MPa \tag{7-30}$$

根据金属材料的试验结果，表明金属材料的旋转疲劳极限

$$S_f = 0.3 S_u = 0.3 \times 740MPa = 222MPa \tag{7-31}$$

$S_a(R=-1)$ 远小于 S_f，即该轴的工作循环应力达不到 TI80 锻件的疲劳强度水平。因此可认为该轴不存在强度疲劳问题，即可以按照无限疲劳寿命考虑。

5. 循环泵转子"干态"和"湿态"临界转速分析

对转子部件进行"干态"和"湿态"下的临界转速分析，转子部件支承位于上部滚动轴承及下部水润滑轴承处，设计模型及有限元模型如图 7-158 所示。

其中滚动轴承与水润滑轴承的刚度分别按照 $5×10^8N \cdot m$ 及 $10^7N \cdot m$ 考虑，"湿态"下需要将水体建模，且将水体与轴系的交界面共节点处理。由于泵最高运行转速为 880r/min（14.67Hz，最大短时工作工况），故可以避开临界转速 ±15%。表 7-24 为循环泵转子前 5 阶 "干态"和"湿态"临界转速。图 7-159 所示为循环泵转子前 3 阶 "湿态"模态振型。

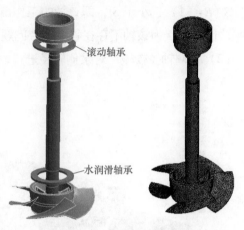

图 7-158　设计模型及有限元模型

表 7-24　循环泵转子前 5 阶 "干态"和"湿态"临界转速

阶次	"干态"临界转速/（r/min）	"湿态"临界转速/（r/min）
1	26.232	22.6
2	90.976	78.964
3	91.018	79.018
4	122.45	149.85
5	122.45	149.88

6. 汽轮机气缸强度及胀差分析

（1）气缸强度分析计算　气缸部件在机组中属高温承压部件，因此对该部件中的气缸和转子需要进行强度与热膨胀而引起的胀差计算，提高汽轮机运行的安全可靠性。气缸材料基本参数见表 7-25。

表 7-25　气缸材料基本参数

温度/℃	20~300
线性膨胀系数/$10^{-6}K^{-1}$	9.6
弹性模量/Pa	$1.93×10^{11}$
密度/（kg/m³）	$7.9×10^3$
泊松比	0.3
热导率/[W/（m·K）]	18.8
许用应力强度极限 S_m/MPa	≥660

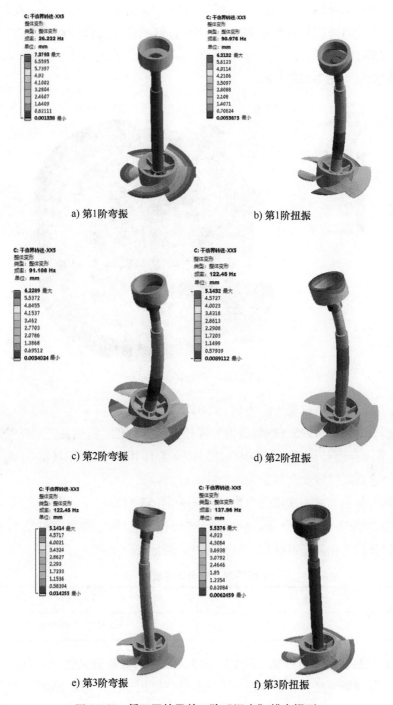

a) 第1阶弯振　　　　　　　　b) 第1阶扭振

c) 第2阶弯振　　　　　　　　d) 第2阶扭振

e) 第3阶弯振　　　　　　　　f) 第3阶扭振

图 7-159　循环泵转子前 3 阶"湿态"模态振型

气缸内部实际压力分布应该从进气口到排气口逐渐递减，以隔板为分界，最大运行工况时前气缸内部压力为 2.6MPa，缸内部压力保守取为 1.3MPa，气缸温度取 280℃。

计算结果如图 7-160 所示。

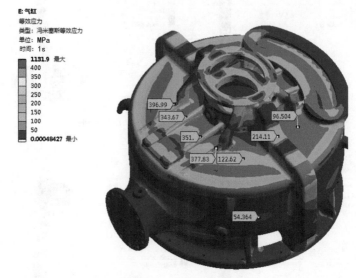

图 7-160　气缸压力分布

除应力集中，气缸最大应力约 397MPa。

依据 JB 4732—1995《钢制压力容器分析设计标准》的相关规定对气缸应力进行评定，若设计温度下 ZG04Cr13Ni4Mo 的许用应力强度极限为 S_m（S_m = 520MPa），则其强度安全判据为：

一次薄膜应力加一次弯曲应力强度　$\sigma \leqslant 1.5 S_m$

表 7-26 为安全评定结果。经以上分析表明，按保守考虑气缸压力的情况下，气缸体没有出现塑性区域，气缸强度已满足安全要求。

表 7-26　安全评定结果

实际值	许用值
$\sigma = 397\text{MPa}$	$\leqslant 1.5 S_m$（780MPa）

（2）气缸胀差分析计算　气缸内部实际压力分布应该从进气口到排气口逐渐递减，以隔板为分界，最大运行工况时前气缸内部压力为 2.6MPa，缸内部压力保守取为 1.3MPa，气缸温度取 280℃。气缸变形云图如图 7-161 和图 7-162 所示。

图 7-161　气缸轴向变形云图

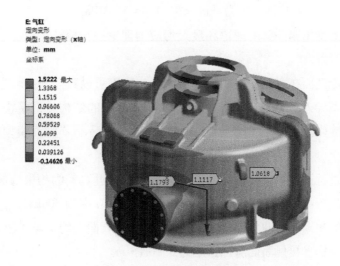

图 7-162　气缸径向变形云图

由模拟分析结果表明，气缸表面沿轴向最大位移量为 0.0023m，可以满足气缸的热应力强度及胀差要求。

7. 汽轮机轴危险截面强度校核

按扭矩计算直径公式计算得到轴的最小直径为

$$d = \sqrt[3]{\frac{M_n}{0.2[\tau]}} \qquad (7\text{-}32)$$

$$M_n = 9550 \frac{P_c}{n} \qquad\qquad (7\text{-}33)$$

式中　M_n——扭矩（N·m）；

　　　P_c——计算功率（kW），取 $P_c = 300$kW；

　　　n——转速（r/min），取 $n = 870$r/min；

　　　$[\tau]$——材料的许用切应力（Pa），轴的材料为 34CrMo1A，取 $[\tau] = 117$MPa。

按以上条件计算直径 $d = 52$mm，而汽轮机传递扭矩的最小轴径为 $d = 85$mm，因此，强度已满足。

随着新型循环水泵轴功率的提升，也相应增大了汽轮机的轴端输出功率，为了保证汽轮机的安全可靠性，有必要对变化后的汽轮机主轴输出端最小截面强度进行校核。其中：主轴材料为 34CrMo1A，其切向抗拉强度 $R_m = 720$MPa，安全系数选 1.4，则其许用应力 $[\sigma] < R_m/1.4 = 514$MPa。

本次分析均用第四强度理论和最大切应力理论进行校核，均在最大工况下（300kW）进行校核。

由于危险截面在主轴输出端最小截面上，所以可以建立部分转子模型进行分析，将模型导入 workbench 中，利用 workbench 中的结构分析模块 mesh 对其进行网格离散化。主轴输出端三维模型如图 7-163 所示。有限元模型如图 7-164 所示。

对转子进行边界条件设定时，应最大可能地接近真实的约束情况，转子右端连接超越离合器，当驱动循环水泵运行时，最大功率为 300kW，由此可知工作时所承受的扭矩为 3300N·m，于是固定转子下表面，约束类型为 remote displacement，与轮盘接触表面施加扭矩为 3300N·m。

同时设置主轴材料在 300℃时的弹性模量和泊松比、线性膨胀系数与热导率，并按照主轴温度 280℃进行加载。主轴加载力矩如图 7-165 所示。

由图 7-166 和图 7-167 可知，转子在最大运行工况下（300kW），所承受的最大等效应力为 49.67MPa，总热胀位移最大为 2.2mm，满足设计要求。

故根据第四强度理论和等效应力云图所得到的最大等效应力为 49.67MPa，远小于材料的屈服强度，因此材料 34CrMo1A 满足强度要求。

8. 转子热胀分析

转子叶轮的材料参数见表 7-27。转子叶轮简化模型如图 7-168 所示。

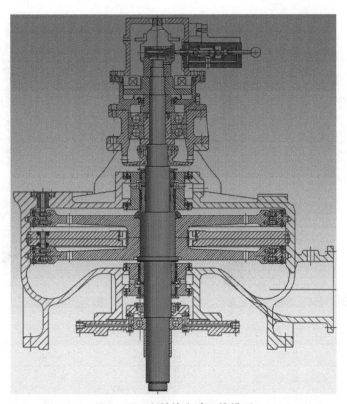

图 7-163　主轴输出端三维模型

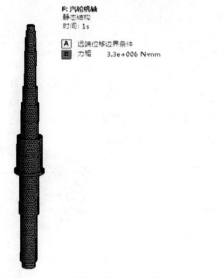

图 7-164　主轴输出端有限元模型　　　图 7-165　主轴加载力矩

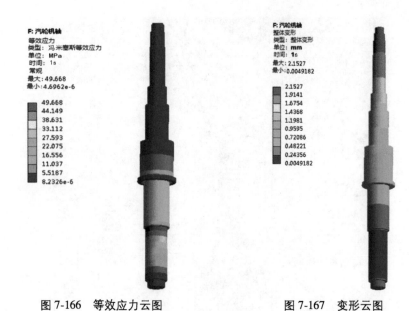

图 7-166　等效应力云图　　　　　　图 7-167　变形云图

表 7-27　转子叶轮材料 34CrMo1A 的参数

温度/℃	20~300
线性膨胀系数/($10^{-6}K^{-1}$)	8.8
弹性模量/Pa	$2.12×10^{11}$
密度/(kg/m³)	$7.75×10^3$
泊松比	0.3
热导率/[W/(m·K)]	16.6
许用应力强度极限 S_m/MPa	544

　　转子上压力载荷是第一级叶轮上表面为 2.6MPa，第二级叶轮上表面为 1.3MPa，第二级叶轮下表面为 0.65MPa。保守分析，温度分布均定义为 280℃。加载后效果如图 7-169 ~ 图 7-174 所示。

　　根据分析结果，转子上从绝对死点到第一叶轮沿轴向最大位移量为 1.01mm，径向最大膨胀量为 1.056mm，气缸上从绝对死点到第一叶轮沿轴向最大位移量为 1mm，径向对应转子最大膨胀处的最小膨胀量为 1.06mm。

图 7-168　转子叶轮简化模型

图 7-169　加载温度和压力后的转子模型

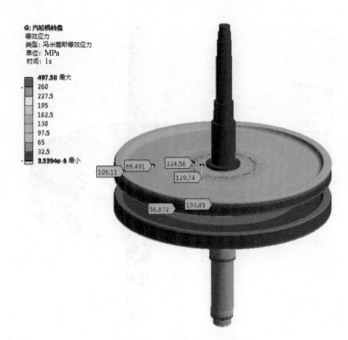

图 7-170　应力分布云图

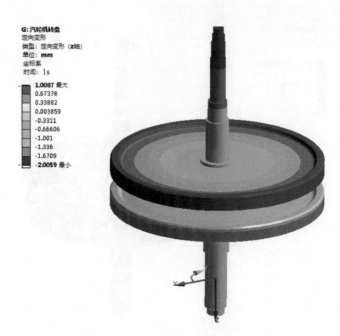

图 7-171 沿轴向变形云图

图 7-172 沿径向变形云图

图 7-173　气缸沿轴向变形云图

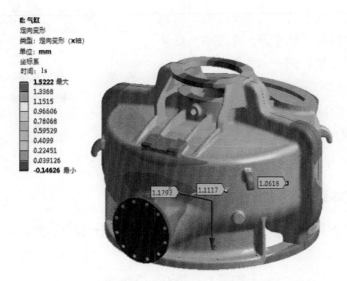

图 7-174　气缸沿径向变形云图

分析结论：经上述对气缸、转子热胀差分析计算，气缸径向热胀差量为
1.06mm，转子径向热胀差量为 1.056mm，气缸实际热胀差量要比转子热胀差量
大 0.004mm（气缸内壁面与叶轮之间冷态间隙为 1.05mm）；气缸与汽轮机的轴
向热膨胀量约 1mm，几乎相同，故由于转子热膨胀量不大于气缸热胀差量，因
此汽轮机的热胀差满足安全性要求。

7.6 超低汽蚀余量泵机组设计

7.6.1 应用背景

汽轮机驱动冷凝水泵机组通过汽轮机驱动冷凝水泵将凝汽器中凝结的冷凝水输送出去，它输送的凝结水在凝汽器中产生，处于高度真空的凝汽器热井中，凝结水纯净，但可能含有少量未凝结的蒸汽；同时，由于受船舶、舰艇等特殊安装环境、空间尺寸等的制约，不能采用增加自然落差的办法来改善冷凝水泵的吸入条件，因此，船用冷凝水泵必须具有非常好的吸入性能，其抗汽蚀性能是设计的关键和难点。本书设计的某型号汽轮机驱动冷凝水泵机组主要由汽轮机、减速器、冷凝水泵以及前置泵（增压泵）四个基本部分组成，其布置如图 7-175 所示。汽轮机采用高速设计，通过一级减速传递到冷凝水泵，二级减速传递到前置泵，前置泵与冷凝水泵串联。

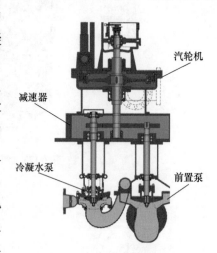

图 7-175　汽轮机驱动冷凝
水泵机组的布置

7.6.2 整体结构设计

前置泵设计以满足汽蚀余量为主，最佳效率工况点设计参数如下：

流量 Q：4＊＊m^3/h⊖　　扬程 H：＊＊m　　　　　转速 n：＊50r/min

泵进口直径 D_s：200mm　泵出口直径 D_d：200mm

冷凝水泵通过调节转速实现微调，最佳效率工况点设计参数如下：

流量 Q：4＊＊m^3/h　　扬程 H：＊＊＊m　　　　转速 n：2950r/min

轴功率 P：＊＊5kW　　泵进口直径 D_s：200mm　泵出口直径 D_d：150mm

⊖　为涉密数据，未给出。本书余同。

汽轮机作为冷凝水泵的驱动机，其转速为 4200r/min，节圆直径为 720mm，机型为单级双列形式。

1. 前置泵水力结构设计及性能预测

由于冷凝水泵输送的凝结水含有少量未凝结的蒸汽，同时受到安装环境条件的制约，不能采用增加自然落差的办法来改善冷凝水泵的吸入条件，所以冷凝水泵机组必须有非常好的吸入性能。在该冷凝水泵机组中，前置泵的主要作用是给冷凝水泵入口增压，以保证冷凝水泵的抗汽蚀性能，因此前置泵的抗汽蚀性能则尤为重要，也是冷凝水泵机组水力设计的关键。

前置泵用来给主泵增压，采用低速、高抗汽蚀性能设计，前置泵的扬程只要满足冷凝水泵的吸入压力即可。由于本工况装置汽蚀余量很低、负压很低的双特点，采用带前伸螺旋叶片的复合式叶轮。该叶轮为闭式叶轮，叶片为长短叶片，其中长叶片头部类似诱导轮，前伸至泵入口，结构如图 7-176 所示。其作用原理：长叶片型线设计实际为双曲率叶片，前伸头部为螺旋形设计，基本原理与诱导轮设计相同，但通过一体化设计后，前伸部分与后面主送部分对接配合更好，流动顺畅，可以最大程度地降低流动损失，提高抗汽蚀性能。

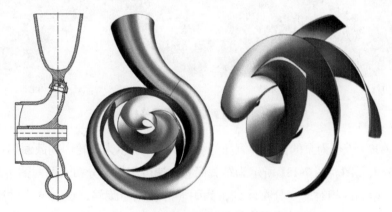

图 7-176　带前伸螺旋叶片的复合式叶轮的结构

前置泵水力设计参数如下：

设计点扬程 $H = **$ mm　设计点流量 $Q = 4**$ m³/h　额定转速 $n = 750$ r/min

叶轮外径 $D_2 = 461$ mm　叶轮入口直径 $D_1 = 310$ mm　比转速 $n_s = 123.4$

叶轮出口宽度 $b_2 = 59$ mm　叶轮出口倾斜度 $\theta = 15°$　叶轮轮毂直径 $D_h = 75$ mm

长叶片包角 400°　短叶片包角 110°　蜗壳基圆直径 $D_j = 485$ mm

蜗壳进口宽度 $D_{in} = 78$ mm　蜗壳出口直径 $D_c = 250$ mm　叶片数 $z = 4$

图 7-177 所示为前置泵全流场三维模型。图 7-178 所示为前置泵全流场网格模型。针对前置泵低汽蚀性能的特殊性，需要着重分析前置泵内部流动及汽蚀特性，本书首先采用 2.2.3 节中的基于螺旋度修正的大涡模拟（LES）方法对前置泵在全流量工况下进行内部流动数值计算和性能预测。

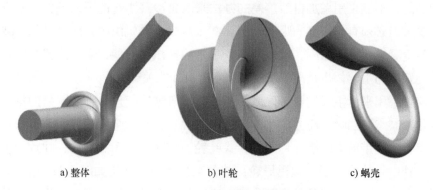

a) 整体   b) 叶轮   c) 蜗壳

图 7-177　前置泵全流场三维模型

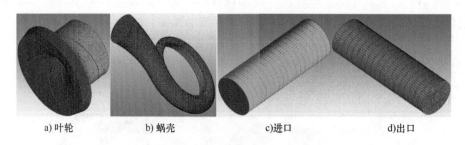

a) 叶轮   b) 蜗壳   c) 进口   d) 出口

图 7-178　前置泵全流场网格模型

图 7-179 所示为泵的性能预测曲线。图 7-180 所示为叶轮中间截面相对速度和静压分布云图。图 7-181 所示为轴截面相对速度和静压分布云图。图 7-180 中叶轮流道中面内相对速度分布均匀，为明显的脱流与漩涡，说明叶片对流动的约束充分，叶型符合流动规律。静压云图中压力由中心向轮缘增长趋势且均匀对称，叶轮总体性能较好。

图 7-182 所示为叶片表面静压分布云图，从单相计算结果中提取叶片表面静压分布，在叶片吸力面轮缘处出现最低压力，由于采用了诱导轮设计方法，叶轮子午面中吸力面轮缘后掠，同时叶片前缘流向包角采用 290°，滞后于轮毂与中间流道，加载滞后有利于降低低压区，降低空化区面积。

在上述前置泵内部流动分析和性能预测基础上，本书结合采用 2.2.3 节中基于螺旋度修正的 LES 湍流模型以及考虑输送含气介质的 LES 修正模式对前置

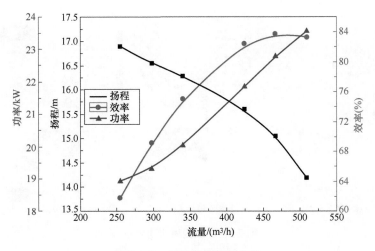

图 7-179　泵的性能预测曲线

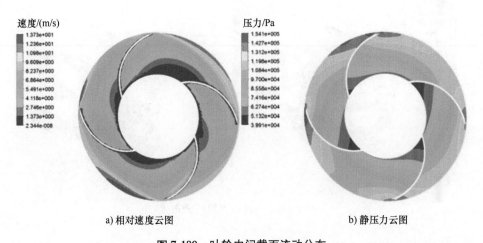

a) 相对速度云图　　　　　　　　　　b) 静压力云图

图 7-180　叶轮中间截面流动分布

泵内部汽蚀状态下进行两相流流场数值模拟。计算的固壁上使用无滑移条件，在近壁区，由于雷诺数较小，在计算时采用壁面函数法。离心泵三维实体计算模型的进口采用绝对速度进口，出口边界条件采用压力出口，为了获得叶轮的 H-NPSH 3% 曲线，改变出口压力进行不同工况的叶轮空化的定常模拟，介质汽化压力取 3540Pa。

　　获得不同出口压力下叶片压力分布状况，如图 7-183 所示，并得到叶轮流道内气液分布状况，如图 7-184 所示，其中淡色部分表示气体含量大于 50% 的区域。

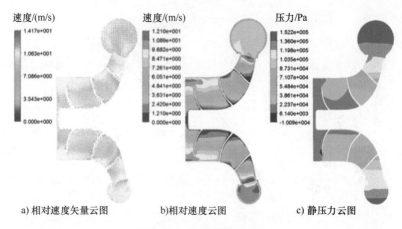

a) 相对速度矢量云图   b) 相对速度云图   c) 静压力云图

图 7-181　轴截面流动分布

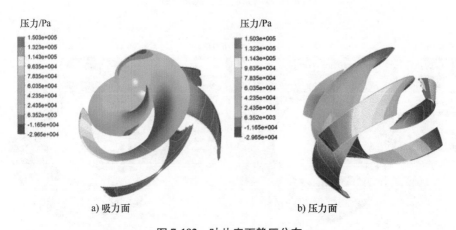

a) 吸力面   b) 压力面

图 7-182　叶片表面静压分布

　　绘制叶轮的 H-NPSH 曲线如图 7-185 所示，依据多相流计算的叶轮扬程，计算其下降 3% 时的 NPSH 值，此时 NPSH 值即为叶轮的必需汽蚀余量（NPSHr），由该曲线可估算出所设计叶轮的 NPSHr 约为 0.38m，满足设计要求。

2. 冷凝水泵水力结构设计及性能预测

冷凝水泵水力设计参数如下：

设计点扬程 $H = ***$ mm　　设计点流量 $Q = ***$ m^3/h　　额定转速 $n = 2950r/min$

叶轮外径 $D_o = 300mm$　　入口直径 $D_i = 310mm$　　叶片数 $z = 5$

叶轮出口宽度 $b_2 = 20mm$　　叶轮出口倾斜度 $\theta = 15°$　　叶轮轮毂直径 $D_h = 80mm$

叶片包角 170°　　蜗壳基圆直径 $D_j = 485mm$　　蜗壳进口宽度 $D_{in} = 36mm$

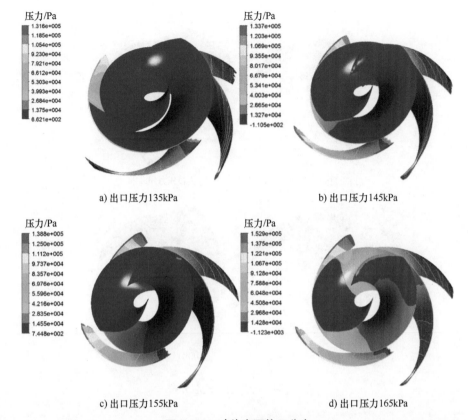

a) 出口压力135kPa

b) 出口压力145kPa

c) 出口压力155kPa

d) 出口压力165kPa

图 7-183　叶片表面静压分布

图 7-186 所示为冷凝水泵全流场三维模型。图 7-187 所示为冷凝水泵全流场网格划分,采用六面体结构网格划分,总网格数为 890 万,其中叶轮网格数为 260 万,蜗壳网格数为 230 万,前后口环间隙层网格层数为 10 层。图 7-188 所示为通过非定常数值模拟得出的离心泵模型扬程、效率和轴功率的外特性曲线,并与水力试验结果进行对照。从图 7-188 中可以看出,设计点试验值扬程是 ***m,计算扬程是 ***m,试验效率是 **%,计算效率为 **%。泵的计算扬程与试验值在设计流量工况附近误差在 4.3%左右,计算效率与试验值的误差为 6.6%左右。由于小流量工况下流动不稳定等原因,计算值和试验值误差稍大。总体的变化趋势是,模拟结果与试验结果相似。离心泵计算的效率比试验的效率略高。这主要是因为在数值计算时泵机组的机械损耗、电动机损耗等未计算在内,仅以经验公式进行换算,因此,计算得到的效率会高于试验值。计算得到的轴功率与试验轴功率在小流量状态下存在的误差较大,其中 $0.2Q_d$ 流量时,误差为 9.2%,而随着流量的增加,轴功率的误差逐渐减小,在 $1.2Q_d$ 流量时,轴功率误差为 2.8%左右。

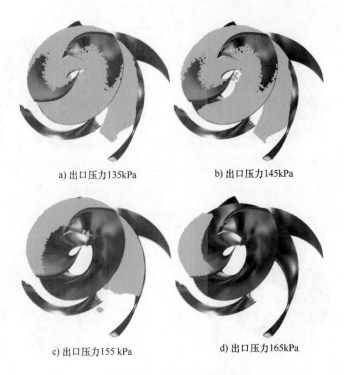

a) 出口压力135kPa   b) 出口压力145kPa

c) 出口压力155 kPa   d) 出口压力165kPa

图 7-184   叶片表面气泡分布

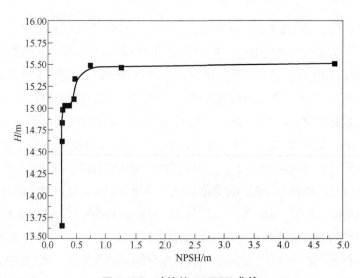

图 7-185   叶轮的 H-NPSH 曲线

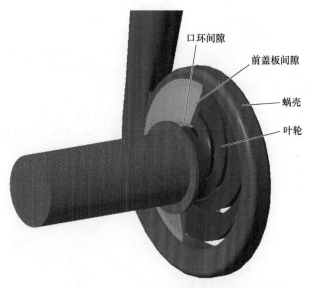

口环间隙

前盖板间隙

蜗壳

叶轮

图 7-186　冷凝水泵全流场三维模型

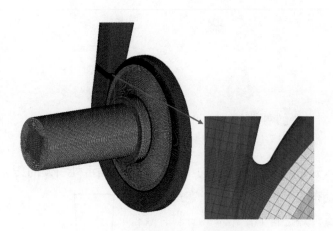

图 7-187　冷凝水泵全流场网格划分

　　图 7-189 所示为额定工况相对速度流线图。从图 7-189a 中可以看出，流体流出叶轮进入蜗壳，从中间向两边回流进入前后盖板间隙，前盖板间隙的一部分流体通过口环间隙流向入口段。叶轮中的流体通过平衡孔流向平衡腔，在平衡腔中形成回流。从图 7-189b 中可以看出，流体在叶轮流道流向蜗壳的过程中速度逐渐增加，沿着叶片工作面的液体速度在叶片中间位置速度降低，然后又重新增大。相反叶片吸力面在中间位置流动速度很快。图中还可以看出没有出现轴向涡流及分离流。

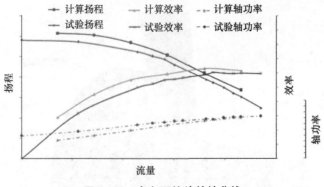

图 7-188 离心泵的外特性曲线

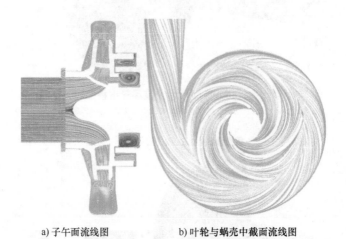

a) 子午面流线图   b) 叶轮与蜗壳中截面流线图

图 7-189 设计流量工况下泵内相对速度流线图

为了深入分析模型泵蜗壳内的不稳定流动在隔舌处引发的压力脉动特性，在蜗壳隔舌处布置了 1 个监测点，在远离隔舌处设置 1 个点，并进行非定常流场计算，获得监测点压力值的瞬时变化情况。图 7-190 所示为非定常流场计算压力脉动监测点的位置，截面为蜗壳中截面。P_1 点位于旋转轴心与隔舌连线的交点处，P_2 点位于旋转轴心的正下方。

图 7-191 与图 7-192 所示为三种工况下通过非定常计算得到的压力脉动。从图中可以看出 P_1 点压力脉动变化规律基本相同，均呈现出周期性的脉动，但不同工况下压力脉动幅值

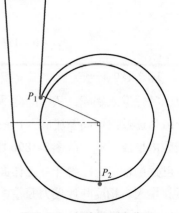

图 7-190 蜗壳监测点位置

各不相同。额定工况下 P_1 点压力最小，偏离额定工况压力变大。P_2 点在不同工况下，压力呈周期性变化，不同工况下的压力脉动相重合，压力并没有发生很大的变化。由于在隔舌处存在动静干涉作用，隔舌处 P_1 点的压力脉动在不同工况下各不相同。

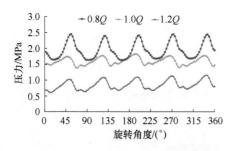

图 7-191　P_1 点压力脉动时域图

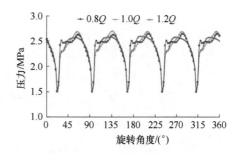

图 7-192　P_2 点压力脉动时域图

通过快速傅里叶变换得到对应的压力脉动频域图，如图 7-193 和图 7-194 所示，为点 P_1 和 P_2 处不同工况下的压力脉动频率特性。叶轮的旋转速度 n 为 2950r/min，则计算模型泵的轴频为 49.1Hz，叶轮叶片数 z 为 5，则叶片通过频率即叶频为 245.8Hz。从图 7-193 与图 7-194 中可以看出脉动主要集中在低频区，压力脉动的主峰值即基频对应的是叶片通过频率 245.8Hz 处，叶频的 1 倍频率处幅值明显高于其他谐波处，即压力脉动频域图中叶频占主导作用，同时可以在叶频整数倍处发现叶频高次谐波处均对应着一定峰值。偏离额定工况时，叶频处对应的压力脉动幅值基本大于额定工况。

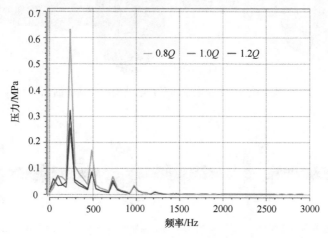

图 7-193　P_1 点压力脉动频域图

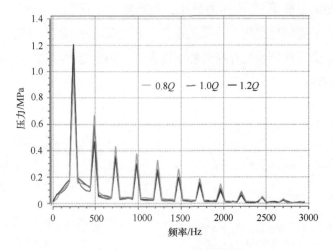

图 7-194　P_2 点压力脉动频域图

图 7-195 所示为冷凝水泵转子系统结构图和网格图，计算得到的叶轮转子前 3 阶固有频率分别为 121Hz、205Hz、266Hz，对应的前 3 阶临界转速分别为7260r/min、12300r/min、15960r/min，前 3 阶模态振型如图 7-196 所示。根据模型离心泵额定转速计算得到的轴频为 49.1Hz、叶频通过频率为 245.5Hz，与前 3 阶固有频率不会存在共振的现象。从模态振型中可以看出第 1 阶和第 2 阶振型相似，一个是沿着 X 方向摆动，一个是沿着 Y 方向摆动。第 3 阶是沿着转轴扭动。

图 7-195　冷凝水泵转子系统结构图和网格图

a) 第1阶模态振型　　　　　b) 第2阶模态振型　　　　　c) 第3阶模态振型

图 7-196　离心泵转子前 3 阶模态振型

7.6.3 汽轮机设计

在汽轮机通流部件气动设计上，本书拟建立的多目标工况下汽轮机通流部件气动设计方法，如图 7-197 所示。首先根据汽轮机通流部件设计要求，以三维流动分析和已有研究工作积累提出初步设计作为初步设计基础，以优化设计方法为计算求解手段，基于建立的汽轮机通流部件内部气动计算方法，计算分析不同进气参数、转速、功率等目标工况下汽轮机内焓降、级效率、内功率、流动损失等气动特性，预测出多目标工况下汽轮机气动特性作为判断和校对初步设计是否满足要求，并根据汽轮机内三维全流场的流动计算结果分析设计是否合理，再对设计和过流部件几何参数进行修正，直到满意为止。

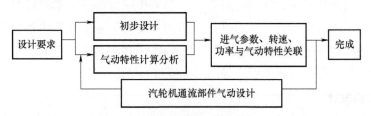

图 7-197　汽轮机通流部件气动设计方法

1. 通流部件初步设计

汽轮机喷嘴、叶轮叶片、气缸、汽轮机隔板等是汽轮机的关键通流部件。高压蒸汽通过喷嘴将热能转换为速度能，并作用在汽轮机叶片上进行做功，驱动汽轮机转子转动；导叶的主要作用是将蒸汽进行流道疏导，以使其出口处的蒸汽流动状态始终保持最佳的喷射位置。因此有效控制汽轮机叶片、喷嘴叶片和导叶持环隔板叶片的制造、加工精度是保证蒸汽做功和最佳流动状态的关键因素，将直接影响汽轮机机组的振动指标。

（1）喷嘴　喷嘴由喷嘴板、围带、喷嘴叶片以及挡槽等通过特殊工艺焊接加工而成。由于汽轮机需要实现额定工况、最大功率工况以及低负荷工况等多目标工况下的配气要求，因此将喷嘴设计成两组：第一组设有 3 个喷嘴，连通主调节气阀，用以实现额定工况的最大配气要求；第二组设有 2 个喷嘴，连通副调节气阀，用以实现最大功率工况的配气要求。两组喷嘴中间用挡槽隔开，避免气室互通。

（2）叶片　当叶轮旋转时，叶片受到离心泵和蒸汽作用力两种力。通常由于离心力作用点的贯穿不通过叶片计算截面的重心，所以离心力在叶片中不仅产生拉应力，而且产生弯应力。作用在叶片上的蒸汽力，由不随时间变化和随时间变化的两部分组成，其中，随时间变化的分量将引起叶片的振动及动应力。在设计汽轮机叶片时采用短叶片叶型，气流参数沿着叶高的变化不大，同时计算蒸汽弯应力时按照叶片平均半径处的气流参数进行。

（3）气缸　拟采用透气性较好的特种树脂砂制造泥芯，同时优化铸造浇注工艺方法，以保证复杂气缸腔体的铸造精度。其次，提高气缸喷嘴安装面、隔板安装槽和前后轴承档的加工制造精度，采用数控高精度镗铣加工中心对气缸进行加工，以满足前后轴承档一次性加工成形，从而不需要设备转动工作台分开加工两个轴承档，保证前后轴承档、喷嘴安装平面和隔板安装槽的加工精度。

（4）汽轮机隔板　汽轮机机组隔板采用焊接式结构，由左、右两半组成，中分面全平面采用键密封设计，并在上下半隔板中分面设计紧固螺钉，可以有效或避免中间隔板漏气，进而提高汽轮机出力。两半隔板分别由隔板体、隔板气叶、隔板围带等通过特殊工艺焊接加工而成，并配套隔板气封、板弹簧、中分面封键、加强筋、调整键以及紧固件等安装到气缸组件上。

2. 结构设计

（1）汽轮机总体结构　汽轮机主要由电动执行器、调节气阀、主气速关阀、汽轮机转子、喷嘴、导叶持环、隔板、气缸体、速关组合装置等组成。气缸为中分面结构，整个流道采取部分进气设计，可在小流量下获得较高的汽轮机出力，满足机组在低负荷、额定工况以及最大功率等变工况运行时的动力驱动要求。

（2）汽轮机转子设计及校核　汽轮机转子采用多列复速级结构设计，转子组件主要由叶轮叶片、末叶销、定位圈、主轴、轴承、挡气环、螺旋导流套以及紧固件等组成。转子与叶轮之间采用装配式结构，便于加工和装配；主轴两端采用花键设计，以提高汽轮机传动的可靠性。完成转子设计后将对汽轮机转子主轴强度进行校核，分析转子热膨胀特性，并对汽轮机叶轮进行结构优化。

（3）汽轮机导叶持环设计　汽轮机机组导叶持环拟采用叶片嵌装式结构，由左右两半组成。导叶持环分别由持环、导叶片、填块等通过特殊工艺装配加工而成，并配套挂销、键、挡气板以及紧固件等安装到气缸组件上，如图7-198所示。

（4）汽轮机气封组件设计　气封组件由气封

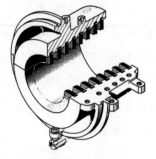

图7-198　导叶持环

盒、气封体、气封齿、压件以及紧固件等组成，如图 7-199 所示。汽轮机需要满足冷态快速起动和在线拆装的要求，在设计气封间隙时，不能选择过小，同时也不能采用传统密封效果较好的高低齿密封结构。为了尽量较少气封漏气，同时满足使用工况要求，气封设计拟采用对齿密封结构。同时拟通过对比分析不同间隙大小对气封效果、机组性能、振动特性等的影响，进而选取最佳气封间隙值。

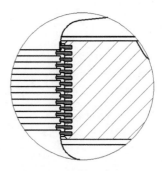

图 7-199　汽轮机气封组件

（5）汽轮机油封结构设计　油封均拟采用螺旋导流套的密封结构，导流套内外均设有螺旋密封槽，当机组旋转时，导流套外螺旋可迅速将润滑油导入接油盘回流口，而内螺旋则可防止润滑油向上从轴间隙溢出。拟在进油侧边开设回油槽，防止润滑油压力过高向侧面溢出，如图 7-200 所示。

（6）汽轮机调节气阀总成设计　调节气阀总成分为速关阀和调节气阀两部分，如图 7-201 所示。速关阀拟采用液压式结构；调节气阀拟采用双阀结构设计，同时配备主调节气阀和副调节气阀各一个，以满足汽轮机在额定工况、最大功率工况和低负荷工况的进气量调节。

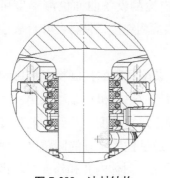

图 7-200　油封结构

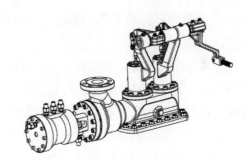

图 7-201　调节气阀总成

（7）速关控制装置设计　为了克服管路繁多和安装复杂的缺陷，同时为了避免运行过程中监控困难和产生漏油着火的事故，拟将汽轮机保安系统和油路系统集合在一起形成速关控制装置，增加汽轮机运行可靠性和安全性，如图 7-202 所示。

（8）危急保安装置设计　危急保安装置是汽轮机的保护设备，当汽轮机在运行过程中出现故障时，危急保安装置泄放速关油，引发速关阀快速关闭而迫使机组紧急停机。它主要由壳体、滑阀、套筒、活塞、连接杆、弹簧、手柄、密封件以及紧固件等组成，如图 7-203 所示。

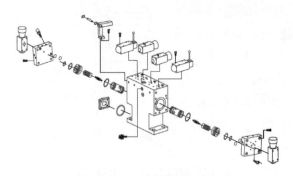 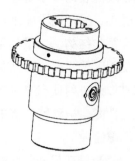

图 7-202　速关控制装置　　　　　　　图 7-203　危急保安装置

对于汽轮机叶片、喷嘴叶片和导叶持环隔板叶片的精加工制造，首先将改变传统的制造方法，除叶根部分仍采用普通铣床加工，叶片的内外型面拟采用高精度数控铣床加工中心一次加工成形，以保证叶片的型面加工精度和一致性；其次提高叶片型线和一致性的检测精度，传统的检测方法是采用普通量具测量和辅助灯光漏光检测，其检测精度相对较差，新的叶片检测方法拟采用 3D 扫描技术，将叶片定位在专用工装内，通过 3D 扫描方式快速检测和对比型线曲面数据，以达到高精度检测的目的，固定式 3D 扫描检测设备曲面检测精度可达 0.02mm，采用镜面抛光工艺，提高通流部件的表面粗糙度，使得各叶片表面粗糙度达到 $Ra0.8\mu m$。

汽轮机叶轮、气封和主轴的加工几何公差、装配间隙的控制将直接影响转子的同轴度、气封的安装精度，从而影响气封封气效果和机组振动噪声。本项目拟通过提高叶轮内孔、平面和叶片安装槽的加工尺寸精度、几何公差精度和装配间隙精度，保证加工精度在 0.02mm 以内；通过控制主轴的圆跳度，保证轴承档和叶轮安装处的圆跳动 ≤0.02mm；通过控制气封体内孔和外部汽轮齿镶装槽的安装精度，以保证气封使用时的封气效果。

7.7　高速离心泵机组

7.7.1　整体结构设计

本节涉及的高速离心泵结构二维整体布局和三维整机结构如图 7-204 和

图 7-205 所示。接下来将给出高速离心泵的具体设计过程。

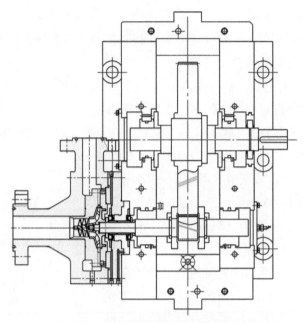

图 7-204　高速离心泵结构二维整体布局

图 7-205　高速离心泵三维整机结构示意图

7.7.2　过流部件设计

1. 设计参数

根据给定的工作条件，拟定高速离心泵的设计参数：流量 $Q = 50\mathrm{m^3/h}$；扬程 $H = 2500\mathrm{m}$；转速 $n = 25800\mathrm{r/min}$；设计比转速 $n_s = 31.4$；效率 50%；轴功率 $P = 800\mathrm{kW}$。

2. 诱导轮设计计算

（1）叶片数 z_i　从理论上讲，诱导轮的叶片数取 1 个是最理想的。但因为对其液流的排挤作用最小，要使诱导轮取得较好的汽蚀性能，就要增加轴向长度，本次设计诱导轮叶片数 z_i 取 2。

（2）进口流量系数 ϕ_{ind} 和叶尖直径 D_t　进口流量系数 ϕ_{ind} 是一个对高速离心泵的效率和汽蚀性能影响很大的重要参数，在流量参数 Q 和 n 一定的情况下确定了 ϕ_{ind}，也就确定了诱导轮的叶尖直径 D_t。在诱导轮设计过程中 ϕ_{ind} 取较小值时泵的汽蚀性能较好，本次设计取叶尖直径 $D_t = 64\text{mm}$。

（3）进出口叶片安装角 β_{i1} 和 β_{i2}　本次设计的诱导轮，如图 7-206 所示。

诱导轮起始导程为 18mm，终止导程为 40mm。诱导轮的进口流量系数 ϕ_{ind} 确定了，也就确定了进口液流角，而诱导轮的进口叶片安装角 β_{i1} 则为进口液流冲角 α_{ind} 与液流角之和。从理论上讲，α_{ind} 取小值可使诱导轮取得较高的汽蚀性能，但诱导轮必须产生能使离心轮无汽蚀工作的扬程，因此对于等螺距诱导轮，α_{ind} 不能取得太小。根据设计试验和经验，可取

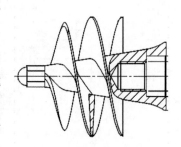

图 7-206　诱导轮设计图

$$\alpha_{ind} = 3° \sim 5° \approx \arctan \phi_{ind} \tag{7-34}$$

诱导轮进口叶片安装角可取

$$\beta_{i1} = \arctan \phi_{ind} + \alpha_{ind} = 7° \sim 10° \tag{7-35}$$

本次设计取 $\alpha_{ind} = 3°$，$\beta_{i1} = 8°$。

等螺距诱导轮出口叶片安装角 β_{i2} 等于进口叶片安装角 β_{i1} 加上进口液流冲角 α_{ind}，即

$$\beta_{i2} = \beta_{i1} + \alpha_{ind} = 11° \tag{7-36}$$

（4）进口轮毂比 R_{d1} 和 R_{d2}　为使诱导轮能够取得优越的汽蚀性能，同时减小进口的排挤，其进口轮毂比 R_{d1} 应取较小值，出口轮毂比 R_{d2} 应取较大值，本次设计取 $R_{d1} = 0.2222$，$R_{d2} = 0.5185$。

（5）叶栅稠度 τ 和叶片节距 t　叶片节距 t 计算公式为

$$t = \frac{\pi D_t}{z_i} = 42.4\text{mm} \tag{7-37}$$

诱导轮的叶栅稠度 τ 定义为叶片展开长度 L 与节距 t 的比值，其在一定程

度上会影响诱导轮的汽蚀性能。通常来说，泵通常运行在小流量工况，稠密度取值要稍大些；在大流量工况，可取值稍小。

$$\tau = 2.0 \sim 3.0 \tag{7-38}$$

（6）叶片前缘包角θ_1和叶尖包角θ_2 诱导轮最先发生汽蚀的部位是其进口前缘的外径处，大量的试验证明了如图 7-207 所示的诱导轮进口边形状能够获得较理想的汽蚀性能。

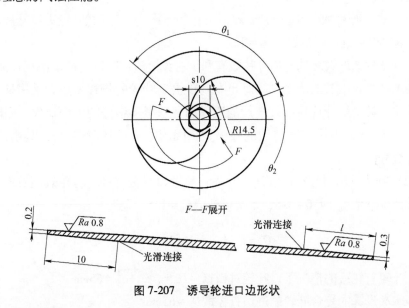

图 7-207 诱导轮进口边形状

一般取

$$R = 0.25(1 + R_{d1})D_t = 14.5\,\text{mm} \tag{7-39}$$

为了得到诱导轮最理想的汽蚀性能，综合考虑下，前缘包角应取

$$\theta_1 = 90° \sim 150° \tag{7-40}$$

本次设计最终取 $\theta_1 = 120°$，$120°$ 也是常用的前缘修掠角度。

诱导轮的叶尖包角 θ_2 和轴向长度 L 可以分别由下列公式得出：

$$\theta_2 = 360° t\tau \frac{\sin\beta_{i1}}{S} = 420° \tag{7-41}$$

$$L = \frac{\theta_1 + \theta_2}{360°}S \approx 39.8\,\text{mm} \tag{7-42}$$

3. 叶轮设计计算

叶轮的选择对高速离心泵的扬程、效率和汽蚀性能都有一定的影响，选择的原则是：一方面要尽量减少叶片的排挤和表面摩擦，另一方面又要保证液流在叶片流道里的稳定流动和叶片对液流的充分作用。为了减少叶片对液流的入口排挤，降低入口动压降，所以选择了具有高效和稳定的扬程特性曲线的长短相间复合闭式叶轮。

叶轮主要参数为进口叶片数 z_1 和总叶片数 z_t，进出口直径 D_1 和 D_2，叶片进出口安装角 β_1 和 β_2，叶片进出口宽度 b_1 和 b_2，以及短叶片起始处的直径 D_i 和安装角 β_i。

（1）进口叶片数 z_1 和总叶片数 z_t 一般情况下，复合闭式叶轮进口叶片数为 4~6，本次设计进口叶片数取 $z_1 = 5$。

复合叶片选取较多的出口叶片数有利于避免液流在叶轮流道里出现负速度，可以改善并稳定液流的流动，同时也有利于提高叶轮的扬程系数。采用长中短复合叶片，其中短叶片靠近长叶片的工作面，以减小该处的旋涡损失，同时为了便于加工，z_t 应取进口叶片数的整倍数，因此本次设计取 $z_t = 15$，其中，中、短叶片数分别取 5。

（2）叶片进出口直径 D_1 和 D_2 首先计算进口当量直径 D_0，在兼顾效率和汽蚀的条件下，取 $K_0 = 4.0~4.5$，本次设计取 $K_0 = 4.5$。则

$$D_0 = K_0 \sqrt[3]{\frac{Q}{n}} = 36.5 \text{mm} \tag{7-43}$$

在叶轮有轮毂的情况下，叶轮进口直径 $D_1 = \sqrt{D_0^2 + d_h^2} = 65 \text{mm}$。

即本次设计的复合叶轮的进口直径取 $D_1 = 65 \text{mm}$。

根据复合叶轮外径的经验公式，以及该泵尺寸和重量的综合考虑，计算得到 D_2：

$$D_2 = \frac{60}{\pi n} \sqrt{\frac{gH}{\varphi}} = 142 \text{mm} \tag{7-44}$$

所以最终确定的叶轮示意图如图 7-208 所示。

（3）叶片进出口安装角 β_1 和 β_2 复合叶轮叶片应采用的进口安装角 β_1 范围为

$$\beta_1 = 16° ~ 22° \tag{7-45}$$

本次设计取叶片进口安装角 $\beta_1 = 16°$。

由于复合叶轮有较多的出口叶片数，能有效地防止尾流和脱流的产生，能够使液流稳定地流动，其叶片出口安装角 β_2 范围为

$$\beta_2 = 35° ~ 55° \tag{7-46}$$

本次设计取叶片出口安装角 $\beta_2 = 36°$。

（4）叶片进出口宽度b_1和b_2 复合叶片的拉出式匹配结构形式，液流从轴向到径向的转换过程是从诱导轮出口开始的，其叶片进口宽度的经验公式为

$$b_1 = \frac{D_t^2 - d_{h2}^2}{4 D_1 \alpha} \approx 13.5 \text{mm} \qquad (7\text{-}47)$$

式中 d_{h2}——叶轮轮毂直径（mm）。

加速系数的取值范围为$\alpha = 0.5 \sim 0.8$。

叶片出口宽度的经验公式为

$$b_2 = 2.413 \left(\frac{n_s}{100}\right)^{0.977} \frac{\sqrt{2gH}}{n} \approx 7 \text{mm} \qquad (7\text{-}48)$$

（5）短叶片起始处的直径D_i和安装角β_i 中、短叶片起始处直径D_i的确定可以根据经验公式得

$$0.9 \leqslant \frac{\omega_1}{\omega_2} \leqslant 1.7 \qquad (7\text{-}49)$$

$$D_i = 0.4 \sim 0.6(D_1 + D_2) \qquad (7\text{-}50)$$

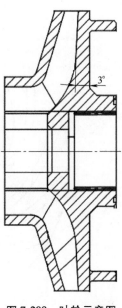

图 7-208　叶轮示意图

本次设计短叶片$D_{i1} = 106$mm，中叶片$D_{i2} = 86$mm。

对于短叶片起始处安装角β_i应等于长叶片在D_i处的叶片安装角。

根据以上计算，最终确定的叶轮叶片示意图如图 7-209 所示。

4. 导叶设计计算

导叶的主要作用是降低复合叶轮流出的高速液流速度，并将速度能转变成压力能。设计导叶时应尽量避免由于叶轮出口速度不均匀分布而与处于湍流状态的导叶联合工作时出现的二次流，来降低导叶内的水力损失。

导叶设计的主要参数有导叶数、基圆直径D_3、导叶宽度b_3、隔舌起始角θ以及喉部面积A等。对于低比转速高速离心泵，其导叶的隔舌起始角θ一般取$15° \sim 25°$，本次设计的导叶个数取 3。

（1）导叶的断面形状 导叶的断面形状主要有梯形、矩形和圆形三种。对高速离心泵而言，导叶内的液流速度很高，流动基本处于阻力平方区的湍流状态，导叶流道的表面粗糙度对液流水力损失的影响很大，因此必须降低流道的表面粗糙度。由于梯形和圆形断面的加工工艺性能较差，因此高速离心泵宜采用铣削加工后可以打磨的矩形断面。

（2）基圆直径D_3 基圆直径D_3应大于叶轮外径D_2，且叶轮与隔舌之间要保持一定的间隙。间隙过大会影响高速离心泵的效率，但也不宜过小。最后根

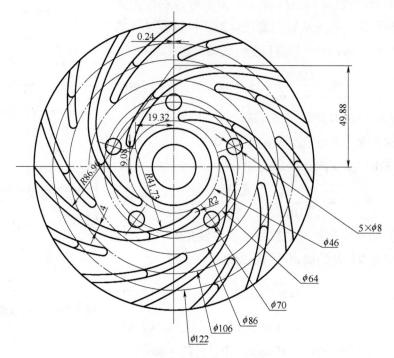

图 7-209　叶轮叶片示意图

据经验公式：

$$D_3 = (1.03 \sim 1.05)D_2 \tag{7-51}$$

本次设计取 $D_3 = 1.03D_2 = 156\text{mm}$。

（3）导叶宽度 b_3　导叶宽度 b_3 的选择应考虑叶轮前、后盖板与导叶侧壁之间有足够的间隙，以利于回收部分圆盘摩擦消耗功率，设计可取

$$b_3 = b_2 + 2 \sim 5\text{mm} \tag{7-52}$$

$$b_3 \geqslant a_3 \tag{7-53}$$

式中　b_2——叶片出口边宽度（mm）；

a_3——导叶喉部高度（mm），即喉部外侧与基圆的间距。

本次设计取 $b_3 = b_2 + 3\text{mm} = 7\text{mm}$。

最终导叶结构示意图如图 7-210 所示。

（4）喉部面积 A　因为低比转速高速复合叶轮离心泵的导叶喉部液流速度很大，且流动处于湍流状态，所以设计时应取较大的喉部面积以降低液流速度和水力损失，这样也有利于将导叶流道加工成螺旋形。因此可取喉部液流速度为

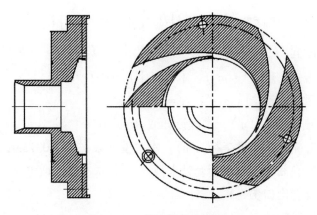

图 7-210　导叶结构示意图

$$v_{\text{th}} = (0.62 - 0.0043\, n_s)\sqrt{2gH} \approx 88\text{m/s} \qquad (7\text{-}54)$$

其喉部面积的经验公式为

$$A = \left(1 - \frac{\gamma}{360°}\right)\frac{Q}{v_{\text{th}}} \approx 126\text{mm}^2 \qquad (7\text{-}55)$$

式中　γ——蜗壳的隔舌角（°），本次设计取 $\gamma = 24°$。

喉部直径 $d_3 = \sqrt{\dfrac{4A}{3\pi}} = 7.3\text{mm}$。

7.7.3　转子系统设计

1. 轴向力

离心泵是依靠高速旋转的叶轮使液体在离心力的作用下，从叶轮的外缘进入蜗壳，在蜗壳中由于流道的螺旋扩散段使流体的动能转变为静压能，最后以较高的压力流入排出管道。在离心泵中轴系的受力由于叶轮前后盖板不对称的压力进而产生轴向力，这是所有轴向力中最重要的一个因素。又由于叶轮盖板是不规则的，所以其轴向力大小比较复杂，此力指向压力小的盖板方向，用 F_1 表示。

由于叶轮前后盖板并不对称，前盖板在吸入侧部分没有盖板。另外，叶轮前后盖板像轮盘一样带动前后腔内的液体旋转，盖板内液体压力按抛物线规律分布。盖板力计算公式是在理想状态下推导出来的。假设盖板两侧无径向流动，作用在盖板上的压力，除口环以上部分，与前盖板对称作用的压力抵消。因此盖板力的计算公式可以表示为

$$F_a = \pi \rho g (R_m^2 - R_h^2) \left[H_p - \frac{\omega^2}{8g} \left(R^2 - \frac{R_m^2 + R_h^2}{2} \right) \right] \tag{7-56}$$

式中　F_a——轴向力（N）；

　　　ρ——液体密度（kg/m^3），本项目中 $\rho = 998$kg/m^3；

　　　g——重力加速度（m/s^2），$g = 9.81$m/s^2；

　　　R——叶轮半径（m），本次设计取 $R = 0.071$m；

　　　R_m——叶轮密封环处半径（m），本次设计取 $R_m = 0.0375$m；

　　　R_h——叶轮后轴颈或级间套处半径（m），本次设计取 $R_h = 0.028$m；

　　　H_p——叶轮出口势扬程（m）；

　　　ω——叶轮转速（rad/s）。

$$H_p = H_1 \left(1 - \frac{g H_1}{2 u_2^2} \right) \tag{7-57}$$

式中　H_1——叶轮单级扬程（m），本次设计取 $H_1 = 2500$m；

　　　u_2——叶轮出口圆周速度（m/s），$u_2 = \dfrac{\pi D_2 n}{60}$。

通过计算可以得出，叶轮出口圆周速度 $u_2 = 193.3$m/s，叶轮出口势扬程 $H_p = 1680$m，得到设计工况轴向力 $F_a = 25019$N。

轴向力的另一个重要组成部分是流体流过叶轮，由于方向改变而产生动反力，此力指向叶轮后面，用 F_2 表示。由于叶轮在轴向方向投影为零，因此该力 $F_2 = 0$。

2. 径向力

具有螺旋形压水室的泵，在运转过程中会产生作用于叶轮上的径向力，使轴受到交变应力。采用蜗形压出室的泵在最优工况时，蜗室各断面中的压力是均匀的，此刻液体在叶轮周围压水室中的速度和压力是均匀且轴对称的，因此理论上无径向力作用。但当泵内压水室和叶轮之间相互协调的条件发生变化，也即流量偏离设计工况时，压力沿叶轮的轴对称分布被破坏，进而产生了径向力。当泵流量小于最优工况流量时，蜗室中的液体流速减慢，叶轮出口液体的绝对速度，由出口速度三角形可看出，大于最优工况时的绝对速度，也大于蜗室中的速度，从叶轮中流出的液体不断撞击蜗室中的液体，使蜗室中的液体接收到能量，蜗室中的液体压力自隔舌开始向扩散管进口不断增加，由于蜗室各端面中的压力不相等，在叶轮上就产生一个径向力。泵的流量大于最优工况流量时，与上述情况相反。径向力 F_r 可按下式计算：

$$F_r = \rho g \, K_r H R b_2 \qquad (7\text{-}58)$$

式中　　K_r——试验系数，可按 Steponoff 公式计算。

对螺旋形压水室

$$K_r = 0.36\left[1-\left(\frac{Q}{Q_N}\right)^2\right] \qquad (7\text{-}59)$$

对环形压水室

$$K_r = 0.36\frac{Q}{Q_N} \qquad (7\text{-}60)$$

故 $F_r = 1445\text{N}$。

3. 轴径

轴径 d 的计算公式为

$$d = \sqrt[3]{\frac{M_n}{0.2[\tau]}} \qquad (7\text{-}61)$$

$$M_n = 9.55\times10^3\frac{P'}{n} = 9.55\times10^3\frac{KP}{n} \qquad (7\text{-}62)$$

式中　　M_n——扭矩（N·m）；

　　　　$[\tau]$——泵轴材料的许用切应力（MPa）；

　　　　P'——计算功率（kW）；

　　　　K——工况系数，$K=1.1\sim1.2$，取 $K=1.2$。

按照计算轴功率 $P=800\text{kW}$ 进行计算和校核，则轴扭矩

$$M_n = 9.55\times10^3\frac{P'}{n} = 9.55\times10^3\times\frac{960}{26000}\text{N·m} = 352.6\text{N·m} \qquad (7\text{-}63)$$

按扭矩定轴径，选择轴的材料为优质不锈钢 20Cr13，取 $[\tau]=343\times10^5\text{MPa}$。则轴径为

$$d = \sqrt[3]{\frac{M_n}{0.2[\tau]}} = \sqrt[3]{\frac{352.6}{0.2\times343\times10^5}}\text{mm} \approx 37\text{mm} \qquad (7\text{-}64)$$

轴径在满足安全系数的条件下取 40mm，对于直径 $d\leqslant100\text{mm}$ 的轴，有一个平键键槽时，轴径增大 $5\%\sim7\%$；有两个平键键槽或花键键槽时，轴径应该增大 $10\%\sim15\%$。故轴径的范围为

$$d = 40\text{mm}\times(110\%\sim115\%) = 44\sim46\text{mm} \qquad (7\text{-}65)$$

按照设计条件，需要计算高速转动下的轴径

$$d \geqslant \sqrt[4]{\frac{32\,T_{max}}{G\pi^2[\varphi]}} \qquad (7\text{-}66)$$

式中，由于材料为 20Cr13 钢，故取 $G=8×10^{10}\mathrm{Pa}$。

故在满足以上两个条件下，取 $d=45\mathrm{mm}$。

4. 静密封设计计算

泵盖与导叶之间采用 O 形圈进行端面密封。密封圈材料方面根据燃油特性选用耐腐蚀、耐高低温的氟硅橡胶，尺寸方面根据 GB/T 3452.1—2005 按照蜗壳尺寸进行选择，选型完成后对压缩率、填充率进行计算，如下：

名义压缩率

$$y_\mathrm{b} = \frac{d_2-h}{d_2}×100\% = \frac{2.65-2.1}{2.65}×100\% = 20.7\% \qquad (7\text{-}67)$$

名义填充率

$$\delta = \frac{A_1}{A_2}×100\% = \frac{\pi\left(\frac{d_2}{2}\right)^2}{bh}×100\% = \frac{5.513}{3.8×2.1}×100\% = 69.1\% \qquad (7\text{-}68)$$

式中　d_2——O 形圈截面直径；

　　　h——沟槽深度；

　　　b——沟槽宽度；

　　　A_1——O 形圈截面面积；

　　　A_2——密封槽断面面积。

通过计算，压缩率 $y_\mathrm{b}=18\%\sim22\%$，填充率 $\delta\leqslant85\%$，满足标准规定，选用 O 形圈满足密封要求。

7.7.4　关键部件结构设计

1. 转子系统设计

在进行离心泵转子系统设计时，根据离心泵内部流动计算结果、各间隙设计（口环间隙、前后盖板间隙、平衡鼓间隙等）结合经验参数法计算获得转子系统中叶轮和转轴结构的主要几何参数，完成转子系统参数的初步设计。根据离心泵全流场内部流动计算结果，计算各间隙的等效动力学参数，提取主流场非定常流体激振力，构建基于全流场流体激振力的转子系统运动方程。在此基础上，对转子系统干态和湿态下的固有特性、特征频率等进行分析。最后综合考虑离心泵内部流动特性、转子系统动力特性确定最佳的离心泵转子系统结构。图 7-211 所示为高速离心泵转子系统设计流程。

2. 蜗壳结构设计

蜗壳流道为规则圆柱形结构，其作用是对各导叶内流出的流体进行汇集，

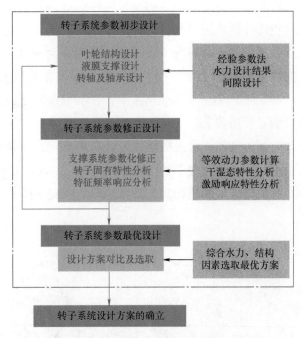

图 7-211　高速离心泵转子系统设计流程

随后由泵出口管流出，蜗壳外部设计有出口法兰和泵安装法兰，实现和主机系统的安装连接。蜗壳结构如图 7-212 所示。

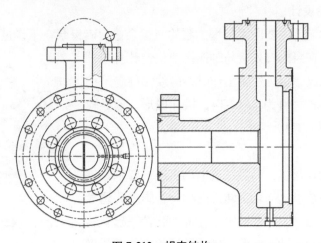

图 7-212　蜗壳结构

3. 叶轮设计

叶轮是将能量传给液体的部件，是泵最重要的工作部件，也是过流部件的核心。为保证叶轮同时具有高效和稳定的扬程特性曲线，采用长短相间的复合闭式叶轮。闭式叶轮的叶轮流道是相对封闭的，在前盖板、后盖板与叶片间形成封闭的流道，其效率较高。材料为 AlSi10Mg，其特点为密度小、重量轻、强度高，具有优良的物理性能和力学性能。毛坯加工后表面处理采用微弧氧化，以提高产品表面"三防"能力。技术成熟度高，在类似产品上通过了寿命及环境试验考核，可以满足使用要求。

叶轮结构设计方面，在前、后盖板两侧设计口环结构，用来平衡泵工作过程中的轴向力。由于封闭式叶轮内部叶片形状无法加工，故采用 3D 打印一体成型技术，叶轮外部其他结构采用机构加工方式完成。叶轮三维外形及内部结构如图 7-213 所示。

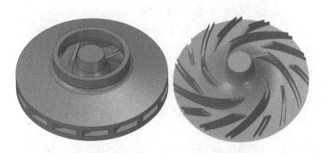

图 7-213　叶轮三维外形及内部结构

4. 诱导轮设计

设计诱导轮的主要原因是增加泵的汽蚀余量，确保泵在工作过程中不会发生汽蚀。安装在泵入口处，与轴连接部位设计有与轴旋向相反的螺纹，保证在泵工作时，螺纹始终趋于拧紧状态。诱导轮材料为 2A12-T4，机加成形。诱导轮三维外形如图 7-214 所示。

5. 轴

轴一端设计花键，满足系统电动机连接要求，传递动力；另一端设计与轴旋转方向相反的螺纹和诱导轮连接，中间部分设计平键键槽，带动叶轮一起旋转做功。为防止轴在轴向窜动，传动轴轴承安装部位采

图 7-214　诱导轮三维外形

用梯形结构，对轴承进行轴向限位。缩小靠近花键部位的橡胶碗安装轴径，用来降低橡胶碗密封唇口的线速度。轴中心开设中心孔，用来将出口油液由叶轮后口环进入轴承再由轴中心孔回到泵进口，形成一个循环回路。

由于精密花键、轴承配合和橡胶碗配合等尺寸的高精度要求，故轴采用 95Cr18 不锈钢，具有较好的耐磨性、高疲劳强度和加工性能。热处理采用淬火处理就可以达到很高的表面硬度和中心硬度，磨削加工后，也可以达到较高的表面粗糙度要求。高速泵转子的三维外形如图 7-215 所示。

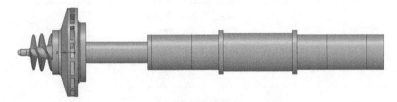

图 7-215　高速泵转子的三维外形

7.7.5　计算与校核

1. 性能仿真

　　（1）计算域及边界条件　为选取适用于高速泵循环流场的数值计算方法，获得高速泵的全流道流场特性。本部分将对数值计算过程中所涉及数值模拟计算方法、湍流模型的选择、网格划分技术以及边界条件的设定等做详细的介绍。

　　（2）计算模型　图 7-216 所示为高速泵计算域的组装图及部分过流部件的结构示意图，主要包括诱导轮、叶轮、导叶、前腔、后腔、环形出水口等，为使进出口的流动更加稳定，在数值计算过程中在进口及环形出水口出口处分别设置有进口延伸段及出口延伸段。

　　（3）边界条件设置

　　1）进口边界条件：泵的进口边界类型设为 Pressure inlet（压力进口），设置进口压力为 $2 \times 10^5 Pa$。

　　2）出口边界条件：泵的出口边界类型设为 Mass flow outlet（质量流量出口），出口质量流量按工况赋值。

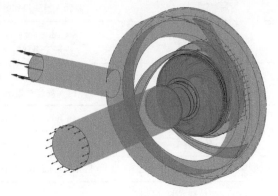

图 7-216　高速泵计算域

　　3）固体壁面边界条件：高速泵的各个壁面都设为无滑移的固壁边界条件。叶轮包括泵腔上与叶轮相连的壁面定义为旋转边界，其转速为叶轮转速。不同计算域间采用交界面连接（Domain Interface），稳态条件下静止部件和转子部件的连接选择"Frozen Rotor（冻结转子）"方式，具体的边界条件见表7-28。

表 7-28   边界条件

壁面	边界条件	计算域
进口	Inlet（Pressure inlet） ［进口（压力进口）］	进口延伸段
进口延伸段壁面	Smooth no-slip wall （光滑无滑移壁面）	进口延伸段
前泵腔外壁面	Smooth no-slip wall （光滑无滑移壁面）	前密封结构
前泵腔内壁面	Rotating Smooth no-slip wall （旋转光滑无滑移壁面）	前密封结构
后泵腔外壁面	Smooth no-slip wall （光滑无滑移壁面）	后密封结构
后泵腔内壁面	Rotating Smooth no-slip wall （旋转光滑无滑移壁面）	后密封结构
导叶壁面	Smooth no-slip wall （光滑无滑移壁面）	蜗壳
叶轮叶片	Rotating Smooth no-slip wall （旋转光滑无滑移壁面）	叶轮
叶轮前后盖板	Rotating Smooth no-slip wall （旋转光滑无滑移壁面）	叶轮
出口延伸段壁面	Smooth no-slip wall （光滑无滑移壁面）	出口延伸段
出口	Outlet（Mass Flow outlet） ［出口（质量流量出口）］	出口延伸段
叶轮出口与蜗壳交界面	Frozen Rotor（冻结转子）	—
前腔与叶轮交界面	Frozen Rotor（冻结转子）	—
诱导轮与叶轮交界面	Frozen Rotor（冻结转子）	—
进口段与泵体交界面	None（无）	—
出口段与泵体交界面	None（无）	—

（4）全流道网格建立   各计算域的网格生成在 Workbench 中的 mesh 模块中完成，基于如下原因采用非结构网格进行划分：

1）非结构网格很容易控制网格大小和节点密度，在计算资源允许的条件下，非结构网格划分简单、速度快。

2）非结构网格无规则的拓扑结构，网格节点分布灵活性高，可以很好地控制流线型分布以及网格的正交性，且适用于离心泵流道内口环间隙等长宽比大的区域网格处理。

3）一般情况下，采用非结构网格计算就可以保证计算精度，mesh 模块中可通过捕捉曲率及邻近度等操作对特定区域进行加密以满足求解精度要求。

网格划分完成后总网格总数约为 600 万（图 7-217），全流道网格质量在 0.2 以上，由于本部分主要采用数值模拟高速泵的外特性，因此目前的网格能够满足计算的需求。

（5）流体参数及湍流模型选取
流体介质设置为 40℃ 的水，湍流模型选取 SST k-ω 模型，压力-速度耦合采用 SIMPLE 算法，湍动能及湍流耗散率采用一阶迎风格式，为提高计算精度，压力、动量及能量方程均采用二阶格式。此外，为了获取泵的汽蚀余量，采用 RP 方程，并将饱和蒸气压设为 7385Pa，进行额外的空化流动计算。

图 7-217　高速泵部分过流部件网格

（6）全流场特性　首先探究了设计点工况下高速泵的全流场特性。图 7-218 所示为高速泵轴截面的压力场分布图，由图可看出各交界面两侧的数据传递完整，未出现数据失真现象，进而说明了数值模拟的准确性。低压区主要集中于叶轮进口处，高压区集中在蜗壳出口处。

图 7-219 所示为不同流量工况，高速泵轴截面的流线分布，可以发现在小流量工况下，高速泵导叶内的流动复杂性较高，在导叶出口处存在的涡旋结构会阻碍来流，引起效率损失。且小流量工况下，叶轮内的流态也更复杂，叶片进口处存在较大尺度涡旋，同样会影响高速泵运行效率。

图 7-220 所示为高速离心泵熵产，能够表征泵内流动损失，可以发现，小流量工况下叶轮流道的能量损失整体要远高于大流量工况，但大流量工况下叶轮进口区域的能量损失较高，此外导喉部区域的能量损失也是呈大流量较高的趋势。

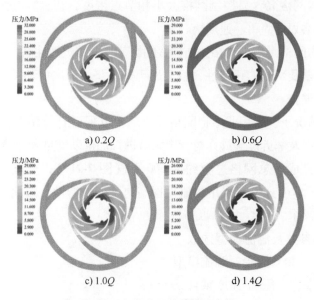

a) 0.2Q   b) 0.6Q

c) 1.0Q   d) 1.4Q

图 7-218   高速泵轴截面压力场

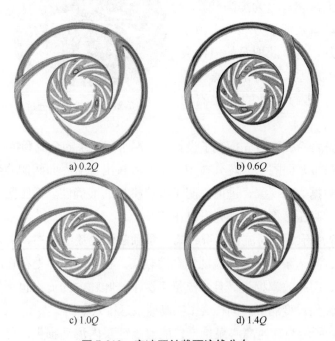

a) 0.2Q   b) 0.6Q

c) 1.0Q   d) 1.4Q

图 7-219   高速泵轴截面流线分布

    采用定常计算，得到图 7-221 所示高速泵在设计转速下的外特性结果，包括流量-扬程特性曲线、流量-效率以及流量-轴功率特性曲线。效率计算公式为

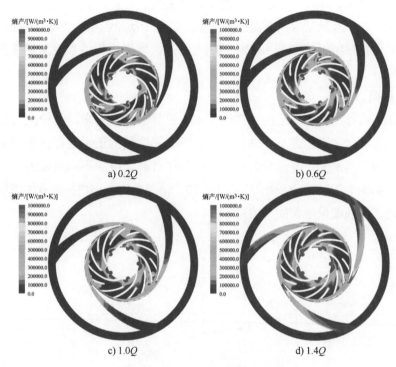

a) 0.2Q

b) 0.6Q

c) 1.0Q

d) 1.4Q

图 7-220　高速泵轴截面熵产分布

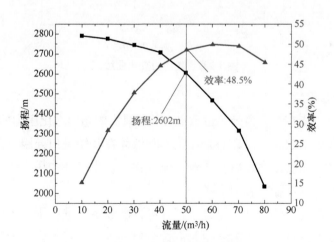

图 7-221　高速泵外特性曲线

$$\eta = \frac{(P_e - P_i)Q}{Tn\rho} \times 9.549 \times 10^6 \qquad (7\text{-}69)$$

在各工况下，由流量-压力特性曲线知，在产品工作流量范围内，流量-压力曲线较为平缓，压升范围较小，满足设计要求。在定转速下，压力随流量增大而减小，效率及轴功率随流量增大而提高。对于质量流量为 50m³/h 的设计工况点，数值模拟所得效率为 48.2%。综上所述，增压泵相关参数满足任务书相关性能指标。

2. 轴向力仿真

保证泵运行过程中的平稳可靠性是水力设计的基本要求，而轴向力是影响泵稳定运行的主要因素之一，轴向力过大时会影响泵的正常运行甚至产生严重的破坏作用。本部分对高速泵的轴向力进行了计算，得到不同质量流量下轴向力大小，如图 7-222 所示。由图 7-222 可知，轴向力的大小均在轴承所能承受的范围之内，因而能保证泵的平稳可靠运行。

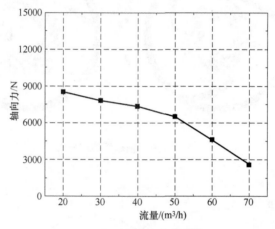

图 7-222 轴向力变化曲线

3. 汽蚀仿真

汽蚀余量是指在泵入口处单位重量液体所具有的超出汽化压力的富余能量，是离心泵的重要参数之一。离心泵在工作时液体在叶轮进口处因一定真空压力下会发生汽蚀，泵发生汽蚀后除了对过流部件会发生破坏作用，还会引发噪声和振动，并导致泵性能的急剧下降。

本部分对高速泵的汽蚀余量进行了计算，以额定的进口压力下所得的扬程值为基准，通过降低入口压力获得泵汽蚀余量的大小，将入口压力对应泵的增压值绘制成曲线，得到图 7-223 所示扬程断裂曲线。以扬程下降 3% 判定泵发生汽蚀，高速离心泵扬程发生断裂时的汽蚀余量约为 7m，能够满足设计所需。

4. 转子系统动力特性计算

（1）动力学方程及受力分析　在对液氧加注离心泵转子系统动力学特性进

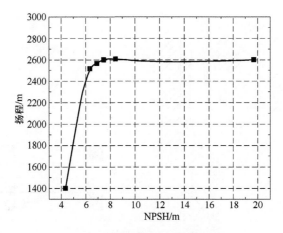

图 7-223 高速离心泵汽蚀余量

行预测时，首先需基于离心泵全流场数值计算结果，对离心泵间隙流场激振力进行表征，同时提取并计算主流场流体激振力；然后对转子激振响应方程进行展开，求解各项参数；最后在不同流量工况和结构参数下求解转子系统动力学特性方程，最后分析并预测不同流动状态下转子系统模态、振型、响应频率等振动响应特性。

液氧加注泵转子系统结构和受力形式如图 7-224 所示，根据转子系统受力，本项目构建转子系统动力学特性方程为

$$M\ddot{x} + C\dot{x} + Kx = B_1 F_{unb} + B_2 G + B_3 F_{fr} \tag{7-70}$$

式中，M 为质量矩阵；C 为阻尼矩阵；K 为刚度矩阵；F_{unb} 为转子本身不平衡质量引起的激振力，可分解 F_{xunb} 和 F_{yunb} 两个分量；G 为转子系统重量矩阵；F_{fr} 为全流场流体激振力，主要包括主流场激振力 F_{xim} 和 F_{yim}、口环间隙流体激振力 F_{xkh} 和 F_{ykh}、盖板间隙流体激振力 F_{xqgb}、F_{yqgb}、F_{xhgb} 和 F_{yhgb}、平衡鼓间隙流体激振力 F_{rxbp} 和 F_{rybp}；B_1、B_2 及 B_3 分别为节点划分后的转子系统位置矩阵。

图 7-224 中 F_{rxin} 和 F_{ryin} 为诱导轮所受激振力，F_{xb1}、F_{yb1}、F_{xb2} 和 F_{yb2} 为轴承支承力。

（2）泵轴横振分析与临界转速计算　将在不同涡动比条件下通过数值模拟得到的径向力以及切向力代入

$$\begin{cases} \dfrac{F_{r(t)}}{e} = -K - c\Omega + M\Omega^2 \\[3mm] \dfrac{F_{\tau(t)}}{e} = k - C\Omega \end{cases} \tag{7-71}$$

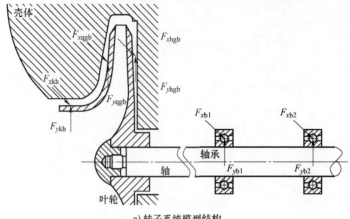

a) 转子系统模型结构

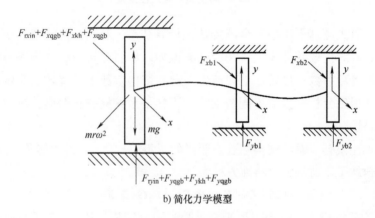

b) 简化力学模型

图 7-224　转子系统结构和受力形式

通过函数拟合得到各个转子动力学特性系数的值如下所示。

1) 对口环内以液氧为介质建模，测得口环 1 的内径 R_{b1} = 37.5mm、外径 R_{j1} = 37.75mm，口环长 L = 10.6mm，口环单边间隙 C = 0.25mm，计算结果见表 7-29。

表 7-29　口环 1 动力特性系数

口环尺寸	质量 M/kg	交叉阻尼 c/(N·s/m)	主阻尼 C/(N·s/m)	交叉刚度 k/(N/m)	主刚度 K/(N/m)
R = 37.5mm	1.5422×10⁻⁴	0.0858	0.1443	112.4595	104.7963

2) 对口环内以液氧为介质建模，测得口环 2 的内径 R_{b2} = 50.0mm、外径 R_{j2} = 50.25mm，口环长 L = 10mm，口环单边间隙 C = 0.25mm，计算结果见表 7-30。

表 7-30　口环 2 动力特性系数

口环尺寸	质量 M/kg	交叉阻尼 c/(N·s/m)	主阻尼 C/(N·s/m)	交叉刚度 k/(N/m)	主刚度 K/(N/m)
$R=50.0$mm	$3.5465×10^{-4}$	2.6679	2.9939	3875.6678	4684.6451

（3）转子单元模型计算　高速离心泵转子动力分析计算步骤如下：

加载模型：将图 7-225 所示转子模型文件导入 Workbench Modal 模块。

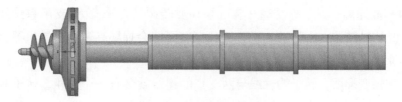

图 7-225　液氧泵转子模型

划分网格：选择物理偏好为机械的网格生成模式，设置相应的网格尺寸及网格生成算法，得到如图 7-226 所示计算网格。

图 7-226　液氧泵转子网格

插入轴承：选择轴承连接将轴承加到特定的面，并在明细栏中设置刚度系数和阻尼系数。轴承的刚度与阻尼下的轴系横振固有频率见表 7-31。

表 7-31　轴承刚度与阻尼对固有频率的影响

动特性系数	K_{xx} /(N/m)	K_{yy} /(N/m)	$K_{xy}=K_{yx}$ /(N/m)	C_{xx} /(N·s/m)	C_{yy} /(N·s/m)	$C_{xy}(=C_{yx})$ /(N·s/m)	一阶频率 /Hz	二阶频率 /Hz	三阶频率 /Hz
数值	$1.0×10^5$	$1.0×10^5$	0	1000	1000	0	265	654	920

Analysis Settings 的设置：根据要求设置模态阶数，选取横坐标的点数。

插入转速：点亮树形窗中的 Modal（A5）项，选中 Rotational Velocity，在详细栏中输入不同的转速。

插入位移：点亮树形窗中的 Modal （A5）项，选中 Displacement，在过滤器中将鼠标过滤为面，再在屏幕中直接选中转子固定端面，并单击详细栏中的 Apply 按钮，最后在详细栏中确定 X、Y、Z 三个方向位移为 0。

结果后处理：点亮树形窗中的 Solution （A6）项，选中工具栏上的坎贝尔 Diagram 和 Total Deformation 标签，最后单击 Solution （A6）下的 Solve 选项。

查看结果：单击坎贝尔 Diagram 可以得到坎贝尔图，单击 Total Deformation 得到总形变数据图和动画。

（4）高速离心泵临界转速　离心泵临界转速是转子-轴承-支承系统处于共振状态时的轴转速。临界转速引起的共振有可能会损坏高速运转的机器，因此临界转速的计算也尤为重要。

当转轴变形后，转子的轴线与两支点的连线就会有一个夹角，转子必然受到转轴作用于它的一个力矩，同时转轴受到一个转子的反作用力矩，即陀螺力矩。在正进动的情况下，陀螺力矩使转轴变形减小，因而提高了转轴的弹性刚度，也就提高了转子的临界转速；在反进动的情况下，陀螺力矩使转轴变形增大，降低了转轴的弹性刚度，临界转速也随之降低。图 7-227 所示为随着转速变化转子涡动频率的变化坎贝尔图。

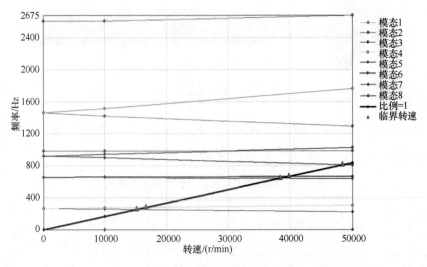

图 7-227　泵轴在液氧为介质中运转的坎贝尔图

由图 7-227 可以看出，陀螺力矩对这个转子的低阶临界转速影响比较小，涡动和自转频率曲线比较平直。一阶临界转速为正进动曲线与涡动同频线交点下的转速，可以得出泵轴在刚性支承时一阶临界转速为 15127r/min。

（5）高速离心泵模态振型　表 7-32 总结了基于节点单元法计算得到的转子的固有频率以及阻尼比。图 7-228 所示为泵轴的前 3 阶模态振型。

表 7-32　湿态转子的固有频率和阻尼比

固有频率/Hz			阻尼比		
1 阶	2 阶	3 阶	1 阶	2 阶	3 阶
264.64	654.23	919.94	0.86646E-03	0.58552E-02	0.84804E-03

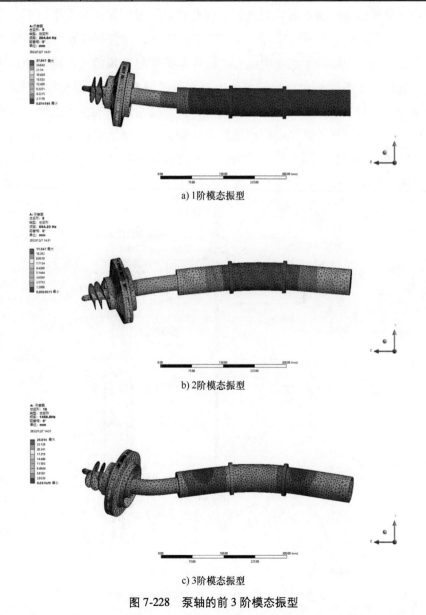

a) 1 阶模态振型

b) 2 阶模态振型

c) 3 阶模态振型

图 7-228　泵轴的前 3 阶模态振型

7.8 粗颗粒深海采矿泵机组

7.8.1 应用背景

针对深海矿石资源开发的技术特点，国内外提出了多种系统开发方案，但最有商业开采前景的技术形式仍是管道提升式，即海底集矿车采集矿石，通过立管将矿浆提升到水面采矿船上。如图 7-229 所示，立管扬矿系统，又称矿物浆体输送系统，由硬管系统、中继仓、软管系统和混输泵组成，其功能是将矿浆由海底提升至水面平台。扬矿系统上端与采矿船相接，下端与集矿车相连，混输泵和上下游的管线可以合称泵管系统，其面临两方面的技术挑战，一方面需要稳定安全地对复杂矿浆进行增压输运，避免局部堵塞和机泵过载；另一方面泵阀等流体动力装备须具备高可靠性和长周期运行特性，尤其需要延缓过流壁面的磨蚀和失效过程。

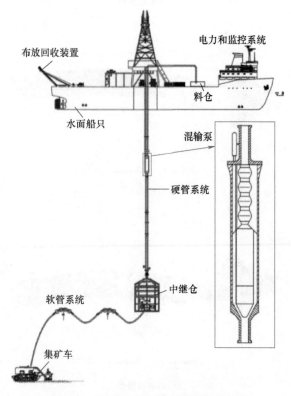

图 7-229　深海矿产资源开采系统示意图

上述背景蕴含的科学问题实质上是深海复杂介质条件下泵管系统内的多相流体动力学以及由此引发的表面磨损问题。从采矿输送的介质来看，其构成主要是粗颗粒结核（20~50mm）和一小部分来自海底沉积物和矿物粉化的细颗粒（微米级）。混输泵作为输送系统的核心动力装备，其内流特征是旋转部件和复杂过流通道下的粗颗粒固液两相流，其输运机理主要包括颗粒与海水相互作用、颗粒的各向异性湍流扩散、颗粒与旋转壁面碰撞作用、局部团聚引起的高浓度颗粒流等特征，与普通固液两相流截然不同。因此，粗颗粒与流体的耦合模型是混输泵的核心机制，其内在面貌即为颗粒和流体的两相运动特征，外在表象为泵的宏观性能，下游问题是壁面冲击与磨损。从壁面磨损的角度看，具有显著动能的颗粒、颗粒团对流道特定位置持续的冲击作用则是造成过流壁面磨蚀的主要原因。

1970 年代，首台应用于深海采矿的空间导叶混输泵由德国 KSB 公司采用放大流量法设计出来。这台泵的流道比用传统方法设计的流道要宽。宽流道可以确保粗颗粒的通过性。

1990 年代，基于 KSB 公司混输泵的技术框架，中国大洋矿产资源开发协会和长沙矿冶研究院联合开发了两级混输泵试验系统，工作流量为 420m³/h，扬程为 160m，转速为 1450r/min，如图 7-230 所示。

韩国海洋地质研究所利用 KSB 公司设计的混输泵为蓝本设计了两级混输泵，设计流量为 150m³/h，扬程为 70m，转速为 1750r/min。

7.8.2　整体结构设计

基于放大流量法设计的混输泵其设计流量高于运行流量，在运行流量下由于偏工况运行，在叶轮流道入口处容易产生回流以及流道内产生流动分离现象，从而加剧流动损失，导致偏工况运行下的流动不

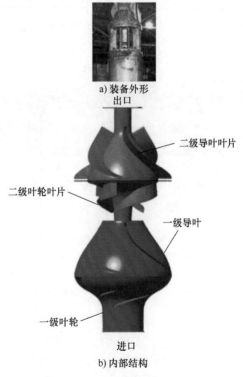

图 7-230　长沙矿冶研究院设计研制的两级混输泵

稳定现象。且随着流量的放大，比转速也会相应地放大，深海混输泵不同于低比转速泵，其效率并不是随着比转速的增大而不断增加，基于放大流量法设计的混输泵存在最佳放大系数。因此使用放大流量法时放大系数的确定应具体问题具体分析。

两级混输泵整体示意图如图 7-231 所示，由进/出口连接段、两组叶轮、蜗壳、机械密封件、连接管、拉杆、分水连接件、绕流管和电动机组件等组成。泵的整体结构通过 8 根不锈钢拉杆固定。蜗壳、连接管、分水连接件、绕流管和进/出口连接段之间都通过 M32 的锁紧螺母轴向锁紧。混输泵采用立式两级结构，电动机位于两级泵中间。由于蜗壳式离心泵的进口与出口互相垂直，会出现流体轴向进入泵、径向排出泵的特点。因此在第一级流道和第二级流道之间用中间连接管和一段弯管连接，在第二级流道出口处同样用几段弯管与出口连接。被输送的矿石混合物由进口连接段进入一级流道内，通过第一级叶轮的高速旋转给矿石混合物一定的速度和能量，再经过连接管到达第二级流道，后又经过第二级叶轮的增压增速，最后经过绕流管和出口流出。

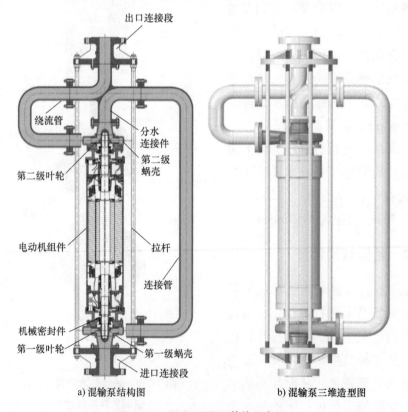

a) 混输泵结构图   b) 混输泵三维造型图

图 7-231　两级混输泵整体示意图

经核算，颗粒水力输送的最小提升速度 $v_s = 1.38 \sim 2.3 \mathrm{m/s}$，泵进口直径 $D_s =$ 150mm，泵出口直径 $D_d = 150\mathrm{mm}$，理论总效率为 60.7%。

7.8.3 过流部件设计

两级混输泵主要过流部件设计参数见表 7-33。

表 7-33 两级混输泵主要过流部件设计参数

参数	数值	参数	数值
比转速 n_s	92.8	叶片数 z	4
叶轮进口直径 D_j	212mm	蜗壳的基圆直径 D_3	400mm
叶轮出口外径 D_2	380mm	隔舌螺旋角 α_0	18°
叶轮出口宽度 b_2	52mm	轴功率 P	111kW
叶片的进口角 β_1	20°	电动机功率 P_g	150kW
叶片的出口角 β_2	24°		

叶轮进口直径在一定程度上能直接影响泵的流量和扬程，因此设计合理的叶轮大小十分重要。

叶轮的出口宽度是影响泵性能的主要参数之一，如果叶轮出口宽度较大，会使得扬程-流量特性曲线过于平坦，容易使泵发生过载；如果叶轮出口宽度较小，则会导致叶片包角很大，使得泵的沿程损失增大，降低泵的效率，并且还可能会导致大尺寸的颗粒无法顺利通过叶轮。因此需要选择较大的叶轮出口宽度来满足泵效率的同时也保证颗粒的通过性。

采矿泵内叶片的进口角与输送的颗粒粒径有关。一般来说，颗粒粒径越大，叶轮进口位置的磨损就会越严重，而进口的磨损随进口角的增大而减小。本文颗粒粒径为 10mm，选择进口角 $\beta_1 = 20°$。

叶片出口角会对叶轮流道形状以及泵的效率产生一定的影响，叶片出口角的增大，会使叶轮流道的形状变得更加弯曲和流道变短，这会导致水力损失增加，还可能会导致性能曲线出现驼峰，成为不稳定性能曲线，因此对叶片出口角的选择十分关键。综合考虑，选取出口角 $\beta_2 = 24°$。

叶片数 z 与泵的性能有很大关系，选择叶片数时，要考虑叶轮流道需要充足的长度，这可以确保输送流体的稳定性和叶片对输送流体的作用。对于离心泵而言，叶片数 z 一般取 $3 \sim 6$。叶片数越多，叶片之间的叶轮流道就越狭窄，能够输送的矿石颗粒就会较小，会造成叶轮进口的堵塞，降低了颗粒的通过性。并且叶片数少，还可以减少沿程的水力损失和降低叶轮的磨损量，从而能在一定程度上提高泵的性能。综合上述考虑，本文选择单级离心泵的叶轮叶片数 $z=4$。

混输泵的两级都采用相同的叶轮和蜗壳结构。叶轮采用闭式叶轮的形式，由前、后盖板和叶片组成，如图 7-232 所示。该形式的叶轮相比半开式和开式叶轮，可以更好地防止漏液，提高效率。叶轮的材料是用 304 不锈钢，能够有效提高叶轮的耐磨能力，提高叶轮的使用寿命。

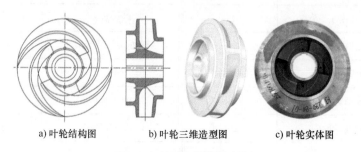

a) 叶轮结构图　　　　b) 叶轮三维造型图　　　　c) 叶轮实体图

图 7-232　两级混输泵叶轮

蜗壳的压水室主要由螺旋形和环形两种，本文综合考虑选择螺旋形压水室。

蜗壳采用螺旋形蜗壳的形式，能有效减少水力损失，采用铸造的加工方式，刚度较大可以有效承受高压力的工作环境，满足深海采矿的工作要求，具体造型如图 7-233 所示。

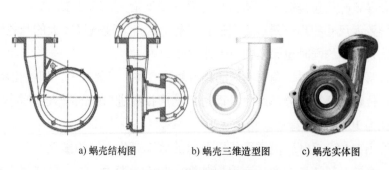

a) 蜗壳结构图　　　　b) 蜗壳三维造型图　　　　c) 蜗壳实体图

图 7-233　两级混输泵蜗壳

7.8.4　计算与校核

1. 校核计算求解设置

根据设计的深海采矿两级混输泵的参数，使用 Creo 软件和 NX 软件，绘制混输泵的三维水力模型，包括第一、二级叶轮和蜗壳流域、连接管流域、分水管流域、绕流管流域和进出口流域，如图 7-234 所示。

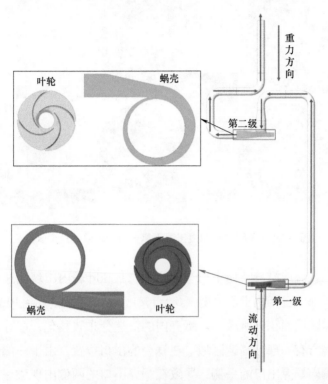

图 7-234　混输泵水力模型

采用 ICEM 软件对两级混输泵的计算流域进行网格划分，整体采用非结构化网格划分方式。对蜗壳隔舌、叶轮叶片区域及接触面进行加密处理。采用 CFD-DEM 耦合的方法对泵内矿物两相流动进行数值计算，介质对象是水和模拟结核颗粒。模拟液体运动的软件是 Fluent，模拟颗粒运动的软件是 Edem。流体相对颗粒相的作用力包含压力梯度力、流体曳力、附加质量力、Saffman 升力和 Magnus 升力。颗粒和颗粒之间的相互作用是选择 Hertz-Mindlin（no slip）方法，颗粒和壁面之间相互作用在此基础上多添加了 Archard 磨损模型。

2. 计算结果分析

对额定流量 Q（280m³/h）和颗粒粒径 d（10mm）的不同浓度的情形做模拟计算，分别选取第一级泵中截面位置做速度分布云图分析，如图 7-235 所示。

由图 7-235 可以发现：在第一级叶轮的进口位置流速较低，后经过叶轮旋

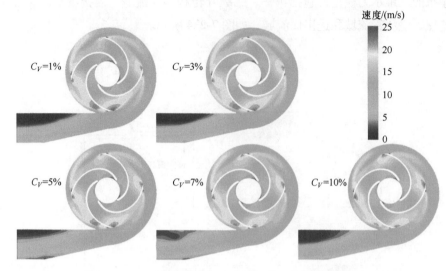

图 7-235　不同体积浓度工况下第一级混输泵的速度云图

转给予的动能，流速沿着叶轮出口逐渐增大。且在叶轮内出现高速区域，大多集中在叶片尾部。且相比于低浓度（C_V=1%），在高浓度（C_V=10%）工况下，叶轮内的高速区域面积有所减少。蜗壳内的流速分布较均匀，在叶片尾部靠近蜗壳壁面的地方有一部分高速区域。在蜗壳的出口位置，由于一部分流体被叶轮加速甩出偏向蜗壳出口的一侧，导致在蜗壳出口的两侧出现流速差异较大的情况。此外，第一级泵内整体流速分布较为一致，说明颗粒浓度的变化对第一级泵内的流速影响较小。

图 7-236 所示为不同浓度工况下的压力分布云图。由图可知，颗粒浓度的变化对第一级泵内压力的影响较大，当颗粒浓度增大时，泵内整体压力都随之增大。在浓度较低（C_V=1%）的工况，泵内的压力从第一级叶轮进口逐渐向蜗壳出口增大，整体的压力分布是比较均匀规则的；当颗粒浓度增大后，流道内的颗粒数目随之增大，增大了各个位置的压力，整体的压力分布也变得相对复杂；在蜗壳出口位置的高压区域随着颗粒浓度的升高，在压力逐渐增大的同时区域面积也逐渐增大；并且颗粒经叶轮加速后，在撞击蜗壳壁面时也造成蜗壳壁面附近出现了局部高压的区域，该现象在颗粒浓度较高时更明显。此外，无论颗粒浓度高低，由于蜗壳隔舌构造的特殊性，都存在面积较小的高压区域，这对泵的使用寿命会有一定的影响。

额定流量、10%浓度工况下颗粒在第一、二级叶轮内的速度分布如图 7-237

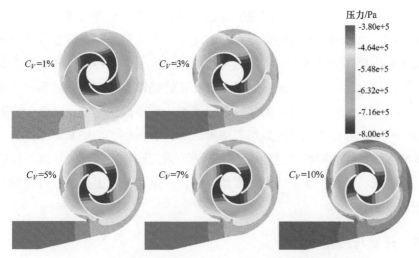

图 7-236 不同体积浓度工况下第一级混输泵的压力分布云图

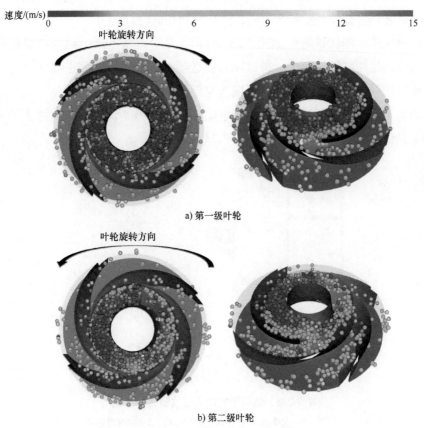

a) 第一级叶轮

b) 第二级叶轮

图 7-237 叶轮内颗粒速度分布

所示。可以看到，叶轮内颗粒的速度有较大差异，在叶轮进口至叶片前缘存在一低速区域，为了更方便说明颗粒运动的区域，把这块颗粒速度低且产生堆积的区域称为局部高浓度区域；在叶轮流道的其他区域，颗粒受到叶片工作面的旋转，速度增大，称其为增速区。第一级叶轮的局部高浓度区域面积大于第二级，是由于第二级叶轮进口前的颗粒来流受重力和惯性的影响，较集中地聚集在管道的一侧，因此第二级地局部高浓度区域只有第一级的一半。并且第二级局部高浓度区域内的颗粒速度要大于第一级，因此颗粒在第二级可以更快速地从该区域逃脱，减少了堆积情况和滞留时间，一定程度上提高了颗粒在第二级泵内的通过性。

7.8.5 开发与应用

依照设计结果，对相关主要零部件的质量控制项目进行规定，开展零部件的加工制造，零部件经检验合格后，开展装配和试验。

混输泵性能测试试验台如图 7-238 所示。其中，储水罐 1 给系统提供充足的液体以满足性能测试要求；进口压力变送器 4 和出口压力变送器 7 是为了监测混输泵扬程变化；气动球阀 6 可以排空混输泵上面管路内的液体；电磁流量计 8 是为了监测混输泵流量变化；由电动阀门执行器 9 调节管路内的流量大小来控制系统的流量。试验台实物如图 7-239 所示。

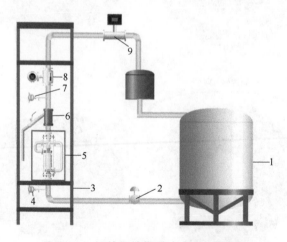

图 7-238 混输泵性能测试试验台示意图
1—储水罐 2—球阀 3—支撑架 4—进口压力变送器 5—两级混输泵 6—气动球阀
7—出口压力变送器 8—电磁流量计 9—电动阀门执行器

图 7-239　混输泵性能测试试验台实物

　　采集两级混输泵性能数据，绘制曲线如图 2-240 所示，发现混输泵性能良好，随着流量的增大，混输泵的扬程逐渐减小，轴功率和效率都在增大，当流量增大到额定流量 280m³/h 左右时，试验效率为 80%，达到设计要求。且在流量继续增大后，效率依然增大，但趋势变平缓，说明混输泵的高效区域宽广。由此看来，两级混输泵满足设计要求。

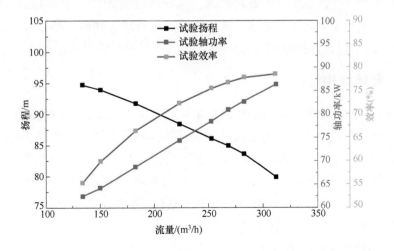

图 7-240　混输泵测试性能曲线

7.9 超大功率加氢进料泵机组

7.9.1 应用背景

大型炼化一体化装置离心泵是保障国家七大千万吨级炼化一体化项目顺利实施的重要基础装备,是目前国产化难度最大、安全级别要求最高的石化离心泵。由于使用工况苛刻(高温、低温、含固体颗粒和低汽蚀余量等),产品研发难度极大,深层次原因在于对适应不同工况需求的石化离心泵尤其大型炼化装置离心泵的关键技术问题研究得不够充分。目前仍有几款石化离心泵未能实现国产化,以典型高端石化离心泵产品为例:加氢反应进料泵是加氢装置最关键用泵,目前最大功率可达 5800kW,其输送介质为高温、易燃易爆介质(汽油、柴油、渣油、蜡油等),该类泵的压力高、流量大、配套电动机功率大,运行过程中必须保证连续运行和高可靠性。而延迟焦化工艺中的高压除焦水泵,由于介质含颗粒,而且是变工况间歇运行,其设计的出发点与加氢进料泵必然存在较大区别,3000kW 级高压除焦水泵基本被福斯公司垄断。在加氢精制工艺中,反应流出物由热高压分离器进入液力汽轮机,高温易燃易爆介质对液力汽轮机的热蠕变特性和连续高可靠性运行要求极高。目前,500kW 以上热高分热力汽轮机仍依赖进口。对于"高扬程、极低流量"工况的加氢装置注水泵,除了增速齿轮的加工精度要求很高,还需要重点关注高速运转过程中,加氢注水泵的汽蚀问题和小流量工况的驼峰问题,这些问题限制了大功率高压注水泵的国产化。总的来说,大型炼化装置离心泵真实运行环境和结构参数复杂,泵内部非定常流动及其造成的转子动力特性严重影响泵的长周期可靠运行。

7.9.2 整体结构设计

本书针对功率 5800kW 的加氢进料泵开展整体结构设计。加氢进料泵的流体动力稳定性研究一方面是为了保证获得足够的扬程、较高的效率、运行时的水力信息、良好的流场内部流场环境,另一方面是为了能够基于现场运行的目标和现场的反馈数据为后期的优化提供充足的数据。同时为选取适合于多级离心泵流场的数值计算方法,获得多级离心泵从包括进口延伸、前端盖板、叶轮、蜗壳、后盖板、出口延伸的数值模拟现象。

1. 加氢进料泵设计参数

目前市场上加氢进料泵的标准基本采用美国石油学会颁布的 API 610《石

油、重化学和天然气用离心泵》。结构为 API 610-BB5 双层壳体结构，即外层为径向剖分的筒形结构，装有转子的内壳采用蜗壳式水平剖分的结构。泵采用两端叶轮背靠背布置的方式消除了大部分轴向力，剩余的轴向力一部分靠平衡鼓平衡，另一部分由推力轴承承受。

十级加氢进料泵的计算域包括各级前盖板、叶轮、蜗壳、后盖板以及进口延伸段与出口延伸段。其中首级叶轮为双吸叶轮，其余叶轮均为单吸叶轮。其计算域模型如图 7-241 所示。

图 7-241　计算域模型

加氢进料泵的比转速与扬程分别为 17.52m 和 2700m，其余的主要参数见表 7-34。

表 7-34　加氢进料泵几何参数

部件		数值
级数 n		10
额定转速 $N/(r/min)$		4236
设计流量 $Q_d/(m^3/h)$		649
扬程 H/m		2700
效率 η（%）		75.9
首级双吸叶轮	叶片数 z_1	5
	进口直径 D_1/mm	190
	出口直径 D_2/mm	304.8
	包角 $\varphi_1/(°)$	130
	出口宽度 B_1/mm	46.6
	叶片进口角 $\beta_1/(°)$	13.3
	叶片出口角 $\beta_2/(°)$	17

（续）

部件		数值
	叶片数 z_2	5
	进口直径 D_3/mm	187
	出口直径 D_4/mm	356
次级单吸叶轮	包角 φ_2/(°)	140
	出口宽度 B_2/mm	28.8
	叶片进口角 β_3/(°)	21.8
	叶片出口角 β_4/(°)	16.9

2. 代理模型和熵产联合优化的泵叶轮设计

对于离心泵的水力设计而言，主要有三大问题需要去解决：①提高效率；②改善性能；③增强泵的稳定性。同时要保证离心泵高效稳定安全的运行，需要充分了解其内部流动运动形态，其中转子流域产生涡旋结构会产生水力激励，造成多级泵不稳定运行，同时能量损失加剧，极大地降低了效率。代理模型方法结合了智能算法，可以实现设计工况下离心泵性能的预测，对于非设计工况下的性能预测也可以完成，从而优化高效区域。它可以用来建立离心泵的设计参数与泵性能之间的黑箱关系。因此在结合代理模型和熵产联合约束的前提下，本书提出了一种泵叶轮优化设计方法。

为了综合考虑加氢进料泵的能量损失，使其高效稳定安全运行，本项目基于代理模型，综合考虑熵产的分布对于离心泵内能量损失的作用效果，本书基于代理模型和熵产联合优化的泵叶轮设计流程如图 7-242 所示。

7.9.3　计算与校核

1. 全流量工况下加氢进料泵性能预测技术

本书以石油化工行业的加氢进料多级离心泵进行设计研究，加氢装置进料泵的作用是将原料升压后送至加热炉，其输送的介质温度较高、压力较大，离心泵机组是加氢裂化装置的核心，一旦加氢进料泵运行中断，整个加氢进料装置都会停产，损失不可估量。因此，加氢进料泵的结构选型与设计要合理，不仅可以减少设备的能耗量，还可以提高离心泵机组的可靠性。

（1）湍流模型　采用的湍流模型为 SST 湍流模型，其控制方程如下所示，这是一种典型的两方程模型。

$$\frac{\partial}{\partial t}(\rho\kappa)+\frac{\partial}{\partial x_j}\left[\rho\kappa u_i-\left(\mu+\frac{\mu_j}{\sigma_{\kappa 3}}\right)\frac{\partial\kappa}{\partial x_j}\right]=P_\kappa-\beta'\rho\kappa\omega \tag{7-72}$$

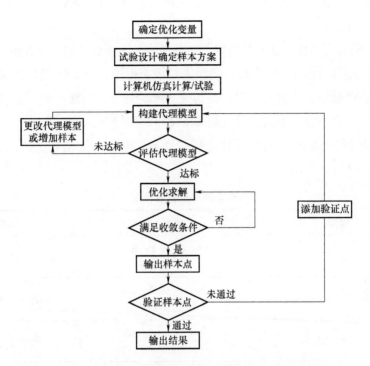

图 7-242　基于代理模型和熵产联合约束的泵叶轮设计流程

$$\frac{\partial}{\partial t}(\rho\omega)+\frac{\partial}{\partial x_j}\left[\rho\kappa u_i-\left(\mu+\frac{\mu_j}{\sigma_{\kappa3}}\right)\frac{\partial\omega}{\partial x_j}\right]=(1-F_1)2\rho\frac{\partial\kappa}{\partial x_i}\frac{\partial\omega}{\partial x_i}+\alpha_3\frac{\omega}{\kappa}P_\kappa-\beta_3\rho\omega^2 \quad (7\text{-}73)$$

式中　　　　　κ——湍动能；

　　　　　　　ω——湍流频率；

　　　　　　　P_κ——湍流生成速率；

　$\sigma_{\kappa3}$、α_3、β_3——常数。

　　该湍流模型对于流速大范围变化的问题具有良好的适应能力，适用于在计算离心泵等水力模型的扬程效率等问题。

　　（2）数值计算方法　采用 ANSYS CFX 软件对多级离心泵的单相流动进行仿真。整个数值模拟包括定常和非定常流动。为了封闭控制方程组，得到确定解，需要给定初值及边界条件。

　　1）进口边界条件：进口给定总压进口边界，边界类型设为 Inlet。设计流量点的压力值直接由技术协议中定义的进口压力值确定，为 1.052MPa。

　　2）出口边界条件：泵的出口边界类型设为 Outlet（出口），根据不同的流速，结合相对应的质量换算成给定出口的质量流速，在 CFX 中给定 Mass Flow Rate（质量流率）。

3）固壁边界条件：离心泵的各个壁面都设为无滑移的固壁边界条件，在近壁区域，采用 Scalable（可扩展）壁面函数模拟近壁流动。叶轮包括泵腔上与叶轮相连的壁面定义为旋转边界，其转速为叶轮转速。各级叶轮、蜗壳与前后盖板间隙流设置一致，不同计算域间采用交界面连接（Domain Interface），稳态条件下静止部件和转子部件的连接选择 "Frozen Rotor（冻结转子）" 方式，具体的边界条件见表 7-35。

表 7-35　边界条件

壁面	边界条件	计算域
进口	Inlet（Total Pressure） ［进口（总压）］	进口延伸段
进口延伸段壁面	Smooth no-slip wall （光滑无滑移壁面）	进口延伸段
前盖板外壁面	Smooth no-slip wall （光滑无滑移壁面）	前密封结构
前盖板内壁面	Rotating Smooth no-slip wall （旋转光滑无滑移壁面）	前密封结构
后盖板外壁面	Smooth no-slip wall （光滑无滑移壁面）	后密封结构
后盖板内壁面	Rotating Smooth no-slip wall （旋转光滑无滑移壁面）	后密封结构
叶轮叶片	Rotating Smooth no-slip wall （旋转光滑无滑移壁面）	叶轮
叶轮前后盖板	Rotating Smooth no-slip wall （旋转光滑无滑移壁面）	叶轮
出口	Outlet（Mass Flow Rate） ［出口（质量流率出口）］	出口延伸段
进口段与叶轮交界面	Frozen Rotor（冻结转子）	—
叶轮与蜗壳交界面	Frozen Rotor（冻结转子）	—
前腔与蜗壳交界面	Frozen Rotor（冻结转子）	—
后腔与蜗壳交界面	Frozen Rotor（冻结转子）	—

（3）数据交换面设置 现行旋转流体机械的数值计算中，常用设置旋转流域的方法实现对旋转运动的模拟。在加氢进料泵中，设置进口延伸、出口延伸和蜗壳流域为静止域，叶轮相关区域为旋转域。静止域内的各物理量采用绝对坐标系进行计算，旋转域内则按照相对坐标系进行计算。在进行数据传递时，需要考虑是否进行时间和空间上的平均化，准确设置交界面类型，才能获得更接近物理事实的计算结果。CFX 中给出的稳态计算交界面设置类型有以下几种：

1）None（无）：适用于无相对位置变化的流域间，允许交界面的节点分布不同。

2）Frozen Rotator（冻结转子）：适用于存在相对运动的流域间，在计算时不消除两者的相位关系，计算结果会受流域间相对位置影响。

3）Stage（阶段）：适用于存在相对运动的流域交界间，在计算时会在交界面上进行数据的平均化处理，从而体现时均化的数据特点。对加氢泵，工作时始终处于非稳态状态，若使用稳态方法进行模拟，应选取那些能够体现时均化特点的设置。所以，对计算中的两处动静交界面，即叶轮与前盖板交接口、叶轮后盖板交界面，选用 Stage（阶段）类型进行设置。

（4）瞬态计算设置 近年来，ANSYS-CFX 被广泛地应用到泵的湍流流动研究中，本文采用 CFX 对模型泵的全流场工作状态进行数值计算。在瞬态的数值模拟过程中，由于所选取的工况为 4236r/min，所以叶轮旋转一周的时间为 0.0142s，把叶轮旋转 3° 所需的时间设为一个时间步长，所以，时间步长为 0.000118s。设置每个时间步长最大迭代次数为 20 次。在数值计算过程中，通过观察残差曲线的变化趋势来判断计算是否收敛，当残差在一个数值附近较小的范围内波动时，认为计算达到了收敛，在计算中将收敛残差值设置为 $1×10^{-5}$。瞬态的数值模拟共计算了 6 圈。

（5）加氢进料泵流体计算域网格划分 加氢进料泵过流部件包括进口延伸、十级前盖板、十级叶轮、十级蜗壳、十级后盖板和出口延伸，共六部分，部件较多，结构紧凑。同时，由于转速较高，离心轮叶片扭转强烈，且叶轮与进口延伸处距离近，叶轮出口处和出口延伸接触较少，造成流场具有整体顺畅、局部复杂的特点。为了保证网格整体具有较高质量，而且生成迅速，主要采用了非结构网格生成，复杂局部区域进行网格加密处理。各部件网格示意图如图 7-243 所示。

由于各过流部件是分开划分网格的，在导入 CFX 中进行计算之前将其组装成一个整体的网格文件，如图 7-244 所示。

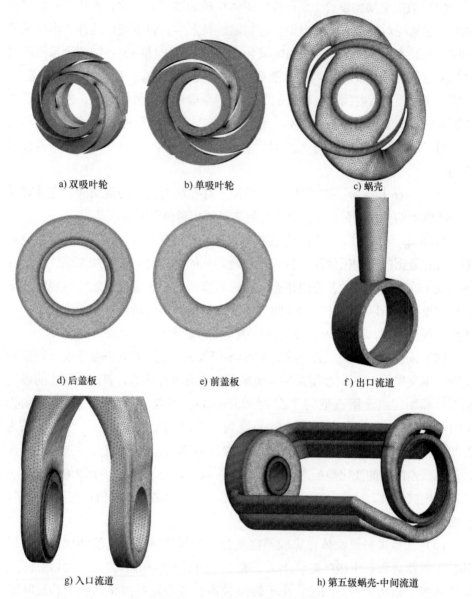

a) 双吸叶轮 b) 单吸叶轮 c) 蜗壳

d) 后盖板 e) 前盖板 f) 出口流道

g) 入口流道 h) 第五级蜗壳-中间流道

图 7-243 各过流部件网格示意图

针对该加氢进料泵绘制了 5 套网格，网格数目分别为 1521 万、2562 万、3212 万、4216 万和 6110 万，同时采用不同的网格对该额定工况下的扬程和效率进行计算，来评估不同网格对数值模拟的影响，见表 7-36。在第 2 套网格时，增加网格数扬程已经不再随着网格数的增加发生较大的变化，并且此时扬程已与加氢进料泵在试验条件下得到的扬程数据相一致，所以在后文的计算中选取

图 7-244　计算域示意图

mesh2（网格数为 2562 万）为计算所使用的网格方案。

表 7-36　网格无关性

网格方案	1	2	3	4	5
网格数目	15.21×10^6	25.62×10^6	32.12×10^6	42.16×10^6	61.1×10^6
扬程/m	2718.3	2739.5	2742.1	2750.2	2752.7
效率（%）	76.9	77.3	77.5	77.6	77.6

　　多级离心泵的网格数目较多，为了使计算更加准确，有必要对网格进行进一步的验证。网格收敛指数（GCI）是一种网格独立性分析的可靠方法，因此，本文引入网格离散化误差分析，分别选取网格数为倍数关系的 1521 万、3212 万与 6110 万进行验证。离散化误差的运算过程如下：

　　第一步，定义一个具有代表性的网格尺寸 h：

$$h = \left[\frac{1}{N} \sum_{i=1}^{N} (\Delta V_i) \right]^{1/3} \tag{7-74}$$

式中　ΔV_i——第 i 个单元的体积；

　　　　N——用于计算的单元体的总数。

　　第二步，选择三组明显不同的网格数目进行计算，以确定对模拟研究目标重要的关键变量的值。

　　第三步，让 $h_1 < h_2 < h_3$，同时，$r_{21} = h_2/h_1$，$r_{32} = h_3/h_2$，然后使用式（7-75）计算该方法的表观阶数 p：

$$\begin{cases} p = \dfrac{1}{\ln r_{21}} \mid \ln \mid \varepsilon_{32}/\varepsilon_{21} \mid + q(p) \mid \\[3mm] q(p) = \ln \dfrac{r_{21}^{p} - s}{r_{32}^{p} - s} \\[3mm] s = 1 \cdot \mathrm{sgn}(\varepsilon_{32}/\varepsilon_{21}) \end{cases} \tag{7-75}$$

式中，$\varepsilon_{21} = \varphi_1 - \varphi_2$，$\varepsilon_{32} = \varphi_3 - \varphi_2$；$r$ 表示网格细化因子；φ 表示一般变量。

本书中，选取多级泵的扬程与效率作为一般变量。式（7-75）具有非线性的特点，因此，使用 MATLAB 编写程序进行定点迭代来数值求解。

第四步，根据式（7-76）计算外推误差：

$$\phi_{\mathrm{ext}}^{21} = (r_{21}^{p} \varphi_1 - \varphi_2)/(r_{21}^{p} - 1) \tag{7-76}$$

第五步，计算并总结以下误差估计值：

近似相对误差：

$$e_{\mathrm{a}}^{21} = \left| \frac{\varphi_1 - \varphi_2}{\varphi_1} \right| \tag{7-77}$$

外推相对误差：

$$e_{\mathrm{ext}}^{21} = \left| \frac{\varphi_{\mathrm{ext}}^{12} - \varphi_1}{\varphi_{\mathrm{ext}}^{12}} \right| \tag{7-78}$$

精细网格收敛指数：

$$\mathrm{GCI}_{\mathrm{fine}}^{21} = \frac{1.25 e_{\mathrm{a}}^{21}}{r_{21}^{p} - 1} \tag{7-79}$$

上述网格收敛指数验证的过程中，采用不动点迭代法求解第三步的方程，收敛误差设置为 10^{-3}。计算的离散化误差分析见表 7-37，结果表明近似相似误差、外推相对误差和精细网格收敛指数均满足仿真要求。最后，选择了 2562 万个网格用于本研究的后续模拟。主要过流部件的网格数量见表 7-38。

表 7-37　网格收敛性分析

参数	φ 为扬程时	φ 为效率时
网格数目 $N_1/N_2/N_3$（10^6）	61.1/31.9/15.6	61.1/31.9/15.6
网格细化因子 r_{21}/r_{32}	1.242/1.269	1.242/1.269
计算变量 $\varphi_1/\varphi_2/\varphi_3$	2742.1/2739.2/2718.3	77.5/77.3/76.9
表观阶数 p	1.484	2.618

（续）

参数	φ 为扬程时	φ 为效率时
外推误差 φ_{ext}^{21}	2774.3	78.3
近似相对误差 e_a^{21}	0.11%	0.26%
外推相对误差 e_{ext}^{21}	1.16%	1.02%
精细网格收敛指数 GCI_{fine}^{21}	1.47%	1.34%

表 7-38 主要过流部件的网格数量

过流部件	进口管	首级叶轮	首级蜗壳	次级叶轮	次级蜗壳	中间流道	出口管	总网格数
网格数量 (10^6)	0.52	1.82	1.40	1.10	1.34	1.70	0.56	25.62

（6）试验与仿真结果对比验证　本部分主要是对上文中所绘制完成的网格在进行网格无关性验证以及收敛性分析后与试验数据进行比对，对网格的有效性进行验证。主要是对不同转速下对应的工况进行模拟计算，同时与试验所给数据进行对比，通过绘制扬程-效率曲线来验证试验仿真的有效性。

水力性能试验台实物图如图 7-245 所示，对模型泵进行了不同工况下的水力性能试验，验证原型样泵的水力结果。图 7-246 所示为水力性能试验台系统图。试验台架包括数据采集系统、测试管路、控制阀、压力传感器、电磁流量计、水罐、模型泵。泵的驱动电动机是有变频装置的电动机。采用工作范围为 $0 \sim 1000 \mathrm{m^3/h}$ 的电磁流量计测量瞬时流量，流量计误差在 $\pm 0.5\%$ 以内。采用 MIK-P300 型压力传

图 7-245　水力性能试验台实物图

感器，其测量范围可达 60MPa，满足测量高压离心泵的需求。压力传感器主要布置在多级离心泵的进口与出口处以接收压力信号。调节变频电动机控制转速为 4236r/min。调整控制阀 1 的开度，改变进口压力和流量，观察压力传感器与电磁流量计。统计不同流量条件下模型泵的进出口压力数据。每组试验重复三次，以消除测量可能引起的误差。

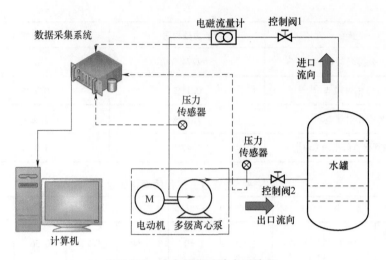

图 7-246　水力性能试验台系统图

　　由试验测得的结果和稳态模拟的结果，可以得到 10 级多级离心泵的外特性
曲线的对比图，如图 7-247 所示。在本研究中，选取模型泵的 6 个工况点进行
了数值模拟。总体来看，数值模拟的模型泵性能变化趋势与试验结果基本一致。
可以观察到数值模拟结果略大于试验结果，主要是由于在模拟中没有考虑机械
损失和部分体积损失，而且忽略了叶轮与泵壳之间的间隙流动。对于多级泵扬
程，仿真结果的最大误差为 4.86%。对于多级泵的效率，仿真结果的最大误差
为 4.91%。所有的仿真结果都在可接受的范围内，因此，本研究的仿真结果在
一定程度上是可靠和准确的。

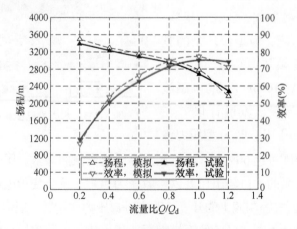

图 7-247　外特性对比图

（7）加氢进料泵内流场分析　叶轮的旋转运动对流体做功，将动能转换为内部流体势能，所以离心泵内部的压力分布对泵的性能影响较大。随机选取叶轮转动一圈对离心泵进行流场内部的压力云图绘制。图 7-248 所示为加氢进料泵切面的整体压力分布图，在一个旋转周期内压力是由略微波动的，在连接出口的第十级上最为明显。

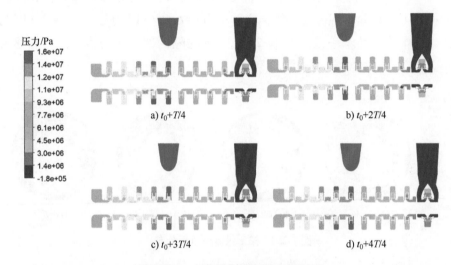

图 7-248　加氢进料泵切面压力云图

为了更加细致地观察叶轮内部压力分布情况，取首级双吸叶轮与第二、十级的单吸叶轮绘制云图。图 7-249 所示为首级双吸叶轮的压力云图，整体上看，离心泵内部流场的分布大致规律如下，叶轮的进口位置出现大面积的低压区，且压力沿着流体的流动方向逐渐增加，在扩散出口段达到最大。但是在靠近隔舌的部位，会有一个压力突升的部位，压力只有在叶片尾部靠近蜗壳处达到最

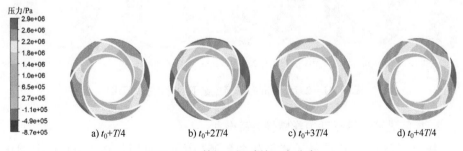

图 7-249　首级双吸叶轮压力分布

大值，这是由于液体在叶轮内加速，而在叶片尾部液体即将被甩出，在被甩出时其方向会发生改变，同时与蜗壳发生撞击会使得液体的压力急剧增加，进而会引起流速产生变化及二次回流，使得该处压力增加。一个旋转周期内，$t=t_0+T/4$ 时刻与 $t=t_0+4T/4$ 时刻的压力分布情况基本一致，$t=t_0+2T/4$ 时刻的隔舌部位压力最大，然后逐渐减小。

图 7-250 所示为加氢进料泵第二级单吸叶轮的压力分布云图。在相同的压力标尺下，其分布规律与首级类似，均为 $t=t_0+T/4$ 时刻与 $t=t_0+4T/4$ 时刻的压力分布情况基本一致，$t=t_0+2T/4$ 时刻的隔舌部位压力最大，然后逐渐减小。

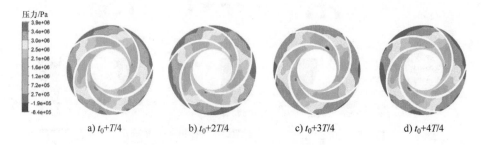

a) $t_0+T/4$ b) $t_0+2T/4$ c) $t_0+3T/4$ d) $t_0+4T/4$

图 7-250　第二级叶轮压力分布

图 7-251 所示为第十级的叶轮压力分布情况。可以观察到叶片入口有明显的小范围低压区域，但以整体泵压力为参考时其影响不大。第十级在 $t=t_0+2T/4$ 时刻时，压力与首级和次级不同，出现了降压的情况，这与叶轮呈背靠背布置形式有关。

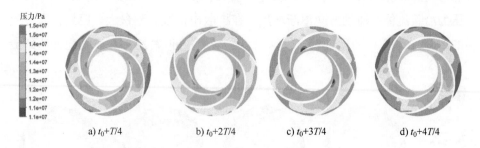

a) $t_0+T/4$ b) $t_0+2T/4$ c) $t_0+3T/4$ d) $t_0+4T/4$

图 7-251　2975r/min 时不同流量下的叶轮压力云图

2. 加氢进料泵转子动力学特性计算分析

用于临界转速分析的转子模型如图 7-252 所示，针对该转子完成的计算内容包括：转子在空气中的干态临界转速分析；转子的振动响应分析。

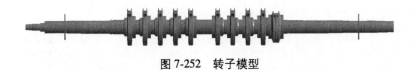

图 7-252　转子模型

　　该模型主要包含了转轴、轴承、各级叶轮、前盖板和后盖板等结构。叶轮与转轴通过键连接的方式进行固定，前后盖板固定在叶轮前后端，轴承位于转轴两端。

　　（1）干态转子横振分析

　　1）节点单元模型计算。轴单元包括了轴段的直径及长度，质量单元包括各零件的质量及转动惯量，轴承单元包括滑动轴承的刚度系数和阻尼系数，简化后的节点单元模型如图 7-253 所示，网格总数为 245081。

图 7-253　节点单元模型

　　计算得到轴承的刚度与阻尼下的轴系横振固有频率见表 7-39。

表 7-39　轴承的刚度与阻尼对固有频率的影响

动特性系数	K_{xx} /(N/m)	K_{yy} /(N/m)	K_{xy} ($=K_{yx}$) /(N/m)	C_{xx}/ (N·s/m)	C_{yy}/ (N·s/m)	C_{xy} ($=C_{yx}$)/ (N·s/m)	一阶频率 /Hz	二阶频率 /Hz	三阶频率 /Hz
数值	1.0×10^{8}	1.0×10^{8}	0	1000	1000	0	111	263	435

　　当转轴变形后，转子的轴线与两支点的连线就会有一个夹角，转子必然受到转轴作用于它的一个力矩，同时转轴受到一个转子的反作用力矩，即陀螺力矩。在正进动的情况下，陀螺力矩使转轴变形减小，因而提高了转轴的弹性刚度，也就提高了转子的临界转速；在反进动的情况下，陀螺力矩使转轴变形增大，降低了转轴的弹性刚度，临界转速也随之降低。图 7-254 所示为随着转速变化转子涡动频率的变化坎贝尔图。

　　从图 7-254 中可以看出，陀螺力矩对这个转子的低阶临界转速影响比较小，涡动和自转频率曲线比较平直。一阶临界转速为正进动曲线与涡动同频线交点下的转速，可以得出泵轴在刚性支承时一阶临界转速为 1151.8r/min。

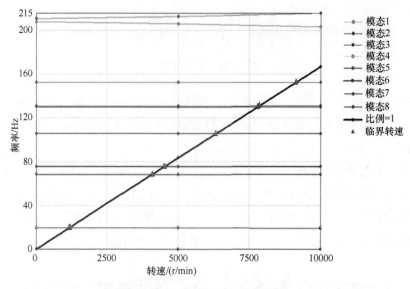

图 7-254　干态转子的坎贝尔图

2）轴系的干态临界转速。表 7-40 总结了基于节点单元法计算得到的干态转子的固有频率以及阻尼比。图 7-255 所示为泵轴的前四阶模态振型。

表 7-40　干态转子的固有频率和阻尼比

固有频率/Hz			阻尼比		
一阶	二阶	三阶	一阶	二阶	三阶
111.32	263.22	435.17	$0.76×10^{-3}$	$0.59×10^{-2}$	$0.786×10^{-3}$

（2）叶轮口环转子动力学模型　在准稳态方法下共有五个密封口环转子动力学特性参数可以通过计算密封切向力、径向力以及涡动值求得。通过选取不同的涡动值能够得到多个方程组，将至少三个这样的方程组联立就可求得所需的五个密封口环转子动力学特性参数的值。对于某一固定工作转速 N，可取涡动频率为-1.0、-0.5、0、0.5、1.0 倍的工作转速，组成五组六元一次方程组，每三组方程可求解出一组动特性系数，五组方程排列组合求取叶轮口环主刚度、主阻尼、交叉刚度、交叉阻尼、主附加质量五项等效动特性参数的加权平均值即为该叶轮口环处的等效动力学特性参数。

用于临界转速分析的泵转子模型如图 7-256 所示，针对该转子完成的计算内容为转子的"湿态"临界转速计算。

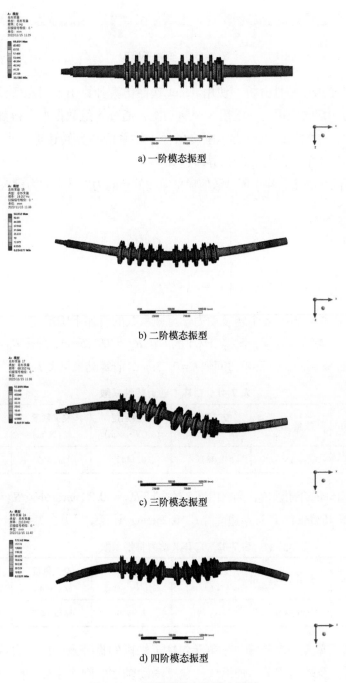

a) 一阶模态振型

b) 二阶模态振型

c) 三阶模态振型

d) 四阶模态振型

图 7-255　泵轴的前四阶模态振型

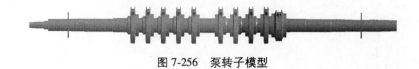

图 7-256　泵转子模型

（3）转子振动特性分析　使用 fluent 软件仿真计算出准稳态条件下口环的径向作用力和切向作用力，采用 5 个涡动比，通过 5 组数据拟合得到口环的动力特性系数，在此基础上对支承刚度条件下轴系的临界转速进行了分析计算，得到支承刚度下的一阶与二阶临界转速。

将在不同涡动比条件下通过数值模拟得到的径向力以及切向力代入式（7-80）中：

$$\begin{cases} \dfrac{F_{r(t)}}{e} = -K - c\Omega + M\Omega^2 \\[2mm] \dfrac{F_{\tau(t)}}{e} = k - C\Omega \end{cases} \tag{7-80}$$

通过函数拟合得到各个转子动力学特性系数的值如下所示。

1）对口环内介质建模，测得口环 1 的内径 $R_{b1} = 109.25\text{mm}$、外径 $R_{j1} = 109.5\text{mm}$，口环长 $L = 18.8241\text{mm}$，口环单边间隙 $C = 0.25\text{mm}$，计算结果见表 7-41。

表 7-41　口环 1 动力特性系数

口环尺寸 R/mm	质量 M/kg	交叉阻尼 $c/(\text{N}\cdot\text{s/m})$	直接阻尼 $C/(\text{N}\cdot\text{s/m})$	交叉刚度 $k/(\text{N/m})$	直接刚度 $K/(\text{N/m})$
109.25	1.5422×10^{-4}	0.0858	0.1443	112.4595	104.7963

2）对口环内介质建模，测得口环 2 的内径 $R_{b2} = 90.22\text{mm}$、外径 $R_{j2} = 90.47\text{mm}$，口环长 $L = 35.1535\text{mm}$，口环单边间隙 $C = 0.25\text{mm}$，计算结果见表 7-42。

表 7-42　口环 2 动力特性系数

口环尺寸 R/mm	质量 M/kg	交叉阻尼 $c/(\text{N}\cdot\text{s/m})$	直接阻尼 $C/(\text{N}\cdot\text{s/m})$	交叉刚度 $k/(\text{N/m})$	直接刚度 $K/(\text{N/m})$
90.22	3.5465×10^{-4}	2.6679	2.9939	3875.6678	4684.6451

（4）转子单元模型计算　轴单元包括了轴段的直径及长度，质量单元包括各零件的质量及转动惯量，轴承单元包括滑动轴承的刚度系数和阻尼系数，简化后的节点单元模型如图 7-257 所示。

轴承的刚度与阻尼下的轴系横振固有频率见表 7-43。

图 7-257　简化后的节点单元模型

表 7-43　轴承刚度与阻尼对固有频率的影响

动特性系数	K_{xx} /(N/m)	K_{yy} /(N/m)	K_{xy} ($=K_{yx}$) /(N/m)	C_{xx} /(N·s/m)	C_{yy} /(N·s/m)	C_{xy} ($=C_{yx}$) /(N·s/m)	一阶频率 /Hz	二阶频率 /Hz	三阶频率 /Hz
数值	1.0×10^8	1.0×10^8	0	1000	1000	0	112	264	445

当转轴变形后，转子的轴线与两支点的连线就会有一个夹角，转子必然受到转轴作用于它的一个力矩，同时转轴受到一个转子的反作用力矩，即陀螺力矩。在正进动的情况下，陀螺力矩使转轴变形减小，因而提高了转轴的弹性刚度，也就提高了转子的临界转速；在反进动的情况下，陀螺力矩使转轴变形增大，降低了转轴的弹性刚度，临界转速也随之降低。图 7-258 所示为随着转速变化转子涡动频率的变化坎贝尔图。

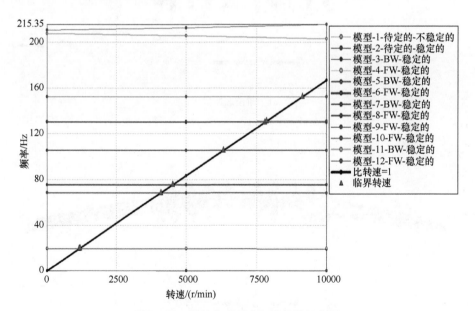

图 7-258　泵轴在介质中运转的坎贝尔图

从图 7-258 中可以看出，陀螺力矩对这个转子的低阶临界转速影响比较小，涡动和自转频率曲线比较平直。一阶临界转速为正进动曲线与涡动同频线交点下的转速,可以得出泵轴在刚性支承时一阶临界转速为 1283.8r/min。

表 7-44 总结了基于节点单元法计算得到的湿态转子的固有频率以及阻尼比。

表 7-44　湿态转子的固有频率和阻尼比

固有频率/Hz			阻尼比		
一阶	二阶	三阶	一阶	二阶	三阶
111.9	263.9	444.6	0.866×10^{-3}	0.586×10^{-2}	0.848×10^{-3}

图 7-259 所示为泵轴的前四阶模态振型。

a) 一阶模态振型

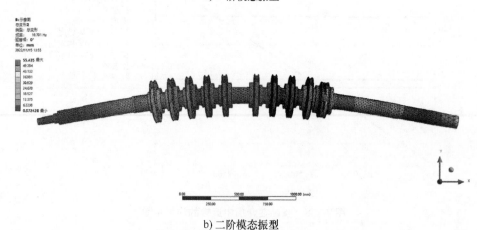

b) 二阶模态振型

图 7-259　泵轴的前四阶模态振型

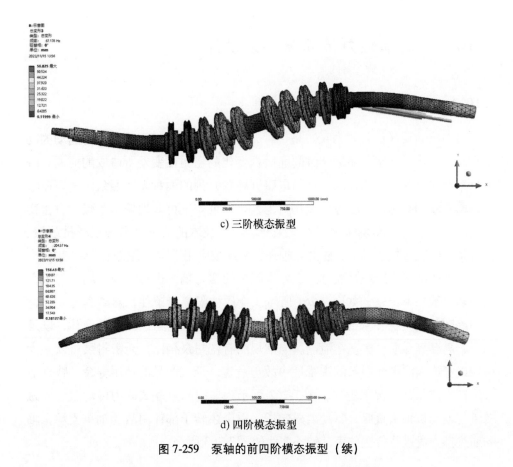

c) 三阶模态振型

d) 四阶模态振型

图 7-259 泵轴的前四阶模态振型（续）

7.9.4 开发与应用

图 7-260 所示为大功率加氢进料泵机组现场安装图，该进料泵已在某石化公司的加氢进料装置中安全稳定运行，是目前国内乃至世界上运行功率最大的加氢进料泵。

图 7-260 大功率 5800kW 加氢进料泵机组现场安装图

7.10 大功率磁力传动离心泵设计

7.10.1 应用背景

　　磁力传动泵（简称磁力泵）是一种无泄漏离心泵，由于没有相对运动的动密封面，消除了动密封随运转时间而磨损变化的密封性变差所造成的泄漏。磁力泵具有完全零泄漏的优点，是与电磁屏蔽泵并列的两种无泄漏泵之一，在输送易燃易爆和有毒、高温液体类物料上，可保证安全可靠地输送，减少有害物质的排放，有利于环境保护和安全生产。随着技术的成熟，和国家减排政策、安全生产政策法规的推进，磁力泵越来越多地被应用于国内各类化工装置中。

　　磁力传动器的原理是通过内、外永磁体的磁力耦合进行常规电动机与泵之间的非接触功率传输，如图 7-261 所示。介质被隔离套罩住，隔离套与壳体之间用静密封垫实现静密封，适用于输送腐蚀、危险、有毒、放射性液体，以及高压、高温等介质，实现零泄漏。与常规的有密封泵相比，无密封泵可以大大减轻或消除因泄漏而引起的灾难性事故与危害，延长产品的使用寿命，特别适合于在特定苛刻工况下工作。图 7-262 所示为典型的直联式磁力传动泵，外磁转子与电动机轴头直联，驱动内磁转子，整个泵转子部件由滑动轴承支承，轴向通过推力盘进行位置约束，转子部件如图 7-263 所示。

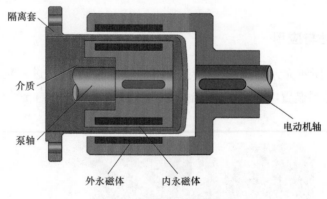

图 7-261　磁力传动器的原理

采用磁力泵技术有以下几方面优点：

1）密封可靠。磁力泵由于采用隔离套静密封，取消了常规离心泵上的易损件——机械密封，使机组的运行可靠性大大提高，延长了无故障运行时间。介

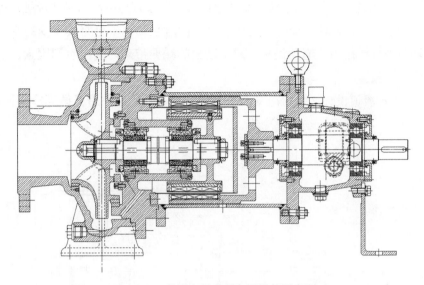

图 7-262　典型直联式磁力泵结构示意图

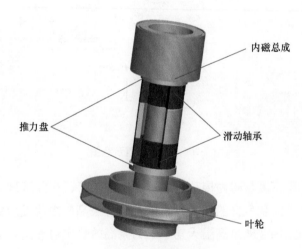

图 7-263　泵转子部件

质中的颗粒通过性好，不易发生定子、转子碰擦所造成的密封损坏事故。

2）维修方便。磁力泵结构简单，拆装方便，易于检修维护。

3）过载保护。因为是通过磁力传动器输送功率，属于非接触式传递，当泵出现意外造成过载时，磁力传动器会因为过载，形成内外磁滑脱。滑脱后，磁力传动器不再传递功率，电动机此时处于空转状态，因此可以避免电动机因过载而损坏。

4）泵组减振。因为功率传递是非接触式，即泵轴与电动机轴非接触，提高了轴系的刚性和抗振性，降低不对中振动，同时泵轴也不会将其所受的水力激振及轴向力直接作用于电动机轴，对电动机的减振带来一定的有利因素，从而有利于泵组减振。

5）冷却流道设计。泵组冷却流道如图 7-264 所示，采用正循环冷却设计，利用叶轮出口与进口压差实现冷却。

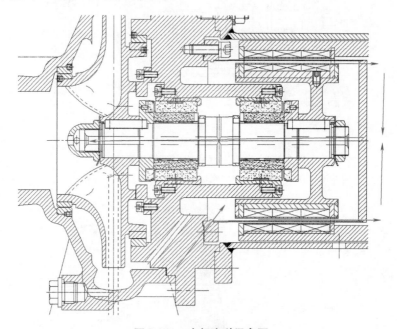

图 7-264   冷却流道示意图

高压和大功率密度是磁力传动离心泵的发展趋势，在此基础上保证离心泵具有优越的工作性能和良好的运行稳定性是离心泵高参数化发展的关键。优秀的水力性能和抗汽蚀性能是高温大功率磁力泵高效稳定可靠运行的前提。磁力泵在输送高温介质时，由于温度或压力等变化极易汽化析出少量气体，流体具有弱可压特性，而且在磁力泵内会存在液体汽化现象，发生汽蚀，内部的空化现象不仅影响泵的流体动力性能，同时造成高幅度的流动结构振荡。同时，在高温大功率磁力泵实际研制过程中必须充分考虑隔离套中磁场作用产生的涡流损耗对机组整体效率的影响，以保证磁力泵机组高效运行及其稳定性。在磁力泵磁路设计中，如何平衡磁转子参数、隔离套尺寸与涡量损耗之间的关系，极为重要。在常规磁力泵磁力传动设计中，尤其是针对大功率（300kW 以上）磁力泵，磁转子参数的选取还未有明确的设计准则，隔离套的选材及尺寸设计大多依靠经验，而磁转子参数、隔离套壁厚、材料等参数对涡量损耗的影响规律还没有形成。这些卡脖子技术难题一直未能得到很好解决，未能形成基于高效水力设计、流体动力、转子动力、结构设计和实际工况的磁力传动泵融合设计方法，严重制约着高性能和高可靠性的大功率磁力传动泵的研发及应用。

目前，所开发使用在装置上的磁力泵，最大功率达到 315kW，最大压力达 20MPa，最高温度达 455℃。国内某公司经过多年的石化流程磁力泵产品开发应用和承担国家有关特种磁力泵技术的研究项目，积累了大功率磁力泵相关的关键技术储备，已具备研制更大功率磁力传动石化流程磁力泵的技术基础，研制 450kW 级磁力泵并在化工工程装置实际应用，将使该公司在磁力泵技术上达到国际领先水平，使得磁力泵可替代重载荷大功率机械密封的离心泵，可应用范围进一步扩大，可建成整个装置的无泄漏化，为石化行业安全环保生产提供装备基础。

中石化上海工程有限公司设计的 20 万 t/a 酯化法环己酮装置，其中的贫溶剂泵，需要采用磁力传动形式的无泄漏离心泵。针对该无泄漏磁力传动离心泵，经过方案优选，确定了 BB2 形式的大功率磁力传动泵技术方案，其中电动机配套功率达 450kW，是迄今我国国内在石化装置上使用功率最大的磁力传动泵。该大功率磁力传动离心泵的设计参数如下：

额定流量：$506m^3/h$；

额定扬程：160m；

设计转速：2980r/min；

额定效率：66%；

NPSHr：4m；

设计温度：220℃；

设计压力：5MPa；

配套驱动功率：450kW；

振动和噪声符合 SH/T 3148—2016 的要求；

设计参数覆盖用户工况要求。

7.10.2　整体结构设计

大功率磁力传动泵机组，主要由泵体、泵盖、叶轮、泵轴、内/外磁总成（磁力传动器）、滑动轴承组件、轴套、推力盘、隔离套、连接架、轴承箱、电动机等主要部件组成。磁力泵总成、联轴器和罩壳、电动机、底座以及监测仪表如图 7-265 所示。由泵体、泵盖、隔离套及密封垫组成承压部件，由内磁转子、外磁转子、泵轴组成传动部件，由滑动轴承组件、轴套组成内转子支承部件，由各辅助通孔、管路等组成润滑、冷却以及轴向力平衡系统。连接架为电动机与泵之间的定位连接部件，电动机提供驱动力，外磁转子与电动机轴头端连接，磁力线穿透隔离套，驱动内磁转子，进而带动叶轮做功。

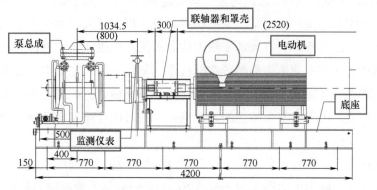

图 7-265　450kW 大功率磁力传动离心泵整机布置示意图

联轴器带有中间段，其长度满足泵总成维修时不动管口和电动机的标准要求。罩壳采用可翻盖式结构，方便盘车检查；采用无火花材料铝板制作，避免碰撞引起火花，保证安全性；其结构刚度满足 API 标准关于外部承载力的要求。

底座采用槽钢和钢板组焊，保证足够的刚性，满足机组运行振动控制要求；上表面设置集液盘，并向泵端倾斜和排液。

MDCY250-150 型大功率磁力泵总成为 API 标准的 BB2 结构形式蜗壳式中心线支承离心泵，顶部吸入、顶部排出。泵总成主要由泵体、叶轮组成的水动力零部件，前后泵盖、隔离套及相互之间的密封垫等组成的承压密封零部件，泵轴、内磁转子、外磁转子、传动轴组成的传动零部件，径向滑动轴承和磁力推力轴承组成的内部转子支承部件，连接架和轴承箱组成的外转子支承部件等组成。叶轮为双吸单级，轴向力自平衡，转子残余轴向不平衡力由磁力推力轴承承受。图 7-266 所示为 450kW 磁力传动离心泵总成结构。

7.10.3　过流部件设计

单级单吸的 OH2 形式的悬臂泵具有结构简单的优点，但该泵流量较大，如采用 OH2 结构形式的单级单吸泵，其叶轮入口直径将在 220mm 左右，对于两

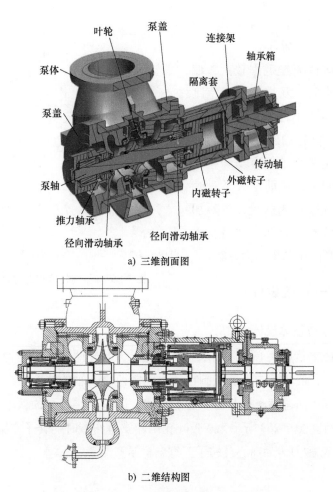

a) 三维剖面图

b) 二维结构图

图 7-266 450kW 磁力传动离心泵总成结构

极转速来说比转速为 91，效率较高，但显然泵的汽蚀余量将在 5m 以上，不能满足装置对泵的汽蚀性能小于 4m 的要求。而该泵扬程需要达 160m，显然如果为满足汽蚀性能采用四极低转速设计，则不但泵比转速降为 45，效率明显偏低 6% 左右，而且叶轮外径将接近 700mm，质量超过 70kg，对转子支承轴承构成了较大的风险，对磁力泵的起动也不利，且磁转子比两极转速大和重 1 倍，成倍增大水润滑滑动轴承的承载风险。图 7-267a 所示为四极转速水力方案。

而采用双吸两极电动机转速的方案如图 7-267b 所示，比转速在 64 左右，具有较高的效率，同时采用双吸方案降低了叶轮进口直径，减小了叶轮入口的圆周速度，从而减低了泵的汽蚀余量，估算汽蚀性能可以满足设计小于 4m 的需求。因此，决定采用两极转速的双吸水力方案，兼顾汽蚀性能和效率，且轴向力能实现自平衡,不需要采用较复杂的液压自动平衡方案。

由于泵运行流量范围较大,偏离额定流量点时,双蜗壳压水室比单蜗壳的径向力小得多,基于本型泵流量较大、叶轮的出口宽度较大,单蜗壳虽然结构简单但容易产生较大的水力径向力,从而增大了对介质润滑的滑动轴承的载荷,风险加大。参考 API 685 标准,采用双蜗壳作为本型泵的压水室水力方案。

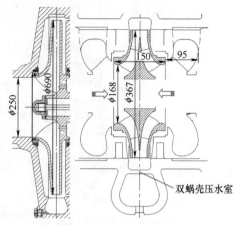

a) 四极转速水力方案   b) 两极转速双吸水力方案

图 7-267   不同转速水力方案设计

7.10.4 转子系统设计

1. 转子系统整体设计

450kW 磁力传动离心泵采用双吸水力设计,叶轮两端支承结构,轴承布置于叶轮的两端,使轴承的晃动限制在轴承间隙范围及轴的挠度内,避免了密封环处因叶轮晃动而碰擦磨损甚至卡死的故障,同时减小了泵的振动,有利于长周期稳定运行。图 7-268 所示为双吸叶轮两端支承布置时的转子方案。图 7-269 所示为 450kW 磁力传动离心泵转子三维结构示意图。

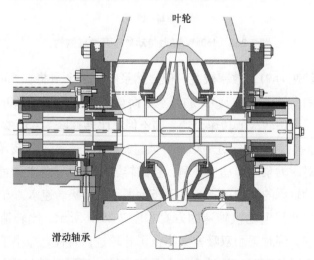

图 7-268   双吸叶轮两端支承布置时的转子方案

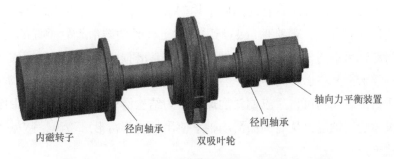

图 7-269　450kW 磁力传动离心泵转子三维结构示意图

2. 径向支承设计

采用双吸水力设计，传统的悬臂式支承结构就不适用了，因为叶轮轴向宽度较大，两边都有吸入室，需要布置一定的吸入段轴向空间长度。虽然悬臂式结构中的两个轴承在一个轴承体上，能够天然保证两个支承径向轴承的同轴度，但如果仍然设计成悬臂式，则叶轮端悬臂量较大，密封环处的晃动量增大，造成振动增大，密封环容易碰擦咬死故障，风险较大（见图 7-270）。

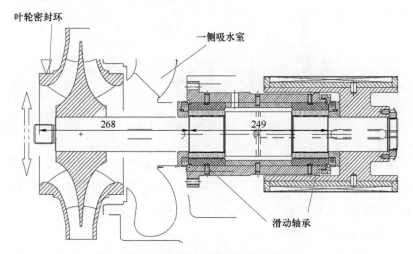

图 7-270　双吸叶轮悬臂布置时的转子方案

虽然两端支承的 BB2 结构可以保障运转的稳定性，而且轴向长度相比于悬臂式短，每侧只要布置一套轴承即可，但是两端支承结构的最大问题是如何保证两个轴承的同轴度。因为两个轴承分列与泵体两侧，而且需经过泵盖的配合面，受到的影响因素大大增加，包括两端各自轴承座与泵盖的配合精度、泵盖与泵体的配合精度、泵体泵盖自身两个配合面间的位置精度，以及蜗壳式泵体承压时的不均匀变形和温升时的周向不均匀温升变形，采用传统的圆柱面配合方式和配作加工方式，很难保证装配后运行工况时两端滑动轴承面的同轴度。而两端滑动轴承不同轴，轻则导致轴承边缘异常磨损脱落，使用周期缩短；重则造成轴承卡紧无法运转而导致严重故障失效。因此，为保障产品的可靠运行，设计采用自主研发的可自适应偏斜的球形万向结构滑动轴承支承座，来保障两端滑动轴承的同轴度，从而确保滑动轴承使用时能正常形成液膜，避免边缘过度磨损或卡死。

3. 轴向支承设计

BB2 结构的双吸磁力泵，虽然叶轮从结构上是轴向对称的，但由于制造精度的关系而各处间隙不同，仍然会产生一部分残余轴向力。泵轴两端由于回流通道的不同，压力也有不同，因此也会产生轴向力。单纯依靠采用输送介质润滑的推力轴承，润滑性不良，容易导致早期失效。这在以往的类似磁力泵滑动轴承失效上是主要原因（见图 7-271）。

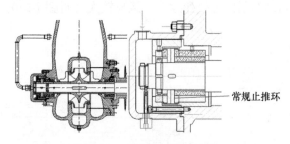

常规止推环

图 7-271　常规推力轴承结构

本型号大功率磁力泵尺寸较大，相应的引起轴向力的不可控因素较多，为保证磁力泵的运行可靠性，采用了自主研发的非接触承载的轴向磁悬浮推力轴承，无机械摩擦，保证了磁力泵的长周期可靠运行（见图 7-272）。

4. 等效支承系统设计

大功率磁力传动离心泵的支承系统除了采用滑动轴承/滚动轴承，还有叶轮前后口环形成的等效液膜支承。对于前后口环等间隙形成的等效液膜支承则需要通过进一步计算获得。图 7-273 所示为前后口环等效支承示意图。

基于 450kW 磁力传动离心泵全流场数值计算结果，将前后口环等效成滑动轴承支承，根据涡动速度，以及各级口环、轴承间的压力差值，并运用 MATLAB 软件进行方程的求解，计算出主刚度、主阻尼、交叉刚度、交叉阻尼和附加质量。计算获得各个间隙的等效动力学特性见表 7-45。

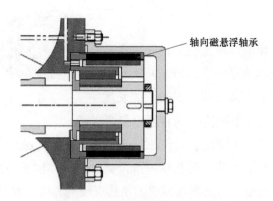

图 7-272　轴向磁悬浮推力轴承结构

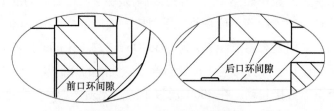

图 7-273　支承系统示意图

表 7-45　叶轮口环间隙等效刚度和阻尼

特性	主刚度 K/（N/m）	交叉刚度 k/（N/m）	主阻尼 C/（N·s/m）	交叉阻尼 c/（N·s/m）
前口环	0.91×10^6	4.1×10^5	201	22
后口环	0.87×10^5	3.9×10^5	197	21

7.10.5　磁力传动系统设计

　　大功率磁力传动泵所需要传动的转矩很大，相应的磁转子尺寸和重量也需要加大。磁传动转子如图 7-274 所示。传统的磁路是按磁体利用率最大原则设计磁路的，材料利用率较高，性价比高。但对于大功率磁力泵，考虑转子动力学影响和减少与液体摩擦，不希望转子的重量、体积过大和长度过长，因此需要的单位体积和重量的出力能力。

　　为满足传动转矩需求，同时又保证转子运转的稳定性、减轻滑动轴承的承载负荷，本型产品设计采用了加大磁动势的特殊拉推磁路设计，在基本不改变磁转子外形尺寸和重量的情况下，磁转矩出力提升了近 20%，提高了转矩质量

比，满足了大功率磁力泵的传动能力和稳定运
转需求。

采用大长径比和高厚隙比磁路设计，实现
450kW 的大功率磁力传动需求，450kW 大功率
磁力泵在石化装置中得到应用。磁转子的长度
和直径之比大于 1，减小隔离套的直径以降低

图 7-274　常规拉推磁路结构

承压隔离套的壁厚；高厚隙比设计使磁转子的体积减小，减少了磁转子处的圆
盘摩擦损失，并降低了磁转子的整体重量，减少了滑动轴承的受力，实现了较
高的磁传动效率，保证了大功率高温磁力泵具有较高的运行效率。

磁力传动器的传动转矩需要 1500N·m 以上，属于超大功率的磁力泵。采
用国际领先水平的"拉推磁路"，结合耐高温高磁能积高矫顽力的 Sm2Co17 稀
土永磁材料设计的磁传动器，体积小、重量轻，适应磁力泵结构承载需求，且
传动效率较高。采用最大磁能积 BH 为 28MGOe（222.88kJ/m³）的 Sm2Co17 磁
钢，磁传动器的设计已充分考虑了设计温度下磁性能的降低及起动转矩的需要，
可以在关阀情况下直接起动；在 300℃温度范围内无须外加冷却水进行冷却。

对于大功率的磁力传动泵，除了考虑磁力传动转矩，还需评估对转子轴向
空间的影响和磁力传动效率的影响，以及对转子动力学的影响。在磁性材料确
定的情况下，要达到大的磁力，一般方法是增大轴向长度或增大径向外径。增
大轴向长度的弊端是磁转子的悬臂增大，末端晃动量增大，转子运转稳定性降
低，影响径向滑动轴承的可靠性，而且轴向长度增大引起传动轴承箱轴端的悬
臂更大，振动增大，不利于运转可靠性。而增大径向直径，则主要带来两个问
题。第一，磁转子与介质的圆盘摩擦损失急剧增大，因圆盘摩擦损失与转子直
径的 5 次方成正比。第二，电涡流损耗明显增大，因一方面直径增大，隔离套
直径也随之需增大，则壁厚也需按比例增大；另一方面，转子外径的线速度增
大，将导致电涡流损耗成正比增大。两者合在一起，电涡流损耗将与隔离套的
直径的二次方成正比。对于大功率磁力泵来说，效率差一点，功率绝对值就会
有明显差异。因此，大功率磁力泵必须考虑尽可能降低磁力传动部分的损失。

为避免这些问题影响大功率磁力泵的可靠性和运转效率，本项目磁力泵的
磁路设计，按照提高功质比的原则，设计高功率密度的磁路方案，在磁转子外
形尺寸不变即磁隙不变的前提下，增大磁厚度以提高磁动势，提高磁隙中的磁
场强度，进而提升传动功率密度，实现本方案大功率磁力泵的传动需求。本项
目磁力传动器相比常规拉推磁路设计，磁厚与间隙的比值（厚隙比）增大了

28%，最大静磁转矩提升了约 19%，即功率密度提升了 19%，最大静磁转矩达到了 1570N·m，满足了 450kW 传动功率的需求。同时不增加磁转子与介质的圆盘摩擦损失，电涡流损失只是按磁转矩正比增加，没有像增大隔离套径向尺寸方案那样与直径的二次方成正比，磁传动效率不变。大功率磁力传动器如图 7-275 所示。

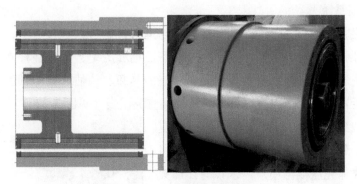

图 7-275 大功率磁力传动器

磁力传动泵中的隔离套是直接影响传动效率的关键零件。大功率磁力泵由于效率比较关键，因此需采用低电涡流损耗的隔离套材料。大功率磁力泵采用了高电阻率高强度的钛合金材料 TC4 作为隔离套材料，其电阻率在目前可用的隔离套材料里面最高，平均单位壁厚的电涡流损耗率约 6% 左右的磁传动转矩，相比国外普遍采用的哈氏合金材料，同壁厚损耗率降低约 30%，计及材料强度时可降低约 45%。采用 TC4 材料制作隔离套相比其他金属材料显著降低了电涡流损耗。

7.10.6 辅助系统设计

1. 密封环设计

泵上密封环的作用是减少内部叶轮出口高压区到入口低压区之间的泄漏，因此间隙越小泄漏量越小，泵效率越高。

但间隙越小越容易碰擦磨损，甚至卡死，特别是对于 BB2 结构的高温两端支承结构，泵体容易不均匀变形而造成密封环部位同轴度偏差，若间隙过小将更容易导致卡死故障。因此，API 685 标准规定了密封环的最小间隙和高温下需增大间隙的要求。而且有证据表明，即使按放大的间隙，BB2 结构的泵也更容易出现卡死故障，因为泵体为非规则不对称的蜗形体，热胀和压力变形引起的各向形变量不同。

为保证大功率磁力泵的效率，同时又避免小间隙导致泵卡死故障，采用了自主研发的可自调心多片式迷宫密封环，使得密封环具有一定的径向退让性。这样，即使密封片因不同心而与叶轮密封环碰擦，也会被叶轮推动到新的位置，避免被持续磨损或干脆卡死，保证了泵运行的可靠性。

2. 监控系统

针对磁力传动离心泵的宏观性能参数与运行状态参数进行监测；并基于转子动力特性计算，辅以试验数据、在线监测数据和历史数据构建样本数据，建立转子系统故障监控模型；实现泵运行状态的判断、预估和安全预警。根据用户需求，设置了隔离套温度监测、介质泄漏监测仪表（见图7-276）。

泵总成采用 BB2 型泵壳体，中心线支承，径向剖分两端壳盖，适应高温，设计可靠性高。壳体壳盖根据用户需求设有伴热夹套和管法兰接口，用于对开机和停运状态泵内物料进行保温，防止降温凝固。采用磁力传动，密封安全可靠。泵总成安装于底座上，通过轴端的带中间段膜片联轴器与电动机轴相连。

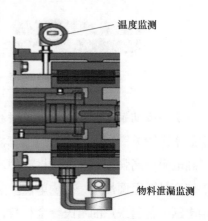

图 7-276　监测仪表

3. 自冲洗冷却回路设计

磁力传动泵采用磁力传动器进行非接触传动，在内、外磁转子之间有金属隔离套。当磁转子旋转时，金属隔离套切割磁力线，产生涡流发热损耗，需要有冷却液进行冷却以避免该部位温度持续升高。当过高的温度超过磁钢的许用温度时，便会造成不可逆退磁而使磁转子失效。内部滑动轴承在运转时也需要润滑冷却，才能正常运行。因此设计自冲洗润滑冷却系统来保证泵的正常运行。冷却系统的原理是采用叶轮进出口的压差，使自身介质循环并带走热量，同时可以避免介质受其他外界干扰因素的影响，且取消了外接管路冷却系统，润滑冷却流道如图7-277中箭头所示。

内循环冷却分为正循环和逆循环，两者的区别是看隔离套壁面的循环液的流动方向是向隔离套底部流还是从底部来。为防备物料中可能含有的微量凝固微粒，本型磁力泵采用了逆循环冷却方案，一旦物料中含有固体微粒将不会沉积在底部打转磨破隔离套。

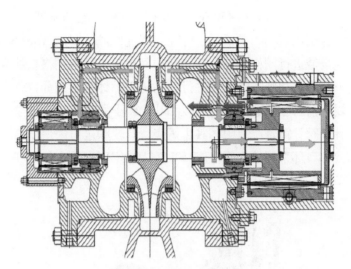

图 7-277 内循环冷却回路

内循环冷却液从叶轮出口的高压蜗室进入泵盖中设置的冷却孔通道，抵达后轴承室，主要部分经轴中心孔通道，进入隔离套底部区域，然后经内磁转子与隔离套之间的环形空隙，流向泵盖中设置的冷却孔通道后回到叶轮入口的低压区域，完成冷却功能，冷却流量使隔离套部位温升控制在 5℃ 之内。另一小部分经后滑动轴承中的导流槽冷却滑动轴承后，经泵盖中的冷却通道回流到叶轮入口腔室的低压区域。另一侧非驱动的滑动轴承，也是从叶轮出口高压区，经泵盖上的通道进入前轴承腔，流经滑动轴承上的导流槽后返回到叶轮入口的低压区域，完成对前滑动轴承的冷却润滑。

7.10.7 计算与校核

根据初步设计方案，进一步细化结构，进行总体结构的设计确定。对所列出的关键技术及解决方案进行深入分析研究，以满足产品性能和功能指标要求。

1. 水力设计及校核

根据设计水力性能指标要求，设计人员开展了与水力性能相关的水力模型设计，采用常规设计方法改变不同参数，设计多个水力模型。基于叶片前缘及进口叶片表面特殊曲面造型设计，结合叶轮流道过流面积特定面积比设计要素，然后采用 CFD 计算分析方法验证性能参数，比较计算结果，通过输出的可视化模拟图形查找问题点，进行迭代改进，最终选定所采用的综合性能最优的水力模型参数，作为本型大功率磁力泵的水力模型。

通过使用三维软件 NX 对 450kW 大功率磁力泵全流场流域进行三维建模，全流场域模型分别由进口、前后腔、叶轮、蜗壳组成。利用 ANSYS ICEM 软件对模型泵全流场域进行网格划分。采用结构网格与非结构网格相结合的混合网格，对几何形状基本规则的流场域进行结构化六面体网格划分，分别是进口流域、叶轮流域、前后腔流域。因为蜗壳和叶轮转子的结构较为复杂，同时考虑到流固耦合计算时计算资源有限，其中蜗壳、叶轮和进口采用非结构化网格来划分，前后腔和口环采用结构网格。450kW 大功率磁力泵全流场和叶轮主流场网格如图 7-278 所示。

a) 全流场   b) 叶轮主流场

图 7-278   450kW 大功率磁力泵全流场和叶轮主流场网格

图 7-279 所示为 450kW 大功率磁力泵外特性曲线。图 7-280 所示为泵内部压力分布云图。

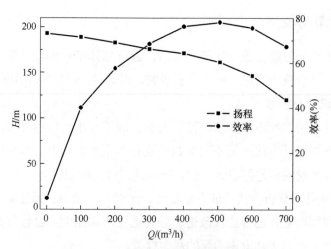

图 7-279   450kW 大功率磁力泵外特性曲线

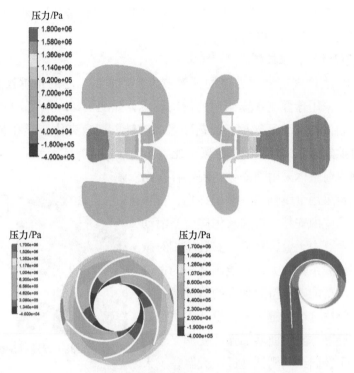

图 7-280　泵内部压力分布云图

图 7-281 所示为 450kW 磁力泵设计工况下汽蚀余量计算结果，从图中可以发现，扬程下降 3% 的汽蚀余量为 2.8m。

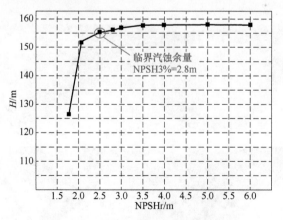

图 7-281　设计工况下汽蚀性能曲线

通过水力分析计算验证和多次水力方案迭代优化设计，流量和扬程满足设计指标要求，泵通流部位水力效率达到石化泵的基准效率 78%，计算得到的临界汽蚀余量为 2.8m，远小于设计要求的 4m，因此汽蚀性能能够满足设计要求。压力脉动也控制在较小范围内。

2. 轴承设计及计算校核

作为 BB2 型两端支承磁力泵的关键技术，开展了广泛的轴承技术调研工作，最终确定采用球面支承座结构的滑动轴承，如图 7-282 所示。滑动轴承可以往任意方向偏转，满足支承部位需要各向旋转以适应壳体变形和装配误差，避免轴承摩擦副边缘接触磨损和憋紧卡死。

考虑到目前整体采用陶瓷材料制作存在困难，因此确定采用金属轴承座装配结构，在球面支承的轴承座内安装常规的碳化硅陶瓷滑动轴承进行组合。由于金属材料的安装座相对碳化硅材料的热胀系数较大，不能用常规的过盈设计方案，需要能够保持同轴度的情况下自适应胀差。为解决这个关键技术，设计人员创新提出了在安装基体支承面增加弹性变形支承的方案，削弱了径向结构刚性，适应大温差、大

图 7-282　滑动轴承结构

过盈所需的大变形需求，同时又能维持同轴度。为验证方案可行性，进行了多个不同设计方案的应力和变形对比分析（见图 7-283），最终确定采用现用的设计结构，既保证一定的支承刚度，同时使应力在材料许用范围内。

图 7-283　滑动轴承座弹性变形计算结果

3. 磁路设计及计算校核

对于大功率磁力传动方案，开展了不同磁路设计方案的对比工作。该磁力传动器设计以本公司65型磁力传动器为基准（见图7-284），根据磁力传动计算公式，按照常规设计的传动效率较高的加长型、效率较低的增大直径型比较。结果显示，加长型的转子动力学性能较差，晃动量较大；增大直径型的磁力传动效率较低，不适用。既要保证较高的磁传动效率，又要不影响转子动力学性能，决定采用在不改变磁转子外形尺寸重量的情况下，对内部磁路进行适当修改，增大磁厚度以提高磁隙处的磁密，进而提高了磁力传动能力。虽然单位磁钢的出力能力有所下降，但由于外形尺寸没增加，隔离套直径无需增大，壁厚不变，磁传动效率不变，与原型相同，因而对转子动力学性能无影响。

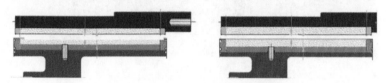

图 7-284　大功率磁路优化设计

而对于大功率磁力泵可靠性关键的轴向推力轴承的设计，总结了以往在类似 BB2 和多级磁力泵上采用传统推力轴承的经验教训，考虑到输送介质的润滑性差，线速度又较大，轴向力又存在不确定性，采用传统的摩擦式止推环存在较大的可靠性风险。因此，拟定采用轴向磁悬浮轴承代替传统的止推环，消除不可控因素，从而消除了影响大功率磁力泵可靠性的主要隐患。

4. 转子动力动力特性计算校核

在支承和整个转子尺寸确定后，需要进行转子动力学计算分析，验证转子刚度是否满足泵可靠运行的需要。图 7-285 所示为 450kW 大功率磁力传动离心泵转子三维模型。图 7-286 所示为泵转子系统网格采用六面体网格，总网格数为 108 万，对口环等部位进行局部加密。叶轮、联轴器部件的质量与转动惯量参数见表7-46。泵转子系统约束施加示意图如图7-287 所示，在滑动轴承和前后口环施加刚度、阻尼和附加质量，在轴左侧端面设置旋转角速度约束。

表 7-46　转动部件参数

计算项目	x方向转动惯量 /kg·m²	y方向转动惯量 /kg·m²	z方向转动惯量 /kg·m²	质量 m/kg
内磁转子	0.00008	0.00008	0.000003	25
叶轮	0.0001	0.00012	0.00002	160

图 7-285　450kW 大功率磁力传动离心泵转子三维模型

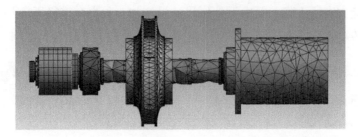

图 7-286　450kW 大功率磁力传动离心泵转子网格模型

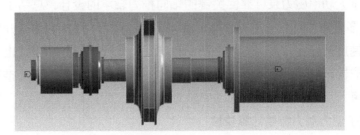

图 7-287　泵转子系统约束施加示意图

　　将口环支承等效成轴承支承，根据涡动速度，以及口环、轴承间的压力差值，并运用 MATLAB 软件进行方程的求解，计算出主刚度、主阻尼、交叉刚度、交叉阻尼和附加质量。计算获得各个间隙的等效动力学特性见表 7-47。

表 7-47　叶轮口环间隙等效刚度阻尼

特性	主刚度 K/（N/m）	交叉刚度 k/（N/m）	主阻尼 C/（N·s/m）	交叉阻尼 c/（N·s/m）
主动端轴承	$1.6×10^7$	$1.3×10^6$	315	45
被动端轴承	$1.5×10^7$	$1.3×10^6$	315	45
叶轮前口环	$0.91×10^6$	$4.1×10^5$	201	22
叶轮后口环	$0.87×10^5$	$3.9×10^5$	197	21

表 7-48 为泵"湿态"转子固有频率与临界转速。图 7-288 所示为磁力泵转子系统坎贝尔图,图 7-289~图 7-291 所示为磁力泵转子系统前三阶"湿态"转子振型。计算结果表明,450kW 大功率磁力传动离心泵的一阶"湿态"转子临界转速为 5020r/min,远高于泵的运行转速 2975r/min,无共振可能性,运转性能良好。

表 7-48　450kW 磁力泵"湿态"转子固有频率与临界转速

固有频率/Hz			临界转速/(r/min)		
一阶	二阶	三阶	一阶	二阶	三阶
83.6	257.1	295.2	5020.7	15431	17715

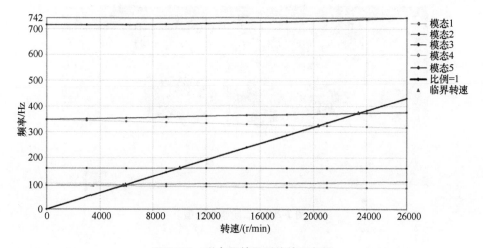

图 7-288　磁力泵转子系统坎贝尔图

5. 泵体结构设计校核

泵体处于内部承压并支承整个转子的结构件,并且受到管口载荷的外力,需要进行应力分析。

离心泵管口允许的作用力和力矩值按照 API 685 标准对管口载荷的要求进行管口荷载校核。通过静力学分析软件对进出口管口分别施加 3 倍的许用力和力矩来校核其是否满足强度要求。泵的进口管径为 DN250,出口管径为 DN200,DN250 管口的允许载荷 $F_x = 5340\text{N}$,$F_y = 4450\text{N}$,$F_z = 6670\text{N}$,$F_R = 9630\text{N}$,$M_R = 6750\text{N} \cdot \text{m}$。DN200 管口的允许载荷 $F_x = 3780\text{N}$,$F_y = 3110\text{N}$,$F_z = 4890\text{N}$,$F_R = 6920\text{N}$,$M_R = 4700\text{N} \cdot \text{m}$。

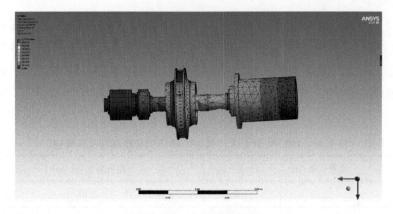

图 7-289　一阶模态振型

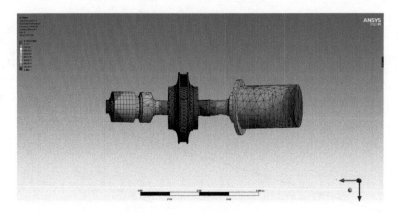

图 7-290　二阶模态振型

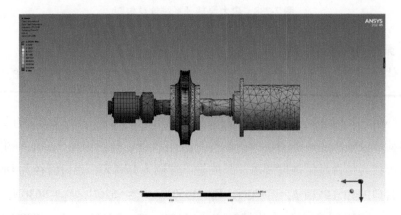

图 7-291　三阶模态振型

将底座底部设置为固定，在管口的外表面和内表面都设置 X、Y、Z 三个方向的力和力矩载荷，并在 API 许用载荷的基础上设置 2 倍的安全系数。

泵体进出口管口载荷和约束施加如图 7-292 所示。

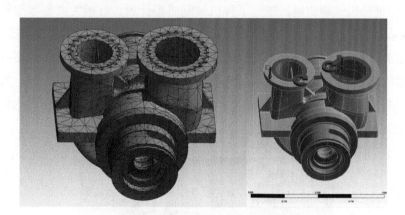

图 7-292   泵体进出口载荷和约束施加

从图 7-293 中可以看出，应力的最大值为 14MPa，位置在进口、出口管口的转角处，加上腔内压所致的应力，在材料的许用应力范围内。

6. 密封环设计

对于密封环结构的选择，主要考虑高温工况下各相配零部件可能产生不均匀变形，存在密封环部位碰擦卡死的风险。而增大口环间隙的办法，由于内泄漏增大又导致了泵效率及扬程的进一步降低，不利于大功率磁力泵的运行。因此决定采用防卡组合式密封环设计方案（见图 7-294），以解决小间隙下的防卡死问题。

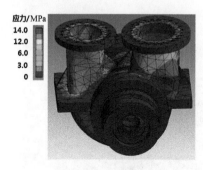

图 7-293   泵体应力

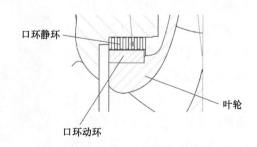

图 7-294   防卡组合式密封环

上述关键技术解决方案确定后，经过结构的进一步优化，通过详细设计计算，确定各功能部位零部件的具体尺寸，输出结构简图，以供施工设计分解。

7.10.8　开发与应用

为保证样机试制质量，制订了样机试制质量计划，对相关主要零部件的质量控制项目进行了规定。其中，对于承压的泵体泵盖等零部件进行水压试验，对于旋转的叶轮和磁转子等进行动平衡试验。零部件经检验和试验合格后，进入装配阶段。装配按装配工艺规定进行，并根据装配图样和装配工艺、质量计划要求进行装配质量控制。图 7-295 所示为试制零部件。图 7-296 所示为转子动平衡试验。

图 7-295　试制零部件

为验证磁力传动器传动转矩是否满足 450kW 的设计传动转矩要求，对磁力传动器进行最大静磁转矩测试（见图 7-297），测得最大静磁转矩值为 1849N·m，满足设计要求。

开展磁力泵总成装配，按照装配工艺，完成了转子组装，滑动轴承部件装配，泵盖两端合装，磁力轴承装配，传动轴承箱装配，形成了泵总成。经

图 7-296　转子动平衡试验

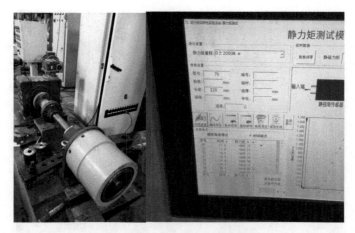

图 7-297　磁力传动转矩试验

盘车检查，转动无卡涩现象。

　　将装配完成后的磁力传动泵总成（见图 7-298）安装到底座上，配套安装驱动电动机，形成完整的磁力传动泵样机（见图 7-299）。将磁力传动泵样机送试验中心进行全性能型式试验。试验按大功率磁力泵试验大纲进行，试验项目包括水力性能试验、汽蚀试验、运转试验、振动测试、噪声测试。泵以清水介质做性能全速试验。泵性能参数考核点通过额定转速换算至试验转速下的性能。

图 7-298　磁力传动泵总成

图 7-299　磁力传动泵样机

　　在样机试验合格后，进入整机装配工序。按照整机装配要求，进行泵头和电动机的组合，联轴器同轴度调整到图样要求范围内，然后安装可翻盖式无火花罩壳。整机按要求涂漆，表面质量满足涂漆标准要求。后续按照协议要求进行伴热管路配作，配套安装了监测用传感器。图 7-300 所示为磁力传动泵整机组装图。

图 7-300　磁力传动泵整机组装图

参 考 文 献

［1］ LAUNDER B, SPALDING D B. Lectures in mathematical models of turbulence ［M］. London: Academic Press, 1972.

［2］ GERMANO M, PIOMELLI U, MOIN P, et al. A dynamic subgrid-scale eddy viscosity model ［J］. Physics of Fluids A (Fluid Dynamics), 1991, 3 (7): 1760-1765.

［3］ WILCOX D C. Reassessment of the scale-determining equation for advanced turbulence models ［J］. AIAA Journal, 1988, 26 (11): 1299-1310.

［4］ LAUNDER B E, REECE G J, RODI W. Progress in the development of a reynolds-stress turbulence closure ［J］. Journal of Fluid Mechanics, 1975, 68 (3): 537-566.

［5］ SMAGORINSKY J. General circulation experiments with the primitive equations ［J］. Monthly Weather Review, 1963, 91 (3): 99-164.

［6］ OLSSON M, FUCHS L. Large eddy simulations of a forced semiconfined circular impinging jet ［J］. Physics of Fluids, 1998, 10 (2): 476-486.

［7］ MENEVEAU C, LUND T S, CABOT W H. A Lagrangian dynamic subgrid-scale model of turbulence ［J］. Journal of Fluid Mechanics, 1996, 319: 353-385.

［8］ CHEN S Y, XIA Z H, PEI S Y, et al. Reynolds-stress-constrained large-eddy simulation of wall-bounded turbulent flows ［J］. Journal of Fluid Mechanics, 2012, 703: 1-28.

［9］ YU C P, XIAO Z L, SHI Y P, et al. Joint-constraint model for large-eddy simulation of helical turbulence ［J］. Physical Review E, 2014, 89 (4): 043021.

［10］ 瞿丽霞, 王福军, 丛国辉, 等. 双吸离心泵叶片区压力脉动特性分析 ［J］. 农业机械学报, 2011, 42 (9): 79-84.

［11］ BYSKOV R K, JACOBSEN C B, CONDRA T, et al. Large eddy simulation for flow analysis in a centrifugal pump impeller ［J］. Fluid Mechanics and Its Applications, 2004, 65 (4): 217-232.

［12］ WOOD G M, WELNA H, LAMERS R P. Tip clearance effects in centrifugal pumps ［J］. Journal of Basic Engineering, 1965, 87 (4): 932-940.

［13］ ENGIN T, GUR M, SCHOLZ R. Effects of tip clearance and impeller geometry on the performance of semi-open ceramic centrifugal fan impellers at elevated temperatures ［J］. Experimental Thermal and Fluid Science, 2006, 30 (6): 565-577.

［14］ ZHU Z C, CHEN Y, HUANG D H, et al. Experimental study on high-speed centrifugal pumps with different impeller ［J］. Chinese Journal of Mechanical Engineering, 2002, 15 (4): 372-375.

[15] PEDERSEN N, LARSEN P S, JACOBSEN C B. Flow in a centrifugal pump impeller at design and off-design conditions-Part I: Particle image velocimetry (PIV) and laser Doppler velocimetry (LDV) measurements [J]. Journal of Fluids Engineering, 2003, 125 (1): 61-72.

[16] ATIF A, BENMASOUR S, BOIS G. Numerical and experimental comparison of the vaned diffuser interaction inside the impeller velocity field of a centrifugal pump [J]. Science China Technological Sciences, 2011, 54 (2): 286-294.

[17] FENG J J, BENRA F K, DOHMEN H J. Numerical investigation on pressure fluctuations for different configurations of vaned diffuser pumps [J]. International Journal of Rotating Machinery, 2007, 2007: 43-52.

[18] 姚志峰, 王福军, 杨敏, 等. 叶轮形式对双吸离心泵压力脉动特性影响试验研究 [J]. 机械工程学报, 2011, 47 (12): 133-138.

[19] IINO T, KASAI K. An analysis of unsteady flow induced by interaction between a centrifugal impeller and a vaned diffuser [J]. Transactions of the Japan Society of Mechanical Engineering, 1985, 51 (471): 154-159.

[20] FURUKAWA A, TAKAHARA H, NAKAGAWA T, et al. Pressure fluctuation in a vaned diffuser downstream from a centrifugal pump impeller [J]. International Journal of Rotating Machinery, 2003, 9 (4): 285-292.

[21] MIYABE M, FURUKAWA A, MAEDA H, et al. On the unstable pump performance in a low specific speed mixed flow pump [A] //23rd IAHR symposium on hydraulic machinery and systems, Yokohama, Japan, 2006. [S. l.: s. n.], 2006.

[22] ABRAMIAN M, HOWARD J H G. Experimental investigation of the steady and unsteady relative flow in a model centrifugal impeller passage [J]. Journal of Turbomachinery, 1994, 116 (2): 269-280.

[23] PAONE N, RIETHMULLER M L, VAND DEN BRAEMBUSSSCHE R A. Experimental investigation of the flow in the vaneless diffuser of a centrifugal pump by Particle image displacement velocimetry [J]. Experiments in Fluids, 1989, 7 (6): 371-378.

[24] SINHA M, KATZ J. Quantitative visualization of the flow in a centrifugal pump with diffuser vanes [J]. Journal of Fluids Engineering, 2000, 122 (1): 97-107.

[25] SINHA M, PINARBASI A, KATZ J. The flow structure during onset and developed states of rotating stall within a vaned diffuser of a centrifugal pump [J]. Journal of Fluids Engineering, 2001, 123 (3): 490-499.

[26] JIA X Q, CUI B L, ZHANG Y L, et al. Study on internal flow and external performance of a semi-open impeller centrifugal pump with different tip clearances [J]. International Journal of Turbo & Jet-Engines, 2015, 32 (1): 1-12.

［27］ DRING R P, JOSLYN H D, HARDIN L, et al. Turbine rotor-stator interaction ［J］. Journal of Engineering for Power, 1982, 204 (4): 729-742.

［28］ DONG R, CHU S, KATZ J. Quantitative visualization of the flow within the volute of a centrifugal pump-Part B: Results and analysis ［J］. Journal of Fluids Engineering, 1992, 114 (3): 396-403.

［29］ UBALDI M, ZUNINO P, BARIGOZZI G, et al. An experimental investigation of stator induced unsteadiness on centrifugal impeller outflow ［J］. Journal of Turbomachinery, 1996, 118 (1): 41-54.

［30］ CHU S, DONG R, KATZ J. Relationship between unsteady flow, pressure fluctuations, and noise in a centrifugal pump-Part A: Use of PDV DATA to compute the pressure field ［J］. Journal of Fluids Engineering, 1995, 117 (3): 24-29.

［31］ BARRIO R, BLANCO E, PARRONDO J, et al. The effect of impeller cutback on the fluid-dynamic pulsations and load at the blade-passing frequency in a centrifugal pump ［J］. Journal of Fluids Engineering, 2008, 130 (11): 111102-1-11102-11.

［32］ 徐朝晖, 吴玉林, 陈乃祥, 等. 高速泵内三维非定常动静干扰流动计算 ［J］. 机械工程学报, 2004, 40 (3): 1-4.

［33］ YUAN S Q, NI Y Y, PAN Z Y, et al. Unsteady turbulent simulation and pressure fluctuation analysis for centrifugal pumps ［J］. Chinese Journal of Mechanical Engineering, 2009, 22 (1): 64-69.

［34］ GÜLICH J F. Effect of Reynolds number and surface roughness on the efficiency of centrifugal pumps ［J］. Journal of Fluids Engineering, 2003, 125 (4): 670-679.

［35］ OGATA S, KIMURA A, WATANABE K. Effect of surfactant additives on centrifugal pump performance ［J］. Journal of Fluids Engineering, 2006, 128 (4): 794-798.

［36］ 陈红勋, 朱兵. 单台轴流泵模型 0°安放角的数值计算分析 ［J］. 水动力学研究与进展 (A辑), 2009, 24 (4): 480-485.

［37］ 李龙, 杨雪林, 李丹. 考虑粗糙度影响的水泵原模型效率换算 ［J］. 河海大学学报 (自然科学版), 2010, 38 (3): 327-331.

［38］ 彭晓强, 张永学, 曹树良, 等. 低比转速离心泵叶轮出口紊流流动结构分析 ［J］. 农业机械学报, 2004, 35 (1): 69-72.

［39］ 黄智勇, 李惠敏. 试验转速对大流量高转速轴流泵性能的影响 ［J］. 火箭推进, 2006, 32 (4): 1-5.

［40］ DING H, VISSER F, JIANG Y, et al. Demonstration and validation of a 3D CFD simulation tool predicting pump performance and cavitation for industrial applications ［J］. Journal of Fluids Engineering, 2011, 133 (1): 277-293.

［41］ FATSIS A, PANOUTSOPOULOU A, VLACHAKIS V, et al. A practical method to predict

491

performance curves of centrifugal water pumps [J]. Applied Engineering in Agriculture, 2008, 24 (2): 153-157.

[42] DAZIN A, CAIGNAERT G, BOIS G. Transient behavior of turbomachineries: applications to radial flow pump startups [J]. Journal of Fluids Engineering, 2007, 129 (11): 1436-1444.

[43] LI J, LIU L J, FENG Z P. Numerical prediction of the hydrodynamic performance of a centrifugal pump in cavitating flows [J]. Communications in Numerical Methods in Engineering, 2007, 23 (5): 363-384.

[44] TARODIYA R, GANDHI B K. Effect of particle size distribution on performance and particle kinetics in a centrifugal slurry pump handling multi-size particulate slurry [J]. Advanced Powder Technology, 2020, 31 (12): 4751-4767.

[45] CHENG W J, GU B Q, SHAO C L, et al. Hydraulic characteristics of molten salt pump transporting solid-liquid two-phase medium [J]. Nuclear Engineering and Design, 2017, 324: 220-230.

[46] SHI B C, ZHOU K L, PAN J P, et al. PIV test of the flow field of a centrifugal pump with four types of impeller blades [J]. Journal of Mechanics, 2021, 37 (1): 192-204.

[47] WANG Y P, CHEN B Z, ZHOU Y, et al. Numerical simulation of fine particle solid-liquid two-phase flow in a centrifugal pump [J]. Shock and Vibration, 2021, 2021 (3): 1-10.

[48] ZHANG Y L, LI Y, CUI B L, et al. Numerical simulation and analysis of solid-liquid two-phase flow in centrifugal pump [J]. Chinese Journal of Mechanical Engineering, 2013, 26 (1): 53-60.

[49] 张玉良, 朱祖超, 崔宝玲, 等. 离心泵起动过程的外特性试验研究 [J]. 机械工程学报, 2013, 49 (16): 147-152.

[50] ZHANG Y L, LI Y, ZHU Z C, et al. Computational analysis of centrifugal pump delivering solid-liquid two-phase flow during startup period [J]. Chinese Journal of Mechanical Engineering, 2014, 27 (1): 178-185.

[51] OKITA R, ZHANG Y L, MCLAURY B, et al. Experimental and computational investigations to evaluate the effects of fluid viscosity and particle size on erosion damage [J]. Journal of Fluids Engineering, 2012, 134 (6): 061301-1-061301-13.

[52] EL-BEHERY S M, HAMED M H, IBRAHIM K A, et al. CFD evaluation of solid particles erosion in curved ducts [J]. Journal of Fluids Engineering, 2010, 132 (7): 071303-1-071303-10.

[53] NGUYEN V B, NGUYEN Q B, ZHANG Y W, et al. Effect of particle size on erosion characteristics [J]. Wear, 2016, 348: 126-137.

[54] TARODIYA R, GANDHI B K. Numerical investigation of erosive wear of a centrifugal slurry

pump due to solid-liquid flow [J]. Journal of Tribology, 2021, 143 (10): 101702-1-101702-14.

[55] NOON A A, Kim M H. Erosion wear on centrifugal pump casing due to slurry flow [J]. Wear, 2016, 364-365: 103-111.

[56] PENG G J, HUANG X, ZHOU L, et al. Solid-liquid two-phase flow and wear analysis in a large-scale centrifugal slurry pump [J]. Engineering Failure Analysis, 2020, 114: 104602.

[57] PENG G J, CHEN Q, BAI L, et al. Wear mechanism investigation in a centrifugal slurry pump impeller by numerical simulation and experiments [J]. Engineering Failure Analysis, 2021, 128: 105637.

[58] PAGALTHIVARTHI K V, GUPTA P K, TYAGI V, et al. CFD prediction of erosion wear in centrifugal slurry pumps for dilute slurry flows [J]. The Journal of Computational Multiphase Flows, 2011, 3 (4): 225-245.

[59] YAN C S, LIU J F, ZHENG S H, et al. Study on the effects of the wear-rings clearance on the solid-liquid two-phase flow characteristics of centrifugal pumps [J]. Symmetry, 2020, 12 (12): 2003.

[60] ZHANG N, YANG M G, GAO B, et al. Investigation of rotor-stator interaction and flow unsteadiness in a low specific speed centrifugal pump [J]. Journal of Mechanical Engineering, 2016, 62 (1): 21-31.

[61] GAO B, GUO P M, ZHANG N, et al. Unsteady pressure pulsation measurements and analysis of a low specific speed centrifugal pump [J]. Journal of Fluids Engineering, 2017, 139 (7): 071101-071110.

[62] JIA X Q, ZHU Z C, YU X L, et al. Internal unsteady flow characteristics of centrifugal pump based on entropy generation rate and vibration energy [J]. Proceedings of the Institution of Mechanical Engineers, Part E (Journal of Process Mechanical Engineering), 2018, 23 (3): 456-473.

[63] ZOBEIRI A, AUSONI P, AVELLAN F, et al. How oblique trailing edge of a hydrofoil reduces the vortex-induced vibration [J]. Journal of Fluids and Structures, 2012, 32: 78-89.

[64] AL-QUTUB A M, KHALIFA A E, KHULIEF Y A. Experimental investigation of the effect of radial gap and impeller blade exit on flow-induced vibration at the blade-passing frequency in a centrifugal pump [J]. International Journal of Rotating Machinery, 2009, 2009: 1-9.

[65] AL-QUTUB A M, KHALIFA A E, AL-SULAIMAN F A. Exploring the effect of V-shaped cut at blade exit of a double volute centrifugal pump [J]. Journal of Pressure Vessel Technology, 2012, 134 (2): 021301-02139.

[66] 施卫东, 徐焰栋, 李伟, 等. 蜗壳隔舌安放角对离心泵内部非定常流场的影响 [J]. 农业机械学报, 2013, 44 (S1): 125-130.

［67］ TAO Y, YUAN S Q, LIU J R, et al. The influence of the blade thickness on the pressure pulsations in a ceramic centrifugal slurry pump with annular volute ［J］. Proceedings of the Institution of Mechanical Engineers Part A（Journal of Power and Energy）, 2017, 231（5）: 415-431.

［68］ CUI B L, ZHANG C L, ZHANG Y L, et al. Influence of cutting angle of blade trailing edge on unsteady flow in a centrifugal pump under off design conditions ［J］. Applied Sciences, 2020, 10（2）: 580-1-580-16.

［69］ CUI B L, LI W Q, ZHANG C L. Effect of blade trailing edge cutting angle on unstable flow and vibration in a centrifugal pump ［J］. Journal of Fluids Engineering, 2020, 142（10）: 101203-1-101203-15.

［70］ 张陈良. 不同叶片尾缘对离心泵内部不稳定流动及振动特性影响 ［D］. 杭州: 浙江理工大学, 2020.

［71］ CUI B L, ZHANG C L. Investigation on energy loss in centrifugal pump based on entropy generation and high-order spectrum analysis ［J］. Journal of Fluids Engineering, 2020, 142（9）: 091205-1-091205-16.

［72］ BRENNEN C E. Hydrodynamics of pumps ［M］. Oxford: Oxford University Press, 1994.

［73］ MOORE J J, RANSOM D L, VIANA F. Rotordynamic force prediction of centrifugal compressor impellers using computational fluid dynamics ［J］. Journal of Engineering for Gas Turbines and Power, 2011（4）: 114-123.

［74］ CHAMIEH D S, ACOSTA A J, BRENNEN C E. Experimental measurements of hydrodynamic radial forces and stiffness matrices for a centrifugal pump-impeller ［J］. Journal of Fluids Engineering, 1985, 107（3）: 307-315.

［75］ 闻邦椿, 顾家柳, 夏松波, 等. 高等转子动力学 ［M］. 北京: 机械工业出版社, 1999.

［76］ 徐敏, 骆振黄, 严济宽, 等. 船舶动力机械的振动、冲击与测量 ［M］. 北京: 国防工业出版社, 1981.

［77］ 胡朋志, 李同杰, 孙启国. 流体激振及其对离心叶轮转子的影响 ［J］. 现代机械, 2006（4）: 35-38.

［78］ UCHIDA N, IMAICHI K, SHIRAI T. Radial force on the impeller of a centrifugal pump ［J］. Bulletin of the JSME, 1971（76）: 1106-1117.

［79］ MAYS J H. Wave Radiation and diffraction by a floating slender body ［M］. Cambridge, Massachusetts: MIT Press, 1978.

［80］ NEWMAN J N. The theory of ship motions ［J］. Advances in Applied Mechanics, 1978, 18: 221-283.

［81］ BISHOP RED, PRICE W G. Hydroelasticity of ships ［M］. Cambridge: Cambridge University Press, 1979.

［82］ HIIBNER B, SEIDEL U. Partitioned solution to strongly coupled hydroelastic systems arising in hydroturbine design ［C］//2nd IAHR International Meeting of the Workgroup on Cavitation and Dynamic Problems in Hydraulic Machinery and Systems, Timisoara, Romania, 2007. ［S. l.；s. n.］, 2007.

［83］ RAMASWAMY B, KAWAHARA M. Arbitrary Lagrangian-Eulerian finite element method for unsteady, convective, incompressible viscous free surface fluid flow ［J］. International Journal for Numerical Methods in Fluids, 1987, 7 (10)：1053-1075.

［84］ HUERTA A, LIU W K. Viscous flow with large free surface motion ［J］. Computer Methods in Applied Mechanics and Engineering, 1988, 69 (3)：277-324.

［85］ DONG R, CHU S, KATZ J. Quantitative Visualization of the flow within the volute of a centrifugal pump-part A：Technique ［J］. Journal of Fluids Engineering, 1992, 114 (3)：390-395.

［86］ GONZALÁZ J, SANTOLARIA C, PARRONDO J L, et al. Unsteady radial forces on the impeller of a centrifugal pump with radial gap variation ［J］. Proceedings of the ASME/JSME Joint Fluids Engineering, 2003 (2)：1173-1181.

［87］ GUO S J, OKAMOTO H, MARUTA Y. Measurement on the fluid forces induced by rotor-stator interaction in a centrifugal pump ［J］. Bulletin of the ASME, 2006, 49 (2)：434-442.

［88］ BLANCO E, RAÚL B, PEROTTI B, et al. Fluid-dynamic pulsations and radial forces in a centrifugal pump with different impeller diameters ［C］//Proceedings of 2005 ASME Fluids Engineering Division Summer Meeting. ［S. l.；s. n.］, 2005：1634-1643.

［89］ YOSHIDA Y, TSUJIMOTO Y, KAWAKAMI T, et al. Unbalanced hydraulic forces caused by geometrical manufacturing deviations of centrifugal impellers ［J］. Journal of Fluids Engineering (Transactions of the ASME), 1998, 120 (3)：531-537.

［90］ BLACK H. Lateral stability and vibration of high speed centrifugal pumps ［C］//Proceedings of IUTAM Symposium on dynamics of rotors, Lyngby, Denmark, 1974. ［S. l.；s. n.］, 1974.

［91］ COLDING-JORGENSEN J. Effect of fluid forces on rotor stability of centrifugal pumps and compressors ［C］//Rotordynamic Instability Problems in High-Performance Turbomachinery Workshop. ［S. l.；s. n.］, 1980：249-265.

［92］ TSUJIMOTO Y, ACOSTA A, BRENNEN C. Two-dimensional unsteady analysis of fluid forces on a whirling centrifugal impeller in a volute ［C］//Rotordynamic Instability Problems in High-Performance Turbomachinery Workshop. ［S. l.；s. n.］, 1984：161-172.

［93］ ADKINS D. Analysis of Hydrodynamic Forces of Centrifugal Pump Impellers ［D］. California：California Institute of Technology, 1985.

［94］ ADKINS D, BRENNEN C E. Analyses of hydrodynamic radial forces on centrifugal pump impellers ［J］. ASME Journal of Fluids Engineering, 1988, 110 (1)：20-28.

［95］CHILDS D W. Fluid-structure interaction forces at pump-impeller-shroud surfaces for rotordy-namic calculations ［J］. Journal of Vibration, Acoustics, Stress, and Reliability in Design, 1989, 111 (3): 216-225.

［96］GUINZBURG A, BRENNEN C E, ACOSTA A J, et al. Experimental results for the rotordy-namic characteristics of leakage flows in centrifugal pumps ［J］. ASME Journal of Fluids Engi-neering, 1994, 116 (1): 110-115.

［97］HSU Y, BRENNEN C E. Effect of swirl on rotordynamic forces caused by front shroud pump leakage ［J］. ASME Journal of Fluids Engineering, 2002, 124 (4): 1005-1010.

［98］BRENNEN C E, ACOSTA A J. Fluid-induced rotordynamic forces and instabilities ［J］. Structural Control and Health Monitoring, 2006, 13 (1): 10-26.

［99］CHILDS D W, GUPTA M K. Rotordynamic stability predictions for centrifugal compressors u-sing a bulk-flow model to predict impeller shroud force and moment coefficients ［J］. ASME Journal of Engineering for Gas Turbines and Power, 2010, 132 (9): 091402-1-091402-14.

［100］GONZÁLEZ J, PARRONDO J, SANTOLARIA C, et al. Steady and unsteady radial forces for a centrifugal pump with impeller to tongue gap variation ［J］. Journal of Fluids Engineer-ing, Transactions of the ASME, 2006, 128 (3): 454-462.

［101］MOORE J J, PALAZZOLO A. Rotordynamic force prediction of whirling centrifugal impeller shroud Passages using computational fluid dynamic techniques ［J］. ASME Journal of Engi-neering for Gas Turbines and Power, 2001, 123 (4): 910-917.

［102］BENRA F K, DOHMEN H J. Comparison of pump impeller orbit curves obtained by meas-urement and FSI simulation ［C］//ASME 2007 Pressure Vessels and Piping Conference, San Antonio, Texas, 2007. ［S. l. : s. n. ］, 2007.

［103］CAMPBELL R L, PATERSON E G. Fluid-structure interaction analysis of flexible turboma-chinery ［J］. Journal of Fluids and Structures, 2011, 27 (8): 1376-1391.

［104］MUENCH C, AUSONI P, BRAUN O, et al. Fluid-structure coupling for an oscillating hy-drofoil ［J］. Journal of Fluids and Structures, 2010, 26 (6): 1018-1033.

［105］JIANG Y Y, YOSHIMURA S, IMAI R, et al. Quantitative evaluation of flow-induced structural vibration and noise in turbomachinery by full-scale weakly coupled simulation ［J］. Journal of Fluids and Structures, 2007, 23 (4): 531-544.

［106］裴吉. 离心泵瞬态水力激振流固耦合机理及流动非定常强度研究 ［D］. 镇江: 江苏大学, 2013.

［107］何希杰, 于禧民. 离心泵水力设计对振动的影响 ［J］. 水泵技术, 1995 (1): 17-22.

［108］吴仁荣. 降低离心泵运行振动的水力设计 ［J］. 机电设备, 2004 (4): 18-22.

［109］黄国富, 常煜, 张海民. 基于 CFD 的船用离心泵流体动力振动噪声源分析 ［J］. 水泵技术, 2008 (3): 20-33.

[110] 倪永燕. 离心泵非定常湍流场计算及流体诱导振动研究 [D]. 镇江：江苏大学，2008.

[111] 叶建平. 离心泵振动噪声分析及声优化设计研究 [D]. 武汉：武汉理工大学，2006.

[112] XU H, TAN M G, LIU H L, et al. Fluid-structure interaction study on diffuser pump with a two-way coupling method [J]. International Journal of Fluid Machinery and Systems, 2013, 6 (2)：87-93.

[113] 王洋，王洪玉，张翔，等. 基于流固耦合理论的离心泵冲压焊接叶轮强度分析 [J]. 农业工程学报，2011, 27 (3)：131-137.

[114] 窦唯，刘占生. 液体火箭发动机涡轮泵转子弯扭耦合振动研究 [J]. 火箭推进，2012, 38 (4)：17-25.

[115] 窦唯，刘占生. 流体激振力对高速泵转子振动特性的影响研究 [J]. 机械科学与技术，2013, 32 (3)：377-382.

[116] 蒋爱华. 流体激励诱发离心泵基座振动的研究 [D]. 上海：上海交通大学，2011.

[117] 蒋爱华，章艺，靳思宇，等. 离心泵流体激励力的研究：叶轮部分 [J]. 2012, 31 (22)：123-127.

[118] 蒋爱华，章艺，靳思宇，等. 离心泵流体激励力的研究：蜗壳部分 [J]. 2012, 31 (4)：60-66.

[119] 袁振伟，褚福磊，林言丽，等. 考虑流体作用的转子动力学有限元模型 [J]. 动力工程，2005, 25 (4)：457-461.

[120] 胡朋志. 离心叶轮转子系统动力学特性研究 [D]. 兰州：兰州交通大学，2006.

[121] 李同杰，王娟，陈云香，等. 含转轴裂纹的离心叶轮转子非线性动力学特性研究 [J]. 振动与冲击，2010, 29 (11)：213-225.

[122] 唐云冰，高德平，罗贵火. 叶轮偏心引起的气流激振力对转子稳定性影响的分析 [J]. 航空学报，2006, 27 (2)：245-249.

[123] 蒋庆磊. 环形密封和多级转子系统耦合动力学数值及试验研究 [D]. 杭州：浙江大学，2012.

[124] 张妍. 叶轮前侧盖板流固耦合动力学特性研究 [D]. 郑州：郑州大学，2010.

[125] LUND J W, ORCUTT F K. Calculation and experiments on the unbalance response of a flexible rotor [J]. ASME Journal of Engineering for Industry, 1967, 89 (4)：785-796.

[126] LUND J W. Stability and damped critical speeds of a flexible rotor in fluid-film bearings [J]. ASME Journal of Engineering for Industry, 1974, 96 (2)：509-517.

[127] XU H, ZHU J. Influence of the mechanical seals on the dynamic performance of rotor-bearing systems [J]. Frontiers of Mechanical Engineering China, 2006, 1 (1)：96-100.

[128] HORNER G C, PILKEY W D. The Riccati transfer matrix method [J]. Journal of Mechanical, Design Transaction of ASME, 1978, 100 (2)：297-302.

[129] KANG Y CHANG Y P, TSAI J W. An investigation in Stiffness effects on dynamics of rotor-bearing-foundation systems [J]. Journal of Sound and Vibration, 2000, 231 (2): 343-374.

[130] CAVALCA K L, CAVALCANTE F P, OKABE E P. An investigation on the influence of the supporting structure on the dynamics of the rotor system [J]. Mechanical Systems and Signal Processing, 2005, 19 (1): 157-174.

[131] RUHL R L, BOOKER J F. A finite element model for distributed parameter turborotor systems [J]. Journal of Engineering for Industry, 1972, 94 (1): 126-134.

[132] NELSON H D. A finite rotating shaft element using timoshenko beam theory [J]. Journal of Mechanical Design, 1980, 102 (4): 793-803.

[133] HASHISH E, SANKAR T S. Finite element and modal analyses of rotor-bearing systems under stochastic loading conditions [J]. Journal of Vibration, Acoustics, Stress, and Reliability in Design, 1984, 106 (1): 80-89.

[134] NELSON H D, MCVAUGH J M. The dynamics of rotor-bearing systems using finite elements [J]. Journal of Engineering for Industry, 1976, 98 (2): 593-600.

[135] ALFORD J S. Protecting turbomachinery from self-excited rotor whirl [J]. Journal of Engineering for Power, 1965, 87 (4): 333-343.

[136] VANCE J M, MURPHY B T. Labyrinth seal effects on rotor whirl stability [J]. Institute of Mechanical Engineer, 1980: 369-373.

[137] BLACK H F. Effects of hydraulic forces in annular pressure seals on the vibrations of centrifugal pump rotors [J]. Journal of Mechanical Engineering Science, 1969, 11 (2): 996-1021.

[138] BLACK H F, JESSEN D. Dynamic hybrid properties of annular pressure seals [J]. Journal of Mechanical Engineering, 1970, 184: 92-100.

[139] BLACK H F, JESSEN D. Effects of high-pressure ring seals on pump rotor vibrations [C] // ASME Paper, 1971. [S. l.: s. n.], 1971.

[140] BLACK H F. Calculation of forced whirling and stability of pump rotor vibrations [J]. Journal of Engineering for Industry, 1974, 96 (3): 1076.

[141] CHILDS D W. Dynamic analysis of turbulent annular seals based on Hirs' lubrication equation [J]. Journal of Lubrication Technology, 1982, 105 (3): 429-436.

[142] CHILDS D W. Finite-length solutions for rotordynamic coefficients of turbulent annular seals [J]. Journal of Tribology, 1983, 105 (3): 437-444.

[143] JACQUET-RICHARDET G, RIEUTORD P. A three-dimensional fluid-structure coupled analysis of rotating flexible assemblies of turbomachines [J]. Journal of Sound and Vibration, 1998, 209 (1): 61-76.

[144] LORNAGE D, CHATELET E, JACQUET-RICHARDET G. Effects of wheel-shaft-fluid coupling and local wheel deformations on the global behavior of shaft lines [J]. Journal of Engineering for Gas Turbines and Power, 2002, 124 (4): 953-957.

[145] 裘雪玲. 迷宫密封流场与转子动力学耦合研究 [D]. 杭州: 浙江大学, 2007.

[146] 张万福, 杨建刚, 李春. 轴承/密封耦合作用下流体激振特性研究 [J]. 噪声与振动控制, 2015 (3): 112-116.

[147] LI Z W, DING H C, SHEN K C, et al. Performance optimization of high specific speed centrifugal pump based on orthogonal experiment design method [J]. Processes, 2019, 7 (10): 728.

[148] 童哲铭, 陈尧, 童水光, 等. 基于 NSGA-Ⅲ算法的低比转速离心泵多目标优化设计 [J]. 中国机械工程, 2020, 31 (18): 2239-2246.

[149] 申正精, 楚武利, 董玮. 颗粒参数对螺旋离心泵流场及过流部件磨损特性的影响 [J]. 农业工程学报, 2018, 34 (6): 58-66.

[150] PENG G J, FAN F Y, ZHOU L, et al. Optimal hydraulic design to minimize erosive wear in a centrifugal slurry pump impeller [J]. Engineering Failure Analysis, 2021, 120: 105105.

[151] RICCIETTI E, BELLUCCI J, CHECCUCCI M, et al. Support vector machine classification applied to the parametric design of centrifugal pumps [J]. Engineering Optimization, 2018, 50 (8): 1304-1324.

[152] LI Q Q, LI S Y, WU P, et al. Investigation on reduction of pressure fluctuation for a double-suction centrifugal pump [J]. Chinese Journal of Mechanical Engineering, 2021, 34 (1): 181-198.

[153] SA L F N, NOVOTNY A A, ROMERO J S, et al. Design optimization of laminar flow machine rotors based on the topological derivative concept [J]. Structural & Multidisciplinary Optimization, 2017, 56 (4): 1013-1026.

[154] WANG K, LUO G Z, LI Y, et al. Multi-condition optimization and experimental verification of impeller for a marine centrifugal pump [J]. International Journal of Naval Architecture and Ocean Engineering, 2019, 12: 1-5.

[155] 梁森. 水泵开式台自动测试系统的研究 [D]. 兰州: 兰州理工大学, 2007.

[156] DEREK N. Vibration Measurement and inplace Balancing [J]. Pump and System, 2001: 2.

[157] KARASSIK I. Pump Handbook [M]. 2nd ed. New York: Mcgraw-Hill book company, 1985.

[158] WILLIAM D. Marscher, vibration in centrifugal pump [C] //Proceeding of the Nineteenth International Pump User Symposium. [S. l. : s. n.], 2002: 157-176.

[159] 陈伟. 离心泵工作范围的确定 [J]. 流体机械, 2005, 33 (7): 60-62; 85.

[160] 马良, 魏志明, 马天石, 等. 国内外泵测试技术的研究现状与发展趋势 [J]. 机电产品开发与创新, 2012 (3): 17; 20-21.

［161］李龙，陈黎明. 泵优化设计国内现状及发展趋势［J］. 水泵技术，2003（2）：8-12.

［162］CORRECHER A, GARCIA E, MORANT F, et al. Intermittent failure diagnosis in industrial processes［C］//Proceedings of the IEEE International Symposium on Industrial Electronics. Piscataway. IEEE, 2003：723-728.

［163］MUSIEROWICZ K, LORENC J, MARCINKOWSKI Z, et al. A fuzzy logic based algorithm for discrimination of damaged line during intermittent earth faults［C］//Proceedings of IEEE Russia Power Tech. Petersburg, Russia：IEEE, 2005：963 -967.

［164］GUO M W, NI S H, ZHU J H. Diagnosing intermittent faults to restrain BIT false alarm based on EMD-MSVM［J］. Applied Mechanics and Materials, 2012, 105（1）：729-732.

［165］CHOW T W S, TAN H Z. HOS-based nonparametric and parametric methodologies for machine fault detection［J］. IEEE Transactions on Industrial Electronics, 2000, 47（5）：1051-1059.

［166］TOYOTA T, NIHO T, CHEN P. Condition monitoring and diagnosis of rotating machinery by Gram-Charlier expansion of vibration signal［C］//International Conference on Knowledge-Based Intelligent Engineering Systems and Allied Technologies. Piscataway：IEEE, 2000（2）：541-544.

［167］FLANDRIN P, RILLING G, GONCALVES P. Empirical mode decomposition as a filter bank［J］. IEEE Signal Processing Letters, 2004, 11（2）：112-114.

［168］GLOERSEN P, HUANG N E. Comparison of interannual intrinsic modes in hemispheric sea ice covers and other geophysical parameters［J］. IEEE Transactions on Geoscience and Remote Sensing, 2003, 41（5）：1062-1071.

［169］MURALIDHARAN V, SUGUMARAN V, INDIRA V. Fault diagnosis of monoblock centrifugal pump using SVM［J］. Engineering Science & Technology, 2014, 17（3）：152-157.

［170］MURALIDHARAN V, SUGUMARAN V. Rough set based rule learning and fuzzy classification of wavelet features for fault diagnosis of monoblock centrifugal pump［J］. Measurement, 2013, 46（9）：3057-3063.

［171］任芸，刘厚林，舒敏骅，等. 考虑旋转和曲率影响的 SST k-ω 湍流模型改进［J］. 农业机械学报，2012, 43（11）：123-128.

［172］LI Y, MENEVEAU C, CHEN S Y, et al. Subgrid-scale modeling of helicity and energy dissipation in helical turbulence［J］. Physical Review E, 2006, 74（2）：26310.

［173］DRIVER D M, SEEGMILLER H L. Features of a reattaching turbulent shear layer in divergent channel flow［J］. AIAA Journal, 1985, 23（2）：163-171.

［174］DE GIORGI M G, FICARELLA A. Simulation of cryogenic cavitation by using both inertial and heat transfer control bubble growth［C］//39th AIAA Fluid Dynamics Conference 22-25 June 2009, San Antonio, Texas.［S. l.：s. n.］, 2009.

［175］ ZWART P J, GERBER A G, BELAMRI T. A two-phase flow model for predicting cavitation dynamics ［R］//In Fifth International Conference on Multiphase Flow, Yokohama, Japan 2004. ［S. l. : s. n. ］, 2004.

［176］ HORD J. Cavitation in liquid cryogens Ⅱ: Hydrofoil ［J］. NASA CR-2156 1973.

［177］ KELLY S, SEGAL C. Experiments in thermosensitive cavitation of a cryogenic rocket propellant surrogate ［C］//50th AIAA Aerospace Sciences Meeting including the New Horizons Forum and Aerospace Exposition, Florida, America, 2012. ［S. l. : s. n. ］, 2012.

［178］ KELLY S, SEGAL C. Characteristics of thermal cavitation on a two-dimensional hydrofoil ［J］. Journal of Propulsion and Power, 2013, 29 (2): 410-416.

［179］ KELLY S, SEGAL C, PEUGEOT J. Simulation of cryogenics cavitation ［J］. AIAA Journal, 2011, 49 (11): 2502-2510.

［180］ LIU C Q, WANG Y Q, YANG Y, et al. New omega vortex identification method ［J］. Science China Physics Mechanics and Astronomy, 2016, 59 (8): 56-64.

［181］ ZHANG Y N, LIU K H, LI J W, et al. Analysis of the vortices in the inner flow of reversible pump turbine with the new omega vortex identification method ［J］. Journal Hydrodynamics, 2018, 30 (3): 463-469.

［182］ MOORE R D, RUGGERI R S. Prediction of thermodynamic effects on developed cavitation based on liquid hydrogen and freon 114 data in scaled venturis ［J］. NASA TN D-4899 1968.

［183］ BILLET M L, HOLL J W, WEIR D S. Correlations of thermodynamic effects for developed cavitation ［J］. Journal Fluid Engineering ASME 1978, 103 (4): 534-542.

［184］ MOORE R D, RUGGERI R S. Method for prediction of pump cavitation performance for various liquids, liquid temperatures, and rotative speeds ［J］. NASA TND-5292 1969.

［185］ FRANC J P, REBATTET C, COULON A. An experimental investigation of thermal effects in a cavitating inducer ［R］//Fifth International Symposium on Cavitation, Osaka, Japan. ［S. l. : s. n. ］, 2003: 63-71.

［186］ LIGHTHILL M J. Attachment and separation in three-dimensional flow ［M］. Oxford: Oxford University Press, 1962.

［187］ WU J Z. Vorticity and vortex dynamics ［M］. Berlin: Springer Press, 2006.

［188］ 关醒凡. 现代泵理论与设计 ［M］. 北京: 中国宇航出版社, 2011.

［189］ ZANGENEH M. A compressible three-dimensional design method for radial and mixed flow turbomachinery blades ［J］. International journal for numerical methods in fluids, 1991, 13 (5): 599-624.

［190］ ZANGENEH M, GOTO A, HARADA H. On the design criteria for suppression of secondary flows in centrifugal and mixed flow impellers ［J］. Journal of turbomachinery, 1998, 120 (4): 723-735.

[191] ZANGENEH M, GOTO A, HARADA H. On the role of three-dimensional inverse design methods in turbomachinery shape optimization [J]. Proceedings of the Institution of Mechanical Engineers, Part C (Journal of Mechanical Engineering Science), 1999, 213 (1): 27-42.

[192] GOTO A, NOHMI M, SAKURAI T, et al. Hydrodynamic design system for pumps based on 3-D CAD, CFD, and inverse design method [J]. Journal of Fluids Engineering, 2002, 124 (2): 329-335.

[193] 钟一谔. 转子动力学 [M]. 北京：机械工业出版社，1986.

[194] 陈家靖. 典型机械零部件润滑理论与实践 [M]. 北京：中国石化出版社，1994.

[195] 滕明鑫. 回归神经网络预测模型归一化方法分析 [J]. 电脑知识与技术，2014，10 (7): 1508-1510.